高等职业教育“十三五”规划教材

大学数学学习指导

主　编　曾庆武　秦　霞
副主编　刘路漫　孙卫东　莫昌健

北京理工大学出版社
BEIJING INSTITUTE OF TECHNOLOGY PRESS

图书在版编目(CIP)数据

大学数学学习指导 / 曾庆武，秦霞主编. —北京：北京理工大学出版社，2017.5（2019.7 重印）

ISBN 978-7-5682-4074-1

Ⅰ. ①大… Ⅱ. ①曾… ②秦… Ⅲ. ①高等数学-高等学校-教学参考资料 Ⅳ. ①O13

中国版本图书馆 CIP 数据核字(2017)第 100793 号

出版发行 / 北京理工大学出版社有限责任公司
社　　址 / 北京市海淀区中关村南大街 5 号
邮　　编 / 100081
电　　话 / (010)68914775(总编室)
(010)82562903(教材售后服务热线)
(010)68948351(其他图书服务热线)
网　　址 / http://www.bitpress.com.cn
经　　销 / 全国各地新华书店
印　　刷 / 三河市天利华印刷装订有限公司
开　　本 / 787 毫米×1092 毫米 1/16
印　　张 / 24.75
字　　数 / 576 千字
版　　次 / 2017 年 5 月第 1 版 2019 年 7 月第 3 次印刷
定　　价 / 54.00 元

责任编辑 / 江 立
文案编辑 / 江 立
责任校对 / 周瑞红
责任印制 / 施胜娟

前　言

数学是高等院校的重要基础课程，对培养学生的思维能力、创新精神、科学态度及分析问题的能力都起着重要的作用. 为提高应用数学课的教学质量，全面提高学生解决实际问题的能力，编者在认真总结多年教学经验的基础上，参考中外多种同类教材，编写了这本《大学数学学习指导》.

本书包括微积分、线性代数、概率论、积分变换四个板块. 在编写过程中，力求做到以下几点.

(1)明确教学目标及要求，通过每章知识点、重点的归纳，帮助学生把握重点，理解知识间的内在联系. 在内容上，注重理论与应用相结合，注重实用价值，以培养学生解决问题的能力. 注意学习的"可持续发展"，为学生学习专业课打下基础，同时也为学生进一步深造提供必要的知识准备.

(2)典型例题与同步训练在试题选取上，力求做到深浅适度，强调知识覆盖面，无论是从题型、题量，还是从难易程度等方面都能恰到好处地反映高职高专院校数学课程教学的基本要求，对文科、理科学生进行兼顾. 书中每章、每节均附有参考答案，供学生自主学习.

(3)在帮助高职高专学生系统掌握相关数学知识的同时，更注意对学生获取知识能力和思维能力的培养.

由于编写时间仓促，加之水平有限，书中如有不足之处敬请广大读者批评指正.

编　者

前言

目　录

第一篇　微积分

第二篇　线性代数

第三篇 概率论

第四篇 积分变换

第一篇

微 积 分

第一章

台　账　篇

第1章　函　　数

1.1　典型例题

【例 1-1】　求下列函数的定义域.

(1) $f(x)=\dfrac{3}{5x^2+2x}$；　　(2) $f(x)=\sqrt{9-x^2}$.

解　(1)在分式 $\dfrac{3}{5x^2+2x}$ 中，分母不能为零，所以 $5x^2+2x\neq 0$，解得 $x\neq -\dfrac{2}{5}$ 且 $x\neq 0$，即定义域为

$$\left(-\infty,-\frac{2}{5}\right)\cup\left(-\frac{2}{5},0\right)\cup(0,+\infty).$$

(2)在偶次根式中，被开方式必须大于等于零，所以有 $9-x^2\geqslant 0$，解得 $-3\leqslant x\leqslant 3$，即定义域为 $[-3,3]$.

【例 1-2】　已知函数 $f(x)$ 的定义域是 $[1,2]$，求下列函数的定义域.

(1) $f(x^2+1)$；　　(2) $f(ax)(a\neq 0)$.

解　(1)因为 $f(x)$ 的定义域是 $[1,2]$，则有 $1\leqslant x^2+1\leqslant 2$，即 $0\leqslant x^2\leqslant 1$，故 $f(x^2+1)$ 的定义域为 $[-1,1]$.

(2)对于 $f(ax)(a\neq 0)$，有 $1\leqslant ax\leqslant 2$.

当 $a>0$ 时，即 $\dfrac{1}{a}\leqslant x\leqslant \dfrac{2}{a}$，故有 $\left[\dfrac{1}{a},\dfrac{2}{a}\right](a>0)$ 为 $f(ax)$ 的定义域.

当 $a<0$ 时，即 $\dfrac{2}{a}\leqslant x\leqslant \dfrac{1}{a}$，故有 $\left[\dfrac{2}{a},\dfrac{1}{a}\right](a<0)$ 为 $f(ax)$ 的定义域.

【例 1-3】　下列各对函数是否相同？为什么？

(1) $f(x)=\sqrt[3]{x^4-x^3}$，$g(x)=x\sqrt[3]{x-1}$；

(2) $f(x)=1$，$f(x)=\sec^2 x-\tan^2 x$.

解　(1)相同.因为定义域、对应法则均相同.

(2)不同.因为定义域不同.

【例 1-4】　判断下列函数的奇偶性.

(1) $f(x)=\dfrac{1-x^2}{1+x^2}$；　　(2) $f(x)=\dfrac{a^x+a^{-x}}{2}$.

解　(1)因为 $f(-x)=\dfrac{1-(-x)^2}{1+(-x)^2}=\dfrac{1-x^2}{1+x^2}=f(x)$，所以 $f(x)$ 是偶函数.

(2)因为 $f(-x)=\dfrac{a^{(-x)}+a^{-(-x)}}{2}=\dfrac{a^{-x}+a^x}{2}=f(x)$，所以 $f(x)$ 是偶函数.

【例 1-5】　设 $f(x)$ 为定义在 $(-l,l)$ 内的奇函数，若 $f(x)$ 在 $(0,l)$ 内单调增加，证明 $f(x)$

在$(-l,0)$内也单调增加.

证明 对于$\forall x_1,x_2\in(-l,0)$，且$x_1<x_2$，有$-x_1,-x_2\in(0,l)$且$-x_1>-x_2$.

因为$f(x)$在$(0,l)$内单调增加且为奇函数，所以

$$f(-x_2)<f(-x_1),-f(x_2)<-f(x_1),f(x_2)>f(x_1).$$

这就证明了对于$\forall x_1x_2\in(-l,0)$有$f(x_1)<f(x_2)$，所以$f(x)$在$(-l,0)$内也单调增加.

【例 1-6】 下列各函数中哪些是周期函数？对于周期函数，指出其周期.

(1)$y=\cos(x-2)$； (2)$y=\cos 4x$； (3)$y=1+\sin \pi x$；

(4)$y=x\cos x$； (5)$y=\sin^2 x$.

解：(1)是周期函数，周期为$l=2\pi$.

(2)是周期函数，周期为$l=\dfrac{\pi}{2}$.

(3)是周期函数，周期为$l=2$.

(4)不是周期函数.

(5)是周期函数，周期为$l=\pi$.

【例 1-7】 设$f(x)=\begin{cases}1, & |x|\leqslant 1\\ 0, & |x|>1\end{cases}$，$g(x)=\begin{cases}2-x^2, & |x|\leqslant 1\\ 2, & |x|>1\end{cases}$.

求：(1)$f[g(x)]$； (2)$g[f(x)]$.

解 (1)当$|x|<1$时，$f[g(x)]=f(2-x^2)=0$；

当$|x|>1$时，$f[g(x)]=f(2)=0$；

当$|x|=1$时，$f[g(x)]=f(2-1^2)=f(1)=1$；

故
$$f[g(x)]=\begin{cases}0, & |x|\neq 1\\ 1, & |x|=1\end{cases}.$$

(2)当$|x|\leqslant 1$时，$g[f(x)]=g(1)=2-1^2=1$；

当$|x|>1$时，$g[f(x)]=g(0)=2-0^2=2$；

故
$$g[f(x)]=\begin{cases}1, & |x|\leqslant 1\\ 2, & |x|>1\end{cases}.$$

$$f[g(x)]\neq g[f(x)]，可见复合运算不可交换$$

【例 1-8】 指出下列各复合函数的复合过程.

(1)$y=2^{\sin^2 x}$； (2)$y=\ln\sqrt{x^2-3x+2}$； (3)$y=\tan^5\sqrt[3]{\lg(\arcsin x)}$.

解 (1)$y=2^{\sin^2 x}$由$y=2^u,u=v^2,v=\sin x$复合而成.

(2)$y=\ln\sqrt{x^2-3x+2}$由$y=\ln u,u=\sqrt{v},v=x^2-3x+2$复合而成.

(3)$y=\tan^5\sqrt[3]{\lg(\arcsin x)}$由$y=u^5,u=\tan v,v=\sqrt[3]{w},w=\lg t,t=\arcsin x$复合而成.

根据复合函数的结构，将复合函数分解成若干个简单函数时，应从外到里，一层一层地分解，千万不能漏层.

【例 1-9】 设函数$f(x)$在$(-\infty,+\infty)$内单调增加，且对一切x有$f(x)\leqslant g(x)$.证明：$f[f(x)]\leqslant g[g(x)]$.

证明 因为$f(x)$在$(-\infty,+\infty)$内单调增加，且$\forall x\in(-\infty,+\infty)$，$f(x)\leqslant g(x)$，所以
$$f[f(x)]\leqslant f[g(x)].$$
又因为$f[g(x)]\leqslant g[g(x)]$，所以$f[f(x)]\leqslant g[g(x)]$.

1.2　同步训练

习题 1.1

一、选择题.

1. 函数 $y=\dfrac{\ln(x+1)}{\sqrt{x-1}}$ 的定义域是(　　).

A. $(-1,+\infty)$　　B. $(1,+\infty)$　　C. $[-1,+\infty)$　　D. $[1,+\infty)$

2. 函数 $f(x)=\dfrac{1}{\ln(x-1)}$ 的定义域是(　　).

A. $(1,+\infty)$　　B. $(0,1)\cup(1,+\infty)$

C. $(0,2)\cup(2,+\infty)$　　D. $(1,2)\cup(2,+\infty)$

3. 函数 $f(x)=\dfrac{1}{x^2-x-2}$ 的定义域是(　　).

A. $(-\infty,-1)\cup(-1,2)\cup(2,+\infty)$　　B. $(-\infty,-1)\cup(-1,+\infty)$

C. $(-\infty,2)\cup(2,+\infty)$　　D. $(-\infty,+\infty)$

4. 下列各对函数中,(　　)中的两个函数相等.

A. $f(x)=\ln x^2,g(x)=2\ln x$　　B. $f(x)=\ln x^3,g(x)=3\ln x$

C. $f(x)=(\sqrt{x})^2,g(x)=x$　　D. $f(x)=\sqrt{x^2},g(x)=x$

5. 若函数 $f(x)=\begin{cases}\dfrac{1}{x},0<x\leqslant 1\\ \ln x,1<x\leqslant \mathrm{e}\end{cases}$,则 $f(x)$ 的定义域是(　　).

A. $(0,1]$　　B. $(1,\mathrm{e})$　　C. $(0,\mathrm{e}]$　　D. $[0,\mathrm{e}]$

二、求下列函数的定义域.

1. $y=\dfrac{1}{\sqrt{x^2-9}}$;　　2. $y=\log_a \arcsin x$.

三、设函数 $f(x)=\arcsin x$,求下列函数值.

$f(0)$,　$f(-1)$,　$f\left(\dfrac{\sqrt{3}}{2}\right)$,　$f(2)$.

四、下列函数是否相同？为什么？

1. $f(x)=\frac{x^2-1}{x+1}, g(x)=x-1$；　　2. $f(x)=\frac{x}{x}, g(x)=x^0$.

习题 1.2

一、选择题.

1. 下列函数中为偶函数的是(　　).

A. $y=x\sin x$　　B. $y=e^x-e^{-x}$　　C. $y=\ln\frac{x-1}{x+1}$　　D. $y=x^2-x$

2. 下列函数中，图形关于原点对称的是(　　).

A. $y=\sin x^2$　　B. $y=\sqrt[3]{x}-x$　　C. $y=x^3+1$　　D. $y=e^{-x}+1$

3. 设函数 $f(x)$ 的定义域为 $(-\infty,+\infty)$，则函数 $f(x)-f(-x)$ 的图形是关于(　　)对称.

A. $y=x$　　B. x 轴　　C. y 轴　　D. 坐标原点

4. 下列函数在其定义域内为无界函数的是(　　).

A. $y=\sin x$　　B. $y=\cos x$　　C. $y=\lg x$　　D. $y=\operatorname{arccot} x$

5. 下列函数在其定义域内为单调函数的是(　　).

A. $y=\sin x$　　B. $y=\cos x$　　C. $y=\lg x$　　D. $y=x^2+1$

6. 下列函数为周期函数的是(　　).

A. $y=\sin x^3$　　B. $y=x\cos x$　　C. $y=\sin 2x$　　D. $y=x^2\sin x$

二、设 $f(x)=\ln(x+\sqrt{x^2+1})$，试证：$f(x)$ 是奇函数.

三、设 $f(x)$ 的定义域是 $(-\infty,+\infty)$，试证：$f(x)-f(-x)$ 是奇函数.

四、讨论函数 $f(x)=\begin{cases}x^2, -3\leqslant x\leqslant 0\\ -x^2, 0<x\leqslant 2\end{cases}$ 的奇偶性、周期性、单调性和有界性.

五、证明:当函数 $y=f(x)$ 以 T 为周期时,函数 $y=f(ax)(a>0)$ 的周期为 $\dfrac{T}{a}$.

习题 1.3

一、选择题.

1. 下列结论中,(　　)是正确的.

A. 基本初等函数都是单调函数　　B. 偶函数的图形关于坐标原点对称

C. 奇函数的图形关于坐标原点对称　　D. 周期函数都是有界函数

2. 若 $f(x)=\ln 2$,则 $f(x+1)-f(x)=($　　$)$.

A. $\ln\dfrac{3}{2}$　　B. ln2　　C. ln3　　D. 0

3. 设 $f(x)=\dfrac{1}{x}+1$,则 $f(f(x))=($　　$)$.

A. $\dfrac{x}{1+x}+1$　　B. $\dfrac{x}{1+x}$　　C. $\dfrac{1}{1+x}+1$　　D. $\dfrac{1}{1+x}$

4. 设函数 $g(x)=1+x$, $f(x)=\dfrac{2-x}{x-1}$,则 $f\left[g\left(\dfrac{1}{2}\right)\right]=($　　$)$.

A. 0　　B. 1　　C. 3　　D. -3

二、下列函数是由哪些函数复合而成?

1. $y=\sin 2x$;　　2. $y=\sin^2 x$;

3. $y=\mathrm{e}^{-x^2}$;　　4. $y=\dfrac{1}{\ln\ln x}$;

5. $y=\sqrt{\cot\dfrac{x}{2}}$;　　6. $y=2^{\arcsin\sqrt{1+x}}$.

三、设 $f(x)$ 的定义域是 $[0,2]$，求复合函数 $y=f(\ln x)$ 的定义域.

总习题 1

一、选择题.

1. 函数 $y=\dfrac{x}{\lg(x+1)}$ 的定义域是(　　).

A. $x>-1$　　B. $x\neq 0$

C. $x>0$　　D. $x>-1$ 且 $x\neq 0$

2. 下列函数中为奇函数的是(　　).

A. $y=x^2-x$　　B. $y=e^x+e^{-x}$　　C. $y=\ln\dfrac{x-1}{x+1}$　　D. $y=x\sin x$

3. 设函数 $y=f(x)$ 的定义域是 $[0,1]$，则 $y=f(x+1)$ 的定义域是(　　).

A. $[-2,-1]$　　B. $[-1,0]$　　C. $[0,1]$　　D. $[1,2]$

4. 若函数 $f(x)=\dfrac{1-x}{x}$，$g(x)=1+x$，则 $f[g(-2)]=$(　　).

A. -2　　B. -1　　C. -1.5　　D. 1.5

5. 设 $f(x)=\sin(x^2+1)$，则 $f[f(x)]=$(　　).

A. $\sin[(x^2+1)^2+1]$　　B. $\sin[\sin(x^2+1)+1]$

C. $\sin\sin(x^2+1)$　　D. $\sin[\sin^2(x^2+1)+1]$

6. 若函数 $f(x+1)=x^2$，则 $f(x)=$(　　).

A. x^2　　B. $(x-1)^2$　　C. $(x+1)^2$　　D. x^2+1

7. 下列各对函数中，(　　)中的两个函数相等.

A. $y=\dfrac{x\ln(1-x)}{x^2}$ 与 $g=\dfrac{\ln(1-x)}{x}$　　B. $y=\ln x^2$ 与 $g=2\ln x$

C. $y=\sqrt{1-\sin^2 x}$ 与 $g=\cos x$　　D. $y=\sqrt{x(x-1)}$ 与 $y=\sqrt{x}\sqrt{(x-1)}$

8. 若函数 $y=f(x)$ 的定义域是 $[0,1]$，则 $f(\ln x)$ 的定义域是(　　).

A. $(0,+\infty)$　　B. $[1,+\infty)$　　C. $[1,e]$　　D. $[0,1]$

9. 下列函数中，(　　)不是基本初等函数.

A. $y=2^{\sqrt{10}}$　　B. $y=\left(\dfrac{1}{2}\right)^x$　　C. $y=\ln(x-1)$　　D. $y=\sqrt[3]{\dfrac{1}{x}}$

二、确定下列函数的定义域.

1. $y=\dfrac{2}{\sin\pi x}$；　　2. $y=\sqrt[3]{\dfrac{1}{x-2}}+\log_a(2x-3)$；

3. $y=\arccos\frac{x-1}{2}+\log_a(4-x^2)$.

三、求函数 $y=\begin{cases}\sin\frac{1}{x}, & x\neq 0\\ 0, & x=0\end{cases}$ 的定义域和值域.

四、下列各题中,函数 $f(x)$ 和 $g(x)$ 是否相同?

1. $f(x)=x, g(x)=\sqrt{x^2}$;　　2. $f(x)=\cos x, g(x)=1-2\sin^2\frac{x}{2}$.

五、设 $f(x)=\sin x$,证明:$f(x+\Delta x)-f(x)=2\sin\frac{\Delta x}{2}\cos\left(x+\frac{\Delta x}{2}\right)$.

六、设 $f(x)=ax^2+bx+5$,且 $f(x+1)-f(x)=8x+3$,试确定 a,b 的值.

七、下列函数是由哪些简单函数复合而成的?

1. $y=\sqrt[3]{(1+x)^2+1}$；

2. $y=3^{(x+1)^2}$；

3. $y=\sin^2(3x+1)$；

4. $y=\sqrt[3]{\log_a\cos^2 x}$.

八、下列各组函数中哪些不能构成复合函数？把能构成复合函数的写成复合函数,并指出其定义域.

1. $y=x^3, x=\sin t$；

2. $y=a^u, u=x^2$；

3. $y=\log_a u, u=3x^2+2$；

4. $y=\sqrt{u}, u=\sin x-2$；

5. $y=\sqrt{u}, u=x^3$；

6. $y=\log_a u, u=x^2-2$.

九、下列函数中哪些是偶函数？哪些是奇函数？哪些是非奇非偶函数？

1. $y=x^2(1-x^2)$；

2. $y=3x^2-x^3$；

3. $y=\dfrac{1-x^2}{1+x^2}$；

4. $y=x(x-1)(x+1)$；

5. $y=\sin x-\cos x+1$；

6. $y=\dfrac{a^x+a^{-x}}{2}$；

7. $y=\ln\dfrac{1+x}{1-x}$；

8. $y=\ln(x+\sqrt{x^2+1})$；

9. $y=\tan x+x$.

十、设 $f(x)=\dfrac{x}{1-x}$,求 $f[f(x)]$.

十一、设 $f\left(x+\frac{1}{x}\right)=x^2+\frac{1}{x^2}$，求 $f(x)$.

十二、设 $f(x)$ 为定义在 $(-\infty,+\infty)$ 上的任意函数，证明：

1. $F_1(x)=f(x)+f(-x)$ 为偶函数； 2. $F_2(x)=f(x)-f(-x)$ 为奇函数.

十三、证明：定义在 $(-\infty,+\infty)$ 上的任意函数都可表示为一个奇函数与一个偶函数的和.

十四、下列各函数中哪些是周期函数？对于周期函数，指出其周期.

1. $y=\cos(x-2)$； 2. $y=\cos 4x$； 3. $y=1+\sin \pi x$；
4. $y=x\cos x$； 5. $y=\sin^2 x$； 6. $y=\sin 3x+\tan x$.

十五、设 $f(x)$ 为定义在 $(-L,L)$ 上的奇函数，若 $f(x)$ 在 $(0,L)$ 上单增，证明：$f(x)$ 在 $(-L,0)$ 上也单增.

十六、当鸡蛋收购价为 4.5 元/千克时，某收购站每月能收购 5 000 千克. 若收购价每千克提高 0.1 元，则收购量可增加 400 千克，求鸡蛋的线性供给函数.

十七、已知某商品的需求函数和供给函数分别为 $Q=14.5-1.5p$，$S=-7.5+4p$，求该商品的均衡价格 p_0.

十八、已知某种产品的总成本函数为 $C=2\,000+\dfrac{q^2}{8}$，求当生产 200 个该产品时的总成本和平均成本.

第2章　极限与连续

2.1　典型例题

【例 2-1】　求 $f(x)=\frac{x}{x}$，$\varphi(x)=\frac{|x|}{x}$ 当 $x\to 0$ 时的左、右极限，并说明它们在 $x\to 0$ 时的极限是否存在.

证明　因为

$$\lim_{x\to 0^-}f(x)=\lim_{x\to 0^-}\frac{x}{x}=\lim_{x\to 0^-}1=1,$$

$$\lim_{x\to 0^+}f(x)=\lim_{x\to 0^+}\frac{x}{x}=\lim_{x\to 0^+}1=1,$$

$$\lim_{x\to 0^-}f(x)=\lim_{x\to 0^+}f(x),$$

所以极限 $\lim\limits_{x\to 0}f(x)$ 存在.

因为

$$\lim_{x\to 0^-}\varphi(x)=\lim_{x\to 0^-}\frac{|x|}{x}=\lim_{x\to 0^-}\frac{-x}{x}=-1,$$

$$\lim_{x\to 0^+}\varphi(x)=\lim_{x\to 0^+}\frac{|x|}{x}=\lim_{x\to 0^+}\frac{x}{x}=1,$$

$$\lim_{x\to 0^-}\varphi(x)\neq\lim_{x\to 0^+}\varphi(x),$$

所以极限 $\lim\limits_{x\to 0}\varphi(x)$ 不存在.

【例 2-2】　计算下列极限.

(1) $\lim\limits_{x\to 1}\frac{x^2-2x+1}{x^2-1}$；　(2) $\lim\limits_{h\to 0}\frac{(x+h)^2-x^2}{h}$；　(3) $\lim\limits_{x\to 0}\frac{x^2}{1-\sqrt{1+x^2}}$；

(4) $\lim\limits_{x\to 1}\left(\frac{3}{1-x^3}-\frac{1}{1-x}\right)$；　(5) $\lim\limits_{x\to\infty}\frac{3x^4-2x^2-7}{5x^2+3}$；　(6) $\lim\limits_{n\to\infty}\frac{1+2+3+\cdots+(n-1)}{n^2}$.

解　(1) 因为 $x\to 1$，分子分母极限均为零，因此先将分子、分母因式分解，约去公因子，即

$$\lim_{x\to 1}\frac{x^2-2x+1}{x^2-1}=\lim_{x\to 1}\frac{(x-1)^2}{(x-1)(x+1)}=\lim_{x\to 1}\frac{x-1}{x+1}=\frac{0}{2}=0.$$

(2) 因为 $h\to 0$，分子分母极限均为零，因此先将分子展开，约去公因子 h，即

$$\lim_{h\to 0}\frac{(x+h)^2-x^2}{h}=\lim_{h\to 0}\frac{x^2+2hx+h^2-x^2}{h}=\lim_{h\to 0}(2x+h)=2x.$$

(3) 因为 $\lim\limits_{x\to 0}x^2=0$，$\lim\limits_{x\to 0}(1-\sqrt{1+x^2})=0$，分子分母极限均为零，因此先将分母有理化，约去关于 x 的公因子，即

$$\lim_{x\to 0}\frac{x^2}{1-\sqrt{1+x^2}}=\lim_{x\to 0}\frac{x^2(1+\sqrt{1+x^2})}{(1-\sqrt{1+x^2})(1+\sqrt{1+x^2})}=-\lim_{x\to 0}(1+\sqrt{1+x^2})=-2.$$

(4)因为$\lim\limits_{x\to1}\frac{3}{1-x^3}=\infty$，$\lim\limits_{x\to1}\frac{1}{1-x}=\infty$，因此不能直接用求和的极限法则，这时先通分变形.

$$\lim_{x\to1}\left(\frac{3}{1-x^3}-\frac{1}{1-x}\right)=\lim_{x\to1}\frac{3-(1+x+x^2)}{1-x^3}=\lim_{x\to1}\frac{(1-x)(2+x)}{(1+x+x^2)(1-x)}=\lim_{x\to1}\frac{2+x}{1+x+x^2}=1.$$

(5)因为分子的最高次幂大于分母的最高次幂，所以

$$\lim_{x\to\infty}\frac{3x^4-2x^2-7}{5x^2+3}=\infty.$$

(6)因为$n\to\infty$，分子分母极限均为无穷大，则

$$\lim_{n\to\infty}\frac{1+2+3+\cdots+(n-1)}{n^2}=\lim_{n\to\infty}\frac{\frac{(n-1)n}{2}}{n^2}=\frac{1}{2}\lim_{n\to\infty}\frac{n-1}{n}=\frac{1}{2}.$$

【例 2-3】 计算下列极限.

(1)$\lim\limits_{x\to0}\frac{1-\cos2x}{x\sin x}$；　　(2)$\lim\limits_{n\to\infty}2^n\sin\frac{x}{2^n}$($x$为不等于零的常数).

解　利用第一个重要极限公式求极限

(1)$\lim\limits_{x\to0}\frac{1-\cos2x}{x\sin x}=\lim\limits_{x\to0}\frac{2\sin^2x}{x\sin x}=2\lim\limits_{x\to0}\frac{\sin x}{x}=2.$

(2)$\lim\limits_{n\to\infty}2^n\sin\frac{x}{2^n}=\lim\limits_{n\to\infty}\frac{\sin\frac{x}{2^n}}{\frac{x}{2^n}}\cdot x=x.$

【例 2-4】 计算下列极限.

(1)$\lim\limits_{x\to0}(1+2x)^{\frac{1}{x}}$；　　(2)$\lim\limits_{x\to\infty}\left(\frac{1+x}{x}\right)^{2x}$.

解　(1)$\lim\limits_{x\to0}(1+2x)^{\frac{1}{x}}=\lim\limits_{x\to0}(1+2x)^{\frac{1}{2x}\cdot2}=[\lim\limits_{x\to0}(1+2x)^{\frac{1}{2x}}]^2=\mathrm{e}^2.$

(2)$\lim\limits_{x\to\infty}\left(\frac{1+x}{x}\right)^{2x}=\left[\lim\limits_{x\to\infty}\left(1+\frac{1}{x}\right)^x\right]^2=\mathrm{e}^2.$

【例 2-5】 利用极限存在准则证明.

(1)$\lim\limits_{n\to\infty}\sqrt{1+\frac{1}{n}}=1$；　　(2)$\lim\limits_{n\to\infty}n\left(\frac{1}{n^2+\pi}+\frac{1}{n^2+2\pi}+\cdots+\frac{1}{n^2+n\pi}\right)=1.$

证明　(1)因为

$$1<\sqrt{1+\frac{1}{n}}<1+\frac{1}{n},$$

而

$$\lim_{n\to\infty}1=1\text{ 且}\lim_{n\to\infty}\left(1+\frac{1}{n}\right)=1,$$

$$\lim_{n\to\infty}\sqrt{1+\frac{1}{n}}=1.$$

(2)因为

$$\frac{n^2}{n^2+n\pi}<n\left(\frac{1}{n^2+\pi}+\frac{1}{n^2+2\pi}+\cdots+\frac{1}{n^2+n\pi}\right)<\frac{n^2}{n^2+\pi},$$

而

$$\lim_{n\to\infty}\frac{n^2}{n^2+n\pi}=1,\lim_{n\to\infty}\frac{n^2}{n^2+\pi}=1,$$

所以

$$\lim_{n\to\infty}n\left(\frac{1}{n^2+\pi}+\frac{1}{n^2+2\pi}+\cdots+\frac{1}{n^2+n\pi}\right)=1.$$

【例 2-6】 计算下列极限.

(1)$\lim\limits_{x\to 0}x^2\sin\dfrac{1}{x}$；　(2)$\lim\limits_{x\to\infty}\dfrac{\arctan x}{x}$.

解 利用无穷小的性质(无穷小乘以有界函数仍为无穷小).

(1)$\lim\limits_{x\to 0}x^2\sin\dfrac{1}{x}=0$.(当 $x\to 0$ 时,x^2 是无穷小,而 $\sin\dfrac{1}{x}$是有界变量)

(2)$\lim\limits_{x\to\infty}\dfrac{\arctan x}{x}=\lim\limits_{x\to\infty}\dfrac{1}{x}\cdot\arctan x=0$.$\left(当\ x\to\infty 时,\dfrac{1}{x}是无穷小,而\ \arctan x\ 是有界变量\right)$

【例 2-7】 研究下列函数的连续性,并画出函数的图形.

(1)$f(x)=\begin{cases}x^2,0\leqslant x\leqslant 1\\2-x,1<x\leqslant 2\end{cases}$；　(2)$f(x)=\begin{cases}x,-1\leqslant x\leqslant 1\\1,|x|>1\end{cases}$.

解 (1)已知多项式函数是连续函数,所以函数 $f(x)$在$[0,1)$和$(1,2]$内是连续的.

在 $x=1$ 处,因为 $f(1)=1$,$\lim\limits_{x\to 1^-}f(x)=\lim\limits_{x\to 1^-}x^2=1$,$\lim\limits_{x\to 1^+}f(x)=\lim\limits_{x\to 1^+}(2-x)=1$,所以$\lim\limits_{x\to 1}f(x)=1$,从而函数 $f(x)$在 $x=1$ 处是连续的.

综上所述,函数 $f(x)$在$[0,2]$上是连续函数.

(2)只需考察函数在 $x=-1$ 和 $x=1$ 处的连续性.

在 $x=-1$ 处,因为

$f(-1)=-1$,$\lim\limits_{x\to -1^-}f(x)=\lim\limits_{x\to -1^-}1=1\neq f(-1)$,$\lim\limits_{x\to -1^+}f(x)=\lim\limits_{x\to -1^+}x=-1=f(-1)$,所以函数在 $x=1$ 处间断,但右连续.

在 $x=1$ 处,因为 $f(1)=1$,$\lim\limits_{x\to 1^-}f(x)=\lim\limits_{x\to 1^-}x=1=f(1)$,$\lim\limits_{x\to 1^+}f(x)=\lim\limits_{x\to 1^+}1=1=f(1)$,所以函数在 $x=1$ 处连续.

综合上述讨论,函数在$(-\infty,-1)$和$(-1,+\infty)$内连续,在 $x=-1$ 处间断,但右连续.

【例 2-8】 下列函数在指出的点处间断,说明这些间断点属于哪一类,如果是可去间断点,则补充或改变函数的定义使它连续.

(1)$y=\dfrac{x^2-1}{x^2-3x+2}$,$x=1$,$x=2$；

(2)$y=\dfrac{x}{\tan x}$,$x=k\pi$,$x=k\pi+\dfrac{\pi}{2}(k=0,\pm 1,\pm 2,\cdots)$；

(3)$y=\cos^2\dfrac{1}{x}$,$x=0$；

(4)$y=\begin{cases}x-1,x\leqslant 1\\3-x,x>1\end{cases}$,$x=1$.

解 (1)$y=\dfrac{x^2-1}{x^2-3x+2}=\dfrac{(x+1)(x-1)}{(x-2)(x-1)}$.因为函数在 $x=2$ 和 $x=1$ 处无定义,所以 $x=2$ 和 $x=1$ 是函数的间断点.

因为$\lim\limits_{x\to 2}y=\lim\limits_{x\to 2}\dfrac{x^2-1}{x^2-3x+2}=\infty$,所以 $x=2$ 是函数的第二类间断点.

因为$\lim\limits_{x\to 1}y=\lim\limits_{x\to 1}\dfrac{(x+1)}{(x-2)}=-2$,所以 $x=1$ 是函数的第一类间断点,并且是可去间断点.在 $x=1$处,令 $y=-2$,则函数在 $x=1$ 处成为连续的.

(2)函数在点 $x=k\pi(k\in\mathbf{Z})$和 $x=k\pi+\dfrac{\pi}{2}(k\in\mathbf{Z})$处无定义,因而这些点都是函数的间断

点.

因$\lim\limits_{x\to k\pi}\dfrac{x}{\tan x}=\infty(k\neq 0)$，故 $x=k\pi(k\neq 0)$是第二类间断点；

因为$\lim\limits_{x\to 0}\dfrac{x}{\tan x}=1$，$\lim\limits_{x\to k\pi+\frac{\pi}{2}}\dfrac{x}{\tan x}=0(k\in\mathbf{Z})$，所以 $x=0$ 和 $x=k\pi+\dfrac{\pi}{2}(k\in\mathbf{Z})$是第一类间断点，且为可去间断点.

令 $y|_{x=0}=1$，则函数在 $x=0$ 处成为连续的；

令 $x=k\pi+\dfrac{\pi}{2}$时，$y=0$，则函数在 $x=k\pi+\dfrac{\pi}{2}$处成为连续的.

(3)因为函数 $y=\cos^2\dfrac{1}{x}$在 $x=0$ 处无定义，所以 $x=0$ 是函数 $y=\cos^2\dfrac{1}{x}$的间断点. 又因为$\lim\limits_{x\to 0}\cos^2\dfrac{1}{x}$不存在，所以 $x=0$ 是函数的第二类间断点.

(4)因为 $\lim\limits_{x\to 1^-}f(x)=\lim\limits_{x\to 1^-}(x-1)=0$，$\lim\limits_{x\to 1^+}f(x)=\lim\limits_{x\to 1^+}(3-x)=2$，所以 $x=1$ 是函数的第一类跳跃间断点.

【例 2-9】 讨论函数 $f(x)=\lim\limits_{n\to\infty}\dfrac{1-x^{2n}}{1+x^{2n}}x$ 的连续性，若有间断点，判别其类型.

解 $f(x)=\lim\limits_{n\to\infty}\dfrac{1-x^{2n}}{1+x^{2n}}x=\begin{cases}-x, & |x|>1\\ 0, & |x|=1.\\ x, & |x|<1\end{cases}$

在分段点 $x=-1$ 处，因为 $\lim\limits_{x\to -1^-}f(x)=\lim\limits_{x\to -1^-}(-x)=1$，$\lim\limits_{x\to -1^+}f(x)=\lim\limits_{x\to -1^+}x=-1$，所以 $x=-1$为函数的第一类可去间断点.

在分段点 $x=1$ 处，因为$\lim\limits_{x\to 1^-}f(x)=\lim\limits_{x\to 1^-}x=1$，$\lim\limits_{x\to 1^+}f(x)=\lim\limits_{x\to 1^+}(-x)=-1$，所以 $x=1$ 为函数的第一类跳跃间断点.

【例 2-10】 设函数 $f(x)=\begin{cases}e^x, & x<0\\ a+x, & x\geqslant 0\end{cases}$，问：应当如何选择数 a，使得 $f(x)$成为在$(-\infty,+\infty)$内的连续函数？

解 要使函数 $f(x)$在$(-\infty,+\infty)$内连续，只需 $f(x)$在 $x=0$ 处连续，即只需

$$\lim_{x\to 0-}f(x)=\lim_{x\to 0+}f(x)=f(0)=a.$$

因为$\lim\limits_{x\to 0-}f(x)=\lim\limits_{x\to 0-}e^x=1$，$\lim\limits_{x\to 0+}f(x)=\lim\limits_{x\to 0+}(a+x)=a$，所以只需取 $a=1$.

【例 2-11】 证明方程 $x^5-3x=1$ 至少有一个根介于 1 和 2 之间.

证明 设 $f(x)=x^5-3x-1$，则 $f(x)$是闭区间$[1,2]$上的连续函数.

因为 $f(1)=-3$，$f(2)=25$，$f(1)f(2)<0$，所以由零点定理，在$(1,2)$内至少有一点 $\xi(1<\xi<2)$，使 $f(\xi)=0$，即 $x=\xi$ 是方程 $x^5-3x=1$ 的介于 1 和 2 之间的根.

因此方程 $x^5-3x=1$ 至少有一个根介于 1 和 2 之间.

【例 2-12】 证明方程 $x=a\sin x+b$，其中 $a>0$，$b>0$，至少有一个正根，并且它不超过 $a+b$.

证明 设 $f(x)=a\sin x+b-x$，则 $f(x)$是$[0,a+b]$上的连续函数.

$f(0)=b$，$f(a+b)=a\sin(a+b)+b-(a+b)=a[\sin(a+b)-1]\leqslant 0$.

若 $f(a+b)=0$,则说明 $x=a+b$ 就是方程 $x=a\sin x+b$ 的一个不超过 $a+b$ 的根;

若 $f(a+b)<0$,则 $f(0)f(a+b)<0$,由零点定理,至少存在一点 $\xi\in(0,a+b)$,使 $f(\xi)=0$,这说明 $x=\xi$ 也是方程 $x=a\sin x+b$ 的一个不超过 $a+b$ 的根.

总之,方程 $x=a\sin x+b$ 至少有一个正根,并且它不超过 $a+b$.

2.2　同步训练

习题 2.1

一、选择题.

1. 下列数列收敛的是(　　).

A. $5,5,\cdots,5,\cdots$　　B. $1,\sqrt{2},\sqrt{3},\sqrt{4},\sqrt{5},\cdots,\sqrt{n},\cdots$

C. $\frac{1}{3},-\frac{3}{5},\frac{5}{7},-\frac{7}{9},\cdots,(-1)^{n-1}\frac{2n-1}{2n+1}$　　D. $-\frac{1}{2},\frac{2}{3},-\frac{3}{4},\frac{4}{5},\cdots,(-1)^{n}\frac{n}{n+1}$.

2. 下列数列收敛于 0 的是(　　).

A. $x_n=\begin{cases}0, & n\text{ 为奇数}\\ \frac{1}{2^n}, & n\text{ 为偶数}\end{cases}$　　B. $\left\{\frac{n}{n+1}\right\}$

C. $-2,\frac{3}{2},-\frac{4}{3},\frac{5}{4},-\frac{6}{5},\frac{7}{6},\cdots,(-1)^{n}\frac{n+1}{n}$　D. $\frac{1}{3},-\frac{3}{5},\frac{5}{7},-\frac{7}{9},\cdots,(-1)^{n-1}\frac{2n-1}{2n+1}$

3. 如数列 $\{x_n\}$ 与数列 $\{y_n\}$ 的极限分别为 a 与 b,且 $a\neq b$,则数列 $x_1,y_1,x_2,y_2,x_3,y_3,\cdots$ 的极限为(　　).

A. a　　B. b　　C. $a+b$　　D. 不存在

二、当 $n\to\infty$ 时,下列数列有无极限?若有极限,极限为多少?

1. $x_n=2^n$;　　2. $x_n=25$;

3. $x_n=\frac{1}{3^n}$;　　4. $x_n=1+(-1)^n$.

习题 2.2

一、选择题.

1. 函数 $f(x)=\frac{x^2-4}{x-2}$ 在 $x=2$ 点处(　　).

A. 有定义　　B. 有极限

C. 没有极限　　D. 既无定义又无极限

2. 函数 $y=f(x)$ 在 $x=x_0$ 处有定义,$x\to x_0$ 是 $y=f(x)$ 有极限的(　　).

A. 必要条件　　B. 充分条件　　C. 充要条件　　D. 无关条件

3. 设 $f(x)=\begin{cases}x-2, x<0\\ 0, \quad x=0\\ x+3, x>0\end{cases}$，则 $\lim\limits_{x\to 0^+} f(x)=(\quad)$.

A. 2　　B. -2　　C. 5　　D. 3

二、根据函数的图形求下列极限.

1. $\lim\limits_{x\to\infty}\dfrac{1}{1-x}$；　　2. $\lim\limits_{x\to-\infty} 2^x$；

3. $\lim\limits_{x\to 1}\dfrac{x^2-1}{x-1}$；　　4. $\lim\limits_{x\to 0}\arcsin x$.

三、设 $f(x)=\begin{cases}-x^2, & x<0\\ x, & x\geqslant 0\end{cases}$，画出 $f(x)$ 的图形，求 $\lim\limits_{x\to 0^-} f(x)$ 及 $\lim\limits_{x\to 0^+} f(x)$，并讨论 $\lim\limits_{x\to 0} f(x)$ 是否存在.

习题 2.3

一、选择题.

1. 极限 $\lim\limits_{x\to 0}\dfrac{\sqrt{1+x}-1}{x}=(\quad)$.

A. 0　　B. 1　　C. ∞　　D. $\dfrac{1}{2}$

2. 极限 $\lim\limits_{x\to\infty}\dfrac{4x^3-x+2}{5x^3+x^2+x}=(\quad)$.

A. 2　　B. 1　　C. ∞　　D. $\dfrac{4}{5}$

3. 极限 $\lim\limits_{x\to\infty}\dfrac{2^x-1}{3^x+1}=(\quad)$.

A. 0　　B. 1　　C. ∞　　D. $\dfrac{2}{3}$

4. 极限 $\lim\limits_{n\to\infty}\left(1+\dfrac{1}{3}+\dfrac{1}{3^2}+\dfrac{1}{3^3}+\cdots+\dfrac{1}{3^n}\right)=(\quad)$.

A. $\dfrac{3}{2}$　　B. 1　　C. ∞　　D. $\dfrac{2}{3}$

二、求下列极限.

1. $\lim\limits_{x\to 2}(x^2-2x+3)$；　　2. $\lim\limits_{x\to 1}\dfrac{x^2-1}{x+1}$；

3. $\lim\limits_{x\to 1}\left(1-\dfrac{x^2-1}{x-1}\right)$；　　4. $\lim\limits_{x\to 1}\dfrac{x^3-1}{x^2-1}$；

5. $\lim\limits_{x\to -1}\dfrac{x+1}{x^2-x-2}$；　　6. $\lim\limits_{x\to 1}\dfrac{x^3-1}{x^3+2x^2+2x+1}$；

7. $\lim\limits_{x\to \infty}\left(2-\dfrac{1}{x}+\dfrac{1}{x^2}\right)$；　　8. $\lim\limits_{x\to \infty}\dfrac{2x^2+1}{3x^2+x-2}$；

9. $\lim\limits_{x\to 1}\left(\dfrac{1}{x-1}-\dfrac{2}{x^2-1}\right)$；　　10. $\lim\limits_{x\to \infty}\left(\dfrac{x^3}{2x^2-1}-\dfrac{x^2}{2x+1}\right)$.

习题 2.4

一、选择题.

1. 下列各式中正确的是（　　）.

A. $\lim\limits_{x\to 0}\dfrac{x}{\sin x}=0$　　B. $\lim\limits_{x\to \infty}\dfrac{\sin x}{x}=1$

C. $\lim\limits_{x\to 0}\dfrac{\sin x}{x}=1$　　D. $\lim\limits_{x\to \infty}\dfrac{x}{\sin x}=1$

2. 下列极限计算正确的是（　　）.

A. $\lim\limits_{x\to 0}\left(1+\dfrac{1}{x}\right)^x=\mathrm{e}$　　B. $\lim\limits_{x\to \infty}(1+x)^{\frac{1}{x}}=\mathrm{e}$

C. $\lim\limits_{x\to\infty} x\sin\frac{1}{x}=1$　　D. $\lim\limits_{x\to\infty}\frac{\sin x}{x}=1$

3. $\lim\limits_{x\to 0}\frac{\sin 5x}{\sin 3x}=$(　　).

A. $\frac{5}{3}$　　B. 1　　C. ∞　　D. $\frac{4}{5}$

4. $\lim\limits_{x\to 0} x\cdot\cot 2x=$(　　).

A. $\frac{5}{2}$　　B. $\frac{1}{2}$　　C. ∞　　D. $\frac{4}{5}$

5. $\lim\limits_{x\to\infty}(1+\frac{2}{x})^{2x}=$(　　).

A. e^4　　B. e^2　　C. ∞　　D. 1

二、求下列各极限.

1. $\lim\limits_{x\to 0}\frac{\sin ax}{bx}$;　　2. $\lim\limits_{x\to 0}\frac{\tan 5x}{\sin 2x}$;

3. $\lim\limits_{x\to 0}\frac{x-\sin x}{x+\sin x}$;　　4. $\lim\limits_{x\to -1}\frac{\sin^2(x+1)}{x+1}$.

三、求下列各极限.

1. $\lim\limits_{x\to\infty}\left(1+\frac{5}{x}\right)^{x}$;　　2. $\lim\limits_{x\to 0}(1-3x)^{\frac{1}{x}+1}$;

3. $\lim\limits_{x\to\infty}\left(\frac{2x-1}{2x+1}\right)^{x+1}$；　　4. $\lim\limits_{x\to\infty}\left(\frac{x}{1+x}\right)^{-x}$.

四、已知 $f(x)=\begin{cases}\frac{\sin 2x}{x}+1, & x<0\\ x^2+a, & x\geqslant 0\end{cases}$，求常数 a，使 $\lim\limits_{x\to 0}f(x)$ 存在. 并求此极限.

习题 2.5

一、选择题.

1. 函数 $y=f(x)$ 在点 $x=x_0$ 处有定义是 $f(x)$ 在点 $x=x_0$ 处连续的（　　）.

A. 必要条件　　B. 充分条件　　C. 充要条件　　D. 无关条件

2. 函数 $f(x)=\sqrt{x(x-1)}+\frac{x^2-1}{(x+1)(x+2)}$ 的间断点的个数是（　　）.

A. 0　　B. 2　　C. 1　　D. 3

3. 函数 $y=x^2+1$ 在区间 $(-1,1)$ 内的最大值是（　　）.

A. 0　　B. 2　　C. 1　　D. 不存在

4. 方程 $x^3+2x^2-x-2=0$ 在 $(-3,2)$ 内（　　）.

A. 恰有一个实根　　B. 恰有两个实根　　C. 至少有一个实根　　D. 无实根

二、已知函数 $y=f(x)=x^2+2x-5$，求 $x=1$，$\Delta x=0.01$ 时函数的增量 Δy.

三、试讨论函数 $f(x)=|x|$ 在 $x=0$ 处的连续性.

四、讨论函数 $f(x)=\begin{cases} x+1, & x<0 \\ 1, & x=0 \\ x^2-1, & x>0 \end{cases}$ 在 $x=0$ 处的连续性.

五、试用连续的定义证明函数 $f(x)=\cos x$ 在其定义域内连续.

六、求函数 $f(x)=\dfrac{x^2+1}{x^2-1}$ 的连续区间.

七、求函数 $f(x)=\begin{cases} x, & -1<x<1 \\ 4, & x=1 \\ 5-x, & 1<x<4 \end{cases}$ 的连续区间.

八、求下列函数的间断点，并指出类别.

1. $y=2^{\frac{1}{x-1}}$；　　2. $y=\begin{cases} x-1, & x\leqslant 0 \\ x^2, & x>0 \end{cases}$.

九、用函数的连续性求下列各极限.

1. $\lim\limits_{x\to 1}\dfrac{\sqrt{3x^2+2x-1}}{2x-1}$； 2. $\lim\limits_{x\to \frac{\pi}{2}}\tan\sin x$；

3. $\lim\limits_{x\to 0}\dfrac{x\sin x}{x+1}$； 4. $\lim\limits_{x\to 0}\dfrac{\ln(1-x)}{x}$；

5. $\lim\limits_{x\to 1}\arctan\sqrt{\dfrac{x^2+1}{x+1}}$； 6. $\lim\limits_{x\to 0}\dfrac{x\ln(1+x)}{\sqrt{1+x^2}-1}$.

十、试证明：方程 $x^3+2x^2-1=0$ 在区间(0,1)内至少有一个实根.

总习题 2

一、选择题.

1. 数列$\{x_n\}$有界是数列$\{x_n\}$收敛的(　　).

A. 必要条件　　B. 充分条件　　C. 充要条件　　D. 无关条件

2. 函数 $f(x)$在 x_0 处连续是$\lim\limits_{x\to x_0}f(x)$存在的(　　).

A. 必要条件　　B. 充分条件　　C. 充要条件　　D. 无关条件

3. 函数 $f(x)=\begin{cases}2x, 0\leqslant x<1\\ 3-x, 1<x\leqslant 2\end{cases}$ 的连续区间是(　　).

A. $[0,2]$　　B. $[0,1]$　　C. $[0,1)\cup(1,2]$　　D. $(1,2]$

4. 函数 $f(x)=\begin{cases}2x, 0\leqslant x<1\\ a-3x, 1\leqslant x<2\end{cases}$ 在点 $x=1$ 处连续，则 $a=$(　　).

A. 2　　B. 5　　C. 3　　D. 4

5. 下列说法不正确的是(　　).

A. 无穷大数列一定是无界的　　B. 无界数列不一定是无穷大数列

C. 有极限的数列一定有界　　D. 有界数列一定有极限

二、下列极限是否存在？为什么？

1. $\lim\limits_{x\to+\infty}\sin x$；　　2. $\lim\limits_{x\to\infty}\arctan x$；

3. $\lim\limits_{x\to 0}\cos\dfrac{1}{x}$；　　4. $\lim\limits_{x\to+\infty}e^{-x}$.

三、设 $f(x)=\begin{cases}x^2, & x<1\\ x+1, & x\geqslant 1\end{cases}$.

1. 作函数 $y=f(x)$ 的图形；

2. 根据图形求极限 $\lim\limits_{x\to 1^-}f(x)$ 与 $\lim\limits_{x\to 1^+}f(x)$；

3. 当 $x\to 1$ 时，$f(x)$ 有极限吗？

四、计算下列极限.

1. $\lim\limits_{x\to 2}\dfrac{x^2+5}{x-3}$；　　2. $\lim\limits_{x\to\sqrt{3}}\dfrac{x^2-3}{x^2+1}$；　　3. $\lim\limits_{x\to 1}\dfrac{x^2-2x+1}{x^2-1}$；

4. $\lim\limits_{x\to 0}\dfrac{4x^3-2x^2+x}{3x^2+2x}$； 5. $\lim\limits_{h\to 0}\dfrac{(x+h)^2-x^2}{h}$； 6. $\lim\limits_{x\to\infty}\left(2-\dfrac{1}{x}+\dfrac{1}{x^2}\right)$；

7. $\lim\limits_{x\to\infty}\dfrac{x^2-1}{2x^2-x-1}$； 8. $\lim\limits_{x\to\infty}\dfrac{x^2+x}{x^4-3x^2-1}$； 9. $\lim\limits_{x\to 4}\dfrac{x^2-6x+8}{x^2-5x+4}$；

10. $\lim\limits_{x\to\infty}\left(1+\dfrac{1}{x}\right)\left(2-\dfrac{1}{x^2}\right)$； 11. $\lim\limits_{n\to\infty}\left(1+\dfrac{1}{2}+\dfrac{1}{4}+\cdots+\dfrac{1}{2^n}\right)$；

12. $\lim\limits_{n\to\infty}\dfrac{1+2+3+\cdots+(n-1)}{n^2}$； 13. $\lim\limits_{n\to\infty}\dfrac{(n+1)(n+2)(n+3)}{5n^3}$；

14. $\lim\limits_{x\to 1}\left(\dfrac{1}{1-x}-\dfrac{3}{1-x^3}\right)$； 15. $\lim\limits_{x\to\infty}\dfrac{x^2+1}{1-x^3}(4+\cos x)$.

五、求下列极限.

1. $\lim\limits_{x\to 0}\dfrac{\sin ax}{\sin bx}\ (b\neq 0)$；　2. $\lim\limits_{x\to 0}\dfrac{\tan x-\sin x}{x^3}$；　3. $\lim\limits_{x\to 0}\dfrac{1-\cos x}{x\sin x}$；

4. $\lim\limits_{x\to 0}\dfrac{2x-\tan x}{\sin x}$；　5. $\lim\limits_{x\to 0}\dfrac{\arcsin x}{x}$；　6. $\lim\limits_{n\to\infty}2^n\sin\dfrac{x}{2^n}$（$x$ 为不等于零的常数）.

六、求下列极限.

1. $\lim\limits_{x\to\infty}\left(1+\dfrac{2}{x}\right)^x$；　2. $\lim\limits_{t\to\infty}\left(1-\dfrac{1}{t}\right)^t$；　3. $\lim\limits_{x\to\infty}\left(1+\dfrac{1}{x}\right)^{x+3}$；

4. $\lim\limits_{x\to 0}(1+\tan x)^{\cot x}$；　5. $\lim\limits_{x\to\infty}\left(\dfrac{x+a}{x-a}\right)^x$；　6. $\lim\limits_{x\to\infty}\left(\dfrac{x^2+2}{x^2+1}\right)^{x^2+1}$；

7. $\lim\limits_{n\to\infty}\left(1-\dfrac{1}{n^2}\right)^n$.

七、利用等价无穷小的性质求下列极限.

1. $\lim\limits_{x\to 0}\dfrac{\sin 2x}{\sin 3x}$；

2. $\lim\limits_{x\to 0}\dfrac{\sin 2x}{\arctan x}$；

3. $\lim\limits_{x\to 0}\dfrac{\sin x^n}{(\sin x)^m}$（$m,n$ 为正整数）；

4. $\lim\limits_{x\to 0^+}\dfrac{x}{\sqrt{1-\cos x}}$.

八、证明：当 $x\to 0$ 时，$\arcsin x\sim x$，$\arctan x\sim x$.

九、研究下列函数的连续性，并画出函数的图形.

1. $f(x)=\dfrac{x}{x}$；

2. $f(x)=\begin{cases} x^2, & 0\leqslant x\leqslant 1 \\ 2-x, & 1<x\leqslant 2 \end{cases}$；

3. $f(x)=\begin{cases} x^2, & |x|\leqslant 1 \\ x, & |x|>1 \end{cases}$；

4. $\varphi(x)=\begin{cases} |x|, & x\neq 0 \\ 1, & x=0 \end{cases}$.

十、a 为何值时，函数 $f(x)=\begin{cases} e^x, & 0\leqslant x\leqslant 1 \\ a+x, & 1<x\leqslant 2 \end{cases}$ 在[0,2]上连续？

十一、求下列极限.

1. $\lim\limits_{x\to 0}\sqrt{x^2-2x+5}$；

2. $\lim\limits_{x\to \frac{\pi}{4}}(\sin 2x)^3$；

3. $\lim\limits_{x\to 0}\dfrac{\sin 5x-\sin 3x}{\sin x}$；

4. $\lim\limits_{x\to a}\dfrac{\sin x-\sin a}{x-a}$；

5. $\lim\limits_{x\to b}\dfrac{a^x-a^b}{x-b}(a>0)$；

6. $\lim\limits_{x\to 0}\dfrac{\ln(1+3x)}{x}$；

7. $\lim\limits_{x\to 0}\dfrac{\sin x}{x^2+x}$；

8. $\lim\limits_{x\to 0}\dfrac{\sqrt{x+1}-1}{x}$；

9. $\lim\limits_{x\to -\infty}(x^3+2x-1)$；

10. $\lim\limits_{x\to 2}\dfrac{3-\sqrt{x+7}}{x^2-4}$；

11. $\lim\limits_{x\to +\infty}\dfrac{\sqrt{x+\sqrt{x+\sqrt{x}}}}{\sqrt{x+1}}$；

12. $\lim\limits_{x\to 0}\dfrac{\ln(a+x)-\ln a}{x}$.

十二、设 $f(x)$ 在闭区间 $[a,b]$ 上连续，$x_1,x_2,\cdots,x_n$ 是 $[a,b]$ 内的 n 个点，证明：$\exists\,\xi\in[a,b]$，使

$$f(\xi)=\frac{f(x_1)+f(x_2)+\cdots+f(x_n)}{n}.$$

第3章 导数与微分

3.1 典型例题

【例 3-1】 求 $f(x)=\dfrac{1}{x}$的导数.

解 $f'(x)=\lim\limits_{h\to 0}\dfrac{f(x+h)-f(x)}{h}=\lim\limits_{h\to 0}\dfrac{\dfrac{1}{x+h}-\dfrac{1}{x}}{h}$

$$=\lim_{h\to 0}\frac{-h}{h(x+h)x}=-\lim_{h\to 0}\frac{1}{(x+h)x}=-\frac{1}{x^2}.$$

【例 3-2】 求 $f(x)=\sqrt{x}$的导数.

解 $f'(x)=\lim\limits_{h\to 0}\dfrac{f(x+h)-f(x)}{h}=\lim\limits_{h\to 0}\dfrac{\sqrt{x+h}-\sqrt{x}}{h}$

$$=\lim_{h\to 0}\frac{h}{h(\sqrt{x+h}+\sqrt{x})}=\lim_{h\to 0}\frac{1}{\sqrt{x+h}+\sqrt{x}}=\frac{1}{2\sqrt{x}}.$$

【例 3-3】 求函数 $f(x)=|x|$在 $x=0$ 处的导数.

解
$$f'_-(0)=\lim_{h\to 0^-}\frac{f(0+h)-f(0)}{h}=\lim_{h\to 0^-}\frac{|h|}{h}=-1,$$
$$f'_+(0)=\lim_{h\to 0^+}\frac{f(0+h)-f(0)}{h}=\lim_{h\to 0^+}\frac{|h|}{h}=1,$$
因为 $f'_-(0)\neq f'_+(0)$,所以函数 $f(x)=|x|$在 $x=0$ 处不可导.

【例 3-4】 求双曲线 $y=\dfrac{1}{x}$在点$\left(\dfrac{1}{2},2\right)$处的切线的斜率,并写出在该点处的切线方程和法线方程.

解 $y'=-\dfrac{1}{x^2}$,所求切线及法线的斜率分别为

$$k_1=-\frac{1}{x^2}\bigg|_{x=\frac{1}{2}}=-4,k_2=-\frac{1}{k_1}=\frac{1}{4}$$

所求切线方程为 $y-2=-4\left(x-\dfrac{1}{2}\right)$,即 $4x+y-4=0$.

所求法线方程为 $y-2=\dfrac{1}{4}\left(x-\dfrac{1}{2}\right)$,即 $2x-8y+15=0$.

【例 3-5】 求曲线 $y=x\sqrt{x}$的通过点$(0,-4)$的切线方程.

解 设切点的横坐标为 x_0,则切线的斜率为

$$f'(x_0)=(x^{\frac{3}{2}})'\bigg|_{x=x_0}=\frac{3}{2}x^{\frac{1}{2}}\bigg|_{x=x_0}=\frac{3}{2}\sqrt{x_0},$$

于是所求切线的方程可设为

$$y-x_0\sqrt{x_0}=\frac{3}{2}\sqrt{x_0}(x-x_0),$$

根据题目要求，点(0，−4)在切线上，因此

$$-4-x_0\sqrt{x_0}=\frac{3}{2}\sqrt{x_0}(0-x_0),$$

解之，得 $x_0=4$，于是所求切线的方程为

$$y-4\sqrt{4}=\frac{3}{2}\sqrt{4}(x-4)\text{，即 } 3x-y-4=0.$$

【例 3-6】 $y=2x^3-5x^2+3x-7$，求 y'.

解 $y'=(2x^3-5x^2+3x-7)'=(2x^3)'-(5x^2)'+(3x)'-(7)'=2(x^3)'-5(x^2)'+3(x)'$

$=2\cdot 3x^2-5\cdot 2x+3=6x^2-10x+3.$

【例 3-7】 $f(x)=x^3+4\cos x-\sin\frac{\pi}{2}$，求 $f'(x)$ 及 $f'\left(\frac{\pi}{2}\right)$.

解

$$f'(x)=(x^3)'+(4\cos x)'-\left(\sin\frac{\pi}{2}\right)'=3x^2-4\sin x,$$

$$f'\left(\frac{\pi}{2}\right)=\frac{3}{4}\pi^2-4.$$

【例 3-8】 $y=e^x(\sin x+\cos x)$，求 y'.

解 $y'=(e^x)'(\sin x+\cos x)+e^x(\sin x+\cos x)'$

$=e^x(\sin x+\cos x)+e^x(\cos x-\sin x)$

$=2e^x\cos x.$

【例 3-9】 $y=\tan x$，求 y'.

解 $y'=(\tan x)'=\left(\frac{\sin x}{\cos x}\right)'=\frac{(\sin x)'\cos x-\sin x(\cos x)'}{\cos^2 x}$

$=\frac{\cos^2 x+\sin^2 x}{\cos^2 x}=\frac{1}{\cos^2 x}=\sec^2 x.$

即

$$(\tan x)'=\sec^2 x.$$

【例 3-10】 $y=\sec x$，求 y'.

解 $y'=(\sec x)'=\left(\frac{1}{\cos x}\right)'=\frac{(1)'\cos x-1\cdot(\cos x)'}{\cos^2 x}$

$=\frac{\sin x}{\cos^2 x}=\sec x\tan x.$

即

$$(\sec x)'=\sec x\tan x.$$

【例 3-11】 设 $x=a^y(a>0,a\neq 1)$为直接函数，则 $y=\log_a x$ 是它的反函数. 函数 $x=a^y$ 在区间 $I_y=(-\infty,+\infty)$内单调、可导，且

$$(a^y)'=a^y\ln a\neq 0.$$

因此，由反函数的求导法则，在对应区间 $I_x=(0,+\infty)$内有

$$(\log_a x)'=\frac{1}{(a^y)'}=\frac{1}{a^y\ln a}=\frac{1}{x\ln a}.$$

【例 3-12】 $y=e^{x^3}$，求 $\frac{dy}{dx}$.

解 函数 $y=e^{x^3}$ 可看作是由 $y=e^u, u=x^3$ 复合而成的，因此

$$\frac{dy}{dx}=\frac{dy}{du}\cdot\frac{du}{dx}=e^u\cdot 3x^2=3x^2e^{x^3}.$$

【例 3-13】 $y=\ln\sin x$，求 $\frac{dy}{dx}$.

解 $\frac{dy}{dx}=(\ln\sin x)'=\frac{1}{\sin x}\cdot(\sin x)'=\frac{1}{\sin x}\cdot\cos x=\cot x.$

【例 3-14】 $y=\ln\cos(e^x)$，求 $\frac{dy}{dx}$.

解 $$\frac{dy}{dx}=[\ln\cos(e^x)]'=\frac{1}{\cos(e^x)}\cdot[\cos(e^x)]'$$

$$=\frac{1}{\cos(e^x)}\cdot[-\sin(e^x)]\cdot(e^x)'=-e^x\tan(e^x).$$

【例 3-15】 $y=e^{\sin\frac{1}{x}}$，求 $\frac{dy}{dx}$.

解 $$\frac{dy}{dx}=(e^{\sin\frac{1}{x}})'=e^{\sin\frac{1}{x}}\cdot\left(\sin\frac{1}{x}\right)'=e^{\sin\frac{1}{x}}\cdot\cos\frac{1}{x}\cdot\left(\frac{1}{x}\right)'$$

$$=-\frac{1}{x^2}\cdot e^{\sin\frac{1}{x}}\cdot\cos\frac{1}{x}.$$

【例 3-16】 $y=\sin nx\cdot\sin^n x$（n 为常数），求 y'.

解 $$y'=(\sin nx)'\sin^n x+\sin nx\cdot(\sin^n x)'$$

$$=n\cos nx\cdot\sin^n x+\sin nx\cdot n\cdot\sin^{n-1}x\cdot(\sin x)'$$

$$=n\cos nx\cdot\sin^n x+n\sin^{n-1}x\cdot\cos x\cdot\sin x$$

$$=n\sin^{n-1}x\cdot\sin(n+1)x.$$

【例 3-17】 求函数 $y=e^x$ 的 n 阶导数.

解 $y'=e^x, y''=e^x, y'''=e^x, y^{(4)}=e^x$，

一般地，可得

$$y^{(n)}=e^x,$$

即

$$(e^x)^{(n)}=e^x.$$

【例 3-18】 求由方程 $e^y+xy-e=0$ 所确定的隐函数 y 的导数.

解 方程两边的每一项对 x 求导数得

$$(e^y)'+(xy)'-(e)'=(0)',$$

即

$$e^y\cdot y'+y+xy'=0,$$

从而

$$y'=-\frac{y}{x+e^y}\ (x+e^y\neq 0).$$

【例 3-19】 求由方程 $y^5+2y-x-3x^7=0$ 所确定的隐函数 $y=f(x)$ 在 $x=0$ 处的导数 $y'|_{x=0}$.

解 把方程两边分别对 x 求导数得

$$5y^4\cdot y'+2y'-1-21x^6=0,$$

由此得

$$y'=\frac{1+21x^6}{5y^4+2}.$$

因为当 $x=0$ 时，从原方程得 $y=0$，所以

$$y'\bigg|_{x=0}=\frac{1+21x^6}{5y^4+2}\bigg|_{x=0}=\frac{1}{2}.$$

【例 3-20】 求椭圆$\frac{x^2}{16}+\frac{y^2}{9}=1$在$\left(2,\frac{3}{2}\sqrt{3}\right)$处的切线方程.

解 椭圆方程的两边分别对 x 求导,得

$$\frac{x}{8}+\frac{2}{9}y\cdot y'=0,$$

从而

$$y'=-\frac{9x}{16y}.$$

当 $x=2$ 时,$y=\frac{3}{2}\sqrt{3}$,代入上式得所求切线的斜率

$$k=y'\bigg|_{x=2}=-\frac{\sqrt{3}}{4},$$

所求的切线方程为

$$y-\frac{3}{2}\sqrt{3}=-\frac{\sqrt{3}}{4}(x-2).$$

即

$$\sqrt{3}x+4y-8\sqrt{3}=0.$$

【例 3-21】 求由方程 $x-y+\frac{1}{2}\sin y=0$ 所确定的隐函数 y 的二阶导数.

解 方程两边对 x 求导,得

$$1-\frac{dy}{dx}+\frac{1}{2}\cos y\cdot\frac{dy}{dx}=0,$$

于是

$$\frac{dy}{dx}=\frac{2}{2-\cos y}.$$

上式两边再对 x 求导,得

$$\frac{d^2y}{dx^2}=\frac{-2\sin y\cdot\frac{dy}{dx}}{(2-\cos y)^2}=\frac{-4\sin y}{(2-\cos y)^3}.$$

【例 3-22】 求函数 $y=x^2$ 在 $x=1$ 和 $x=3$ 处的微分.

解 函数 $y=x^2$ 在 $x=1$ 处的微分为

$$dy=(x^2)'|_{x=1}\Delta x=2\Delta x;$$

函数 $y=x^2$ 在 $x=3$ 处的微分为

$$dy=(x^2)'|_{x=3}\Delta x=6\Delta x.$$

【例 3-23】 $y=\sin(2x+1)$,求 dy.

解 把 $2x+1$ 看成中间变量 u,则

$$\begin{aligned}dy&=d(\sin u)=\cos u\,du\\&=\cos(2x+1)d(2x+1)\\&=\cos(2x+1)\cdot 2dx\\&=2\cos(2x+1)dx.\end{aligned}$$

在求复合函数的导数时,可以不写出中间变量.

【例 3-24】 $y=\ln(1+e^{x^2})$,求 dy.

解

$$dy=d\ln(1+e^{x^2})=\frac{1}{1+e^{x^2}}d(1+e^{x^2})$$

$$=\frac{1}{1+e^{x^2}}\cdot e^{x^2}\,d(x^2)=\frac{1}{1+e^{x^2}}\cdot e^{x^2}\cdot 2x\,dx=\frac{2xe^{x^2}}{1+e^{x^2}}dx.$$

【例 3-25】 在括号中填入适当的函数,使等式成立.

(1)d(　　)$=x\mathrm{d}x$;

(2)d(　　)$=\cos\omega t\,\mathrm{d}t$.

解 (1)因为 $\mathrm{d}(x^2)=2x\mathrm{d}x$,所以 $x\mathrm{d}x=\frac{1}{2}\mathrm{d}(x^2)=\mathrm{d}\left(\frac{1}{2}x^2\right)$,即 $\mathrm{d}\left(\frac{1}{2}x^2\right)=x\mathrm{d}x$.

一般地,有 $\mathrm{d}\left(\frac{1}{2}x^2+C\right)=x\mathrm{d}x$($C$ 为任意常数).

(2)因为 $\mathrm{d}(\sin\omega t)=\omega\cos\omega t\,\mathrm{d}t$,所以

$$\cos\omega t\,\mathrm{d}t=\frac{1}{\omega}\mathrm{d}(\sin\omega t)=\mathrm{d}\left(\frac{1}{\omega}\sin\omega t\right).$$

因此 $$\mathrm{d}\left(\frac{1}{\omega}\sin\omega t+C\right)=\cos\omega t\,\mathrm{d}t\ (C\text{ 为任意常数}).$$

3.2 同步训练

习题 3.1

1. 设函数 $f(x)=x^2$,则 $\lim\limits_{x\to 2}\frac{f(x)-f(2)}{x-2}=$(　　).

A. $2x$　　B. 2　　C. 1　　D. 4

2. 若 $f\left(\frac{1}{x}\right)=x$,则 $f'(x)=$(　　).

A. $\frac{1}{x}$　　B. $-\frac{1}{x}$　　C. $\frac{1}{x^2}$　　D. $-\frac{1}{x^2}$

3. 函数 $f(x)=\sqrt{x}$,在点 $x=1$ 处的切线方程是(　　).

A. $2y-x=1$　　B. $2y-x=2$　　C. $y-2x=1$　　D. $y-2x=2$

4. 用导数定义求函数 $f(x)=e^x$ 的导数 $f'(x)$.

5. 讨论函数 $y=|x|$ 在点 $x=0$ 处的可导性.

6. 求曲线 $y=e^x$ 在点(1,e)处的切线和法线方程.

7. 设函数 $f(x)=\begin{cases} x^2, & x\leqslant 1 \\ ax+b, & x>1 \end{cases}$ 在点 $x=1$ 处可导,问 a,b 分别应取什么值?

习题 3.2

1. 曲线 $y=\frac{1}{2}(x+\sin x)$ 在 $x=0$ 处的切线方程为(　　).

A. $y=x$　　B. $y=-x$　　C. $y=x-1$　　D. $y=-x-1$

2. 若 $f(x)=e^{-x}\cos x$,则 $f'(0)=$(　　).

A. 2　　B. 1　　C. -1　　D. -2

3. 若 $y=(x-1)x(x+1)(x+2)$,则 $y'(0)=$(　　).

A. 0　　B. -2　　C. 1　　D. 2

4. 若 $f(x)=\cos(x^2)$,则 $f'(x)=$(　　).

A. $\sin(x^2)$　　B. $2x\sin(x^2)$　　C. $-\sin(x^2)$　　D. $-2x\sin(x^2)$

5. 若 $f(x)=\sin x+a^3$,其中 a 是常数,则 $f''(x)=$(　　).

A. $\cos x+3a^2$　　B. $\sin x+6a$　　C. $-\sin x$　　D. $\cos x$

6. 若 $f(x)=x\cos x$,则 $f''(x)=$(　　).

A. $\cos x+x\sin x$　　B. $\cos x-x\sin x$　　C. $-2\sin x-x\cos x$　　D. $2\sin x+x\cos x$

7. 求下列函数的导数.

(1) $y=\sqrt{x}+\sin x+5$;　　(2) $y=\sqrt{x}\sin x$;

(3)$y=5\log_2 x-2x^4$；　　(4)$y=\sec x+2^x+x^3$；

(5)$y=(2x^2-3)^2$；　　(6)$y=\tan(3x+2)$；

(7)$y=\sin^3\dfrac{x}{3}$；　　(8)$y=(x\cot x)^2$.

8. 已知函数 $y=y(x)$ 由方程 $xy+\ln y=1$ 确定,试求 y'.

9. 求由下列方程所确定的隐函数的导数 y'.

(1)$xy+3x^2-5y-7=0$；　　(2)$xy=e^{x+y}$.

10. 求 $y=a_0x^n+a_1x^{n-1}+\cdots+a_{n-1}x+a_n$ 的 n 阶导数 $y^{(n)}$.

习题 3.3

1. 设 $y=\lg 2x$，则 $dy=$(　　).

A. $\frac{1}{2x}dx$　　B. $\frac{1}{x\ln 10}dx$　　C. $\frac{\ln 10}{x}dx$　　D. $\frac{1}{x}dx$

2. 设 $y=f(x)$是可微函数，则 $df(\cos 2x)=$(　　).

A. $2f'(\cos 2x)dx$　　B. $f'(\cos 2x)\sin 2x d2x$

C. $2f'(\cos 2x)\sin 2x dx$　　D. $-f'(\cos 2x)\sin 2x d2x$

3. 已知函数 $y=\ln(1+2x)$，求当 $x_0=1,\Delta x=0.003$ 时的微分.

4. 求下列函数的微分.

(1) $y=x^2+3\tan x+e^x$；　　(2) $y=e^x\cos x$；

(3) $y=\frac{\sin x}{1+x^2}$；　　(4) $y=\frac{1}{2}\arcsin(2x)$；

(5) $y=\ln^2(1-x)$；　　(6) $y=x^2e^{2x\sin x}$.

5. 求下列方程所确定的隐函数 $y=y(x)$或 $x=x(y)$的微分.

(1) $\frac{x^2}{a^2}+\frac{y^2}{b^2}=1$；　　(2) $\cos(xy)=x^2y^2$.

6. 由方程 $\cos(x+y)+e^y=x$ 确定 y 是 x 的隐函数，求 dy.

总习题 3

一、选择题

1. 函数 $f(x)$ 的 $f'(x_0)$ 存在等价于(　　).

A. $\lim\limits_{n\to\infty}n\left[f\left(x_0+\frac{1}{n}\right)-f(x_0)\right]$存在　　B. $\lim\limits_{h\to 0}\frac{f(x_0-h)-f(x_0)}{h}$存在

C. $\lim\limits_{\Delta x\to 0}\frac{f(x_0+\Delta x)-f(x_0-\Delta x)}{\Delta x}$存在　　D. $\lim\limits_{\Delta x\to 0}\frac{f(x_0+3\Delta x)-f(x_0+\Delta x)}{\Delta x}$存在

2. 若函数 $f(x)$ 在点 x_0 处可导，则 $|f(x)|$ 在点 x_0 处(　　).

A. 可导　　B. 不可导　　C. 连续但未必可导　　D. 不连续

3. 设 $y=x\sin x$，则 $f'\left(\frac{\pi}{2}\right)=$(　　).

A. -1　　B. 1　　C. $\frac{\pi}{2}$　　D. $-\frac{\pi}{2}$

4. 已知 $f'(3)=2$，$\lim\limits_{h\to 0}\frac{f(3-h)-f(3)}{2h}=$(　　).

A. $\frac{3}{2}$　　B. $-\frac{3}{2}$　　C. 1　　D. -1

5. 设 $f(x)=\ln(x^2+x)$，则 $f'(x)=$(　　).

A. $\frac{2}{x+1}$　　B. $\frac{2}{x^2+x}$　　C. $\frac{2x+1}{x^2+x}$　　D. $\frac{2x}{x^2+x}$

6. 设 $f(x)$ 为偶函数且在 $x=0$ 处可导，则 $f'(0)=$(　　).

A. 1　　B. -1

C. 0　　D. A、B、C 三选项均不对

7. 设 $y=x\ln x$，则 $y^{(3)}=$(　　).

A. $\ln x$　　B. x　　C. $\frac{1}{x^2}$　　D. $-\frac{1}{x^2}$

8. 设 $y=f(-x)$，则 $y'=$(　　).

A. $f'(x)$　　B. $-f'(x)$　　C. $f'(-x)$　　D. $-f'(-x)$

9. 若两个函数 $f(x)$，$g(x)$ 在区间 (a,b) 内各点的导数相等，则这两个函数在区间 (a,b) 内(　　).

A. $f(x)-g(x)=x$　　B. 相等　　C. 仅相差一个常数　　D. 均为常数

10. 已知一个质点作变速直线运动的位移函数为 $S=3t^2+e^{2t}$，t 为时间，则在时刻 $t=2$ 处的速度和加速度分别为(　　).

A. $12+2e^4, 6+4e^4$　　B. $12+2e^4, 12+2e^4$

C. $6+4e^4, 6+4e^4$　　D. $12+e^4, 6+e^4$

11. 设 $y=\cos x^2$，则 $dy=$(　　).

A. $-2x\cos x^2 dx$　　B. $2x\cos x^2 dx$

C. $-2x\sin x^2 dx$　　D. $2x\sin x^2 dx$

12. 设 $y=f(u)$是可微函数，u 是 x 的可微函数，则 $dy=$(　　).

A. $f'(u)u dx$　　B. $f'(u)du$　　C. $f'(u)dx$　　D. $f'(u)u' du$

二、填空题

1. 设 $f(x)$在 x_0 处可导，则 $\lim\limits_{\Delta x\to 0}\dfrac{f(x_0-\Delta x)-f(x_0)}{\Delta x}=$__________，

$\lim\limits_{h\to 0}\dfrac{f(x_0+h)-f(x_0-h)}{h}=$__________.

2. 若 $f'(0)$存在且 $f(0)=0$，则$\lim\limits_{x\to 0}\dfrac{f(x)}{x}=$__________.

3. 已知 $f(x)=\begin{cases} x^2, & x\geqslant 0 \\ -x^2, & x<0 \end{cases}$，则 $f'(0)=$__________.

4. 填写下列空格.

(1)$(\sqrt{2})'=$__________；　　(2)$(x^{\mu})'=$__________，其中 μ 为实常数；

(3)$(e^x)'=$__________；　　(4)$(2^x)'=$__________；

(5)$(\ln x)'=$__________；　　(6)$(\log_a x)'=$__________，$a>0$ 且 $a\neq 1$；

(7)$(\sin x)'=$__________；　　(8)$(\cos x)'=$__________；

(9)$(\tan x)'=$__________；　　(10)$(\cot x)'=$__________；

(11)$(\arcsin x)'=$__________；　　(12)$(\arccos x)'=$__________；

(13)$(\arctan x)'=$__________；　　(14)$(\text{arccot}\, x)'=$__________；

(15)$(\cos 2x^2)'=$__________；　　(16)$(\cos 2x^2)'_{(2x^2)}=$__________；

(17)$(\cos 2x^2)'_{(x^2)}=$__________；(其中圆括号中的下标表示相对求导变量)

(18)$y=2x^2+\ln x$，则$y''|_{x=1}=$__________；

(19)$y=10^x$，则 $y^{(n)}(0)=$__________.

5. 设 $f(x)=\ln 2x+2e^{\frac{1}{2}x}$，则 $f'(2)=$__________.

6. 设 $f(x)=\ln\cot x$，则 $f'\left(\dfrac{\pi}{4}\right)=$__________.

7. 曲线 $y=\ln x+e^x$ 在 $x=1$ 处的切线方程是__________.

8. 设 $f(x)=\begin{cases} x, x\geqslant 0 \\ \tan x, x<0 \end{cases}$，则 $f(x)$在 $x=0$ 处的导数为__________.

9. 设 $y=e^{\cos x}$，则 $y''=$__________.

10. 设 $y=f\left(\dfrac{1}{x}\right)$，其中 $f(u)$为二阶可导函数，则$\dfrac{d^2y}{dx^2}=$__________.

11. 设 $y=x^3+\ln(1+x)$，则 $dy=$__________.

12. 设由方程 $x^2+y^2-xy=1$ 确定隐函数 $y=y(x)$，则 $y'=$__________.

13. 设 $y=(1-3x)^{100}+3\log_2 x+\sin 2x$，则 $y''=$__________.

14. 设 $f(x)=\begin{cases}\dfrac{\sin x^2}{2x}, & x\neq 0\\ 0, & x=0\end{cases}$，则 $f'(0)=$__________.

15. $2x^2\mathrm{d}x=\mathrm{d}$__________；

16. 设 $y=a^x+\operatorname{arccot}x$，则 $\mathrm{d}y=$__________ $\mathrm{d}x$.

17. d__________ $=\dfrac{1}{\sqrt{x}}\mathrm{d}x$；

18. 设 $y=\mathrm{e}^x\ln x$，则 $\mathrm{d}y=$__________；

19. 设 $y=\mathrm{e}^{\sqrt{\sin 2x}}$，则 $\mathrm{d}y=$__________ $\mathrm{d}(\sin 2x)$.

三、计算题

1. 求下列函数的导数.

(1) $y=x^2(\cos x+\sqrt{x})$；

(2) $y=\dfrac{1-\sqrt{x}}{1+\sqrt{x}}$；

(3) $y=(x-1)(x-2)(x-3)$；

(4) $y=\sqrt[3]{x}\sin x+a^x\mathrm{e}^x$；

(5) $y=x\log_2 x+\ln 2$；

(6) $y=\cot x\arctan x$；

(7) $y=\cos\dfrac{1}{x}$；

(8) $y=\ln\left(\dfrac{1}{x}+\ln\dfrac{1}{x}\right)$；

(9) $y=\ln(1-x)$；　　(10) $y=\ln(x+\sqrt{1+x^2})$.

2. 求曲线 $y=x^4-3$ 在点 $(1,-2)$ 处的切线方程和法线方程.

3. 设 $f(x)=\sqrt{x+\ln^2 x}$，求 $f'(1)$.

4. 设 $f(x)=\pi^x+x^\pi+x^x$，求 $f'(1)$.

5. 已知 $y=x^3+\ln\sin x$，求 y''.

6. 设 $f(x)=x^2\varphi(x)$，且 $\varphi(x)$ 有二阶连续导数，求 $f''(0)$.

7. 设函数 $f(x)=\begin{cases}\sin x+a, x\leqslant 0\\ bx+2, x>0\end{cases}$ 在 $x=0$ 处可导，求常数 a 与 b 的值.

8. 设 $y=\ln(x+\sqrt{x^2+1})$，求 $y'(\sqrt{3})$.

9. 设 $y=\sqrt{\ln x}+\dfrac{1}{2x-1}$，求 $\mathrm{d}y$.

10. 设 $y=x\ln x+\dfrac{1}{\sqrt{x}}$，求$\dfrac{\mathrm{d}y}{\mathrm{d}x}$及$\left.\dfrac{\mathrm{d}y}{\mathrm{d}x}\right|_{x=1}$.

11. 设 $y=f(x)$由方程 $\mathrm{e}^{xy}+y^3-5x=0$ 所确定，试求$\left.\dfrac{\mathrm{d}y}{\mathrm{d}x}\right|_{x=0}$.

12. 设隐函数 $y=f(x)$ 由方程 $x=\ln(x+y)$ 确定，求 $\frac{dy}{dx}$.

13. 设由 $x^2y-e^{2y}=\sin y$ 确定 y 是 x 的函数，求 $\frac{dy}{dx}$.

14. 已知 $y=\sqrt[3]{1+\ln^2 x}$，求 dy.

15. 由方程 $\cos(x^2+y)=xy$ 确定 y 是 x 的隐函数，求 dy.

16. 已知 $f(x)=2^x\cos x+\ln\frac{1-x}{1+x}$，求 dy.

17. 设 $y=x\sqrt{x\sqrt{x}}+\ln x$，求 dy.

第 4 章　中值定理及导数的应用

4.1　典型例题

【例 4-1】　证明当 $x>0$ 时，$\frac{x}{1+x}<\ln(1+x)<x$.

证　设 $f(x)=\ln(1+x)$，显然 $f(x)$ 在区间 $[0,x]$ 上满足拉格朗日中值定理的条件，根据定理，有

$$f(x)-f(0)=f(\xi)(x-0),0<\xi<x.$$

由于 $f(0)=0,f'(x)=\frac{1}{1+x}$，因此上式即为

$$\ln(1+x)=\frac{x}{1+\xi}.$$

又由 $0<\xi<x$，有

$$\frac{x}{1+x}<\ln(1+x)<x.$$

【例 4-2】　求 $\lim\limits_{x\to 0}\frac{\sin ax}{\sin bx}(b\neq 0)$.

解　$\lim\limits_{x\to 0}\frac{\sin ax}{\sin bx}=\lim\limits_{x\to 0}\frac{(\sin ax)'}{(\sin bx)'}=\lim\limits_{x\to 0}\frac{a\cos ax}{b\cos bx}=\frac{a}{b}$.

【例 4-3】　求 $\lim\limits_{x\to 1}\frac{x^3-3x+2}{x^3-x^2-x+1}$.

解　$$\lim_{x\to 1}\frac{x^3-3x+2}{x^3-x^2-x+1}=\lim_{x\to 1}\frac{(x^3-3x+2)'}{(x^3-x^2-x+1)'}$$

$$=\lim_{x\to 1}\frac{3x^2-3}{3x^2-2x-1}=\lim_{x\to 1}\frac{6x}{6x-2}=\frac{3}{2}.$$

【例 4-4】　求 $\lim\limits_{x\to 0}\frac{x-\sin x}{x^3}$.

解　$\lim\limits_{x\to 0}\frac{x-\sin x}{x^3}=\lim\limits_{x\to 0}\frac{1-\cos x}{3x^2}=\lim\limits_{x\to 0}\frac{\sin x}{6x}=\frac{1}{6}$.

【例 4-5】　求 $\lim\limits_{x\to +\infty}\frac{\frac{\pi}{2}-\arctan x}{\frac{1}{x}}$.

解　$$\lim_{x\to +\infty}\frac{\frac{\pi}{2}-\arctan x}{\frac{1}{x}}=\lim_{x\to +\infty}\frac{-\frac{1}{1+x^2}}{-\frac{1}{x^2}}=\lim_{x\to +\infty}\frac{x^2}{1+x^2}=1.$$

【例 4-6】 求 $\lim\limits_{x\to+\infty}\dfrac{\ln x}{x^n}(n>0)$.

解 $\lim\limits_{x\to+\infty}\dfrac{\ln x}{x^n}=\lim\limits_{x\to+\infty}\dfrac{\frac{1}{x}}{nx^{n-1}}=\lim\limits_{x\to+\infty}\dfrac{1}{nx^n}=0.$

【例 4-7】 求 $\lim\limits_{x\to+\infty}\dfrac{x^n}{e^{\lambda x}}$($n$ 为正整数,$\lambda>0$).

解 $\lim\limits_{x\to+\infty}\dfrac{x^n}{e^{\lambda x}}=\lim\limits_{x\to+\infty}\dfrac{nx^{n-1}}{\lambda e^{\lambda x}}=\lim\limits_{x\to+\infty}\dfrac{n(n-1)x^{n-2}}{\lambda^2 e^{\lambda x}}=\cdots$

$=\lim\limits_{x\to+\infty}\dfrac{n!}{\lambda^n e^{\lambda x}}=0.$

【例 4-8】 求 $\lim\limits_{x\to+0}x^n\ln x(n>0)$.

解 $\lim\limits_{x\to+0}x^n\ln x=\lim\limits_{x\to+0}\dfrac{\ln x}{x^{-n}}=\lim\limits_{x\to+0}\dfrac{\frac{1}{x}}{-nx^{-n-1}}=\lim\limits_{x\to+0}\dfrac{-x^n}{n}=0.$

【例 4-9】 求 $\lim\limits_{x\to\frac{\pi}{2}}(\sec x-\tan x)$.

解 $\lim\limits_{x\to\frac{\pi}{2}}(\sec x-\tan x)=\lim\limits_{x\to\frac{\pi}{2}}\dfrac{1-\sin x}{\cos x}=\lim\limits_{x\to\frac{\pi}{2}}\dfrac{-\cos x}{-\sin x}=0.$

【例 4-10】 求 $\lim\limits_{x\to+0}x^x$.

解 $\lim\limits_{x\to+0}x^x=\lim\limits_{x\to+0}x\ln x=0.$

【例 4-11】 求 $\lim\limits_{x\to+\infty}x^{\frac{1}{x}}$.

解 $\lim\limits_{x\to+\infty}x^{\frac{1}{x}}=\lim\limits_{x\to+\infty}e^{\frac{1}{x}\ln x}.$

其中
$$\lim_{x\to+\infty}\frac{1}{x}\ln x=\lim_{x\to+\infty}\frac{\ln x}{x}=\lim_{x\to+\infty}\frac{\frac{1}{x}}{1}=0,$$

于是
$$\lim_{x\to+\infty}x^{\frac{1}{x}}=\lim_{x\to+\infty}e^{\frac{1}{x}\ln x}=e^0=1.$$

【例 4-12】 判定函数 $y=x-\sin x$ 在$[0,2\pi]$上的单调性.

解 因为在$(0,2\pi)$内

$$y'=1-\cos x>0.$$

所以由判定法可知函数 $y=x-\cos x$ 在$[0,2\pi]$上单调增加.

【例 4-13】 讨论函数 $y=e^x-x-1$ 的单调性.

解
$$y'=e^x-1.$$

函数 $y=e^x-x-1$ 的定义域为$(-\infty,+\infty)$.因为在$(-\infty,0)$内 $y'<0$,所以函数$y=e^x-x-1$ 在$(-\infty,0]$上单调减少;因为在$(0,+\infty)$内 $y'>0$,所以函数 $y=e^x-x-1$ 在$[0,+\infty)$上单调增加.

【例 4-14】 确定函数 $f(x)=2x^3-9x^2+12x-3$ 的单调区间.

解 这个函数的定义域为:$(-\infty,+\infty)$.

函数的导数为:$f'(x)=6x^2-18x+12=6(x-1)(x-2)$.

导数为零的点有两个:$x_1=1,x_2=2$.

列表分析:

x	$(-\infty,1]$	$[1,2]$	$[2,+\infty)$
$f'(x)$	$+$	$-$	$+$
$f(x)$	↗	↘	↗

函数 $f(x)$在区间$(-\infty,1]$和$[2,+\infty)$内单调增加,在区间$[1,2]$上单调减少.

【例 4-15】 求函数 $f(x)=(x-4)\sqrt[3]{(x+1)^2}$的极值.

解 (1)$f(x)$在$(-\infty,+\infty)$内连续,除 $x=-1$ 外处处可导,且

$$f'(x)=\frac{5(x-1)}{3\sqrt[3]{x+1}}.$$

(2)令 $f'(x)=0$,得驻点 $x=1$. $x=-1$ 为 $f(x)$的不可导点.

(3)列表判断:

x	$(-\infty,-1)$	-1	$(-1,1)$	1	$(1,+\infty)$
$f'(x)$	$+$	不可导	$-$	0	$+$
$f(x)$	↗	0	↘	$-3\sqrt[3]{4}$	↗

(4)极大值为 $f(-1)=0$,极小值为 $f(1)=-3\sqrt[3]{4}$.

【例 4-16】 求函数 $f(x)=(x^2-1)^3+1$ 的极值.

解 (1)$f'(x)=6x(x^2-1)^2$.

(2)令 $f'(x)=0$,求得驻点 $x_1=-1,x_2=0,x_3=1$.

(3)$f''(x)=6(x^2-1)(5x^2-1)$.

(4)因 $f''(0)=6>0$,所以 $f(x)$在 $x=0$ 处取得极小值,极小值为 $f(0)=0$.

(5)因 $f''(-1)=f''(-1)=0$,用定理 3 无法判别. 因为在-1 的左右邻域内 $f'(x)<0$,所以$f(x)$在-1 处没有极值;同理,$f(x)$在 1 处也没有极值.

【例 4-17】 求函数 $f(x)=|x^2-3x+2|$在$[-3,4]$上的最大值与最小值.

解

$$f(x)=\begin{cases}x^2-3x+2, x\in[-3,1]\cup[2,4]\\ -x^2+3x-2, x\in(1,2)\end{cases},$$

$$f'(x)=\begin{cases}2x-3, x\in(-3,1)\cup(2,4)\\ -2x+3, x\in(1,2)\end{cases}.$$

在$(-3,4)$内,$f(x)$的驻点为 $x=\frac{3}{2}$,不可导点为 $x=1$ 和 $x=2$.

由于 $f(-3)=20, f(1)=0, f\left(\frac{3}{2}\right)=\frac{1}{4}, f(2)=0, f(4)=6$,比较可得 $f(x)$在 $x=-3$ 处取得它在$[-3,4]$上的最大值 20,在 $x=1$ 和 $x=2$ 处取它在$[-3,4]$上的最小值 0.

【例 4-18】 已知某产品产量为 q 件时总成本函数(单位:元)为

$$C(q)=5q+10\sqrt{q}+100.$$

求:

(1)产量为 10 000 件时的总成本;

(2)产量为 10 000 件时的平均成本和平均可变成本;

(3)当产量从 6 400 件增加到 10 000 件时,总成本的平均变化率;

(4)产量为 10 000 件时的总成本的变化率(边际成本),并解释其经济含义.

解　(1)产量为 10 000 件时的总成本为

$$C(10\,000)=5\times10\,000+10\times\sqrt{10\,000}+100=51\,100(\text{元});$$

(2)产量为 10 000 件时的平均成本为

$$\overline{C}(10\,000)=\frac{C(10\,000)}{10\,000}=5.11(\text{元}),$$

因可变成本函数为 $C_2(q)=5q+10\sqrt{q}$,故产量为 10 000 件时的平均可变成本为

$$\overline{C}_2(10\,000)=\frac{C_2(10\,000)}{10\,000}=5.1(\text{元});$$

(3)当产量从 6 400 件增加到 10 000 件时,总成本的平均变化率为

$$\frac{\Delta C}{\Delta q}=\frac{C(10\,000)-C(6\,400)}{10\,000-6\,400}=\frac{18\,200}{3\,600}\approx5.06(\text{元});$$

(4)产量为 10 000 件时的总成本的变化率为

$$C'(10\,000)=\left.\left(5+\frac{5}{\sqrt{q}}\right)\right|_{q=10\,000}=5.05(\text{元}).$$

这个结论的经济含义是:当产量为 10 000 件时,再多生产一个单位的该产品所增加的成本为 5.05 元.

【例 4-19】　已知某产品的需求函数为 $q=50-p$,求边际收入函数在 $q=10,q=25,q=30$ 时的值.

解　由题意,根据 $q=50-p$,先求出 $p=50-q$,再求出收入函数

$$R(q)=pq=50q-q^2,$$

则边际收入函数为

$$R'(q)=50-2q.$$

当 $q=10,q=25,q=30$ 时,有

$$R'(10)=30,R'(25)=0,R'(30)=-10.$$

【例 4-20】　有 100 间房子出租,若每间租金定为 200 元能够全部租出去,但每增加 10 元就有一间租不出去,且每租出去一间,就需要增加 20 元管理费.问:租金定为多少才能获得最大利润?

解　设出租的房价为每间 p 元,$p\geqslant200$.由题意,出租的成本函数

$$C(p)=\left(100-\frac{p-200}{10}\right)\cdot20=2\,400-2p,$$

收入函数为

$$R(p)=\left(100-\frac{p-200}{10}\right)\cdot p=120p-\frac{p^2}{10},$$

利润函数为

$$L(p)=122p-\frac{p^2}{10}-2\,400.$$

那么,边际利润为

$$L'(p)=122-\frac{p}{5}.$$

令 $L'(p)=0$,得 $p=610$,又 $L''(610)=-\frac{1}{5}<0$.根据极值判定法,利润函数在 $p=610$ 处

有最大值. 即当每间房子的出租价格定为 610 元时，可获得最大利润.

4.2 同步训练

习题 4.1

1. 函数 $f(x)=x\sqrt{3-x}$ 在区间[0,3]上满足罗尔定理的 $\xi=$( ).

A. 0　　B. 3　　C. $\frac{3}{2}$　　D. 2

2. 下列函数中，在区间[-1,1]上满足罗尔定理条件的是( ).

A. $f(x)=\frac{1}{x^2}$　　B. $f(x)=x^2$　　C. $f(x)=x|x|$　　D. $f(x)=x^{\frac{1}{3}}$

3. 若函数 $f(x)=x^3+2x$ 在区间[0,1]上满足拉格朗日中值定理条件，则定理中的 $\xi=$( ).

A. $\pm\frac{1}{\sqrt{3}}$　　B. $\frac{1}{\sqrt{3}}$　　C. $-\frac{1}{\sqrt{3}}$　　D. $\sqrt{3}$

4. 若函数 $f(x)=x^3$ 在区间[0,1]上满足拉格朗日中值定理条件，则定理中的 $\xi=$( ).

A. $-\sqrt{3}$　　B. $\sqrt{3}$　　C. $-\frac{\sqrt{3}}{3}$　　D. $\frac{\sqrt{3}}{3}$

5. 下列函数在给定区间上不满足拉格朗日中值定理条件的是( ).

A. $f(x)=\frac{2x}{1+x^2}$，[-1,1]　　B. $f(x)=|x|$，[-1,2]

C. $f(x)=4x^3-5x^2+x-2$，[0,1]　　D. $f(x)=\ln(1+x^2)$，[0,3]

6. 函数 $f(x)=\frac{1}{x}$，满足拉格朗日中值定理条件的区间是( ).

A. [-2,2]　　B. [1,2]　　C. [-2,0]　　D. [0,1]

7. 验证函数 $y=\cos x$ 在区间$[-\frac{\pi}{3},\frac{\pi}{3}]$上满足罗尔定理的条件，并求出相应的 ξ.

8. 验证函数 $y=(x-1)^3$ 在区间[-1,2]上满足拉格朗日定理的条件，并求出相应的 ξ.

9. 用拉格朗日定理的推论证明：$\arcsin x+\arccos x=\frac{\pi}{2}(-1\leqslant x\leqslant 1)$.

10. 试证：当 $x>1$ 时，有 $e^x>xe$.

11. 试证：当 $x>0$ 时，$x>\ln(1+x)$.

12. 证明：当 $x>0$ 时，有 $\ln(1+x)>x-\frac{1}{2}x^2$.

习题 4.2

1. 求下列极限.

(1) $\lim\limits_{x\to 0}\frac{\tan 3x}{4x}$；

(2) $\lim\limits_{x\to a}\frac{\sin x-\sin a}{x-a}$；

(3) $\lim\limits_{x\to\infty}\frac{6x^3-x}{x^3+2x-3}$；

(4) $\lim\limits_{x\to+\infty}\frac{\ln^2 x}{x}$.

2. 求下列极限.

(1) $\lim\limits_{x\to+\infty} x^2 e^{-x}$；

(2) $\lim\limits_{x\to1}\left(\dfrac{2}{x^2-1}-\dfrac{1}{x-1}\right)$；

(3) $\lim\limits_{x\to0} x\cot x$；

(4) $\lim\limits_{x\to0}(1+x)^{\frac{1}{x}}$；

(5) $\lim\limits_{x\to\infty}\dfrac{x+\sin x}{x}$.

习题 4.3

1. 函数 $y=(x+1)^3$ 在区间$(-2,2)$上是(　　).

A. 单调增加　　B. 单调减少　　C. 有增有减　　D. 不增不减

2. 函数 $y=\dfrac{1}{2}(e^x-e^{-x})$在区间$(-1,1)$是(　　).

A. 递减　　B. 递增　　C. 有增有减　　D. 不增不减

3. 函数 $f(x)=2x^2-\ln x$ 的单调增加区间为(　　).

A. $\left(-\dfrac{1}{2},0\right)$和$\left(\dfrac{1}{2},+\infty\right)$　　B. $\left(\dfrac{1}{2},+\infty\right)$

C. $\left(-\infty,-\dfrac{1}{2}\right)$和$\left(0,\dfrac{1}{2}\right)$　　D. $\left(0,\dfrac{1}{2}\right)$

4. 下列函数在指定区间$(-\infty,+\infty)$上单调增加的是(　　).

A. $\sin x$　　B. e^x　　C. x^2　　D. $3-x$

5. 下列函数中，在其定义域内单调增加的是(　　).

A. $y=x^2-1$　　B. $y=e^{-x}$　　C. $y=\ln\dfrac{1}{x}$　　D. $y=\sqrt{x-1}$

6. 若 x_0 是函数 $f(x)$的极值点，则(　　).

A. $f(x)$在 x_0 处极限不存在　　B. $f(x)$在点 x_0 处不连续

C. 点 x_0 是 $f(x)$的驻点　　D. $f(x)$在点 x_0 处可能不可导

7. 若 $f'(x_0)=0$，则 x_0 是函数 $f(x)$的(　　).

A. 驻点　　B. 极大值点　　C. 最大值点　　D. 极小值点

8. 设函数 $f(x)$满足条件：当 $x<x_0$ 时，$f'(x)>0$；当 $x>x_0$ 时，$f'(x)<0$，则 x_0 是函数 $f(x)$的（　　）.

A. 驻点　　B. 极大值点　　C. 极小值点　　D. 不确定点

9. 求下列函数的单调区间.

(1) $f(x)=\frac{3}{5}x^{\frac{5}{3}}-\frac{3}{2}x^{\frac{2}{3}}+1$；

(2) $f(x)=x-2\ln(x+\sqrt{x^2+1})$.

10. 求下列函数的极值点和极值.

(1) $f(x)=x^2\ln x$；　　(2) $f(x)=\frac{1+2x}{\sqrt{1+x^2}}$.

11. 求下列函数在给定区间上的最大值与最小值.

(1) $f(x)=\ln(x^2-1)$，$[2,3]$；　　(2) $f(x)=x^4-2x^3+x^2-1$，$[0,2]$.

12. 已知圆柱形油桶的容积为 V. 问：如何设计它的底面半径与高可使它的表面积最小？

13. 在边长为 $a$cm 的正方形纸板的四角剪去四个相等的小正方形，然后折成一个无盖方盒，问怎样剪才能使盒子的容积最大？

总习题 4

一、选择题.

1. 下列函数中，在区间$[-1,1]$上满足罗尔定理条件的是(　　).

A. e^x　　B. $\ln|x|$　　C. $1-x^2$　　D. $\dfrac{1}{1-x^2}$

2. 下列函数在给定区间上满足罗尔定理条件的是(　　).

A. $f(x)=\dfrac{3}{1+2x^2},[-1,1]$　　B. $f(x)=xe^{-x},[0,1]$

C. $f(x)=\begin{cases}2+x, & x<5\\ 1, & x\geqslant 5\end{cases}$　　D. $f(x)=|x|,[0,1]$

3. 下列函数在给定区间上不满足拉格朗日中值定理条件的是(　　).

A. $f(x)=\dfrac{2x}{1+x^2},[-1,1]$　　B. $f(x)=|x|,[-1,2]$

C. $f(x)=4x^3-5x^2+x-2,[0,1]$　　D. $f(x)=\ln(1+x^2),[0,3]$

4. 函数 $y=\dfrac{x}{1+x^2}$ 的单调减少区间是(　　).

A. $x>1$　　B. $x<1$　　C. $|x|>1$　　D. $|x|<1$

5. 函数 $y=x+\dfrac{1}{x}$ 在$(0,1)$上是(　　).

A. 单调下降　　B. 先单调下降再单调上升

C. 先单调上升再单调下降　　D. 单调上升

6. 下列函数在指定区间$(-\infty,+\infty)$上单调增加的是(　　).

A. $\sin x$　　B. e^x　　C. x^2　　D. $3-x$

7. 若 x_0 是函数 $f(x)$ 的极值点，则(　　).

A. $f(x)$ 在 x_0 处极限不存在　　B. $f(x)$ 在点 x_0 处不连续

C. 点 x_0 是 $f(x)$ 的驻点　　D. $f(x)$ 在点 x_0 处可能不可导

二、填空题.

1. 在$[-1,3]$上，函数 $f(x)=1-x^2$ 满足拉格朗日中值定理的 $\xi=$________.

2. 若 $f(x)=1-x^{\frac{2}{3}}$，则在$(-1,1)$内，$f'(x)$恒不为 0，即 $f(x)$ 在$[-1,1]$不满足罗尔定理的一个条件是________.

3. 函数 $f(x)=e^x$ 及 $F(x)=x^2$ 在$[a,b](b>a>0)$上满足柯西中值定理的条件，即存在点 $\xi\in(a,b)$，有________.

4. $y=\frac{e^x}{x}$的单调增区间是__________，单调减区间是__________.

5. $y=(x-1)\sqrt[3]{x^2}$在$x_1=$__________处有极__________值，在$x_2=$__________处，有极__________值.

6. $f(x)=\frac{1}{3}x^3-4x+2(-2\leqslant x\leqslant 1)$的最大值为__________，最小值为__________.

7. $f(x)=\frac{x-1}{x+1}$在区间$[0,4]$上的最大值为__________，最小值为__________.

三、说明函数$f(x)=x^3+x^2$在区间$[-1,0]$上满足罗尔定理的三个条件，并求出ξ的值，使$f'(\xi)=0$.

四、下列函数在指定区间上是否满足拉格朗日中值定理的条件？如果满足，找出使定理结论成立的ξ的值.

1. $f(x)=2x^2+x+1, x\in[-1,3]$；

2. $f(x)=\arctan x, x\in[0,1]$；

3. $f(x)=\ln x, x\in[1,2]$.

五、用洛必达法则求下列函数的极限.

1. $\lim\limits_{x\to 1}\dfrac{x^3-3x+2}{x^3-x^2-x+1}$；

2. $\lim\limits_{x\to 0}\dfrac{\sin 3x}{\tan 5x}$；

3. $\lim\limits_{x\to \infty}\dfrac{\ln\left(1+\dfrac{1}{x}\right)}{\operatorname{arccot} x}$；

4. $\lim\limits_{x\to 1}\left(\dfrac{x}{x-1}-\dfrac{1}{\ln x}\right)$；

5. $\lim\limits_{x\to \infty}x(\mathrm{e}^{\frac{1}{x}}-1)$；

6. $\lim\limits_{x\to +\infty}(\ln x)^{\frac{1}{x}}$；

7. $\lim\limits_{x\to \pi}\dfrac{\sin 3x}{\tan 3x}$；

8. $\lim\limits_{x\to 1}\dfrac{x^2-3x+2}{x^3-1}$；

9. $\lim\limits_{x\to a}\dfrac{\sin x-\sin a}{x-a}$；

10. $\lim\limits_{x\to +\infty}\dfrac{\ln x}{x^2}$.

六、求下列函数的单调区间.

1. $y=2x^3-6x^2-18x-7$；

2. $y=2x^2-\ln x$；

3. $y=2x+\dfrac{8}{x}$；

4. $y=x-2\sin x(0\leqslant x\leqslant 2\pi)$.

七、求下列函数的极值.

1. $y=-x^4+2x^2$；

2. $y=-(x+1)^{\frac{2}{3}}$；

3. $y=x^4-8x^2+2$；

4. $y=e^x\cos x.\quad x\in[0,2\pi]$

八、求下列函数在给定区间上的最大值和最小值.

1. $y=x^4-2x^2+5,x\in[-2,2]$；

2. $y=\dfrac{x^2}{1+x}, x\in\left[-\dfrac{1}{2},1\right]$;

3. $y=x+\sqrt{1-x}, x\in[-5,1]$.

九、有一圆柱形油罐，体积为 V，问底半径 r 和高 h 等于多少时，才能使表面积最小？这时底直径与高的比是多少？

十、已知某厂生产 q 件产品的成本为 $C(q)=250+20q+\dfrac{q^2}{10}$（万元）. 问：若产品以每件 50 万元售出，要使利润最大，应生产多少件产品？

十一、设生产某种产品 x 个单位时的成本函数为：$C(x)=100+0.25x^2+6x$（万元）.

1. 求当 $x=10$ 时的总成本、平均成本和边际成本.

2. 当产量 x 为多少时，平均成本最小？

十二、设某工厂生产某产品的固定成本为 200（百元），每生产一个单位产品，成本增加 5（百元），且已知需求函数 $q=100-2p$（其中 p 为价格，q 为产量），这种产品在市场上是畅销的.

1. 试分别列出该产品的总成本函数 $C(p)$ 和总收入函数 $R(p)$ 的表达式；

2. 求使该产品利润最大的产量并求最大利润.

十三、某厂生产一批产品，其固定成本为 2 000 元，每生产一吨产品的成本为 60 元，这种产品的市场需求规律为 $q=1\,000-10p$（q 为需求量，p 为价格）. 试求：

1. 成本函数及收入函数；

2. 产量为多少吨时利润最大？

第5章　不定积分

5.1　典型例题

【例 5-1】 求下列不定积分.

(1) $\int x^2 \sqrt[3]{x}\mathrm{d}x$；　(2) $\int \frac{3x^4+3x^2+1}{x^2+1}\mathrm{d}x$；　(3) $\int \frac{x^2}{1+x^2}\mathrm{d}x$；

(4) $\int 3^x \mathrm{e}^x \mathrm{d}x$；　(5) $\int \cos^2 \frac{x}{2}\mathrm{d}x$；　(6) $\int \frac{1}{1+\cos 2x}\mathrm{d}x$；

(7) $\int \frac{\cos 2x}{\cos x-\sin x}\mathrm{d}x$；　(8) $\int \frac{\cos 2x}{\cos^2 x\sin^2 x}\mathrm{d}x$.

解

(1) $\int x^2 \sqrt[3]{x}\mathrm{d}x = \int x^{\frac{7}{3}}\mathrm{d}x = \frac{1}{\frac{7}{3}+1}x^{\frac{7}{3}+1}+C = \frac{3}{10}x^3\sqrt[3]{x}+C$；

(2) $\int \frac{3x^4+3x^2+1}{x^2+1}\mathrm{d}x = \int\left(3x^2+\frac{1}{x^2+1}\right)\mathrm{d}x = x^3+\arctan x+C$；

(3) $\int \frac{x^2}{1+x^2}\mathrm{d}x = \int \frac{x^2+1-1}{1+x^2}\mathrm{d}x = \int(1-\frac{1}{1+x^2})\mathrm{d}x = x-\arctan x+C$；

(4) $\int 3^x\mathrm{e}^x\mathrm{d}x = \int(3\mathrm{e})^x\mathrm{d}x = \frac{(3\mathrm{e})^x}{\ln(3\mathrm{e})}+C = \frac{3^x\mathrm{e}^x}{\ln 3+1}+C$；

(5) $\int \cos^2\frac{x}{2}\mathrm{d}x = \int\frac{1+\cos x}{2}\mathrm{d}x = \frac{1}{2}\int(1+\cos x)\mathrm{d}x = \frac{1}{2}(x+\sin x)+C$；

(6) $\int\frac{1}{1+\cos 2x}\mathrm{d}x = \int\frac{1}{2\cos^2 x}\mathrm{d}x = \frac{1}{2}\tan x+C$；

(7) $\int\frac{\cos 2x}{\cos x-\sin x}\mathrm{d}x = \int\frac{\cos^2 x-\sin^2 x}{\cos x-\sin x}\mathrm{d}x = \int(\cos x+\sin x)\mathrm{d}x = \sin x-\cos x+C$；

(8) $\int\frac{\cos 2x}{\cos^2 x\sin^2 x}\mathrm{d}x = \int\frac{\cos^2 x-\sin^2 x}{\cos^2 x\sin^2 x}\mathrm{d}x = \int\left(\frac{1}{\sin^2 x}-\frac{1}{\cos^2 x}\right)\mathrm{d}x = -\cot x-\tan x+C$.

【例 5-2】 一曲线通过点$(\mathrm{e}^2,3)$，且在任一点处的切线的斜率等于该点横坐标的倒数，求该曲线的方程.

解　设该曲线的方程为$y=f(x)$，则由题意得

$$y'=f'(x)=\frac{1}{x},$$

所以

$$y=\int\frac{1}{x}\mathrm{d}x=\ln|x|+C.$$

又因为曲线通过点$(\mathrm{e}^2,3)$，所以有$C=3-2=1$，于是所求曲线的方程为

$$y=\ln|x|+1.$$

【例 5-3】 求下列不定积分.

(1) $\int \frac{\mathrm{d}x}{\sqrt[3]{2-3x}}$;　(2) $\int \frac{\sin\sqrt{t}}{\sqrt{t}}\mathrm{d}t$;　(3) $\int \tan^{10}x\cdot\sec^2 x\mathrm{d}x$;

(4) $\int \frac{\mathrm{d}x}{x\ln x\ln\ln x}$;　(5) $\int \tan\sqrt{1+x^2}\cdot\frac{x}{\sqrt{1+x^2}}\mathrm{d}x$;　(6) $\int \frac{\mathrm{d}x}{\sin x\cos x}$;

(7) $\int \frac{1}{\mathrm{e}^x+\mathrm{e}^{-x}}\mathrm{d}x$;　(8) $\int \cos^3 x\mathrm{d}x$;　(9) $\int \cos^2(\omega t+\varphi)\mathrm{d}t$;

(10) $\int \sin 2x\cos 3x\mathrm{d}x$;　(11) $\int \cos x\cos\frac{x}{2}\mathrm{d}x$;　(12) $\int \sin 5x\sin 7x\mathrm{d}x$;

(13) $\int \tan^3 x\sec x\mathrm{d}x$;　(14) $\int \frac{1+\ln x}{(x\ln x)^2}\mathrm{d}x$.

解

(1) $\int \frac{\mathrm{d}x}{\sqrt[3]{2-3x}}=-\frac{1}{3}\int (2-3x)^{-\frac{1}{3}}\mathrm{d}(2-3x)=-\frac{1}{3}\cdot\frac{3}{2}(2-3x)^{\frac{2}{3}}+C=-\frac{1}{2}(2-3x)^{\frac{2}{3}}+C$;

(2) $\int \frac{\sin\sqrt{t}}{\sqrt{t}}\mathrm{d}t=2\int \sin\sqrt{t}\mathrm{d}\sqrt{t}=-2\cos\sqrt{t}+C$;

(3) $\int \tan^{10}x\cdot\sec^2 x\mathrm{d}x=\int \tan^{10}x\mathrm{d}\tan x=\frac{1}{11}\tan^{11}x+C$;

(4) $\int \frac{\mathrm{d}x}{x\ln x\ln\ln x}=\int \frac{1}{\ln x\ln\ln x}\mathrm{d}\ln x=\int \frac{1}{\ln\ln x}\mathrm{d}\ln\ln x=\ln|\ln\ln x|+C$;

(5) $\int \tan\sqrt{1+x^2}\cdot\frac{x}{\sqrt{1+x^2}}\mathrm{d}x=\int \tan\sqrt{1+x^2}\mathrm{d}\sqrt{1+x^2}=\int \frac{\sin\sqrt{1+x^2}}{\cos\sqrt{1+x^2}}\mathrm{d}\sqrt{1+x^2}$

$$=-\int \frac{1}{\cos\sqrt{1+x^2}}\mathrm{d}\cos\sqrt{1+x^2}=-\ln|\cos\sqrt{1+x^2}|+C;$$

(6) $\int \frac{\mathrm{d}x}{\sin x\cos x}=\int \frac{\sec^2 x}{\tan x}\mathrm{d}x=\int \frac{1}{\tan x}\mathrm{d}\tan x=\ln|\tan x|+C$;

(7) $\int \frac{1}{\mathrm{e}^x+\mathrm{e}^{-x}}\mathrm{d}x=\int \frac{\mathrm{e}^x}{\mathrm{e}^{2x}+1}\mathrm{d}x=\int \frac{1}{1+\mathrm{e}^{2x}}\mathrm{d}\mathrm{e}^x=\arctan\mathrm{e}^x+C$;

(8) $\int \cos^3 x\mathrm{d}x=\int \cos^2 x\mathrm{d}\sin x=\int (1-\sin^2 x)\mathrm{d}\sin x=\sin x-\frac{1}{3}\sin^3 x+C$;

(9) $\int \cos^2(\omega t+\varphi)\mathrm{d}t=\frac{1}{2}\int [1+\cos 2(\omega t+\varphi)]\mathrm{d}t=\frac{1}{2}t+\frac{1}{4\omega}\sin 2(\omega t+\varphi)+C$;

(10) $\int \sin 2x\cos 3x\mathrm{d}x=\frac{1}{2}\int (\sin 5x-\sin x)\mathrm{d}x=-\frac{1}{10}\cos 5x+\frac{1}{2}\cos x+C$;

(11) $\int \cos x\cos\frac{x}{2}\mathrm{d}x=\frac{1}{2}\int \left(\cos\frac{3}{2}x+\cos\frac{1}{2}x\right)\mathrm{d}x=\frac{1}{3}\sin\frac{3}{2}x+\sin\frac{1}{2}x+C$;

(12) $\int \sin 5x\sin 7x\mathrm{d}x=-\frac{1}{2}\int (\cos 12x-\cos 2x)\mathrm{d}x=-\frac{1}{24}\sin 12x+\frac{1}{4}\sin 2x+C$;

(13) $\int \tan^3 x\sec x\mathrm{d}x=\int \tan^2 x\cdot\sec x\tan x\mathrm{d}x=\int \tan^2 x\mathrm{d}\sec x$

$$=\int (\sec^2 x-1)\mathrm{d}\sec x=\frac{1}{3}\sec^3 x-\sec x+C;$$

(14) $\int \frac{1+\ln x}{(x\ln x)^2}dx = \int \frac{1}{(x\ln x)^2}d(x\ln x) = -\frac{1}{x\ln x}+C$.

【例 5-4】 求下列不定积分.

(1) $\int \frac{dx}{1+\sqrt{2x}}$；　(2) $\int \frac{dx}{x+\sqrt{1-x^2}}$；

(3) $\int \frac{\sqrt{x^2-9}}{x}dx$；　(4) $\int \frac{x^2}{\sqrt{a^2-x^2}}dx\ (a>0)$.

解

(1) $\int \frac{dx}{1+\sqrt{2x}} \underline{\underline{令\sqrt{2x}=t}} \int \frac{1}{1+t}t\,dt = \int\left(1-\frac{1}{1+t}\right)dt = t-\ln(1+t)+C$

$= \sqrt{2x}-\ln(1+\sqrt{2x})+C$；

(2) $\int \frac{dx}{x+\sqrt{1-x^2}} \underline{\underline{令 x=\sin t}} \int \frac{1}{\sin t+\cos t}\cdot\cos t\,dt = \frac{1}{2}\int \frac{\cos t+\sin t+\cos t-\sin t}{\sin t+\cos t}dt$

$= \frac{1}{2}\int dt + \frac{1}{2}\int \frac{1}{\sin t+\cos t}d(\sin t+\cos t) = \frac{1}{2}t+\frac{1}{2}\ln|\sin t+\cos t|+C$

$= \frac{1}{2}\arcsin x+\frac{1}{2}\ln|\sqrt{1-x^2}+x|+C$；

(3) $\int \frac{\sqrt{x^2-9}}{x}dx \underline{\underline{令 x=3\sec t}} \int \frac{\sqrt{9\sec^2 t-9}}{3\sec t}d(3\sec t) = 3\int \tan^2 t\,dt$

$= 3\int\left(\frac{1}{\cos^2 t}-1\right)dt = 3\tan t-3t+C = \sqrt{x^2-9}-3\arccos\frac{3}{x}+C$；

(4) $\int \frac{x^2}{\sqrt{a^2-x^2}}dx \underline{\underline{令 x=a\sin t}} \int \frac{a^2\sin^2 t}{a\cos t}a\cos t\,dt = a^2\int \sin^2 t\,dt = a^2\int \frac{1-\cos 2t}{2}dt$,

$= \frac{1}{2}a^2 t-\frac{a^2}{4}\sin 2t+C = \frac{a^2}{2}\arcsin\frac{x}{a}-\frac{x}{2}\sqrt{a^2-x^2}+C$.

【例 5-5】 求下列不定积分.

(1) $\int \ln x\,dx$；　(2) $\int x^2\ln x\,dx$；　(3) $\int \ln^2 x\,dx$；

(4) $\int \arcsin x\,dx$；　(5) $\int x^2\arctan x\,dx$；　(6) $\int (\arcsin x)^2 dx$；

(7) $\int x\sin x\,dx$；　(8) $\int x^2\cos x\,dx$；　(9) $\int (x^2-1)\sin 2x\,dx$；

(10) $\int xe^{-x}dx$；　(11) $\int x\tan^2 x\,dx$；　(12) $\int e^{-x}\cos x\,dx$.

解

(1) $\int \ln x\,dx = x\ln x-\int x\,d\ln x = x\ln x-\int dx = x\ln x-x+C$；

(2) $\int x^2\ln x\,dx = \frac{1}{3}\int \ln x\,dx^3 = \frac{1}{3}x^3\ln x-\frac{1}{3}\int x^3\,d\ln x$

$= \frac{1}{3}x^3\ln x-\frac{1}{3}\int x^2 dx = \frac{1}{3}x^3\ln x-\frac{1}{9}x^3+C$；

(3) $\int \ln^2 x\,dx = x\ln^2 x-\int x\cdot 2\ln x\cdot\frac{1}{x}dx = x\ln^2 x-2\int \ln x\,dx$

$$= x\ln^2 x - 2x\ln x + 2\int x \cdot \frac{1}{x}\mathrm{d}x = x\ln^2 x - 2x\ln x + 2x + C;$$

(4) $\int \arcsin x \mathrm{d}x = x\arcsin x - \int x \mathrm{d}\arcsin x$

$$= x\arcsin x - \int \frac{x}{\sqrt{1-x^2}}\mathrm{d}x$$

$$= x\arcsin x + \sqrt{1-x^2} + C;$$

(5) $\int x^2 \arctan x \mathrm{d}x = \frac{1}{3}\int \arctan x \mathrm{d}x^3 = \frac{1}{3}x^3 \arctan x - \frac{1}{3}\int x^3 \cdot \frac{1}{1+x^2}\mathrm{d}x$

$$= \frac{1}{3}x^3 \arctan x - \frac{1}{6}\int \frac{x^2}{1+x^2}\mathrm{d}x^2$$

$$= \frac{1}{3}x^3 \arctan x - \frac{1}{6}\int \left(1 - \frac{1}{1+x^2}\right)\mathrm{d}x^2$$

$$= \frac{1}{3}x^3 \arctan x - \frac{1}{6}x^2 + \frac{1}{6}\ln(1+x^2) + C;$$

(6) $\int (\arcsin x)^2 \mathrm{d}x = x(\arcsin x)^2 - \int x \cdot 2\arcsin x \cdot \frac{1}{\sqrt{1-x^2}}\mathrm{d}x$

$$= x(\arcsin x)^2 + 2\int \arcsin x \mathrm{d}\sqrt{1-x^2}$$

$$= x(\arcsin x)^2 + 2\sqrt{1-x^2}\arcsin x - 2\int \mathrm{d}x$$

$$= x(\arcsin x)^2 + 2\sqrt{1-x^2}\arcsin x - 2x + C;$$

(7) $\int x\sin x \mathrm{d}x = -\int x \mathrm{d}\cos x = -x\cos x + \int \cos x \mathrm{d}x = -x\cos x + \sin x + C;$

(8) $\int x^2 \cos x \mathrm{d}x = \int x^2 \mathrm{d}\sin x = x^2 \sin x - \int \sin x \cdot 2x \mathrm{d}x = x^2 \sin x + 2\int x \mathrm{d}\cos x$

$$= x^2 \sin x + 2x\cos x - 2\int \cos x \mathrm{d}x = x^2 \sin x + 2x\cos x - 2\sin x + C;$$

(9) $\int (x^2-1)\sin 2x \mathrm{d}x = -\frac{1}{2}\int (x^2-1)\mathrm{d}\cos 2x = -\frac{1}{2}(x^2-1)\cos 2x + \frac{1}{2}\int \cos 2x \cdot 2x \mathrm{d}x$

$$= -\frac{1}{2}(x^2-1)\cos 2x + \frac{1}{2}\int x \mathrm{d}\sin 2x$$

$$= -\frac{1}{2}(x^2-1)\cos 2x + \frac{1}{2}x\sin 2x - \frac{1}{2}\int \sin 2x \mathrm{d}x$$

$$= -\frac{1}{2}(x^2-1)\cos 2x + \frac{1}{2}x\sin 2x + \frac{1}{4}\cos 2x + C;$$

(10) $\int x\mathrm{e}^{-x}\mathrm{d}x = -\int x \mathrm{d}\mathrm{e}^{-x} = -x\mathrm{e}^{-x} + \int \mathrm{e}^{-x}\mathrm{d}x$

$$= -x\mathrm{e}^{-x} - \mathrm{e}^{-x} + C = -\mathrm{e}^{-x}(x+1) + C;$$

(11) $\int x\tan^2 x \mathrm{d}x = \int x(\sec^2 x - 1)\mathrm{d}x = \int x\sec^2 x \mathrm{d}x - \int x \mathrm{d}x = -\frac{1}{2}x^2 + \int x \mathrm{d}\tan x$

$$= -\frac{1}{2}x^2 + x\tan x - \int \tan x \mathrm{d}x = -\frac{1}{2}x^2 + x\tan x + \ln|\cos x| + C;$$

(12) $\int \mathrm{e}^{-x}\cos x \mathrm{d}x = \int \mathrm{e}^{-x}\mathrm{d}\sin x = \mathrm{e}^{-x}\sin x - \int \sin x \mathrm{d}\mathrm{e}^{-x}$

$$= e^{-x}\sin x + \int \sin x e^{-x}dx$$

$$= e^{-x}\sin x - \int e^{-x}d\cos x = e^{-x}\sin x - e^{-x}\cos x + \int \cos x de^{-x}$$

$$= e^{-x}\sin x - e^{-x}\cos x - \int e^{-x}\cos x dx .$$

$\therefore \int e^{-x}\cos x dx = \frac{1}{2}(e^{-x}\sin x - e^{-x}\cos x)$

5.2　同步训练

习题 5.1

一、选择题.

1. 下列等式中成立的是(　　).

A. $d\int f(x)dx = f(x)$　　B. $\frac{d}{dx}\int f(x)dx = f(x)dx$

C. $\frac{d}{dx}\int f(x)dx = f(x) + C$　　D. $d\int f(x)dx = f(x)dx$

2. 在区间(a,b)内,如果 $f'(x)=g'(x)$,则下列各式中一定成立的是(　　).

A. $f(x)=g(x)$　　B. $f(x)=g(x)+1$

C. $\frac{d}{dx}\int f(x)dx = \frac{d}{dx}\int g(x)dx$　　D. $\int f'(x)dx = \int g'(x)dx$

二、利用微分运算检验下列积分的结果.

1. $\int \frac{1}{x^4}dx = -\frac{1}{3}x^{-3} + C$;　　2. $\int \frac{x}{\sqrt{1+x^2}}dx = \sqrt{1+x^2} + C$.

三、求下列不定积分.

1. $\int x\sqrt{x}dx$;　　2. $\int e^{t+2}dt$;

3. $\int \frac{1+x}{x^2}dx$;　　4. $\int \frac{x-4}{\sqrt{x}+2}dx$;

5. $\int \frac{2+x^2}{1+x^2}\mathrm{d}x$；

6. $\int \left(1-\frac{1}{x}\right)^2 \mathrm{d}x$ ；

7. $\int \frac{\sin 2x}{\cos x}\mathrm{d}x$；

8. $\int \frac{\mathrm{e}^{2x}-1}{\mathrm{e}^x+1}\mathrm{d}x$ ；

9. $\int \frac{1-\sqrt{1-\theta^2}}{\sqrt{1-\theta^2}}\mathrm{d}\theta$；

10. $\int \tan^2 x\mathrm{d}x$.

四、已知某产品的边际成本是 $C'(Q)=7+\frac{25}{\sqrt{Q}}$，$Q$ 是产量. 又知固定成本是 1 000 元，试确定总成本函数和平均成本函数.

习题 5.2

1. 求下列积分.

(1) $\int \frac{1}{4x-3}\mathrm{d}x$；

(2) $\int \cos 5x\mathrm{d}x$ ；

(3) $\int \sqrt{3x+1}\mathrm{d}x$； (4) $\int \mathrm{e}^{2x+1}\mathrm{d}x$.

2. 用第一类换元积分法求下列不定积分.

(1) $\int \frac{x}{1-x^2}\mathrm{d}x$； (2) $\int \frac{1}{(1-2x)^2}\mathrm{d}x$ ；

(3) $\int \frac{1+\ln x}{x}\mathrm{d}x$； (4) $\int \frac{\cos x}{\sin^3 x}\mathrm{d}x$ ；

(5) $\int \frac{\mathrm{d}x}{\mathrm{e}^x+\mathrm{e}^{-x}}$； (6) $\int x\sqrt{1-x^2}\mathrm{d}x$.

3. 用第二类换元积分法求下列不定积分.

(1) $\int \frac{1}{1+\sqrt[3]{x}}\mathrm{d}x$； (2) $\int \frac{1}{1+\sqrt{2x}}\mathrm{d}x$ ；

(3) $\int \frac{x}{\sqrt[3]{3x+1}}\mathrm{d}x$；

(4) $\int \sqrt{1-x^2}\,\mathrm{d}x$.

习题 5.3

1. 求下列不定积分.

(1) $\int x\mathrm{e}^{-3x}\mathrm{d}x$；

(2) $\int x\sin 4x\mathrm{d}x$ ；

(3) $\int \frac{\ln x}{x^2}\mathrm{d}x$；

(4) $\int \arcsin x\mathrm{d}x$；

(5) $\int \mathrm{arccot}\, x\mathrm{d}x$；

(6) $\int x\csc^2 x\mathrm{d}x$.

2. 求下列不定积分.

(1) $\int \mathrm{e}^x\cos x\mathrm{d}x$；

(2) $\int \frac{\arctan \mathrm{e}^x}{\mathrm{e}^x}\mathrm{d}x$.

总习题 5

一、选择题.

1. 在切线斜率为 $2x$ 的积分曲线族中，通过点(1,4)的曲线为(　　).

A. $y=x^2+3$　　B. $y=x^2+4$　　C. $y=2x+2$　　D. $y=4x$

2. 若 $f(x)$的一个原函数为$\frac{1}{x}$，则 $f'(x)=$(　　).

A. $\frac{2}{x^3}$　　B. $-\frac{1}{x^2}$　　C. $\frac{1}{x}$　　D. $\ln|x|$

3. 设$\int f(x)\mathrm{d}x=\frac{\ln x}{x}+c$，则 $f(x)=$(　　).

A. $\ln|\ln x|$　　B. $\frac{\ln x}{x}$　　C. $\frac{1-\ln x}{x^2}$　　D. $\ln^2 x$

4. $\int \frac{1}{2x-1}\mathrm{d}x=$(　　).

A. $\ln|2x|-1+C$　　B. $\ln|2x-1|+C$

C. $\frac{1}{2}\ln|2x-1|+C$　　D. $-\frac{2}{(2x-1)^2}+C$

5. 若$\int f(x)\mathrm{d}x=\ln|x|+C$，则 $f'(x)=$(　　).

A. $\frac{1}{x}$　　B. $-\frac{1}{x}$　　C. $-\frac{1}{x^2}$　　D. $x\ln x$

6. 下列等式成立的是(　　).

A. $\frac{1}{\sqrt{x}}\mathrm{d}x=\mathrm{d}\sqrt{x}$　　B. $x^3\mathrm{d}x=\mathrm{d}\frac{x^2}{2}$　　C. $\tan x\mathrm{d}x=\mathrm{d}\left(\frac{1}{\cos^2 x}\right)$　　D. $\frac{1}{x^2}\mathrm{d}x=-\mathrm{d}\frac{1}{x}$

7. 若 $f(x)$ 的一个原函数是 $\sin x$，则$\int f(x)\mathrm{d}x=$(　　)

A. $\sin x+C$　　B. $\cos x+C$　　C. $-\sin x+C$　　D. $-\cos x+C$

8. 若 $F'(x)=f(x)$，则(　　)成立.

A. $\int F'(x)\mathrm{d}x=f(x)+C$　　B. $\int f(x)\mathrm{d}x=F(x)+C$

C. $\int F(x)\mathrm{d}x=f(x)+C$　　D. $\int f'(x)\mathrm{d}x=F(x)+C$

9. $\mathrm{d}\int a^{-2x}\mathrm{d}x=$(　　).

A. a^{-2x}　　B. $-2a^{-2x}\ln a\mathrm{d}x$　　C. $a^{-2x}\mathrm{d}x$　　D. $a^{-2x}\mathrm{d}x+C$

10. $\int xf''(x)\mathrm{d}x=$(　　).

A. $xf'(x)-f(x)+C$　　B. $xf'(x)+C$

C. $\frac{1}{2}x^2f'(x)+C$　　D. $(x+1)f'(x)+C$

11. $\int x\mathrm{d}(\mathrm{e}^{-x})=$(　　).

A. $xe^{-x}+C$ B. $xe^{-x}+e^{-x}+C$ C. $-xe^{-x}+C$ D. $xe^{-x}-e^{-x}+C$

二、计算下列不定积分.

1. $\int \frac{dx}{x^2\sqrt{x}}$；

2. $\int e^x\left(1-\frac{e^{-x}}{x^2}\right)dx$；

3. $\int e^{5t}dt$；

4. $\int \frac{dx}{(\arcsin x)^2\sqrt{1-x^2}}$；

5. $\int \frac{dx}{1+\sqrt{2x}}$；

6. $\int \frac{x^2}{4+x^6}dx$；

7. $\int \frac{dx}{1+\sqrt{1-x^2}}$；

8. $\int \cos^2\frac{x}{2}dx$；

9. $\int x\tan^2 x dx$；

10. $\int x\cos 3x dx$；

11. $\int x\mathrm{e}^{-x}\mathrm{d}x$；　　　　12. $\int \ln x\mathrm{d}x$；

13. $\int \mathrm{e}^{\sqrt{x+1}}\mathrm{d}x$；　　　　14. $\int \frac{\ln x}{2\sqrt{x}}\mathrm{d}x$.

第6章　定　积　分

6.1　典型例题

【例 6-1】　求 $\int_0^2 |x-1| \mathrm{d}x$.

解　因为 $|x-1|=\begin{cases} x-1, x\geqslant 1 \\ 1-x, x<1 \end{cases}$,所以

$$\int_0^2 |x-1| \mathrm{d}x = \int_0^1 |x-1| \mathrm{d}x + \int_1^2 |x-1| \mathrm{d}x = \int_0^1 (1-x)\mathrm{d}x + \int_1^2 (x-1)\mathrm{d}x$$

$$= -\frac{(1-x)^2}{2}\bigg|_0^1 + \frac{(x-1)^2}{2}\bigg|_1^2 = \frac{1}{2}+\frac{1}{2} = 1 .$$

【例 6-2】　计算广义积分 $\int_0^{+\infty} \mathrm{e}^{-2x} \mathrm{d}x$.

解　$\int_0^{+\infty} \mathrm{e}^{-2x} \mathrm{d}x = \lim\limits_{b\to+\infty}\int_0^b \mathrm{e}^{-2x}\mathrm{d}x = \lim\limits_{b\to+\infty}\left(-\frac{1}{2}\mathrm{e}^{-2x}\right)\bigg|_0^b = \lim\limits_{b\to+\infty}\frac{1}{2}(1-\mathrm{e}^{-2b}) = \frac{1}{2}$.

【例 6-3】　计算 $\int_1^2 x\mathrm{e}^x \mathrm{d}x$.

解　$\int_1^2 x\mathrm{e}^x\mathrm{d}x = \int_1^2 x\mathrm{d}\mathrm{e}^x = x\mathrm{e}^x\bigg|_1^2 - \int_1^2 \mathrm{e}^x\mathrm{d}x = x\mathrm{e}^x\bigg|_1^2 - \mathrm{e}^x\bigg|_1^2 = \mathrm{e}^2$.

【例 6-4】　计算 $\int_1^{\mathrm{e}} \ln x\mathrm{d}x$.

解　$\int_1^{\mathrm{e}} \ln x\mathrm{d}x = x\ln x\bigg|_1^{\mathrm{e}} - \int_1^{\mathrm{e}} \frac{1}{x}\cdot x\mathrm{d}x = \mathrm{e}-0-(\mathrm{e}-1) = 1$.

【例 6-5】　计算 $\int_0^{\frac{\pi}{2}} 3x\sin 2x\mathrm{d}x$.

解　$\int_0^{\frac{\pi}{2}} 3x\sin 2x\mathrm{d}x = \int_0^{\frac{\pi}{2}} 3x\mathrm{d}(-\frac{1}{2}\cos 2x) = -\frac{3}{2}x\cos 2x\bigg|_0^{\frac{\pi}{2}} + \frac{3}{2}\int_0^{\frac{\pi}{2}}\cos 2x\mathrm{d}x$

$$= -\frac{3}{2}x\cos 2x\bigg|_0^{\frac{\pi}{2}} + \frac{3}{4}\sin 2x\bigg|_0^{\frac{\pi}{2}}$$

$$= \frac{3}{4}\pi .$$

【例 6-6】　求由 $y=x$,$y=x^3$ 所围成的平面图形的面积.

解　平面图形如图 6-1 所示,交点为 $A(1,1)$,$B(-1,-1)$,$O(0,0)$;在区间 $(-1,0)$ 上,$x^3>x$,在区间 $(0,1)$ 上,$x>x^3$,由此得

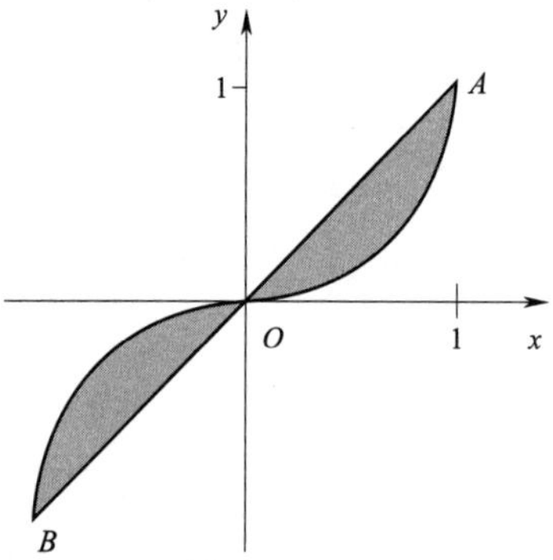

图 6-1

$$S = \int_{-1}^0 (x^3-x)\mathrm{d}x + \int_0^1 (x-x^3)\mathrm{d}x$$

$$=\left(\frac{x^4}{4}-\frac{x^2}{2}\right)\Big|_{-1}^{0}+\left(\frac{x^2}{2}-\frac{x^4}{4}\right)\Big|_{0}^{1}=\frac{1}{2}.$$

【例 6-7】 计算 $\int_{-\frac{\pi}{2}}^{\frac{\pi}{2}}|x|(x^2+\sin x)\mathrm{d}x$.

解 因为 $|x|$, x^2 都是偶函数, $\sin x$ 是奇函数. 所以 $|x|$, x^2 是偶函数, $|x|$, $\sin x$ 是奇函数. 由此得

$$\int_{-\frac{\pi}{2}}^{\frac{\pi}{2}}|x|(x^2+\sin x)\mathrm{d}x=\int_{-\frac{\pi}{2}}^{\frac{\pi}{2}}|x|x^2\mathrm{d}x+\int_{-\frac{\pi}{2}}^{\frac{\pi}{2}}|x|\sin x\mathrm{d}x$$

$$=2\int_{0}^{\frac{\pi}{2}}|x|x^2\mathrm{d}x+0=2\int_{0}^{\frac{\pi}{2}}x^3\mathrm{d}x=\frac{\pi^4}{32}.$$

【例 6-8】 已知曲线 $y=F(x)$ 在任一点 x 处的切线斜率为 $\frac{2}{\sqrt{x}}$, 且曲线过 $(1,1)$ 点, 试求该曲线的方程.

解 由 $F'(x)=\frac{2}{\sqrt{x}}$, 得

$$F(x)=\int\frac{2}{\sqrt{x}}\mathrm{d}x=2\int x^{-\frac{1}{2}}\mathrm{d}x=4\sqrt{x}+C,$$

再由曲线过 $(1,1)$ 点得 $c=-3$. 故所求曲线方程为

$$y=4\sqrt{x}-3.$$

【例 6-9】 求由曲线 $y=x^2$ 和直线 $y=x+2$ 所围成的平面图形的面积.

解 $y=x^2$ 与 $y=x+2$ 的交点为 $(-1,1)$ 和 $(2,4)$, 在区间 $(-1,2)$ 上有 $x+2>x^2$, 故所求平面图形的面积为 $S=\int_{-1}^{2}(x+2-x^2)\mathrm{d}x=(\frac{1}{2}x^2+2x-\frac{1}{3}x^3)\Big|_{-1}^{2}=\frac{9}{2}$.

【例 6-10】 求 $\int_0^4\frac{x+2}{\sqrt{2x+1}}\mathrm{d}x$.

解 设 $\sqrt{2x+1}=t$, 即 $x=\frac{t^2-1}{2}$, 则 $\mathrm{d}x=t\mathrm{d}t$. 当 $x=0$ 时, $t=1$; 当 $x=4$ 时, $t=3$.

于是

$$\int_0^4\frac{x+2}{\sqrt{2x+1}}\mathrm{d}x=\frac{1}{2}\int_1^3\frac{t^2+3}{t}\cdot t\mathrm{d}t=\frac{1}{2}\int_1^3(t^2+3)\mathrm{d}t$$

$$=\frac{1}{2}\left(\frac{1}{3}t^3+3t\right)\Big|_1^3=9-\frac{5}{3}=\frac{22}{3}.$$

【例 6-11】 求 $\lim\limits_{x\to 0}\frac{\int_{\cos x}^{1}\mathrm{e}^{-t^2}\mathrm{d}t}{x^2}$.

解 这是一个 $\frac{0}{0}$ 型未定式, 由洛必达法则, 有

$$\lim_{x\to 0}\frac{\int_{\cos x}^{1}\mathrm{e}^{-t^2}\mathrm{d}t}{x^2}=\lim_{x\to 0}\frac{-\int_{1}^{\cos x}\mathrm{e}^{-t^2}\mathrm{d}t}{x^2}=\lim_{x\to 0}\frac{\sin x\mathrm{e}^{-\cos^2 x}}{2x}=\frac{1}{2\mathrm{e}}.$$

【例 6-12】 计算 $\int_0^1\mathrm{e}^{\sqrt{x}}\mathrm{d}x$.

解 令 $\sqrt{x}=t$ 则

$$\int_0^1 e^{\sqrt{x}}dx = 2\int_0^1 e^t t\,dt = 2\int_0^1 t de^t = 2[te^t]_0^1 - 2\int_0^1 e^t dt = 2e - 2[e^t]_0^1 = 2.$$

【例 6-13】 讨论广义积分 $\int_a^b \frac{dx}{(x-a)^q}$ 的敛散性.

解 当 $q=1$ 时,$\int_a^b \frac{dx}{(x-a)^q} = \int_a^b \frac{dx}{x-a} = [\ln(x-a)]_a^b = +\infty$.

当 $q>1$ 时,$\int_a^b \frac{dx}{(x-a)^q} = \left[\frac{1}{1-q}(x-a)^{1-q}\right]_a^b = +\infty$.

当 $q<1$ 时,$\int_a^b \frac{dx}{(x-a)^q} = \left[\frac{1}{1-q}(x-a)^{1-q}\right]_a^b = \frac{1}{1-q}(b-a)^{1-q}$.

因此,当 $q<1$ 时,此广义积分收敛,其值为$\frac{1}{1-q}(b-a)^{1-q}$;当 $q\geqslant1$ 时,此广义积分发散.

【例 6-14】 计算抛物线 $y^2=2x$ 与直线 $y=x-4$ 所围成的图形的面积.

解 (1)画图.

(2)确定在 y 轴上的投影区间:$[-2,4]$.

(3)确定左右曲线:$\varphi_{左}(y)=\frac{1}{2}y^2$,$\varphi_{右}(y)=y+4$.

(4)计算积分 $S=\int_{-2}^4 (y+4-\frac{1}{2}y^2)dy = \left[\frac{1}{2}y^2+4y-\frac{1}{6}y^3\right]_{-2}^4 = 18$.

【例 6-15】 计算 $\lim\limits_{x\to o}\frac{\int_{\cos x}^1 t\ln t dt}{x^4}$.

解 这是一个$\frac{0}{0}$型未定式,由洛必达法则,有

$$\begin{aligned}\lim_{x\to0}\frac{\int_{\cos x}^1 t\ln t dt}{x^4} &= \lim_{x\to0}\frac{\cos x\ln\cos x\cdot\sin x}{4x^3}\\ &= \frac{1}{4}\lim_{x\to0}\cos x\cdot\lim_{x\to0}\frac{\sin x}{x}\cdot\lim_{x\to0}\frac{\ln\cos x}{x^2}\\ &= \frac{1}{4}\lim_{x\to0}\frac{-\sin x}{2x\cdot\cos x} = -\frac{1}{8}.\end{aligned}$$

【例 6-16】 试估计定积分 $\int_{\frac{\pi}{6}}^{\frac{\pi}{3}}\sin x dx$ 的值.

解 在$\left[\frac{\pi}{6},\frac{\pi}{3}\right]$上,最大值为 $f\left(\frac{\pi}{3}\right)=\sin\frac{\pi}{3}=\frac{\sqrt{3}}{2}$,最小值为 $f(\frac{\pi}{6})=\sin\frac{\pi}{6}=\frac{1}{2}$,

所以
$$\frac{1}{2}\left(\frac{\pi}{3}-\frac{\pi}{6}\right)\leqslant\int_{\frac{\pi}{6}}^{\frac{\pi}{3}}\sin x dx\leqslant\frac{\sqrt{3}}{2}\left(\frac{\pi}{3}-\frac{\pi}{6}\right),$$

即
$$\frac{\pi}{12}\leqslant\int_{\frac{\pi}{6}}^{\frac{\pi}{3}}\sin x dx\leqslant\frac{\sqrt{3}\pi}{12}.$$

【例 6-17】 用定积分的估值定理,证明:$\frac{2}{3}<\int_0^1\frac{dx}{\sqrt{2+x-x^2}}<\frac{1}{\sqrt{2}}$.

证 $2+x-x^2=\frac{9}{4}-\left(x-\frac{1}{2}\right)^2$ 在$[0,1]$上最大值为$\frac{9}{4}$,最小值为 2,

所以
$$\frac{2}{3}<\frac{1}{\sqrt{2+x-x^2}}\leqslant\frac{1}{\sqrt{2}},\frac{2}{3}<\int_0^1\frac{dx}{\sqrt{2+x-x^2}}<\frac{1}{\sqrt{2}}.$$

【例 6-18】 过点 $P(1,0)$ 作抛物线 $y=\sqrt{x-2}$ 的切线，求该切线与抛物线 $y=\sqrt{x-2}$ 及 x 轴所围平面图形(如图 6-2 所示)绕 x 轴旋转而成的旋转体体积.

解 设切点为 $(x_0,\sqrt{x_0-2})$，切线方程 $y=\dfrac{1}{2\sqrt{x_0-2}}(x-1)$.

因为切点在切线上，所以

$$\sqrt{x_0-2}=\frac{1}{2\sqrt{x_0-2}}(x_0-1),$$

得 $x_0=3$. 所以切线方程为 $y=\dfrac{1}{2}(x-1)$，

$$V_x=\pi\int_1^3\frac{1}{4}(x-1)^2\mathrm{d}x-\pi\int_2^3(x-2)\mathrm{d}x=\frac{\pi}{6}.$$

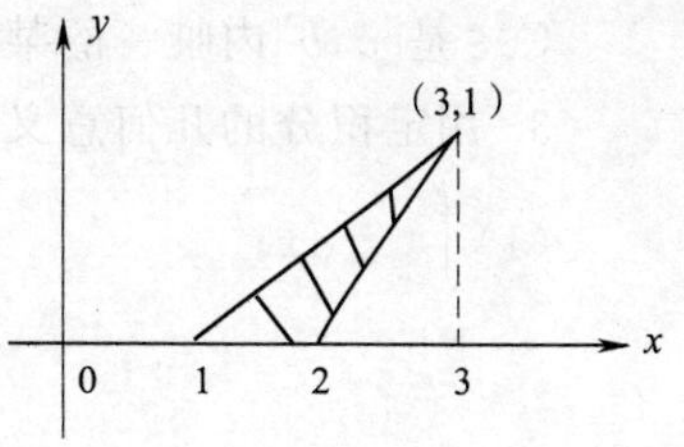

图 6-2

【例 6-19】 某产品边际成本为 $C'(q)=3+q$(万元/百台)，边际收入为 $R'(q)=12-q$(万元/百台)，固定成本为 5(万元)，求利润函数 $L(q)$.

解 $C(q)=\int_0^q C'(q)\mathrm{d}q+C(0)=\int_0^q(3+q)\mathrm{d}q+5=3q+\dfrac{q^2}{2}+5$,

$$R(q)=\int_0^q R'(q)\mathrm{d}q=\int_0^q(12-q)\mathrm{d}q+5=12q-\frac{q^2}{2},$$

由此得

$$L(q)=R(q)-C(q)=9q-q^2-5.$$

【例 6-20】 已知某商品的边际成本为 $C'(q)=\dfrac{q}{2}$(万元/台)，固定成本为 10 万元，又已知该商品的销售收入函数为 $R(q)=100q$(万元).

求：(1)使利润最大的销售量和最大利润；

(2)在获得最大利润的销售量的基础上再销售 20 台，利润将减少多少？

解 (1) $C(q)=\int_0^q C'(q)\mathrm{d}q+C(0)=\int_0^q\dfrac{q}{2}\mathrm{d}q+10=\dfrac{q^2}{4}+10$,

$$L(q)=R(q)-C(q)=100q-\frac{q^2}{4}-10,L'(q)=100-\frac{q}{2}.$$

令 $L'(q)=0$，解得 $q=200$. 由于极值点唯一，可知 $q=200$ 为最大值点，即销售量为 200 台时，总利润最大. 最大利润为 $L(200)=9\ 990$(万元).

(2) $\Delta L=L(220)-L(200)=9\ 890-9\ 990=-100$(万元)，即在获得最大利润的销售量基础上，再销售 20 台，利润将减少 100 万元.

6.2 同步训练

习题 6.1

1. 定积分定义 $\int_a^b f(x)\mathrm{d}x=\lim\limits_{\lambda\to 0}\sum\limits_{i=1}^n f(\xi_i)\Delta x_i$，说明(　　).

A. $[a,b]$ 必须 n 等分，ξ_i 是 $[x_{i-1},x_i]$ 端点

B. $[a,b]$ 可任意分法，ξ_i 必须是 $[x_{i-1},x_i]$ 端点

C. $[a,b]$ 可任意分法，$\lambda=\max\{\Delta x_i\}\to 0$，$\xi_i$ 可在 $[x_{i-1},x_i]$ 内任取

D. $[a,b]$必须等分，$\lambda=\max\{\Delta x_i\}\to 0$，$\xi_i$ 可在$[x_{i-1},x_i]$内任取

2. 积分中值定理$\int_a^b f(x)\mathrm{d}x = f(\xi)(b-a)$ 其中(　　).

A. ξ 是$[a,b]$内任一点　　B. ξ 是$[a,b]$内必定存在的某一点

C. ξ 是$[a,b]$内唯一的某点　　D. ξ 是$[a,b]$内中点

3. 用定积分的几何意义判断下列定积分的符号(不必计算).

(1) $\int_{-2}^{0} x^2\mathrm{d}x$；　　(2) $\int_{-5}^{-1} \mathrm{e}^x\mathrm{d}x$；

(3) $\int_{\frac{\pi}{2}}^{\pi} \cos x\mathrm{d}x$；　　(4) $\int_{1}^{\mathrm{e}} \ln x\mathrm{d}x$.

4. 根据定积分的几何意义，求下列各式的值.

(1) $\int_{0}^{2} (x+1)\mathrm{d}x$；　　(2) $\int_{0}^{2} \sqrt{4-x^2}\mathrm{d}x$.

5. 比较下列各对积分值的大小.

(1) $\int_{1}^{2} x\mathrm{d}x$ 与 $\int_{1}^{2} x^2\mathrm{d}x$；　　(2) $\int_{-1}^{0} \mathrm{e}^x\mathrm{d}x$ 与 $\int_{-1}^{0} \mathrm{e}^{2x}\mathrm{d}x$.

6. 用几何图形表示下列定积分的值.

(1) $\int_{-1}^{1} (x^2+1)\mathrm{d}x$；　　(2) $\int_{\frac{1}{2}}^{\mathrm{e}} \ln x\mathrm{d}x$.

7. 估计下列定积分的值.

(1) $\int_1^4 (x^2-3x+2)\mathrm{d}x$; (2) $\int_0^{\frac{\pi}{4}} \cos x\mathrm{d}x$.

习题 6.2

1. 设 $\int_0^a x^2\mathrm{d}x=9$,则 $a=$( ).

A. 0 B. 1 C. 2 D. 3

2. 若 $\int_0^1 (x+k)\mathrm{d}x=2$,则 $k=$( ).

A. 0 B. 1 C. $\frac{3}{2}$ D. $-\frac{3}{2}$

3. 设 $f(x)$为连续函数,则 $\int_a^x f(t)\mathrm{d}t$ 是( ).

A. $f'(x)$的一个原函数 B. $f(x)$的全体原函数

C. $f(x)$的一个原函数 D. $f'(x)$的全体原函数

4. 设函数 $f(x)$在区间$[a,b]$上连续,则 $\left(\int_x^b f(t)\mathrm{d}t\right)'=$( ).

A. $f(x)$ B. $-f(x)$ C. $f(b)-f(x)$ D. $f(x)-f(b)$

5. 下列使用牛顿一莱布尼茨公式的做法是否正确?为什么?

(1) $\int_{-1}^1 \frac{1}{x}\mathrm{d}x=\ln x\Big|_{-1}^1=0$; (2) $\int_{-1}^1 \mathrm{d}x=x\Big|_{-1}^1=2$.

6. 求下列函数的导数.

(1) $f(x)=\int_0^x \frac{1}{1+t}\mathrm{d}t$; (2) $f(y)=\int_y^1 \cos(u+1)\mathrm{d}u$;

(3) $f(x)=\int_1^{x^2} \mathrm{e}^t\mathrm{d}t$; (4) $f(x)=\int_x^{x^2} \sin t\mathrm{d}t$.

7. 计算下列定积分.

(1) $\int_0^1 (2x - e^x) dx$；

(2) $\int_1^2 (x-1)^2 dx$；

(3) $\int_1^2 \frac{(x+1)(x-1)}{x} dx$；

(4) $\int_1^4 \sqrt{x}(\sqrt{x}-1) dx$；

(5) $\int_0^1 \frac{x^2}{x^2+1} dx$；

(6) $\int_0^{\frac{\pi}{2}} \frac{\cos 2x}{\cos x + \sin x} dx$.

8. 已知 $f(x) = \begin{cases} 2x, x < 1 \\ x^2, x \geqslant 1 \end{cases}$ ，求 $\int_0^2 f(x) dx$.

9. 求极限 $\lim\limits_{x \to 0} \frac{\int_0^x \cos t^2 dt}{x}$.

习题 6.3

1. 用分部积分法求下列定积分.

(1) $\int_0^1 x\mathrm{e}^{2x}\mathrm{d}x$；　　(2) $\int_1^{\mathrm{e}} x\ln x\mathrm{d}x$；

(2) $\int_0^{\frac{\pi}{2}} x\cos x\mathrm{d}x$；　　(4) $\int_1^4 \frac{\ln x}{\sqrt{x}}\mathrm{d}x$.

2. 用换元积分法求下列定积分.

(1) $\int_{-1}^1 \frac{x}{(1+x^2)^2}\mathrm{d}x$；　　(2) $\int_0^1 x\sqrt{x^2+1}\mathrm{d}x$；

(3) $\int_0^2 \frac{1}{1+\sqrt{2x}}\mathrm{d}x$；　　(4) $\int_0^{\ln 2} \sqrt{\mathrm{e}^x-1}\mathrm{d}x$.

3. 设函数 $f(x)$在闭区间$[-a,a]$上连续,求证：

(1)当 $f(x)$为奇函数时，$\int_{-a}^a f(x)\mathrm{d}x=0$ ；

(2)当 $f(x)$ 为偶函数时，$\int_{-a}^{a} f(x)\mathrm{d}x = 2\int_{0}^{a} f(x)\mathrm{d}x$.

4. 计算 $\int_{-1}^{1}(x^3 - x + 1)\sin^2 x\mathrm{d}x$.

习题 6.4

1. 计算下列各题中所给曲线围成的平面图形的面积.

(1)曲线 $y=\mathrm{e}^x$ 与直线 $x=0$，$x=1$ 及 $y=0$ 所围成的图形；

(2)曲线 $y=x^2$ 与直线 $y=2x+3$ 所围成的图形；

(3)曲线 $y=\ln x$ 与直线 $y=\ln 2$，$y=\ln 7$ 及 $x=0$ 所围成的图形；

(4)曲线 $y=x^2$ 与直线 $y=x$ 及 $y=2x$ 所围成的图形.

2. 已知生产某种产品时，边际成本函数为 $C'(q)=q^2-4q+4$（万元/吨），固定成本 $C(0)=6$ 万元，边际收入 $R'(q)=15-2q$（万元/吨），试求总成本函数和总收益函数.

3. 某工厂每天生产某产品 Q 单位，固定成本为 20 元，边际成本为

$$C'(Q)=0.4Q+2\text{（元/单位）}.$$

(1)求成本函数 $C(Q)$；

(2)如果这种产品销售价为 18 元/单位，且产品可以全部售出，求利润函数；

(3)每天生产多少单位产品时，才能获得最大利润？

4. 某厂生产某种产品 x 百台，总成本 C（单位：万元）的变化率为 $C'(x)=2$，固定成本为 0 元，收益函数 R 的变化率是产量 x 的函数 $R'(x)=7-2x$. 求：

(1)当产量为多少时，总利润最大？

(2)在利润最大的产量基础上又生产 50 台，总利润减少了多少？

习题 6.5

1. 下列(　　)是广义积分.

A. $\int_1^2 \frac{1}{x^2}\mathrm{d}x$　　B. $\int_{-1}^1 \frac{1}{x}\mathrm{d}x$　　C. $\int_0^{\frac{1}{2}} \frac{1}{\sqrt{1-x^2}}\mathrm{d}x$　　D. $\int_{-1}^1 \mathrm{e}^{-x}\mathrm{d}x$

2. 当(　　)时，广义积分 $\int_{-\infty}^0 \mathrm{e}^{-kx}\mathrm{d}x$ 收敛.

A. $k>0$　　B. $k\geqslant 0$　　C. $k<0$　　D. $k\leqslant 0$

3. 下列广义积分收敛的是(　　).

A. $\int_1^{+\infty} \frac{\mathrm{d}x}{\sqrt{x}}$　　B. $\int_1^{+\infty} \frac{\mathrm{d}x}{x\sqrt{x}}$　　C. $\int_1^{+\infty} \sqrt{x}\mathrm{d}x$　　D. $\int_1^{+\infty} \frac{\mathrm{d}x}{\sqrt[3]{x^2}}$

4. 下列无穷限积分收敛的是(　　).

A. $\int_{\mathrm{e}}^{+\infty} \frac{\ln x}{x}\mathrm{d}x$　　B. $\int_{\mathrm{e}}^{+\infty} \frac{\sqrt{\ln x}}{x}\mathrm{d}x$　　C. $\int_{\mathrm{e}}^{+\infty} \frac{1}{x(\ln x)^2}\mathrm{d}x$　　D. $\int_{\mathrm{e}}^{+\infty} \frac{1}{x\sqrt{\ln x}}\mathrm{d}x$

5. 求下列广义积分.

(1) $\int_0^{+\infty} e^{-x}dx$；

(2) $\int_e^{+\infty} \frac{1}{x\ln x}dx$；

(3) $\int_0^{+\infty} xe^{-x^2}dx$；

(4) $\int_{-\infty}^0 \frac{2x}{(1+x^2)^2}dx$；

(5) $\int_0^1 \frac{dx}{\sqrt{1-x^2}}$；

(6) $\int_0^{+\infty} \frac{1}{x^2+1}dx$；

(7) $\int_{-\infty}^0 \frac{dx}{1-x}$；

(8) $\int_1^2 \frac{dx}{(1-x)^2}$.

总习题 6

一、选择题.

1. 下列各式中错误的是(　　).

A. $\int_a^a f(x)dx=0$

B. $\int_a^b f(x)dx=\int_a^b f(y)dy$

C. $\int_a^b f'(x)dx=f(b)-f(a)$

D. $\int_a^b f(x)dx=2\int_a^b f(2t)dt$

2. 根据定积分的几何意义，$\int_{-1}^1 \sqrt{1-x^2}dx$ 表示(　　).

A. 半径为 1 的圆的面积

B. 边长为 2 的正方形的面积

C. 半径为 1 的上半圆的面积

D. 底边长为 2，高为 1 的三角形面积

3. 设 $f(x)=\int_0^{x^2}\frac{1}{\sqrt{1+t^3}}dt$,则 $f'(x)=$(　　).

A. $\frac{1}{\sqrt{1+x^3}}$　　B. $\frac{1}{\sqrt{1+x^6}}$　　C. $\frac{2x}{\sqrt{1+x^3}}$　　D. $\frac{2x}{\sqrt{1+x^6}}$

4. $\int_2^1\frac{1}{x}dx=$(　　).

A. $-\ln2$　　B. 0　　C. $\ln2$　　D. $\ln3$

5. 设 $I=\int_0^{\pi^2}\sin\sqrt{x}dx$,令 $t=\sqrt{x}$,则有(　　).

A. $I=2\int_0^{\pi}t\sin tdt$　　B. $I=\int_0^{\pi}\sin tdt$　　C. $I=2\int_0^{\pi^2}t\sin tdt$　　D. $I=\int_0^{\pi^2}\sin tdt$

6. $\frac{d}{dx}\int_a^b f(x)dx=$(　　).

A. $f(x)$　　B. 0　　C. $f(b)-f(a)$　　D. $f(a)-f(b)$

7. 下列不等式中成立的是(　　).

A. $\int_0^1 x^3dx\leqslant\int_0^1 x^2dx$　　B. $\int_1^2 x^3dx\leqslant\int_1^2 x^2dx$

C. $\int_{-1}^0 x^3dx\geqslant\int_{-1}^0 x^2dx$　　D. $\int_{-1}^1 x^3dx\geqslant\int_{-1}^1 x^2dx$

8. 设 $f(x)=\int_x^0\frac{1}{\sqrt{1+t^3}}dt$,则 $f'(x)=$(　　)

A. $\frac{3x^2}{\sqrt{1+x^3}}$　　B. $-\frac{3x^2}{\sqrt{1+x^3}}$　　C. $\frac{1}{\sqrt{1+x^3}}$　　D. $-\frac{1}{\sqrt{1+x^3}}$

9. 设 $f(x)$ 连续,且为偶函数,则 $\int_{-a}^a f(x)dx$ 必等于(　　)

A. $2\int_0^a f(x)dx$　　B. 0　　C. $\int_0^{2a}f(x)dx$　　D. $\int_0^a f(x)dx$

10. $\int_0^1 2x\sin x^2dx=$(　　)

A. $2\cos(x^2)\big|_0^1$　　B. $\cos(x^2)\big|_0^1$　　C. $-2\cos(x^2)\big|_0^1$　　D. $-\cos(x^2)\big|_0^1$

11. 下列各式可直接使用牛顿—莱布尼茨公式求值的是(　　).

A. $\int_{-1}^1\frac{xdx}{\sqrt{1-x^2}}$　　B. $\int_{-1}^1 x^2dx$　　C. $\int_{\frac{1}{e}}^{e}\frac{dx}{x\ln x}$　　D. $\int_0^2\frac{dx}{(x-1)^2}$

12. 设 $f(x)$ 连续,$a>0$,$I=\int_0^a f(a-x)dx=$(　　).

A. $I=\int_a^0 f(t)dt$　　B. $I=-\int_0^a f(t)dt$

C. $I=\int_0^a f(t)dt$　　D. $I=\int_{-a}^0 f(t)dt$

13. $\int_1^{+\infty}\frac{x+1}{\sqrt[3]{x}}dx$ 为(　　).

A. 发散　　B. 0　　C. $\frac{1}{2}$　　D. 2

14. 下列不等式中,正确的是(　　).

A. $\int_0^1 e^x dx \leqslant \int_0^1 e^{x^2} dx$　　B. $\int_0^1 e^x dx \geqslant \int_0^1 e^{x^2} dx$

C. $\int_0^1 e^x dx = \int_0^1 e^{x^2} dx$　　D. 以上都不对

15. 下列各式可直接使用牛顿—莱布尼茨公式求值的是(　　).

A. $\int_{-1}^1 \frac{x dx}{\sqrt{2-x^2}}$　　B. $\int_{-1}^1 \frac{1}{x^2} dx$　　C. $\int_1^e \frac{dx}{x \ln x}$　　D. $\int_0^3 \frac{dx}{(x-2)^2}$

16. $\int_{-1}^1 \frac{e^x + e^{-x}}{2} dx = $(　　).

A. $\frac{1}{2}e^{-1}$　　B. $e-\frac{1}{e}$　　C. 0　　D. 1

17. 下列广义积分收敛的是(　　).

A. $\int_1^{+\infty} x dx$　　B. $\int_1^{+\infty} x^2 dx$　　C. $\int_1^{+\infty} \frac{1}{x} dx$　　D. $\int_1^{+\infty} \frac{1}{x^2} dx$

18. 根据定积分的几何意义，$\int_0^R \sqrt{R^2-x^2} dx$ 表示(　　).

A. 半径为 R 的圆的面积　　B. 半径为 R 的$\frac{1}{4}$的圆的面积

C. 半径为 R 的上半圆的面积　　D. 边长为 R 的正方形的面积

19. 由两曲线 $x=f(y)$，$x=g(y)$ 及直线 $y=a$，$y=b$，$(a<b)$ 所成的平面图形的面积为(　　).

A. $\int_a^b |f(y)-g(y)| dy$　　B. $\int_a^b (f(y)-g(y)) dy$

C. $\int_a^b (g(y)-f(y)) dy$　　D. $\left|\int_a^b (f(y)-g(y)) dy\right|$

20. 下列各式可直接使用牛顿—莱布尼茨公式求值的是(　　).

A. $\int_0^1 \frac{dx}{(x-1)^2}$　　B. $\int_{\frac{1}{e}}^e \frac{dx}{x \ln x}$　　C. $\int_{-1}^1 \frac{x dx}{\sqrt{1-x^2}}$　　D. $\int_{-1}^1 x|x| dx$

21. 下列广义积分收敛的是(　　).

A. $\int_1^{+\infty} \cos x dx$　　B. $\int_1^{+\infty} \frac{dx}{x^2}$　　C. $\int_1^{+\infty} \ln x dx$　　D. $\int_1^{+\infty} e^x dx$

22. 由两曲线 $y=f(x)$，$y=g(x)$ 及直线 $x=a$，$x=b(a<b)$ 所围成的平面图形的面积为(　　).

A. $\int_a^b |f(x)-g(x)| dx$　　B. $\int_a^b (f(x)-g(x)) dx$

C. $\int_a^b (g(x)-f(x)) dx$　　D. $\left|\int_a^b (f(x)-g(x)) dx\right|$

23. 下列定积分不为零的是(　　).

A. $\int_{-\pi}^{\pi} \cos x dx$　　B. $\int_{-\frac{\pi}{2}}^{\frac{\pi}{2}} \sin x \cos x dx$　　C. $\int_{-1}^1 \sin x dx$　　D. $\int_{\frac{\pi}{4}}^{\frac{\pi}{3}} \tan x dx$

24. $\int_{-1}^1 |x^3| dx$ 等于(　　).

A. $\frac{1}{4}$　　B. 0　　C. $\frac{1}{2}$　　D. 1

25. $\int_0^{\pi}|\cos x|\mathrm{d}x$ 等于(　　).

A. -2　　B. 0　　C. 2　　D. 1

26. 定积分 $\int_a^b x\mathrm{d}x$ 的值为(　　).

A. $b-a$　　B. $\frac{(b-a)^2}{2}$　　C. $\frac{1}{2}(b^2-a^2)$　　D. $\frac{b-a}{2}$

27. 下列定积分值为零的是(　　).

A. $\int_{-1}^{1}x^2\mathrm{d}x$　　B. $\int_{-1}^{2}x^3\mathrm{d}x$　　C. $\int_{-1}^{1}\mathrm{d}x$　　D. $\int_{-1}^{1}x^2\sin x\mathrm{d}x$

28. 广义积分 $\int_a^{+\infty}\frac{1}{x^p}\mathrm{d}x$ 收敛的条件为(　　).

A. $p>1$　　B. $p<1$　　C. $p\geqslant1$　　D. $p\leqslant1$

29. $\int_0^3|2-x|\mathrm{d}x=$(　　).

A. $\frac{5}{2}$　　B. $\frac{1}{2}$　　C. $\frac{3}{2}$　　D. $\frac{2}{3}$

30. 定积分 $\int_a^b\mathrm{d}x(a<b)$ 在几何上表示(　　).

A. 线段长 $b-a$　　B. 线段长 $a-b$

C. 矩形面积 $(b-a)\times1$　　D. 矩形面积 $(a-b)\times1$

31. 由曲线 $y=\cos x, y=0, x=-\frac{\pi}{2}, x=\pi$ 围成的平面图形的面积可表示成为(　　).

A. $\int_{-\frac{\pi}{2}}^{\pi}\cos x\mathrm{d}x$　　B. $2\int_0^{\frac{\pi}{2}}\cos x\mathrm{d}x-\int_{\frac{\pi}{2}}^{\pi}\cos x\mathrm{d}x$

C. $2\int_0^{\frac{\pi}{2}}\cos x\mathrm{d}x+\int_{\frac{\pi}{2}}^{\pi}\cos x\mathrm{d}x$　　D. $\left|\int_{-\frac{\pi}{2}}^{\pi}\cos x\mathrm{d}x\right|$

32. 广义积分 $\int_0^{+\infty}\cos x\mathrm{d}x$ (　　).

A. 发散　　B. 可能收敛　　C. 收敛于零　　D. 收敛

33. 下列不等式中,正确的是(　　).

A. $\int_e^3\ln x\mathrm{d}x\geqslant\int_e^3\ln^2x\mathrm{d}x$　　B. $\int_1^e\ln x\mathrm{d}x\leqslant\int_1^e\ln^2x\mathrm{d}x$

C. $\int_1^2\ln x\mathrm{d}x\geqslant\int_1^2\ln^2x\mathrm{d}x$　　D. 以上都不对

34. 已知 $\Phi(x)=\int_0^{x^2}\mathrm{e}^t\mathrm{d}t$,则 $\Phi'(x)=$(　　).

A. e^{x^2}　　B. e^x　　C. $2x\mathrm{e}^{x^2}$　　D. $x^2\mathrm{e}^{x^2}$

35. 已知 $\Phi(x)=\int_{x^2}^{0}\sin t dt$,则 $\Phi'(x)=$(　　).

A. $2x\sin x^2$　　B. $\sin x^2$　　C. $-2x\sin x^2$　　D. $\sin x$

36. $\frac{\mathrm{d}}{\mathrm{d}x}\int_a^b\arctan x\mathrm{d}x=$(　　).

A. $\arctan x$　　B. 0

C. $\dfrac{1}{1+x^2}$ D. $\arctan b-\arctan a$

37. 设 $\int_0^a \dfrac{1}{\sqrt{1+t^2}}dt=m$，则 $\int_{-a}^a \dfrac{1}{\sqrt{1+t^2}}dt=$（ ）.

A. 0 B. $-m$ C. $2m$ D. $2m+c$

38. 下列广义积分收敛的是（ ）.

A. $\int_1^{+\infty} e^{-x}dx$ B. $\int_1^{+\infty}\dfrac{dx}{x}$ C. $\int_1^{+\infty}\sin x dx$ D. $\int_e^{+\infty}\dfrac{dx}{x\ln x}$

39. 已知 $\int_0^e \dfrac{\cos x dx}{x^2+\sin^2 x+1}=m$，则 $\int_{-e}^e \dfrac{\cos x dx}{x^2+\sin^2 x+1}=$（ ）.

A. 0 B. $2m$ C. $-2m$ D. $a+2m$

40. 设 $y=f(x)$ 在 $[a,b]$ 上连续，则定积分 $\int_a^b f(x)dx$ 的值（ ）.

A. 与积分变量字母的选取有关 B. 与区间及被积函数有关

C. 与区间无关，与被积函数有关 D. 与被积函数的形式无关

二、填空题.

1. $\int_0^{\frac{\pi}{2}}\sin^2 x dx=$ ________；

2. $\int_{-\frac{\pi}{2}}^{\frac{\pi}{2}}\cos^3 x dx=$ ________；

3. $\int_0^{+\infty}\dfrac{x}{1+x^2}dx=$ ________；

4. 已知函数 $\Phi(x)=\int_1^{x^2} e^{-t^2}dt$，则 $\Phi'(\sqrt{2})=$ ________；

5. $\int_1^{+\infty}\dfrac{1}{1+x^2}dx=$ ________；

6. $\int_0^1 (x^2+2x)dx=$ ________，$\int_1^{+\infty}\dfrac{1}{x^2}dx=$ ________；

7. $\int_{-a}^a \dfrac{\sin^4 x\tan 4x}{(x^4-2x^2+4)^3\ln(1+x^2)}dx=$ ________；

8. $\int_a^b f(x)dx=$ ________ $\int_b^a f(x)dx$；

9. $\dfrac{d}{dx}\int_0^x \ln(t^2+1)dt=$ ________；

10. 已知 $\int_0^3 f(x)dx=5$，$\int_2^3 f(x)dx=3$，则 $\int_0^2 f(x)dx=$ ________；

11. $\int_{-1}^2 |1-x|dx=$ ________；

12. 由曲线 $y=\sin x$，直线 $x=-\dfrac{\pi}{2}$，$x=\dfrac{\pi}{2}$ 以及 x 轴围成图形的面积为________；

13. $\lim\limits_{x\to 0}\dfrac{\int_0^x \arctan t dt}{x^2}=$ ________；

14. $\dfrac{d}{dx}\int_0^1 x\arctan x dx=$ ________；

15. $\dfrac{d}{dx}\int_a^{x^2}\sin t^2 dt=$ __________ ;

16. $\int_{-a}^{a}\left(\dfrac{x^3}{x^4+2x^2+1}+1\right)dx=$ __________ ;

17. $\lim\limits_{x\to 0}\dfrac{\int_0^x \sin t dt}{x^2}=$ __________ ;

18. $\dfrac{d}{dx}\int_0^{x^2}\sin\sqrt{t}dt=$ __________ ;

19. $\int_{-1}^{1}\left(\dfrac{x^3\sin^4 x}{x^4+2x^2+1}+1\right)dx=$ __________ ;

20. 若$\int_a^b\dfrac{f(x)}{f(x)+g(x)}dx=m$,则$\int_a^b\dfrac{g(x)}{f(x)+g(x)}dx=$ __________ .

三、计算下列定积分.

1. $\int_1^e\dfrac{1}{x(\ln^2 x+1)}dx$;

2. $\int_1^e\dfrac{1}{x\sqrt{1-\ln^2 x}}dx$;

3. $\int_0^1(e^x-1)^4 e^x dx$;

4. $\int_2^4|x-3|dx$;

5. $\int_0^{2\pi}|\sin x|dx$;

6. $\int_0^1 x\sqrt{1-x^2}dx$;

7. $\int_0^4\sin(\sqrt{x}-1)dx$;

8. $\int_{-\pi}^{\pi}x(\sin^2 x+e^x)dx$;

(9) $\int_{-\pi}^{\pi}(2x^3+x)\cos x\mathrm{d}x$；　　10. $\int_{0}^{+\infty}\frac{\mathrm{d}x}{4+x^2}$.

四、求曲线 $y=\frac{1}{x}$ 与直线 $y=x$，$x=2$ 所围成的平面图形的面积.

五、求由曲线 $y=1-x^2$ 及直线 $y=0$ 所围成的平面图形分别绕 x 轴及 y 轴旋转一周所得旋转体的体积.

六、设某产品的边际成本为 $C'(x)=4+\frac{x}{4}$，边际收入为 $R'(x)=8-x$，其中 x 为产量(单位：百台)，总成本、总收入的单位为万元，求：

(1)产量由 1 百台增加到 5 百台时总成本与总收入各增加多少？

(2)产量为多少时，才能获得最大利润？

第 7 章　常微分方程

7.1　典型例题

【例 7-1】 求微分方程 $y'''=x+1$ 的通解.

解　将所给方程两边积分一次,得

$$y''=\int(x+1)\,\mathrm{d}x+C_1=\frac{1}{2}x^2+x+C_1\,.$$

两边再积分,得

$$y'=\int\left(\frac{1}{2}x^2+x+C_1\right)\mathrm{d}x=\frac{1}{6}x^3+\frac{1}{2}x^2+C_1x+C_2\,.$$

第三次积分,得

$$y=\int\left(\frac{1}{6}x^3+\frac{1}{2}x^2+C_1x+C_2\right)\mathrm{d}x=\frac{1}{24}x^4+\frac{1}{6}x^3+\frac{C_1}{2}x^2+C_2x+C_3\,.$$

【例 7-2】 求方程 $\cos x\sin y\mathrm{d}y=\cos y\sin x\mathrm{d}x$ 满足 $y|_{x=0}=\frac{\pi}{4}$ 的特解.

解　方程分离变量得

$$\frac{\sin y}{\cos y}\mathrm{d}y=\frac{\sin x}{\cos x}\mathrm{d}x\,,$$

两边积分得

$$\int\frac{\sin y}{\cos y}\,\mathrm{d}y=\int\frac{\sin x}{\cos x}\,\mathrm{d}x\,,$$

于是方程的通解为

$$\cos x=C\cos y\,.$$

将 $y|_{x=0}=\frac{\pi}{4}$ 代入上式得 $C=\sqrt{2}$,故原方程满足初始条件 $y|_{x=0}=\frac{\pi}{4}$ 的特解为

$$\cos x-\sqrt{2}\cos y=0\,.$$

【例 7-3】 求 $(x^2+y^2)\mathrm{d}x-xy\mathrm{d}y=0$ 的通解.

解　原方程可变为

$$\frac{\mathrm{d}y}{\mathrm{d}x}=\frac{x^2+y^2}{xy}=\frac{1+\left(\frac{y}{x}\right)^2}{\frac{y}{x}}\,.$$

令 $u=\frac{y}{x}$,则 $\frac{\mathrm{d}y}{\mathrm{d}x}=u+x\frac{\mathrm{d}u}{\mathrm{d}x}$.将其代入上式得

$$u+x\frac{\mathrm{d}u}{\mathrm{d}x}=\frac{1+u^2}{u}\,.$$

整理、分离变量后得

$$u\mathrm{d}u=\frac{\mathrm{d}x}{x}.$$

两边积分可得其通解

$$y^2=x^2\ln(Cx).$$

【例 7-4】 求解微分方程 $\dfrac{\mathrm{d}x}{x^2-xy+y^2}=\dfrac{\mathrm{d}y}{2y^2-xy}$.

解 原方程变形为 $\dfrac{\mathrm{d}y}{\mathrm{d}x}=\dfrac{2y^2-xy}{x^2-xy+y^2}=\dfrac{2\left(\dfrac{y}{x}\right)^2-\dfrac{y}{x}}{1-\dfrac{y}{x}+\left(\dfrac{y}{x}\right)^2}$,

令 $u=\dfrac{y}{x}$, 则 $\dfrac{\mathrm{d}y}{\mathrm{d}x}=u+x\dfrac{\mathrm{d}u}{\mathrm{d}x}$, 方程化为

$$u+x\frac{\mathrm{d}u}{\mathrm{d}x}=\frac{2u^2-u}{1-u+u^2}.$$

分离变量得

$$\left[\frac{1}{2}\left(\frac{1}{u-2}-\frac{1}{u}\right)-\frac{2}{u-2}+\frac{1}{u-1}\right]\mathrm{d}u=\frac{\mathrm{d}x}{x},$$

两边积分得

$$\ln(u-1)-\frac{3}{2}\ln(u-2)-\frac{1}{2}\ln u=\ln x+\ln C,$$

整理得 $$\frac{u-1}{\sqrt{u}(u-2)^{\frac{3}{2}}}=Cx.$$

所求微分方程的解为 $$(y-x)^2=Cy(y-2x)^3.$$

【例 7-5】 求下列微分方程的通解.

$$x(\ln x-\ln y)\mathrm{d}y-y\mathrm{d}x=0.$$

解 原方程变形为 $\ln\dfrac{y}{x}\mathrm{d}y+\dfrac{y}{x}\mathrm{d}x=0$, 令 $u=\dfrac{y}{x}$, 则 $\dfrac{\mathrm{d}y}{\mathrm{d}x}=u+\dfrac{\mathrm{d}u}{\mathrm{d}x}$,

代入原方程并整理得 $$\frac{\ln u}{u(\ln u+1)}\mathrm{d}u=-\frac{\mathrm{d}x}{x}.$$

两边积分得 $\ln u-\ln(\ln u+1)=-\ln x+\ln C$, 即 $y=C(\ln u+1)$.

变量回代得所求通解 $$y=C\left(\ln\frac{y}{x}+1\right).$$

【例 7-6】 设河边点 O 的正对岸为点 A, 河宽 $OA=h$, 两岸为平行直线, 水流速度为 $\vec{a}$, 有一鸭子从点 A 游向点 O, 设鸭子(在静水中)的游速为 $\vec{b}(b>a)$, 且鸭子游动方向始终朝着点 O, 求鸭子游过的迹线的方程.

解 设水流速度为 $\vec{a}(|\vec{a}|=a)$, 鸭子游速为 $\vec{b}(|\vec{b}|=b)$, 则鸭子实际运动速度为

$$\vec{v}=\vec{a}+\vec{b}.$$

取坐标系,设在时刻 t 鸭子位于点 $P(x,y)$, 则鸭子运动速度 $v=\{v_x,v_y\}=\{x_t,y_t\}$,

故有 $\dfrac{\mathrm{d}x}{\mathrm{d}y}=\dfrac{x_t}{y_t}=\dfrac{v_x}{v_y}$. 现在 $\vec{a}=(a,0)$, 而 $\vec{b}=b\vec{e}_{PO}$, 其中 $\vec{e}_{PO}$ 为与 $\overrightarrow{PO}$ 同方向的单位向量.

由 $\overrightarrow{PO}=-\{x,y\}$, 故 $\vec{e}_{PO}=\dfrac{-\{x,y\}}{\sqrt{x^2+y^2}}$, 于是

$$\vec{b} = -\frac{b}{\sqrt{x^2+y^2}}\{x,y\},$$

$$\vec{v} = \vec{a}+\vec{b} = \left(a-\frac{bx}{\sqrt{x^2+y^2}}, -\frac{by}{\sqrt{x^2+y^2}}\right).$$

由此得微分方程

$$\frac{\mathrm{d}x}{\mathrm{d}y} = \frac{v_x}{v_y} = -\frac{a\sqrt{x^2+y^2}}{by}+\frac{x}{y},$$

即
$$\frac{\mathrm{d}x}{\mathrm{d}y} = -\frac{a}{b}\sqrt{\left(\frac{x}{y}\right)^2+1}+\frac{x}{y}.$$

初始条件为 $x|_{y=h}=0$. 令 $\frac{x}{y}=u$，则 $x=yu$，$\frac{\mathrm{d}x}{\mathrm{d}y}=y\frac{\mathrm{d}u}{\mathrm{d}y}+u$，代入上面的方程，得

$$y\frac{\mathrm{d}u}{\mathrm{d}y} = -\frac{a}{b}\sqrt{u^2+1}.$$

分离变量得
$$\frac{\mathrm{d}u}{\sqrt{u^2+1}} = -\frac{a}{by}\mathrm{d}y,$$

积分得 $\mathrm{arsh}u = -\frac{a}{b}(\ln y+\ln C)$，即 $u=\mathrm{sh}\ln(Cy)^{-a/b}=\frac{1}{2}[(Cy)^{-a/b}-(Cy)^{a/b}]$，

故
$$x = \frac{y}{2}[(Cy)^{-a/b}-(Cy)^{a/b}] = \frac{1}{2C}[(Cy)^{1-a/b}-(Cy)^{1+a/b}].$$

将初始条件代入上式得 $C=1/h$，故所求迹线方程为

$$x = \frac{h}{2}\left[\left(\frac{y}{h}\right)^{1-a/b}-\left(\frac{y}{h}\right)^{1+a/b}\right], 0\leqslant h\leqslant y.$$

【例 7-7】 求微分方程 $y'+y=3x$ 的通解.

解 先求对应其次线性方程 $\frac{\mathrm{d}y}{\mathrm{d}x}+y=0$ 的通解. 分离变量得 $\frac{\mathrm{d}y}{y}=-\mathrm{d}x$，

积分得
$$\ln y = -x+\ln C,$$

即
$$\ln\frac{y}{C} = -x,$$

由此得
$$y = C\mathrm{e}^{-x}.$$

再用常数变易法求原方程的通解，设解为

$$y = C(x)\mathrm{e}^{-x}. \qquad (C(x)\text{ 是待定函数})$$

代入原方程得

$$C'(x)\mathrm{e}^{-x}-C(x)\mathrm{e}^{-x}+C(x)\mathrm{e}^{-x} = 3x,$$

即
$$C'(x) = 3x\mathrm{e}^{x},$$

由分部积分法可求得

$$C(x) = 3\mathrm{e}^{x}(x-1)+C,$$

故得所求方程的通解为

$$y = 3(x-1)+C\mathrm{e}^{-x}.$$

【例 7-8】 求方程 $y'+\frac{1}{x}y=\frac{\sin x}{x}$ 的通解.

解 $P(x)=\frac{1}{x}$，$Q(x)=\frac{\sin x}{x}$，于是所求通解为

$$y=\mathrm{e}^{-\int\frac{1}{x}\mathrm{d}x}\left(\int\frac{\sin x}{x}\cdot\mathrm{e}^{\int\frac{1}{x}\mathrm{d}x}\mathrm{d}x+C\right)=\mathrm{e}^{-\ln x}\left(\int\frac{\sin x}{x}\cdot\mathrm{e}^{\ln x}\mathrm{d}x+C\right)=\frac{1}{x}(-\cos x+C).$$

【例 7-9】 求方程 $\frac{\mathrm{d}y}{\mathrm{d}x}-\frac{2y}{x+1}=(x+1)^{\frac{5}{2}}$ 的通解.

解 这是一个非齐次线性方程．先求对应齐次方程的通解.

由 $\frac{\mathrm{d}y}{\mathrm{d}x}-\frac{2}{x+1}y=0\Rightarrow\frac{\mathrm{d}y}{y}=\frac{2\mathrm{d}x}{x+1}\rightarrow\ln y=2\ln(x+1)+\ln C\Rightarrow y=C(x+1)^2$.

用常数变易法，把 C 换成 u，即令 $y=u(x+1)^2$，则有

$$\frac{\mathrm{d}y}{\mathrm{d}x}=u'(x+1)^2+2u(x+1).$$

代入所给非齐次方程得 $u'=(x+1)^{\frac{1}{2}}$，两端积分得 $u=\frac{2}{3}(x+1)^{\frac{3}{2}}+C$，回代即得所求方程的通解为

$$y=(x+1)^2\left[\frac{2}{3}(x+1)^{3/2}+C\right].$$

【例 7-10】 求方程 $\frac{\mathrm{d}y}{\mathrm{d}x}+\frac{y}{x}=\frac{\sin x}{x}$ 满足初始条件 $y|_{x=\pi}=1$的一个特解.

解 直接用公式求解. 因为 $P(x)=\frac{1}{x}$,$Q(x)=\frac{\sin x}{x}$，代入得

$$y=\mathrm{e}^{-\int\frac{1}{x}\mathrm{d}x}\left(\int\frac{\sin x}{x}\,\mathrm{e}^{\int\frac{1}{x}\mathrm{d}x}\mathrm{d}x+C\right)=\mathrm{e}^{\ln\frac{1}{x}}\left(\int\sin x\,\mathrm{d}x+C\right)=\frac{1}{x}(-\cos x+C).$$

初始条件 $y|_{x=\pi}=1$代入上式可得 $C=\pi-1$．所以，所求特解为

$$y=\frac{1}{x}(\pi-1-\cos x).$$

利用公式解一阶线性微分方程时，注意到 $\mathrm{e}^{-\int P(x)\mathrm{d}x}$ 与 $\int Q(x)\mathrm{e}^{\int P(x)\mathrm{d}x}\mathrm{d}x$ 中的 $\mathrm{e}^{\int P(x)\mathrm{d}x}$ 互为倒数，可使计算更为方便.

【例 7-11】 有一个电路如图 7－1 所示，其中电源电动势 $E=E_m\sin\omega t$（E_m,ω 皆是常量），电阻 R 和电感 L 都是常量，在 $t=0$ 时合上电闸，求电流 $i(t)$.

解 根据克希霍夫第二定律：回路的总电压应等于接入回路中的总电动势．现在电阻上的电压降为 R_i，线圈的感应电动势是 $-L\frac{\mathrm{d}i}{\mathrm{d}t}$，于是 $i(t)$ 所满足的微分方程为

$$Ri=E-L\tfrac{\mathrm{d}i}{\mathrm{d}t},$$

即

$$L\tfrac{\mathrm{d}i}{\mathrm{d}t}+R_i=E_m\sin\omega t.$$

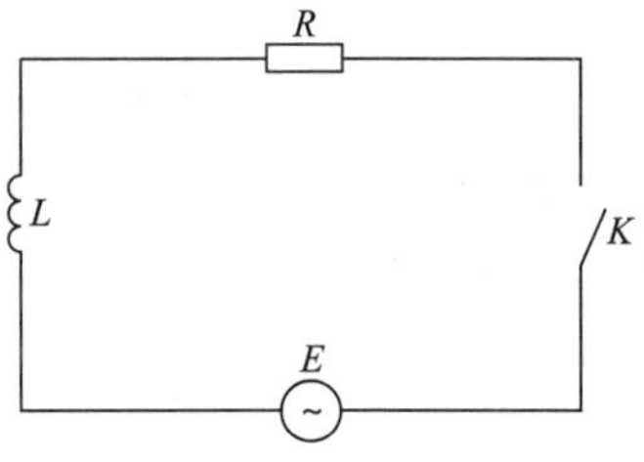

图 7－1

初始条件为 $i|_{t=0}=0$，若用公式求解，则

$$P(t)=\frac{R}{L},\ Q(t)=\frac{E_m}{L}sin\,\omega t.$$

代入公式，得

$$i(t)=\mathrm{e}^{-\frac{R}{L}t}\left(\int\frac{E_m}{L}\,\mathrm{e}^{\frac{R}{L}t}\sin\omega t\,\mathrm{d}t+C\right).$$

由于

$$\int e^{\frac{R}{L}t}\sin\omega t\,dt = \frac{e^{\frac{R}{L}t}}{R^2+\omega^2L^2}(RL\sin\omega t - \omega L^2\cos\omega t),$$

故得所求微分方程的通解为

$$i(t) = \frac{E_m}{R^2+\omega^2L^2}(R\sin\omega t - \omega l\cos\omega t) + Ce^{-\frac{R}{l}t}.$$

将初始条件 $i|_{t=0}=0$ 代入上式,得

$$C = \frac{\omega LE_m}{R^2+\omega^2L^2}.$$

于是所求函数 $i(t)$ 为

$$\begin{aligned} i(t) &= \frac{\omega LE_m}{R^2+\omega^2L^2}e^{-\frac{R}{L}t} + \frac{E_m}{R^2+\omega^2L^2}(R\sin\omega t - \omega l\cos\omega t) \\ &= \frac{\omega LE_m}{R^2+\omega^2L^2}e^{-\frac{R}{L}t} + \frac{E_m}{\sqrt{R^2+\omega^2L^2}}\sin(\omega t-\varphi). \end{aligned}$$

其中,$\varphi = \arctan\dfrac{\omega L}{R}$.

【例 7-12】 求方程 $y'' = e^{2x} - \cos x$ 满足 $y(0)=0, y'(0)=1$ 的特解.

解 对所给方程积分二次,得

$$y' = \frac{1}{2}e^{2x} - \sin x + C_1 \tag{7-1}$$

$$y = \frac{1}{4}e^{2x} + \cos x + C_1x + C_2 \tag{7-2}$$

在(7—1)中代入条件 $y'(0)=1$,得 $C_1 = \dfrac{1}{2}$,在(7—2)中代入条件 $y(0)=0$,得 $C_2 = -\dfrac{5}{4}$,

从而所求方程的特解为

$$y = \frac{1}{4}e^{2x} + \cos x + \frac{1}{2}x - \frac{5}{4}.$$

【例 7-13】 求方程 $(1+x^2)\dfrac{d^2y}{dx^2} - 2x\dfrac{dy}{dx} = 0$ 的通解.

解 这是一个不显含有未知函数 y 的方程. 令 $\dfrac{dy}{dx} = p(x)$,则 $\dfrac{d^2y}{dx^2} = \dfrac{dp}{dx}$,于是原方程降阶为 $(1+x^2)\dfrac{dp}{dx} - 2px = 0$,即 $\dfrac{dp}{p} = \dfrac{2x}{1+x^2}dx$. 两边积分,得

$$\ln|p| = \ln(1+x^2) + \ln|C_1|,\text{即 } p = C_1(1+x^2) \text{ 或 } \frac{dy}{dx} = C_1(1+x^2).$$

再积分得原方程的通解

$$y = C_1\left(x + \frac{x^3}{3}\right) + C_2.$$

【例 7-14】 求微分方程初值问题.

$$(1+x^2)y'' = 2xy',\ y|_{x=0}=1,\ y'|_{x=0}=3$$

的特解.

解 方程属 $y'' = f(x,y')$ 型. 设 $y' = p$,代入方程并分离变量后,有

$$\frac{\mathrm{d}p}{p}=\frac{2x}{1+x^2}\mathrm{d}x.$$

两端积分，得 $\ln|p|=\ln(1+x^2)+C$，即 $p=y'=C_1(1+x^2)(C_1=\pm \mathrm{e}^C)$.

由条件 $y'|_{x=0}=3$，得 $C_1=3$，所以 $y'=3(1+x^2)$.

两端再积分，得 $y=x^3+3x+C_2$. 又由条件 $y|_{x=0}=1$，得 $C_2=1$，

于是所求的特解为　　$y=x^3+3x+1$.

【例 7-15】 求微分方程 $yy''=2(y'^2-y')$ 满足初始条件 $y(0)=1$，$y'(0)=2$ 的特解.

解　令 $y'=p$，由 $y''=p\dfrac{\mathrm{d}p}{\mathrm{d}y}$，代入方程并化简得

$$y\frac{\mathrm{d}p}{\mathrm{d}y}=2(p-1).$$

上式为可分离变量的一阶微分方程，解得 $p=y'=Cy^2+1$，再分离变量，得

$$\frac{\mathrm{d}y}{Cy^2+1}=\mathrm{d}x\ .$$

由初始条件 $y(0)=1$，$y'(0)=2$ 得出 $C=1$，从而得 $\dfrac{\mathrm{d}y}{1+y^2}=\mathrm{d}x$，再两边积分，得

$$\arctan y=x+C_1 \text{ 或 } y=\tan(x+C_1).$$

由 $y(0)=1$ 得出 $C_1=\arctan 1=\dfrac{\pi}{4}$，从而所求特解为 $y=\tan\left(x+\dfrac{\pi}{4}\right)$.

【例 7-16】 求微分方程 $y''-3y'+2y=0$ 的通解.

解　特征方程为

$$r^2-3r+2=0\ .$$

其特征根为 $r_1=1$，$r_2=2$. 所以方程的通解为

$$y=C_1\mathrm{e}^x+C_2\mathrm{e}^{2x}\ .$$

【例 7-17】 求微分方程 $4y''-4y'+y=0$ 满足初始条件 $y|_{x=0}=1, y'|_{x=0}=2$的特解.

解　特征方程为

$$4r^2-4r+1=0\ .$$

其特征根为 $r_1=r_2=\dfrac{1}{2}$. 所以方程的通解为

$$y=(C_1+xC_2)\mathrm{e}^{\frac{x}{2}}\ .$$

将初始条件分别代入上面两式 $C_1=1, C_2=\dfrac{3}{2}$. 于是所求特解为

$$y=\left(1+\frac{3}{2}x\right)\mathrm{e}^{\frac{x}{2}}\ .$$

【例 7-18】 求微分方程 $y''+2y'+3y=0$ 的通解.

解　特征方程为

$$r^2+2r+3=0\ .$$

其特征根为一对共轭复根 $r_{1,2}=-1\pm\sqrt{2}i$（$\alpha=-1, \beta=\sqrt{2}$）. 所以方程的通解为

$$y=\mathrm{e}^{-x}(C_1\cos\sqrt{2}x+C_2\sin\sqrt{2}x)\ .$$

【例 7-19】 求微分方程 $y''+4y'+3y=x-2$ 的一个特解.

解 特征方程 $r^2+4r+3=0$，其特征根为 $r_1=-1, r_2=-3$．由 $f(x)=x-2$ 知，$m=1$，$\lambda=0$．因为 $\lambda=0$ 不是特征方程的根，故设特解为

$$y^*=Q_m(x)e^{\lambda x}=ax+b.$$

对 y^* 式导数，得

$$y^{*'}=a, y^{*''}=0,$$

代入原方程，得

$$4a+3ax+3b=x-2.$$

比较两端 x 同次幂的系数，得 $\begin{cases}3a=1\\4a+3b=-2\end{cases}$.

解得 $a=\dfrac{1}{3}$，$b=-\dfrac{10}{9}$．于是所求方程的特解为

$$y^*=\frac{1}{3}x-\frac{10}{9}.$$

【例 7-20】 求微分方程 $y''+2y'+5y=3e^{-x}\sin x$ 的一个特解.

解 特征方程 $r^2+2r+5=0$ 的根是 $r=-1\pm i$．由 $f(x)=3e^{-x}\sin x$ 知，$\lambda=-1, \omega=1$，因 $\lambda\pm i\omega=-1\pm i$ 不是特征方程的根，故设特解

$$y^*=e^{-x}(a\cos x+b\sin x),$$

把它代入原方程，得

$$3a\cos x+3b\sin x=3\sin x.$$

比较两端同类项的系数，得 $a=0, b=1$．于是所求方程的一个特解为

$$y^*=e^{-x}\sin x.$$

【例 7-21】 求微分方程 $y''+y'=4\sin x$ 满足初始条件 $y|_{x=0}, y'|_{x=0}=0$ 的解.

解 特征方程 $r^2+r=0$，特征根为 $r_{1,2}=\pm i$，所以对应齐次方程的通解为

$$y=C_1\cos x+C_2\sin x.$$

由 $f(x)=4\sin x$ 知 $\lambda=0, \omega=1$. 而 $\lambda\pm i\omega=\pm i$ 是特征根，故设特解

$$y^*=xe^{0x}(a\cos x+b\sin x)=x(a\cos x+b\sin x).$$

对 y^* 求导数，得

$$y^{*'}=(a\cos x+b\sin x)+x(-a\sin x+b\cos x),$$
$$y^{*''}=-2a\sin x+2b\cos x-x(a\sin x+b\cos x).$$

把它代入原方程，得

$$-2a\sin x+2b\cos x=4\sin x.$$

比较两端同类项的系数，得 $a=-2, b=0$，因此所求特解为

$$y^*=-2x\cos x.$$

于是，原方程的通解为

$$y=C_1\cos x+C_2\sin x-2x\cos x.$$

又由 $y|_{x=0}=1$，得 $C_1=1$，由 $y'|_{x=0}=0$，得 $C_2=2$，所以原方程满足初始条件的解为

$$y=\cos x+2\sin x-2x\cos x.$$

【例 7-22】 力学问题.

我们看一看交警在交通事故现场如何判断事故车辆在紧急刹车前的车速是否超出规定.

在公路交通事故的现场，常会发现事故车辆的车轮有一段拖痕(刹车距离)．这是紧急刹

车后制动片抱紧制动箍使车轮停止转动，而车轮由于惯性的作用在地面上摩擦滑动留下的痕迹．如果在事故现场测得拖痕的长度为 15m，并测出路面与车轮的摩擦系数为 1.04（此系数由路面质地、轮胎与地面接触面积等因素决定），那么交警如何判定事故车辆在紧急刹车前的车速是否超出规定？

解　设拖痕所在直线为 x 轴，拖痕的起点为原点，车辆的滑动位移为 x，滑动速度为 v．当 $t=0$ 时，$x=0$，$v=v_0$（滑动时的初速度）；当 $t=t_1$ 时（t_1 是滑动停止的时刻），$x=15$，$v=0$．

在滑动过程中，车辆受到与运动方向相反的摩擦力 f 的作用，如果车辆的质量为 m，则摩擦力 f 的大小为 λmg．根据牛顿第二定律，有

$$m\frac{\mathrm{d}^2x}{\mathrm{d}t^2}=-\lambda mg,$$

即

$$\frac{\mathrm{d}^2x}{\mathrm{d}t^2}=-\lambda g.$$

积分得

$$\frac{\mathrm{d}x}{\mathrm{d}t}=-\lambda gt+C_1,$$

再一次积分，得

$$x=-\frac{\lambda g}{2}t^2+C_1t+C_2.$$

将条件 $t=0$ 时，$x=0$，$v=\frac{\mathrm{d}x}{\mathrm{d}t}=v_0$ 代入上面两式，得 $C_1=v_0$，$C_2=0$，即有

$$\frac{\mathrm{d}x}{\mathrm{d}t}=-\lambda gt+v_0,\quad x=-\frac{\lambda g}{2}t^2+v_0t.$$

将条件 $t=t_1$ 时，$x=15$，$v=0$，代入上式，得

$$\begin{cases}-\lambda gt_1+v_0=0\\ -\frac{\lambda g}{2}t_1^2+v_0t_1=15\end{cases}.$$

在此方程组中消去 t_1，得

$$v_0=\sqrt{2\lambda g\times 15}.$$

代入 $\lambda=1.04$，$g\approx 9.8(\mathrm{m/s^2})$，得 $v_0\approx 17.49(\mathrm{m/s})\approx 63(\mathrm{km/h})$．

实际上，在车轮开始滑动之前，车辆还有一个滚动减速的过程，因此车辆在刹车前的速度要大于 63(km/h)．可见刹车拖痕（刹车距离）是分析交通事故的一个重要因素．

【例 7-23】　人口增长问题．

（马尔萨斯人口方程）英国人口学家马尔萨斯在 1798 年提出了人口指数增长模型：单位时间内人口的增长量与当时的人口总数成正比．若已知 $t=t_0$ 时人口总数为 x_0，试根据马尔萨斯人口模型，确定时间 t 与人口总数 $x(t)$ 之间的函数关系．根据我国有关人口统计的资料数据，1990 年，我国人口总数为 11.6 亿，在以后的 8 年中，年人口平均增长率为 14.8‰，假定今后的年增长率不变，试用马尔萨斯方程预测 2005 年我国的人口总数．

解　设 t 时刻人口总数为 $x=x(t)$，人口指数增长模型为

$$\frac{\mathrm{d}x}{\mathrm{d}t}=rx(t)\ (r\text{ 为比例常数}),$$

初值条件 $x\big|_{t=t_0}=x_0$．

这是可分离变量方程，它的通解为

$$x=C\mathrm{e}^{rt},$$

将初值条件 $x|_{t=t_0}=x_0$代入,得 $C=x_0\mathrm{e}^{-rt_0}$,于是所求函数关系为

$$x(t)=x_0\mathrm{e}^{r(t-t_0)}.$$

将 $t=2005, t_0=1990, x_0=11.6, r=0.0148$ 代入,可预测出 2005 年我国的人口总数为

$$x|_{t=2005}=11.6\times\mathrm{e}^{0.0148\times(2005-1990)}\approx 14.4(\text{亿})$$

马尔萨斯人口模型认为,人口以 e^r 为公比,按几何级数增长,这显然对未来的人口总数预测是不正确的．其主要原因是,随着人口的增长,自然资源、环境条件等因素对人口继续增长的阻滞作用越来越显著．为了使人口预报,特别是长期预报更好地符合实际情况,必须修改指数增长模型关于人口增长率是常数这个基本假设．荷兰生物学家 Verhulst 引入常数 x_m ,用来表示自然资源和环境条件所允许的最大人口,并假定人口增长率为

$$r\left(1-\frac{x(t)}{x_m}\right),$$

即人口增长率随着 $x(t)$ 的增加而减少,当 $x(t)\to x_m$ 时,人口增长率趋于零．其中 r, x_m 是根据人口统计数据或经验确定的常数．由此得

$$\frac{\mathrm{d}x}{\mathrm{d}r}=r\left(1-\frac{x}{x_m}\right)x.$$

这个方程称为 Logistic 模型(阻滞增长模型),属于可分离变量的方程,其通解为

$$x(t)=\frac{x_m}{1+C\mathrm{e}^{-rt}}.$$

Logistic 模型实际上是一种变量的增长率 $\dfrac{\mathrm{d}x}{\mathrm{d}r}$ 与其现实值 x 、饱和值与现实值之差 x_m-x 都成正比的数学模型,其在生物群生长、传染病传播以及产品推销、技术推广等问题中都有重要作用.

【例 7-24】 扫雪时间问题.

一个冬天的早晨开始下雪,整天不停,且以恒定速率不断下降．一台扫雪机从上午 8 点开始在公路上扫雪,到 9 点前进了 2 千米,到 10 点前进了 3 千米．假定扫雪机每小时扫去积雪的体积为常数．问何时开始下雪?

解 第一步 问题分析与建模.

题目给我们提供的主要信息有:

(1)雪以恒定的速率下降;

(2)扫雪机每小时扫去积雪的体积为常数;

(3)扫雪机从 8 点到 9 点前进了 2 千米,到 10 点前进了 3 千米.

下面将以上几句话用数学语言表达出来.

设 $h(t)$ 为从开始下雪起到 t 时刻时积雪深度,由(1)得

$$\frac{\mathrm{d}h(t)}{\mathrm{d}t}=C\,(C\text{ 常数}).$$

设 $x(t)$ 为扫雪机从下雪开始起到 t 时刻走过的距离,那么根据(2),我们得到 $\dfrac{\mathrm{d}x}{\mathrm{d}t}=\dfrac{k}{h}$, k 为比例常数.

以 T 表示扫雪开始的时刻,则根据(3)有

$$t=T\text{ 时}, x=0\text{ ; }t=T+1\text{ 时}, x=2\text{ ; }t=T+2\text{ 时}, x=3.$$

于是我们可得问题的数学模型为:

$$\begin{cases}\dfrac{\mathrm{d}h(t)}{\mathrm{d}t}=C\\ \dfrac{\mathrm{d}x}{\mathrm{d}t}=\dfrac{k}{h}\\ x(T)=0\\ x(T+1)=2\\ x(T+2)=3\end{cases}.$$

第二步　模型求解.

根据以上分析,只要找出 x 与 t 的函数关系,就可以利用 $x(T)$ 求出 T. 根据 T 即可知道开始下雪的时间.

由 $\dfrac{\mathrm{d}h}{\mathrm{d}t}=C$ 得

$$h=Ct+C_1.$$

因 $t=0$ 时, $h=0$,故 $C_1=0$,从而 $h=Ct$. 代入 $\dfrac{\mathrm{d}x}{\mathrm{d}t}=\dfrac{k}{h}$,得

$$\frac{\mathrm{d}x}{\mathrm{d}t}=\frac{A}{t}\left(A=\frac{k}{C}\text{ 为常数}\right).$$

用分离变量法得

$$x=A\ln t+B\ (B\text{ 为任意常数}).$$

将 $x(T)=0$, $x(T+1)=2$, $x(T+2)=3$ 代入上式,得

$$\begin{cases}0=A\ln T+B\\ 2=A\ln(T+1)+B\\ 3=A\ln(T+2)+B\end{cases},$$

消去 A,B 得

$$\left(\frac{T+2}{T+1}\right)^2=\frac{T+1}{T},\text{ 即 } T^2+T-1=0,$$

解此一元二次方程,得

$$T=\frac{\sqrt{5}-1}{2}=0.618\ (\text{小时})\approx 37\text{ 分 }5\text{ 秒}.$$

因此,扫雪机开始工作时为 37 分 5 秒,由于扫雪机是上午 8 点开始的,故雪是 7 点 22 分 55 秒开始下的.

【例 7-25】 盐水稀释问题.

设容器内有 100 kg 盐水,浓度为 10%(即含盐 10kg),现在每分钟输入浓度为 1%的盐水 6kg,同时每分钟输出盐水 4kg,试问:经过 50 分钟,容器内盐水浓度是多少?(假设变化过程中,任何时刻容器内盐水的浓度是均匀的)

解　第一步　审题和量的分析.

首先明确题目给出的盐水稀释过程是:盐水浓度和盐水量因每分钟输入 1%的盐水 6kg 和同时每分钟输出盐水 4kg 而不断变化,浓度不断变化必有变化率,需要用微分方程来求解.

此问题所涉及的主要量有:时间,时刻容器内盐水的浓度,时刻容器内盐水量,时刻容器内含盐量和含水量.

显然, $t=0$ 时,有

$$\rho(0)=10\% \tag{7-3}$$

$$H(t)=Q(t)-X(t) \tag{7-4}$$

由于容器内的盐水、含盐量、含水量都在不断的变化，它们的变化率分别为 $K_{Q(t)}$，$K_{X(t)}$，$K_{H(t)}$．在整个变化过程中的任意时刻 t，关系式为

$$\rho(t)=\frac{X(t)}{Q(t)}, \tag{7-5}$$

$$Q(t)=100+(6-4)t=100+2t. \tag{7-6}$$

在 $t+\Delta t$，同样有关系式

$$\rho(t+\Delta t)=\frac{X(t+\Delta t)}{Q(t+\Delta t)}, \tag{7-7}$$

$$Q(t+\Delta t)=100+2(t+\Delta t). \tag{7-8}$$

第二步　模型建立与求解.

在模型建立过程中，我们将首先构建浓度 $\rho(t)$ 变化的微分方程．首先，$t+\Delta t$ 时刻容器内盐水的含盐量为

$$\begin{aligned}X(t+\Delta t)&\approx X(t)+0.06\Delta t-4\rho(t)\Delta t,\\&=\rho(t)Q(t)+0.06\Delta t-4\rho(t)\Delta t.\end{aligned} \tag{7-9}$$

将式(7－8)、式(7－9)、代入式(7－7)得

$$\rho(t+\Delta t)=\frac{\rho(t)Q(t)+0.06\Delta t-4\rho(t\Delta t)}{100+2(t+\Delta t)}, \tag{7-10}$$

从而有

$$\rho(t+\Delta t)[100+2(t+\Delta t)]=\rho(t)Q(t)+0.06\Delta t-4\rho(t)\Delta t,$$

即

$$[\rho(t+\Delta t)-\rho(t)][100+2(t+\Delta t)]=0.06\Delta t-6\rho(t)\Delta t. \tag{7-11}$$

对式(7－11)两边同除以 Δt，得

$$\frac{\rho(t+\Delta t)-\rho(t)}{\Delta t}[100+2(t+\Delta t)]=0.06-6\rho(t). \tag{7-12}$$

式(7－12)两边在 $\Delta t\to 0$ 的过程中取极限，再由式(7－3)得所求问题的数学模型

$$\begin{cases}\dfrac{\mathrm{d}\rho}{\mathrm{d}t}(100+2t)=0.06-6\rho(t)\\ \rho(0)=10\%\end{cases}, \tag{7-13}$$

利用分离变量法解微分方程得

$$\rho(t)=0.01+C(50+t)^{-3}.$$

由初始条件得 $C=0.09\times 50^3$，故

$$\rho(t)=0.01+0.09\times 50^3(50+t)^{-3}.$$

于是经过 50 分钟，容器内盐水的浓度为

$$\rho(50)\approx 2.12\%.$$

上述列微分方程的方法通常称为“小元素分析法”或称为“微元分析法”.

7.2 同步训练

习题 7.1

1. 指出下列微分方程的阶数.

(1) $x(y')^2 - 2yy' + x = 0$；　　(2) $xy'' + 2y' + x^2 y = 0$；

(3) $(7x - 6y)\mathrm{d}x + (x + y)\mathrm{d}y = 0$；　　(4) $\rho' + \rho = \sin^2\theta$.

2. 验证函数 $y = C_1 \mathrm{e}^{2x} + C_2 \mathrm{e}^{x}$ 为二阶微分方程 $y'' - 3y' + 2y = 0$ 的通解，并求方程满足初始条件 $y(0) = 0, y'(0) = 2$ 的特解.

3. 求下列微分方程的解.

(1) $y' = 4x^2, y|_{x=0} = 0$；　　(2) $y'' = 3x^4$.

4. 求一曲线方程，此曲线通过(1,3)，并且它在任一点处切线的斜率等于该点横坐标倒数的 2 倍.

习题 7.2

1. 用分离变量法求解下列微分方程的通解或特解.

(1) $\frac{\mathrm{d}y}{\mathrm{d}x}=\frac{\mathrm{e}^{3x}}{\mathrm{e}^{y}}$；

(2) $y'+xy=0$；

(3) $\frac{\mathrm{d}y}{\mathrm{d}x}=x^4y^{-1}, y(0)=3$；

(4) $2y(x^2+1)y'=x(y^2+1), y(0)=0$.

2. 设一曲线上任意一点处的切线垂直于该点与原点的连线，求此曲线方程.

3. 不用代公式，求下列微分方程的通解.

(1) $y'+3y=0$；

(2) $y'+3y=x$.

4. 求下列微分方程的通解.

(1) $xy'=y\ln y$；

(2) $5x^2+2x=2y'$；

(3) $y' + y\cos x = e^{-\sin x}$；　　(4) $2y' + \dfrac{2y}{x} = \dfrac{\sin x}{x}$.

5. 求解下列初值问题.

(1) $y' = e^{x-y}, y(0) = 0$；　　(2) $y' = 2xy + e^{x^2}\cos x, y(0) = 2$.

6. 已知一曲线通过点(0,8),并且它在任意点处切线的斜率等于 $4x^2 - y$,求此曲线方程.

习题 7.3

1. 求下列微分方程的通解.

(1) $(1 - x^2)y'' - xy' = 2$；　　(2) $y'' = \dfrac{1}{1 + x^2}$；

(3) $y'' = y' + x$；　　(4) $y'' = 1 + (y')^2$.

2. 求下列微分方程满足初始条件的特解.

(1) $y''=(y')^{\frac{1}{2}}, y|_{x=0}=0, y'|_{x=0}=1$;

(2) $(1-x^2)y''-xy'=3, y|_{x=0}=0, y'|_{x=0}=0$.

3. 试求 $y''=x$ 的经过点 $P(0,1)$ 且在此点与直线 $y=\frac{x}{2}+1$ 相切的积分曲线方程.

习题 7.4

1. 求下列微分方程的通解.

(1) $y''+6y'+y=0$;

(2) $2y''+y'+y=0$;

(3) $y''+9y'+9y=0$;

(4) $y''-4y'+4y=0$.

2. 求下列初值问题的解.

(1) $y''-y=0$, $y|_{x=0}=2$, $y'|_{x=0}=0$;

(2) $y''-4y'+3y=0$, $y|_{x=0}=6$, $y'|_{x=0}=10$.

3. 设一弹簧的运动满足微分方程

$$\frac{d^2s}{dt^2}-\frac{ds}{dt}-2s=0.$$

求此弹簧在任意时刻 t 的位移 $s(t)$.

习题 7.5

一、选择题.

1. 求 $y''+4y'=x^2-1$ 的特解时,应令 $y^*=$(　　).

(A) ax^2+bx+c　(B) $x(ax^2+bx+c)$　(C) ax^2+b　(D) $x(ax^2+b)$

2. 求 $y''+y=\cos x$ 的特解时,应令 $y^*=$(　　).

(A) $ax\cos x$　(B) $a\cos x$　(C) $a\cos x+b\sin x$　(D) $x(a\cos x+b\sin x)$

3. $y''+y=0$ 有一个解为 $y=$(　　).

(A) e^x　(B) $\sin 2x$　(C) $\sin x$　(D) e^x+e^{-x}

4. $y''-y'=2x$ 的特解为(　　).

(A) $y=-x-2$　(B) $y=-x^2-2x$　(C) $y=x+2$　(D) $y=x^2+2x$

二、求下列各微分方程的通解.

1. $y''+y'-2y=2e^x$;　2. $2y''+5y'=5x^2-2x-1$;

3. $y''+2y'+y=5e^{-x}$ ；

4. $y''-4y'+4y=e^{-2x}$ ；

5. $y''-y=4\sin x$ ；

6. $y''-2y'+5y=\cos 2x$.

三、求下列各微分方程满足已给初始条件的特解.

1. $y''-3y'+2y=5, y|_{x=0}=1, y'|_{x=0}=2$；

2. $y''-y=4xe^{x}, y|_{x=0}=0, y'|_{x=0}=1$.

总习题 7

一、选择题.

1. 微分方程 $x(y''')^2-3(y'')^3+(y')^4+x^5=0$ 的阶数是(　　).

A. 4 阶　　B. 3 阶　　C. 2 阶　　D. 1 阶

2. 微分方程 $x^2\dfrac{dy}{dx}=x^2+y^2$ 是(　　).

A. 一阶可分离变量方程　　B. 一阶齐次方程

C. 一阶非齐次线性方程　　D. 一阶齐次线性方程

3. $xy'=y$ 的通解为(　　).

A. $y=Cx^2$　　B. $y=5x^2$　　C. $y=Cx$　　D. $y=\dfrac{1}{2}x$

4. 下列方程中,是一阶线性微分方程的是(　　).

A. $x(y')^2-2yy'+x=0$　　B. $xy+2yy'-x=0$

C. $xy'+x^2y=0$　　D. $(7x-6y)\mathrm{d}x+(x+y)\mathrm{d}y=0$

5. 微分方程 $xy'=\sqrt{xy}-y$ 是(　　).

A. 可分离变量方程　　B. 齐次方程

C. 一阶齐次线性方程　　D. 一阶非齐次线性方程

6. 微分方程 $y'+\sin(xy)(y')^2-y+5x=0$ 是(　　).

A. 一阶微分方程　　B. 二阶微分方程

C. 可分离变量的微分方程　　D. 一阶线性微分方程

7. 下列方程中是可分离变量微分方程的是(　　).

A. $y'=(\tan x)y+x^2-\cos x$　　B. $xe^{x-y}y'-y\ln y=0$

C. $y^2+x^2\dfrac{\mathrm{d}y}{\mathrm{d}x}=xy\dfrac{\mathrm{d}y}{\mathrm{d}x}$　　D. $xy'\ln x\sin y+\cos y(1-x\cos y)=0$

8. 微分方程 $y''-2y'+y=0$ 的一个特解是(　　).

A. $y=x^2e^x$　　B. $y=e^x$　　C. $y=x^3e^x$　　D. $y=e^{-x}$

9. 在下列微分方程中,通解为 $y=C_1\cos x+C_2\sin x$ 的是(　　).

A. $y''-y'=0$　　B. $y''+y'=0$　　C. $y''-y=0$　　D. $y''+y=0$

10. 微分方程 $y''+2y'+5y=0$ 的通解 y 等于(　　).

A. $C_1\cos 2x+C_2\sin 2x$　　B. $e^x(C_1\cos 2x+C_2\sin 2x)$

C. $e^{-x}(C_1\cos 2x+C_2\sin 2x)$　　D. $x(C_1\cos 2x+C_2\sin 2x)$

11. 设 y_1,y_2 是二阶常系数齐次线性微分方程 $y''+py'+qy=0$ 的两个解,则下列说法不正确的是(　　).

A. y_1+y_2 是此方程的一个解

B. y_1-y_2 是此方程的一个解

C. $c_1y_1+c_2y_2$ 是此方程的通解(C_1,C_2 为任意常数)

D. 若 y_1,y_2 线性无关,则 $C_1y_1+C_2y_2$ 是此方程的通解(C_1,C_2 为任意常数)

12. 二阶线性微分方程 $y''+4y'-3y=5$ 对应的齐次方程的特征方程为(　　).

A. $r^2+4r-3=5$　　B. $r^2+4r-3=0$

C. $r+4r-3=5$　　D. $r^2+4r-3r=0$

13. 已知 $y=2x^2-7$ 是微分方程 $y''+y=2x^2-3$ 的一个特解,则其通解为(　　).

A. $x=C_1\cos x+C_2\sin x+2x^2-7$　　B. $x=C_1e^x+C_2e^{-x}+2x^2-7$

C. $x=C_1+C_2e^{-x}+2x^2-7$　　D. $x=(C_1+C_2x)e^x+2x^2-7$

14. 用待定系数法求微分方程 $y''-y=2xe^x$ 的一个特解时,应设特解的形式为(　　).

A. $y^*=(Ax^2+Bx)e^x$　　B. $y^*=(Ax+B)e^x$

C. $y^*=Axe^x+B$　　D. $y^*=Ax^2e^x$

二、填空题

1. 微分方程 $(y')^3+y^{(4)}y''+3y=0$ 的阶数为__________;

2. 微分方程 $y'''=x+1$ 的通解是__________;

3. 微分方程 $\dfrac{\mathrm{d}y}{\mathrm{d}x}+y=0$ 的通解是__________;

4. 微分方程 $y''=\sin x$ 的通解是__________;

5. 微分方程 $y''+2y'=0$ 的通解为____________；

6. 求微分方程 $y''+2y'+y=xe^{-x}$ 的特解的形式为____________；

三、求下列微分方程的通解或给定初始条件的特解.

1. $xy\mathrm{d}x+\sqrt{1-x^2\mathrm{d}y}=0$；

2. $y\ln x\mathrm{d}x+x\ln y\mathrm{d}y=0$；

3. $(xy^2+x)\mathrm{d}x+(y-x^2y)\mathrm{d}y=0$；

4. $\dfrac{\mathrm{d}y}{\mathrm{d}x}=\dfrac{y}{x}+\operatorname{tg}\dfrac{y}{x}$；

5. $\dfrac{x}{1+y}\mathrm{d}x-\dfrac{y}{1+x}\mathrm{d}y=0$，$y|_{x=0}=1$；

6. $y'\sin x=y\ln y$，$y|_{x=\frac{\pi}{2}}=e$；

7. $y'=\dfrac{x^2+y^2}{xy}$，$y|_{x=1}=1$；

8. $y'=e^{2x-y}$，$y|_{x=0}=0$.

四、求下列微分方程的通解或给定初始条件的特解.

1. $y'-\dfrac{2}{x+1}y=(x+1)^2$；

2. $y'+y=e^{-x}$；

3. $y' - 3xy = 2x$;

4. $y' - \dfrac{2y}{x} = x^2 \sin 3x$;

5. $x\dfrac{dy}{dx} - 2y = x^3 e^x$, $y|_{x=1} = 0$;

6. $xy' + y = 3$, $y|_{x=1} = 0$;

7. $y' - y\tan x = \sec x$, $y|_{x=0} = 0$;

8. $(x-2)y' = y + 2(x-2)^3$, $y|_{x=1} = 0$.

五、求下列微分方程的通解或给定初始条件下的特解.

1. $y'' = e^{2x}$;

2. $y'' = \dfrac{1}{1+x^2}$;

3. $xy'' + y' = 0$;

4. $y''' = y''$;

5. $y'' = 3\sqrt{y}$, $y|_{x=0} = 1, y'|_{x=0} = 2$;

6. $(1-x^2)y''-xy'=3$, $y|_{x=0}=0, y'|_{x=0}=0$.

六、求下列微分方程的通解或给定初始条件下的特解.

1. $y''-4y'+4y=0$;

2. $y''-4y'+13y=0$;

3. $y''-5y'=0$;

4. $y''-10y'-11y=0$;

5. $y''-6y'+9y=0$, $y|_{x=0}=0, y'|_{x=0}=2$;

6. $y''+3y'+2y=0$, $y|_{x=0}=1, y'|_{x=0}=1$;

7. $y''+25y=0$, $y|_{x=0}=0, y'|_{x=0}=15$;

8. $y''+4y'+29y=0$ ，　$y|_{x=0}=0, y'|_{x=0}=15$.

七、求下列微分方程的通解或给定初始条件下的特解.

1. $y''-6y'+13y=14$ ；

2. $y''-2y'-3y=2x+1$ ；

3. $y''+y'-2y=2e^{x}$ ；

4. $y''-y=4\sin x$ ；

5. $y''-4y=4$ ，　$y|_{x=0}=1, y'|_{x=0}=0$ ；

6. $y''-5y'+6y=2e^{x}$ ，$y|_{x=0}=1, y'|_{x=0}=1$ ；

7. $y''-3y'+2y=5$,$y|_{x=0}=1$,$y'|_{x=0}=2$;

8. $y''-y=4xe^{x}$,$y|_{x=0}=0$,$y'|_{x=0}=1$.

第 1～7 章　模拟试卷(一)

考试时间为 90 分钟

题号	一	二	三	四	总分
得分					

一、填空题(每题 3 分,共 15 分)

1. $y=\log_3(1-x)$的定义域是__________.

2. $\lim\limits_{x\to\infty}\frac{1}{x}\sin x=$__________.

3. 函数 $y=\sqrt{x}$在(1,1)处的切线斜率__________.

4. 设函数 $f(x)=e^x$,则 $f(0)=$__________.

5. $f(x)$在区间(a,b)内有 $f'(x)<0$,则 $f(x)$在(a,b)内________(单调增加、单调减少).

二、选择题(每题 3 分,共 15 分)

1. 下列变量在 $x\to 0$ 时不是无穷小量的是(　　).

A. $\sin x$　　B. $\ln(x+1)$　　C. $\tan x$　　D. $e^{\frac{1}{x}}$

2. 微分方程$(y')^2+y^3=xe^x$ 的阶数是(　　).

A. 0　　B. 1　　C. 2　　D. 3

3. 条件 $f'(x_0)=0$ 是 $f(x)$在 $x=x_0$ 处有极值的(　　).

A. 充分条件　　B. 必要条件　　C. 充要条件　　D. 无关条件

4. 函数 $f(x)=\frac{|x|}{x}$是(　　).

A. 奇函数　　B. 偶函数

C. 非奇非偶函数　　D. 既是奇函数又是偶函数

5. 若 $\int_0^1(2x+k)\mathrm{d}x=2$,则 $k=$(　　).

A. 0　　B. -1　　C. 1　　D. $\frac{1}{2}$

三、计算题(每题 6 分)

1. 求下列极限.

(1) $\lim\limits_{x\to\infty}\frac{(2x-1)^{30}+(3x-2)^{20}}{(5x+1)^{50}}$;　　(2) $\lim\limits_{x\to 1^+}(1+\ln x)^{\frac{5}{\ln x}}$;

(3) $\lim\limits_{x\to 0}\dfrac{\int_0^x \sin t\mathrm{d}t}{x^2}$.

2. 求下列导数.

(1) $y=\mathrm{e}^{2x}\sin x+(x+1)^2$;

(2) $\arctan\dfrac{y}{x}=\ln\sqrt{x^2+y^2}$.

四、综合题(每题 8 分)

1. 设 $f(x)=\begin{cases}\dfrac{1}{x}\sin x, & x<0\\ k, & x=0\\ x\sin\dfrac{1}{x}+1, & x>0\end{cases}$. 问 k 为何值时，$f(x)$在其定义域内连续？

2. 求下列不定积分.

(1) $\int\dfrac{\arctan x}{1+x^2}\mathrm{d}x$;

(2) $\int\ln(1+x^2)\mathrm{d}x$.

3. 求定积分 $\int_{-2}^{2}\dfrac{x+|x|}{1+x^2}\mathrm{d}x$.

4. 求由抛物线 $y=x^2$ 与直线 $y=2x$ 所围成的平面图形的面积.

第 1～7 章　模拟试卷(二)

考试时间为 90 分钟

题号	一	二	三	总分	阅卷人
得分					

一、填空题(每小题 3 分,共 18 分)

1. 设函数 $y=\dfrac{\lg(5-x)}{\sqrt{x-2}}$,其定义域是__________.

2. 由 $y=\sqrt{u}, u=2+v^2, v=\cos x$ 复合而成的复合函数是__________.

3. 函数 $y=\ln x$ 在(1,0)处的切线斜率__________.

4. $\int f(x)\mathrm{d}x=\sin x+C$,则 $f(x)=$__________.

5. $\lim\limits_{n\to\infty}\dfrac{(n+1)(n+2)(n+3)}{5n^3}=$__________.

6. $\int_2^2 x^2\arctan\sqrt{1+x^2}\,\mathrm{d}x=$__________.

二、单选题(每小题 3 分,共 18 分)

1. 设 $f(x)=\mathrm{e}^2$,则 $f(x+2)-f(x-5)=$(　　).

A. e^3　　B. e　　C. 0　　D. $\mathrm{e}^{\frac{x+2}{x-5}}$

2. 设 $f(x)=x^2-\dfrac{1}{2}$,则函数 $f(x)$是(　　)

A. 偶函数　　B. 奇函数　　C. 非奇非偶函数　　D. 不能确定

3 下列函数中,在区间[−1,1]上满足罗尔定理条件的是(　　).

A. $f(x)=\dfrac{1}{x^2}$　　B. $f(x)=x^2$

C. $f(x)=x^3$　　D. $f(x)=x^{\frac{1}{3}}$

4. 若 $f'(x_0)=0$,则 x_0 是函数 $f(x)$的(　　).

A. 驻点　　B. 极大值点　　C. 最大值点　　D. 极小值点

5. 函数 $y=f(x)$在点 $x=x_0$ 处可导是 $f(x)$在点 x_0 处连续的(　　)

A. 必要条件　　B. 充分条件　　C. 充要条件　　D. 无关条件

6. 当 $x\to 0$ 时，下列函数中是无穷小量的有(　　).

A. $\dfrac{\sin x}{x^2}$　　B. $\dfrac{\sin^2 x}{x}$　　C. e^x　　D. $\ln|x|$

三、解答题(每小题 8 分，共 64 分，要求有必要的解题过程)

1. 求极限 $\lim\limits_{x\to 1}\dfrac{x^2-2x+1}{x^3-1}$.

2. 计算极限 $\lim\limits_{x\to\infty}\left(1+\dfrac{1}{x}\right)^{2x+1}$.

3. 求极限 $\lim\limits_{x\to 0}\dfrac{\int_0^x \sin t\,dt}{\int_0^{2x} t\,dt}$.

4. 求方程 $y=1+xe^y$ 所确定的隐函数 y 的导数.

5. 验证方程 $4x=2^x$ 有一根在 $\left(0,\dfrac{1}{2}\right)$ 内.

6. $\int(x^2+5)\sin x\mathrm{d}x$.

7. 计算定积分 $\int_{-1}^{1}(x^3+xe^{x^2}+x^2)\mathrm{d}x$.

8. 求由曲线 $y=x^3$，$y=2x$ 所围成的平面图形的面积.

第 1～7 章　模拟试卷(三)

考试时间为 90 分钟

题号	一	二	三	总分	阅卷人
得分					

一、选择题(每小题 3 分，共 30 分)

1. 由 $y=\sqrt{u}$，$u=2+v^2$，$v=\cos x$ 复合而成的复合函数是(　　).

A. $y=\sqrt{2+\cos x}$　　B. $y=\sqrt{2+\cos^2 x}$

C. $y=2+\cos x$　　D. $y=2+\sqrt{\cos x}$

2. 函数 $y=\ln\left(x+\sqrt{1+x^2}\right)$ 是(　　).

A. 奇函数　　B. 偶函数

C. 既是奇函数，又是偶函数　　D. 既不是奇函数，又不是偶函数

3. 当 $x\to 0$ 时，$f(x)=\dfrac{|x|}{x}$ 的极限是(　　).

A. 1　　B. -1　　C. 1 和 -1　　D. 不存在

4. 下列函数中，在 $x=0$ 处导数为零的函数有(　　).

A. $\sin^2 x$　　B. $-\dfrac{\cos x}{x}$　　C. $x+e^x$　　D. $x(1-2x)$

5. 函数 $f(x)$ 在 x_0 处可导是 $f(x)$ 在 x_0 处连续的(　　).

A. 充分条件　　B. 必要条件　　C. 充要条件　　D. 无关条件

6. 函数 $f(x)=\begin{cases}\dfrac{\sqrt{x+4}-2}{x}, & x\neq 0\\ k, & x=0\end{cases}$ 在点 $x=0$ 处连续，则 k 等于(　　).

A. 0　　B. $\dfrac{1}{4}$　　C. $\dfrac{1}{2}$　　D. 2

7. 当 $x\to 0$ 时，下列函数中是无穷小量的有(　　).

A. $\dfrac{\sin x}{x^2}$　　B. $\dfrac{\sin^2 x}{x}$　　C. e^x　　D. $\ln|x|$

8. 下列函数中在 $x=0$ 处可导的是(　　).

A. $y=|x|$　　B. $y=x^3$　　C. $y=2\sqrt{x}$　　D. $y=\begin{cases}x, & x\leqslant 0\\ x^2, & x>0\end{cases}$

9. 设 $f(x)=\sin 2x$，$g(x)=x$，则当 $x\to 0$ 时，(　　).

A. $f(x)$ 与 $g(x)$ 是等价无穷小　　B. $f(x)$ 是比 $g(x)$ 高阶的无穷小

C. $f(x)$ 是比 $g(x)$ 低阶的无穷小　　D. $f(x)$ 与 $g(x)$ 为同阶无穷小，但不等价

10. 设 $f(x)=\sin x\cos x$，$g(x)=-\dfrac{1}{2}\cos 2x$，$h(x)=\sin^2 x$，则(　　).

A. $f'(x)=g'(x)$　　B. $g'(x)=h'(x)$

C. $f'(x)=h'(x)$　　D. $f'(x)+g'(x)=h'(x)$

二、填空题(每小题 4 分，共 20 分)

1. 设 $f(x)=3x+5$，则 $f[f(x)]+2=$__________.

2. $\lim\limits_{x\to 0}\dfrac{\lg(100+x)}{a^x+\arcsin x}=$__________.

3. 函数 $y=\dfrac{x^2-1}{x^2-3x+2}$ 的间断点为__________.

4. 设函数 $y=\operatorname{arccot}\sqrt{x}$，则 $dy=$__________.

5. 设函数 $y=\cos(e^{-x})$，则 $y'(0)=$__________.

三、解答题(每小题 10 分，共 50 分，要求有必要的解题过程)

1. 求极限 $\lim\limits_{x\to 0}\dfrac{\int_0^x \sin t\,dt}{\int_0^x \tan t\,dt}$.

2. 函数 $y=x^n+e^x$，求 $y^{(n)}$.

3. $\int (x^2+2)\cos x\mathrm{d}x$.

4. 计算定积分 $\int_{-1}^{1}(x^3+xe^{x^2}+5)\mathrm{d}x$.

5. 求由曲线 $y=x^3$，$y=2x$ 所围成的平面图形的面积.

第8章 无穷级数

8.1 典型例题

【例8-1】 证明:级数 $1+2+3+\cdots+n+\cdots$ 是发散的.

证 此级数的部分和为

$$S_n = 1+2+3+\cdots+n = \frac{n(n+1)}{2},$$

显然,$\lim\limits_{n\to\infty} S_n = \infty$,因此所给级数是发散的.

【例8-2】 判别无穷级数 $\frac{1}{1\cdot 2}+\frac{1}{2\cdot 3}+\frac{1}{3\cdot 4}+\cdots+\frac{1}{n(n+1)}+\cdots$ 的收敛性.

解 由于 $u_n = \frac{1}{n(n+1)} = \frac{1}{n}-\frac{1}{n+1}$,因此

$$\begin{aligned} S_n &= \frac{1}{1\cdot 2}+\frac{1}{2\cdot 3}+\frac{1}{3\cdot 4}+\cdots+\frac{1}{n(n+1)} \\ &= \left(1-\frac{1}{2}\right)+\left(\frac{1}{2}-\frac{1}{3}\right)+\cdots+\left(\frac{1}{n}-\frac{1}{n+1}\right) = 1-\frac{1}{n+1} \end{aligned}$$

从而

$$\lim_{n\to\infty} S_n = \lim_{n\to\infty}\left(1-\frac{1}{n+1}\right) = 1,$$

所以此级数收敛,它的和是1.

【例8-3】 判别级数 $\frac{1}{2}-\frac{2}{3}+\frac{3}{4}+\cdots+(-1)^{n-1}\frac{n}{n+1}+\cdots$ 的收敛性.

解 由于 $u_n = (-1)^{n-1}\frac{n}{n+1}$,$\lim\limits_{n\to\infty} u_n = \lim\limits_{n\to\infty}\frac{(-1)^{n-1}n}{n+1}$ 不存在,即 $n\to\infty$ 时,u_n 不趋向于0,故级数 $\sum\limits_{n=1}^{\infty}(-1)^{n-1}\frac{n}{n+1}$ 发散.

【例8-4】 判别级数 $\sum\limits_{n=1}^{\infty}\ln\left(1+\frac{1}{n^2}\right)$ 的收敛性.

解 因为 $\lim\limits_{n\to\infty}\frac{\ln\left(1+\frac{1}{n^2}\right)}{\frac{1}{n^2}} = 1$,而级数 $\sum\limits_{n=1}^{\infty}\frac{1}{n^2}$ 收敛,根据比较判别法的极限形式,级数 $\sum\limits_{n=1}^{\infty}\ln\left(1+\frac{1}{n^2}\right)$ 收敛.

【例8-5】 判别级数 $\sum\limits_{n=1}^{\infty}\sin\frac{1}{n}$ 的收敛性.

解　因为 $\lim\limits_{n\to\infty}\dfrac{\sin\frac{1}{n}}{\frac{1}{n}}=1$，而级数 $\sum\limits_{n=1}^{\infty}\dfrac{1}{n}$ 发散，根据比较判别法的极限形式，级数 $\sum\limits_{n=1}^{\infty}\sin\dfrac{1}{n}$ 发散.

【例 8-6】　证明级数 $1+\dfrac{1}{1}+\dfrac{1}{1\cdot 2}+\dfrac{1}{1\cdot 2\cdot 3}+\cdots+\dfrac{1}{1\cdot 2\cdot 3\cdots(n-1)}+\cdots$ 是收敛的.

解　因为 $\lim\limits_{n\to\infty}\dfrac{u_{n+1}}{u_n}=\lim\limits_{n\to\infty}\dfrac{1\cdot 2\cdot 3\cdots(n-1)}{1\cdot 2\cdot 3\cdots n}=\lim\limits_{n\to\infty}\dfrac{1}{n}=0<1$，根据比值判别法可知所给级数收敛.

【例 8-7】　判别级数 $\sum\limits_{n=1}^{\infty}\sin\dfrac{\pi}{2^n}$ 的敛散性.

解　因为 $\lim\limits_{n\to\infty}\dfrac{\sin\frac{\pi}{2^n}}{\frac{\pi}{2^n}}=1$，而级数 $\sum\limits_{n=1}^{\infty}\dfrac{\pi}{2^n}=\pi\sum\limits_{n=1}^{\infty}\left(\dfrac{1}{2}\right)^n$ 收敛，由比较判别法的极限形式可知，级数 $\sum\limits_{n=1}^{\infty}\sin\dfrac{\pi}{2^n}$ 是收敛的.

【例 8-8】　判别级数 $\dfrac{1}{10}+\dfrac{1\cdot 2}{10^2}+\dfrac{1\cdot 2\cdot 3}{10^3}+\cdots+\dfrac{n!}{10^n}+\cdots$ 的收敛性.

解　因为 $\lim\limits_{n\to\infty}\dfrac{u_{n+1}}{u_n}=\lim\limits_{n\to\infty}\dfrac{(n+1)!}{10^{n+1}}\cdot\dfrac{10^n}{n!}=\lim\limits_{n\to\infty}\dfrac{n+1}{10}=\infty$，根据比值判别法可知所给级数发散.

【例 8-9】　判别级数 $\sum\limits_{n=1}^{\infty}\dfrac{\sin na}{n^2}$ 的收敛性.

解　因为 $\left|\dfrac{\sin na}{n^2}\right|\leqslant\dfrac{1}{n^2}$，而级数 $\sum\limits_{n=1}^{\infty}\dfrac{1}{n^2}$ 是收敛的，故由比较判别法知级数 $\sum\limits_{n=1}^{\infty}\left|\dfrac{\sin na}{n^2}\right|$ 也收敛，从而级数 $\sum\limits_{n=1}^{\infty}\dfrac{\sin na}{n^2}$ 绝对收敛.

【例 8-10】　判别级数 $\sum\limits_{n=1}^{\infty}\dfrac{2+(-1)^n}{n^2}$ 的敛散性.

解　由于 $\lim\limits_{n\to\infty}\dfrac{u_{n+1}}{u_n}=\lim\limits_{n\to\infty}\dfrac{2+(-1)^{n+1}}{2+(-1)^n}\cdot\dfrac{n^2}{(n+1)^2}$ 不存在，所以比值判别法失效，但是 $\dfrac{2+(-1)^n}{n^2}\leqslant\dfrac{3}{n^2}$，而 $\sum\limits_{n=1}^{\infty}\dfrac{3}{n^2}$ 收敛，故由比较判别法知，级数 $\sum\limits_{n=1}^{\infty}\dfrac{2+(-1)^n}{n^2}$ 收敛.

【例 8-11】　判别级数 $\sum\limits_{n=1}^{\infty}(-1)^n\dfrac{b^n}{n}\ (b>0)$ 的敛散性.

解　$\lim\limits_{n\to\infty}\left|\dfrac{u_{n+1}}{u_n}\right|=b\lim\limits_{n\to\infty}\dfrac{n+1}{n}=b$，根据比值判别法，当 $0<b<1$ 时，原级数绝对收敛；当 $b>1$ 时，由于 $\lim\limits_{n\to\infty}(-1)^n\dfrac{b^n}{n}\neq 0$，因此原级数发散；当 $b=1$ 时，原级数为收敛的交错级数 $\sum\limits_{n=1}^{\infty}(-1)^n\cdot\dfrac{1}{n}$，但 $\sum\limits_{n=1}^{\infty}\dfrac{1}{n}$ 发散，故当 $b=1$ 时原级数条件收敛.

【例 8-12】 判断 $\sum_{n=1}^{\infty}(-1)^{n-1}\frac{1}{n-\ln n}$ 级数的敛散性.

解 因为 $\lim_{n\to\infty}u_n=\lim_{n\to\infty}\frac{1}{n-\ln n}=\lim_{n\to\infty}\frac{1}{n}\frac{1}{1-\frac{\ln n}{n}}=0$，又由

$$[(n+1)-\ln(n+1)]-(n-\ln n)=1-\ln\left(1+\frac{1}{n}\right)>0,$$

得
$$\frac{1}{n-\ln n}>\frac{1}{n+1-\ln(n+1)}\text{，即 }u_n>u_{n+1}\text{，}$$

根据莱布尼茨判别法，原级数收敛.

【例 8-13】 求幂级数 $\sum_{n=0}^{\infty}\frac{1}{n!}x^n$ 的收敛域.

解 因为 $\rho=\lim_{n\to\infty}\left|\frac{a_{n+1}}{a_n}\right|=\lim_{n\to\infty}\frac{\frac{1}{(n+1)!}}{\frac{1}{n!}}=\lim_{n\to\infty}\frac{n!}{(n+1)!}=0$，所以收敛半径为 $R=+\infty$，从而收敛域为 $(-\infty,+\infty)$.

【例 8-14】 求幂级数 $\sum_{n=0}^{\infty}\frac{(2n)!}{(n!)^2}x^{2n}$ 的收敛半径.

解 此幂级数缺少奇次幂的项，可根据比值判别法来求收敛半径. 幂级数的一般项记为

$$u_n(x)=\frac{(2n)!}{(n!)^2}x^{2n}.$$

因为
$$\lim_{n\to\infty}\left|\frac{u_{n+1}(x)}{u_n(x)}\right|=4|x|^2,$$

当 $4|x|^2<1$，即 $|x|<\frac{1}{2}$ 时级数收敛；当 $4|x|^2>1$，即 $|x|>\frac{1}{2}$ 时级数发散，所以收敛半径为 $R=\frac{1}{2}$.

提示：
$$\frac{u_{n+1}(x)}{u_n(x)}=\frac{\frac{[2(n+1)]!}{[(n+1)!]^2}x^{2(n+1)}}{\frac{(2n)!}{(n!)^2}x^{2n}}=\frac{(2n+2)(2n+1)}{(n+1)^2}x^2.$$

【例 8-15】 求幂级数 $\sum_{n=0}^{\infty}(-1)^{n-1}\frac{x^n}{n}$ 的收敛半径与收敛区间.

解 (1) $R=\lim_{n\to\infty}\left|\frac{a_n}{a_{n+1}}\right|=\lim_{n\to\infty}\frac{n+1}{n}=1$.

(2) 当 $x=1$ 时，级数为 $\sum_{n=1}^{\infty}\frac{(-1)^{n-1}}{n}$ 收敛；

当 $x=-1$ 时，级数为 $\sum_{n=1}^{\infty}\left(-\frac{1}{n}\right)$ 发散. 故收敛区间是 $(-1,1]$.

【例 8-16】 求幂级数 $\sum_{n=1}^{\infty}\frac{(x+1)^n}{n3^n}$ 的收敛半径及收敛区间.

解 作变换 $x+1=t$，所给级数化为 t 的幂级数 $\sum_{n=1}^{\infty}\frac{t^n}{n3^n}$. 令

$$a_n = \frac{1}{n3^n},$$

$$l = \lim_{n\to\infty}\left|\frac{a_{n+1}}{a_n}\right| = \lim_{n\to\infty}\frac{\frac{1}{(n+1)3^{n+1}}}{\frac{1}{n3^n}} = \frac{1}{3}\lim_{n\to\infty}\frac{n}{n+1} = \frac{1}{3},$$

所以关于 t 的幂级数的收敛半径 $R = \frac{1}{l} = 3$，这时级数收敛半径 $R=3$.

当 $t=-3$ 时，幂级数成为交错级数 $\sum\limits_{n=1}^{\infty}\frac{(-1)^n}{n}$ 收敛；

当 $t=3$ 时，幂级数成为调和级数 $\sum\limits_{n=1}^{\infty}\frac{1}{n}$ 发散.

所以关于 t 的幂级数的收敛域为 $-3\leqslant t<3$，从而 $-3\leqslant x+1<3$，即 $-4\leqslant x<2$，故原级数的收敛区间为 $[-4,2)$.

【例 8-17】 求幂级数 $\sum\limits_{n=1}^{\infty}\frac{x^{2n+1}}{4^n n^2}$ 的收敛半径及收敛区间.

解 这个幂级数中没有偶数幂的项，我们可直接用比值判别法来求收敛半径. 由于

$$\lim_{n\to\infty}\left|\frac{u_{n+1}(x)}{u_n(x)}\right| = \lim_{n\to\infty}\left|\frac{\frac{1}{4^{n+1}(n+1)^2}x^{2n+3}}{\frac{1}{4^n n^2}x^{2n+1}}\right| = \frac{1}{4}\lim_{n\to\infty}\left(\frac{n}{n+1}\right)^2|x|^2 = \frac{1}{4}|x|^2,$$

所以当 $\frac{1}{4}|x|^2<1$，即 $|x|<2$ 时幂级数收敛；当 $\frac{1}{4}|x|^2>1$，即 $|x|>2$ 时幂级数发散，故幂级数 $\sum\limits_{n=1}^{\infty}\frac{x^{2n+1}}{4^n n^2}$ 的收敛半径为 $R=2$.

当 $x=-2$ 时，幂级数变为 $\sum\limits_{n=1}^{\infty}\frac{-2}{n^2}=-2\sum\limits_{n=1}^{\infty}\frac{1}{n^2}$，这是 $p=2$ 的 $p-$级数，收敛.

当 $x=2$ 时，幂级数成为 $\sum\limits_{n=1}^{\infty}\frac{1}{n^2}$，收敛.

所以幂级数 $\sum\limits_{n=1}^{\infty}\frac{x^{2n+1}}{4^n n^2}$ 的收敛区间为 $[-2,2]$.

【例 8-18】 求幂级数 $\sum\limits_{n=1}^{\infty}\frac{x^n}{n}$ 的收敛域与和函数.

解 $\rho = \lim\limits_{n\to\infty}\left|\frac{a_{n+1}}{a_n}\right| = \lim\limits_{n\to\infty}\frac{n}{n+1}=1$，$R=1$，即收敛区间为 $(-1,1)$. 显然级数的收敛域为 $[-1,1)$. 设和函数为 $S(x)$，即 $S(x)=\sum\limits_{n=1}^{\infty}\frac{x^n}{n}$. 利用性质 3 逐项求导得

$$S'(x) = \sum_{n=1}^{\infty}x^{n-1} = \frac{1}{1-x}, x\in(-1,1).$$

对上式两边从 0 到 x 积分，得

$$\int_0^x S'(t)\mathrm{d}t = S(x)-S(0) = \int_0^x\frac{1}{1-t}\mathrm{d}t = -\ln(1-x),$$

又 $S(0)=0$，故有和函数 $S(x)=-\ln(1-x)$ 即

$$\sum_{n=1}^{\infty}\frac{x^n}{n}=-\ln(1-x),x\in(-1,1).$$

和函数 $S(x)$ 与函数 $-\ln(1-x)$ 都在 $[-1,1)$ 上连续，它们又在 $(-1,1)$ 内恒等，于是由连续性可知 $S(x)=-\ln(1-x)$ 也在 $x=-1$ 处成立，即 $S(x)=-\ln(1-x)$.

【例 8-19】 将函数 $f(x)=\dfrac{1}{1+x^2}$ 展开成 x 的幂级数.

解 因为 $\dfrac{1}{1-x}=1+x+x^2+\cdots+x^n+\cdots(-1<x<1)$，

把 x 换成 $-x^2$，得

$$\frac{1}{1+x^2}=1-x^2+x^4-\cdots+(-1)^nx^{2n}+\cdots\quad(-1<x<1).$$

收敛半径的确定：由 $-1<x^2<1$ 得 $-1<x<1$.

【例 8-20】 将函数 $\ln\sqrt{\dfrac{1+x}{1-x}}$ 展开为 x 的幂级数.

解 因为 $\ln\sqrt{\dfrac{1+x}{1-x}}=\dfrac{1}{2}[\ln(1+x)-\ln(1-x)]$，

由(9)式得 $\ln(1+x)=x-\dfrac{1}{2}x^2+\dfrac{1}{3}x^3+\cdots+(-1)^{n-1}\dfrac{x^n}{n}+\cdots\quad(-1<x\leqslant 1)$，

$$\ln(1-x)=-x-\frac{1}{2}x^2-\frac{1}{3}x^3-\cdots-\frac{x^n}{n}+\cdots\quad(-1\leqslant x<1),$$

故 $\ln\sqrt{\dfrac{1+x}{1-x}}=\dfrac{1}{2}[\ln(1+x)-\ln(1-x)]$

$$=x+\frac{x^3}{3}+\frac{x^5}{5}+\cdots+\frac{x^{2n-1}}{2n-1}+\cdots\quad(-1<x<1).$$

【例 8-21】 将函数 $f(x)=\dfrac{1}{x^2+4x+3}$ 展开成 $(x-1)$ 的幂级数.

解 因为

$$f(x)=\frac{1}{x^2+4x+3}=\frac{1}{(x+1)(x+3)}=\frac{1}{2(1+x)}-\frac{1}{2(x+3)}$$

$$=\frac{1}{4\left(1+\dfrac{x-1}{2}\right)}-\frac{1}{8\left(1+\dfrac{x-1}{4}\right)},$$

而
$$\frac{1}{4\left(1+\dfrac{x-1}{2}\right)}=\frac{1}{4}\sum_{n=0}^{\infty}\frac{(-1)^n}{2^n}(x-1)^n(-1<x<3),$$

$$\frac{1}{8\left(1+\dfrac{x-1}{4}\right)}=\frac{1}{8}\sum_{n=0}^{\infty}\frac{(-1)^n}{4^n}(x-1)^n(-1<x<5),$$

所以 $f(x)=\dfrac{1}{x^2+4x+3}=\displaystyle\sum_{n=0}^{\infty}(-1)^n\left(\frac{1}{2^{n+2}}-\frac{1}{2^{2n+3}}\right)(x-1)^n(-1<x<3)$.

【例 8-22】 求幂级数 $\displaystyle\sum_{n=0}^{\infty}\frac{1}{2n+1}x^{2n+1}$ 在收敛区间 $(-1,+1)$ 内的和函数，并求常数项级

数 $\sum_{n=0}^{\infty}\frac{1}{2n+1}\left(\frac{1}{2}\right)^{2n}$ 的和.

解 设所求的幂级数的和函数为 $S(x)$，即

$$S(x)=\sum_{n=0}^{\infty}\frac{1}{2n+1}x^{2n+1},$$

对上式两边求导得

$$S'(x)=\left(\sum_{n=0}^{\infty}\frac{1}{2n+1}x^{2n+1}\right)'=\sum_{n=0}^{\infty}x^{2n}$$
$$=1+x^2+x^4+\cdots+x^{2n}+\cdots=\frac{1}{1-x^2},$$

上式两边从 0 到 x 的积分得 $\int_0^x S'(x)=\int_0^x\frac{1}{1-t^2}\mathrm{d}\tau$，

即 $$S(x)-S(0)=\frac{1}{2}\ln\frac{1+x}{1-x}(-1<x<1).$$

又 $x=\frac{1}{2}$ 在收敛区间内，代入上式得

$$\sum_{n=0}^{\infty}\frac{1}{2n+1}\left(\frac{1}{2}\right)^{2n}=\frac{1}{2}\sum_{n=0}^{\infty}\frac{1}{2n+1}\left(\frac{1}{2}\right)^{2n+1}=\frac{1}{2}\ln\frac{1+\frac{1}{2}}{1-\frac{1}{2}}=\frac{1}{2}\ln 3,$$

所以 $$\sum_{n=0}^{\infty}\frac{1}{2n+1}\left(\frac{1}{2}\right)^{2n}=\ln 3.$$

8.2 同步训练

习题 8.1

一、选择题.

1. 下列命题正确的是（　　）.

A. 若 $\lim\limits_{n\to\infty}u_n=0$，则级数 $\sum_{n=1}^{\infty}u_n$ 收敛　　B. 若 $\lim\limits_{n\to\infty}u_n\neq 0$，则级数 $\sum_{n=1}^{\infty}u_n$ 发散

C. 若级数 $\sum_{n=1}^{\infty}u_n$ 发散，则 $\lim\limits_{n\to\infty}u_n\neq 0$　　D. 若级数 $\sum_{n=1}^{\infty}u_n$ 发散，则必有 $\lim\limits_{n\to\infty}u_n=\infty$

2. 下列命题正确的是（　　）.

A. 若 $\sum_{n=1}^{\infty}u_n$，$\sum_{n=1}^{\infty}v_n$ 都发散，则级数 $\sum_{n=1}^{\infty}(u_n+v_n)$ 必发散

B. 若 $\sum_{n=1}^{\infty}u_n$ 收敛，$\sum_{n=1}^{\infty}v_n$ 发散，则级数 $\sum_{n=1}^{\infty}(u_n+v_n)$ 必发散

C. 若级数 $\sum_{n=1}^{\infty}(u_n+v_n)$ 收敛，则级数 $\sum_{n=1}^{\infty}u_n$，$\sum_{n=1}^{\infty}v_n$ 都收敛

D. 若级数 $\sum_{n=1}^{\infty}(u_n+v_n)$ 发散，则级数 $\sum_{n=1}^{\infty}u_n$，$\sum_{n=1}^{\infty}v_n$ 都发散

二、写出下列级数的前五项.

1. $\sum_{n=1}^{\infty}\frac{1+n}{1+n^2}$；

2. $\sum_{n=1}^{\infty}\frac{(-1)^{n-1}}{5^n}$.

三、写出下列级数的一般项.

1. $1+\frac{1}{3}+\frac{1}{5}+\frac{1}{7}+\cdots$；

2. $\frac{2}{1}-\frac{3}{2}+\frac{4}{3}-\frac{5}{4}+\frac{6}{5}-\cdots$；

3. $\frac{\sqrt{x}}{2}+\frac{x}{2\cdot 4}+\frac{x\sqrt{x}}{2\cdot 4\cdot 6}+\frac{x^2}{2\cdot 4\cdot 6\cdot 8}+\cdots$；

4. $\frac{a^2}{3}-\frac{a^3}{5}+\frac{a^4}{7}-\frac{a^5}{9}+\cdots$.

四、根据级数收敛与发散的定义判定下列级数的收敛性.

1. $\sum_{n=1}^{\infty}(\sqrt{n+1}-\sqrt{n})$；

2. $\frac{1}{1\cdot 3}+\frac{1}{3\cdot 5}+\frac{1}{5\cdot 7}+\cdots+\frac{1}{(2n-1)(2n+1)}+\cdots$.

习题 8.2

一、选择题.

1. 下列命题正确的是(　　).

A. 若正项级数 $\sum_{n=1}^{\infty} u_n$ 收敛，则 $\lim_{n\to\infty}\frac{u_{n+1}}{u_n}=\lambda<1$

B. 若正项级数 $\sum_{n=1}^{\infty} u_n$ 收敛,则级数 $\sum_{n=1}^{\infty} u_{2n}$ 收敛

C. 若正项级数 $\sum_{n=1}^{\infty} u_n$ 收敛,则必有 $u_n<\frac{1}{n^2}$

D. 若 $0<u_n<\frac{1}{n}$,则级数 $\sum_{n=1}^{\infty} u_n$ 必收敛

2. 下列级数收敛的是(　　).

A. $\sum_{n=1}^{\infty}(\sqrt{n+1}-\sqrt{n})$　　B. $\sum_{n=1}^{\infty}\frac{1}{n^2+1}$

C. $\sum_{n=1}^{\infty}\frac{1}{\sqrt{2n^2+1}}$　　D. $\sum_{n=1}^{\infty}\frac{n-1}{2n}$

3. 设 $\sum_{n=1}^{\infty} v_n$ 为正项级数，k 为正常数，以下命题正确的是(　　).

A. 若级数 $\sum_{n=1}^{\infty} v_n$ 收敛，$|u_n|\leqslant kv_n$ 则 $\sum_{n=1}^{\infty} u_n$ 绝对收敛

B. 若级数 $\sum_{n=1}^{\infty} v_n$ 收敛，$|u_n|\geqslant kv_n$ 则 $\sum_{n=1}^{\infty} u_n$ 条件收敛

C. 若级数 $\sum_{n=1}^{\infty} v_n$ 发散，$|u_n|\geqslant kv_n$ 则 $\sum_{n=1}^{\infty} u_n$ 条件收敛

D. 若级数 $\sum_{n=1}^{\infty} v_n$ 发散，$|u_n|\geqslant kv_n$ 则 $\sum_{n=1}^{\infty} u_n$ 发散

4. 下列级数条件收敛的是(　　).

A. $\sum_{n=1}^{\infty}(-1)^{n-1}\frac{1}{\sqrt{n}}$　　B. $\sum_{n=1}^{\infty}(-1)^{n-1}\left(\frac{2}{5}\right)^n$

C. $\sum_{n=1}^{\infty}\frac{(-1)^{n-1}}{n(n+1)}$　　D. $\sum_{n=1}^{\infty}(-1)^{n-1}\frac{1}{\sqrt{2n^3+1}}$

5. 若数列 $\{u_n\}$ 单调减少，$u_n>0$,且级数 $\sum_{n=1}^{\infty}(-1)^{n-1}u_n$ 发散,则下列命题正确的是(　　).

A. $\lim\limits_{n\to\infty}u_n$ 不存在　　B. $\lim\limits_{n\to\infty}u_n$ 存在且必等于零

C. $\lim\limits_{n\to\infty}u_n$ 存在且必不等于零　　D. $\lim\limits_{n\to\infty}u_n$ 存在且可能等于零

二、判定下列级数的收敛性.

1. $1+\frac{1}{3}+\frac{1}{5}+\cdots+\frac{1}{(2n-1)}+\cdots$；　2. $\frac{3}{1\cdot 2}+\frac{3^2}{2\cdot 2^2}+\frac{3^3}{3\cdot 2^3}+\cdots+\frac{3^n}{n\cdot 2^n}+\cdots$；

3. $\frac{1}{2\cdot 5}+\frac{1}{3\cdot 6}+\cdots+\frac{1}{(n+1)(n+4)}+\cdots$；

4. $\sin\frac{\pi}{2}+2^2\sin\frac{\pi}{2^2}+3^2\sin\frac{\pi}{2^3}+\cdots+n^2\sin\frac{\pi}{2^n}+\cdots$；

5. $\sum\limits_{n=1}^{\infty}\frac{1}{1+a^n}(a>0)$；

6. $\sum\limits_{n=1}^{\infty}\frac{1}{\ln(n+1)}$；

7. $\sum\limits_{n=1}^{\infty}\frac{n^2}{3^n}$；

8. $\sum\limits_{n=1}^{\infty}\frac{2^n\cdot n!}{n^n}$.

三、判定下列级数是否收敛？如果是收敛的，是绝对收敛还是条件收敛？

1. $1-\frac{1}{\sqrt{2}}+\frac{1}{\sqrt{3}}-\frac{1}{\sqrt{4}}+\cdots$；

2. $\frac{2}{1}-\frac{2\cdot 4}{1\cdot 3}+\frac{2\cdot 4\cdot 6}{1\cdot 3\cdot 5}-\frac{2\cdot 4\cdot 6\cdot 8}{1\cdot 3\cdot 5\cdot 7}+\cdots$；

3. $\frac{1}{\ln 2}-\frac{1}{\ln 3}+\frac{1}{\ln 4}-\frac{1}{\ln 5}+\cdots$

4. $\sum\limits_{n=1}^{\infty}(-1)^{n-1}\frac{1}{n\cdot 3^{n}}$；

5. $\sum\limits_{n=1}^{\infty}(-1)^{n+1}\frac{2^{n^2}}{n!}$.

习题 8.3

一、选择题.

1. 若幂级数 $\sum\limits_{n=0}^{\infty}a_n x^n$ 的幂级数的收敛半径为 R，则幂级数 $\sum\limits_{n=0}^{\infty}a_n(x-2)^n$ 的收敛的开区间为（　　）.

A. $(-R,R)$　　B. $(1-R,1+R)$　　C. $(-\infty,\infty)$　　D. $(2-R,2+R)$

2. 若幂级数 $\sum\limits_{n=0}^{\infty}a_n(x-1)^n$ 在 $x=-1$ 处收敛，则该级数在点 $x=2$ 处（　　）.

A. 条件收敛　　B. 绝对收敛　　C. 发散　　D. 收敛性不能确定

二、求下列幂级数的收敛域.

1. $1-x+\frac{x^2}{2^2}+\cdots+(-1)^n\frac{x^n}{n^2}+\cdots$；

2. $\frac{x}{2}+\frac{x^2}{2\cdot 4}+\frac{x^3}{2\cdot 4\cdot 6}+\cdots+\frac{x^n}{2\cdot 4\cdots(2n)}+\cdots$；

3. $\dfrac{x}{1\cdot 3}+\dfrac{x^2}{2\cdot 3^2}+\dfrac{x^3}{3\cdot 3^3}+\cdots+\dfrac{x^n}{n\cdot 3^n}+\cdots$；

4. $\dfrac{2}{2}x+\dfrac{2^2}{5}x^2+\dfrac{2^3}{10}x^3+\cdots+\dfrac{2^n}{n^2+1}x^n+\cdots$；

5. $\sum\limits_{n=1}^{\infty} n^n x^n$；

6. $\sum\limits_{n=1}^{\infty} \dfrac{(x-5)^n}{\sqrt{n}}$；

7. $\sum\limits_{n=1}^{\infty} \dfrac{n^2 x^{2n-1}}{3^n}$；

8. $\sum\limits_{n=1}^{\infty} (-1)^n \dfrac{x^{2n+1}}{2n+1}$.

三、求下列幂级数的收敛域与和函数.

1. $\sum\limits_{n=1}^{\infty} (n+1)x^n$；

2. $\sum\limits_{n=0}^{\infty} \dfrac{x^{4n+1}}{4n+1}$.

习题 8.4

1. 将下列函数展开成 x 的幂级数.

(1) a^x ;　　(2) $\ln(a+x)$ ($a>0$).

2. 将函数 $f(x)=\dfrac{1}{x}$ 展开成$(x-3)$的幂级数.

3. 将函数 $f(x)=\dfrac{1}{x^2+3x+2}$ 展开成$(x+4)$的幂级数.

总习题 8

一、选择题

1. 若级数 $\sum\limits_{n=1}^{\infty}u_n$ 级数收敛,则下列级数发散的是(　　).

A. $\sum\limits_{n=1}^{\infty}(u_n+10)$　　B. $\sum\limits_{n=1}^{\infty}u_{n+10}$　　C. $\sum\limits_{n=1}^{\infty}10u_n$　　D. $10+\sum\limits_{n=1}^{\infty}u_n$

2. $\lim\limits_{n\to\infty}u_n=0$ 是级数 $\sum\limits_{n=1}^{\infty}u_n$ 收敛的(　　).

A. 充分条件　　B. 必要条件　　C. 充分非必要条件　　D. 充要条件

3. 设级数 $\sum\limits_{n=1}^{\infty}u_n$ 收敛,则在四个级数 $\sum\limits_{n=1}^{\infty}2u_n$, $\sum\limits_{n=1}^{\infty}(u_n+2)$, $\sum\limits_{n=k}^{\infty}u_{n+2}$ 与 $2+\sum\limits_{n=1}^{\infty}u_n$ 中,一定收敛的有(　　).

A. 1个　　B. 2个　　C. 3个　　D. 4个

4. 设级数 $\sum\limits_{n=1}^{\infty}a_n$, $\sum\limits_{n=1}^{\infty}b_n$ 都收敛,其和分别为 a , b ,则级数 $\sum\limits_{n=1}^{\infty}(a_n+b_n)$ (　　).

A. 必收敛,且和为 $a+b$　　B. 必发散

C. 可能收敛,可能发散　　D. 必收敛,但和不为 $a+b$

5. 级数收敛的充要条件是(注:S_n 是级数的部分和)(　　).

A. $\lim\limits_{n\to\infty}S_n=0$　　B. $\lim\limits_{n\to\infty}u_n=0$

C. $\lim\limits_{n\to\infty}u_n$ 存在且不为零　　D. $\lim\limits_{n\to\infty}S_n$ 存在

6. 几何级数 $\sum\limits_{n=0}^{\infty}aq^n$ 收敛($a\neq0$),则(　　).

A. $|q|\leqslant1$　　B. $|q|\geqslant1$　　C. $|q|<1$　　D. $|q|>1$

7. 下列数项级数中收敛的是(　　).

A. $\sum\limits_{n=1}^{\infty}\ln\frac{n+1}{n}$　　B. $\sum\limits_{n=1}^{\infty}\left(\frac{1}{3}\right)^n$　　C. $\sum\limits_{n=1}^{\infty}\frac{1}{n}$　　D. $\sum\limits_{n=1}^{\infty}(-1)^{n-1}$

8. 设两个正项级数 $\sum\limits_{n=1}^{\infty}a_n$ 与 $\sum\limits_{n=1}^{\infty}b_n$,且 $a_n\leqslant b_n(n=1,2,3,\cdots)$,则(　　).

A. 若 $\sum\limits_{n=1}^{\infty}b_n$ 收敛,则 $\sum\limits_{n=1}^{\infty}a_n$ 必收敛　　B. 若 $\sum\limits_{n=1}^{\infty}b_n$ 收敛,则 $\sum\limits_{n=1}^{\infty}a_n$ 必发散

C. 若 $\sum\limits_{n=1}^{\infty}b_n$ 发散,则 $\sum\limits_{n=1}^{\infty}a_n$ 必收敛　　D. 若 $\sum\limits_{n=1}^{\infty}b_n$ 发散,则 $\sum\limits_{n=1}^{\infty}a_n$ 必发散

9. 正项级数 $\sum\limits_{n=1}^{\infty}a_n$,下列命题正确的是(　　).

A. 若 $\lim\limits_{n\to\infty}a_n=0$,则 $\sum\limits_{n=1}^{\infty}a_n$ 必收敛　　B. 若 $\lim\limits_{n\to\infty}\frac{a_n}{a_{n+1}}<1$,则 $\sum\limits_{n=1}^{\infty}a_n$ 必收敛

C. 若 $\lim\limits_{n\to\infty}\frac{a_n}{a_{n+1}}>1$,则 $\sum\limits_{n=1}^{\infty}a_n$ 必收敛　　D. 若 $\lim\limits_{n\to\infty}\frac{a_n}{a_{n+1}}\leqslant1$,则 $\sum\limits_{n=1}^{\infty}a_n$ 必收敛

10. 下列级数中条件收敛的级数是(　　).

A. $\sum\limits_{n=1}^{\infty}(-1)^n\frac{n}{n+1}$　　B. $\sum\limits_{n=1}^{\infty}(-1)^n\frac{1}{n^3}$

C. $\sum\limits_{n=1}^{\infty}(-1)^n\frac{1}{n}$　　D. $\sum\limits_{n=1}^{\infty}(-1)^n\frac{n+1}{n}$.

11. 级数 $\sum\limits_{n=1}^{\infty}\left(\frac{1}{2}\right)^n$ 的和是(　　).

A. 1　　B. 2　　C. 3　　D. 4

12. 幂级数 $\sum\limits_{n=1}^{\infty}\frac{x^n}{2^n}$ 的收敛半径是(　　).

A. 1　　B. 2　　C. $\frac{1}{2}$　　D. -2

13. 幂级数 $\sum\limits_{n=0}^{\infty}\frac{\ln(n+1)}{n+1}x^{n+1}$ 的收敛域为(　　).

A. $\{0\}$　　B. $(-\infty,+\infty)$　　C. $[-1,1)$　　D. $(-1,1]$

14. 若幂级数 $\sum\limits_{n=1}^{\infty}a_nx^n$ 的收敛半径为 $R(R>0)$,则 $\sum\limits_{n=1}^{\infty}a_n(x-1)^{2n}$ 的收敛半径为(　　).

A. R　　B. R^2　　C. $\sqrt{R}$　　D. $1+\sqrt{R}$

15. 若 $\sum_{n=1}^{\infty} a_n(x-5)^n$ 在 $x=3$ 处收敛,则它在 $x=-3$ 处(　　).

A. 发散　　B. 条件收敛　　C. 绝对收敛　　D. 不能确定

16. $\sum_{n=0}^{\infty} \frac{(-1)^n x^{2n+1}}{(2n+1)!}$ 的和函数为(　　).

A. $\sin x$　　B. $\cos x$　　C. $\tan x$　　D. $\ln(1+x)$

17. 幂级数 $\sum_{n=0}^{\infty} \frac{(-1)^n x^n}{2n+1}$ 的收敛域是(　　).

A. $(-1,1)$　　B. $[-1,1]$　　C. $(-1,1]$　　D. $[-1,1)$

18. $\sum_{n=0}^{\infty} \frac{x^n}{n!}$ 的和函数为(　　).

A. $\ln(1+x)$　　B. $\ln(1-x)$　　C. e^x　　D. e^{-x}

19. 幂级数 $\sum_{n=0}^{\infty} \frac{2^n}{n} x^n$ 的收敛半径为(　　).

A. 1　　B. $\frac{1}{2}$　　C. 2　　D. 0

20. 数 $f(x)=\frac{1}{1+x}$ 在 $x_0=0$ 处的泰勒展开式为(　　).

A. $\frac{1}{1+x}=\sum_{n=0}^{\infty} x^n,(-1,1)$　　B. $\frac{1}{1+x}=\sum_{n=0}^{\infty}(-1)^n x^n,(-\infty,+\infty)$

C. $\frac{1}{1+x}=\sum_{n=0}^{\infty}(-1)^n x^n,(-1,1)$　　D. $\frac{1}{1+x}=\sum_{n=0}^{\infty} x^n,(-\infty,+\infty)$

二、填空题

1. 已知级数 $\sum_{n=1}^{\infty} u_n$ 的部分和 $S_n=\frac{n}{2n+1}$,则 $\sum_{n=1}^{\infty} u_n=$ ________;

2. 数项级数 $\sum_{n=1}^{\infty} u_n=8$,则 $\lim_{n\to\infty} u_n=$ ________;

3. 级数 $\sum_{n=1}^{\infty} \frac{(-1)^{n-1}}{n^p}$,当 p ________ 时,发散;当 p ________ 时,条件收敛;当 p ________ 时,绝对收敛.

4. 级数 $\sum_{n=1}^{\infty}(-1)^{n-1} \frac{x^n}{n}$ 的收敛半径为________,收敛区间为________;

5. 幂级数 $\sum_{n=1}^{\infty} n!x^n$ 的收敛半径为________.

三、判定下列级数的敛散性.

1. $\sum_{n=1}^{\infty} \frac{1}{2n+1}$;　　2. $\sum_{n=1}^{\infty}(-1)^n \frac{1}{\sqrt{n}}$;

3. $\sum_{n=1}^{\infty} \frac{n+2}{n^2(n+1)}$；

4. $\sum_{n=1}^{\infty} (-1)^n \frac{n^2}{(\sqrt{2})^n}$；

5. $\sum_{n=1}^{\infty} \frac{n^5}{5^n}$；

6. $\sum_{n=1}^{\infty} \left(\frac{n-1}{n}\right)^n$；

7. $\sum_{n=1}^{\infty} \frac{1}{\sqrt{n^3+1}}$；

8. $\sum_{n=1}^{\infty} \frac{n}{1+n^3}$；

9. $\sum_{n=1}^{\infty} \frac{2^n}{n(n+1)}$；

10. $\sum_{n=1}^{\infty} \frac{1}{2^n+3}$；

11. $\sum_{n=0}^{\infty} \frac{n^{10}}{(n+3)2^n}$；

12. $\sum_{n=1}^{\infty} \frac{3^n}{n^2 \cdot 2^n}$；

13. $\sum_{n=0}^{\infty}(-1)^n\frac{2^n-1}{3^n-1}$；

14. $\sum_{n=0}^{\infty}(-1)^n\frac{n+3}{(n+2)\sqrt{n+4}}$；

15. $\frac{1}{3}+\frac{1}{\sqrt{3}}+\frac{1}{\sqrt[3]{3}}+\frac{1}{\sqrt[4]{3}}+\cdots$；

16. $\sum_{n=1}^{\infty}n\sin\frac{\pi}{2n}$.

四、解答题

1. 求下列幂级数的收敛半径、收敛域及在收敛区间内的和函数.

(1) $\sum_{n=0}^{\infty}(-1)^n\frac{x^{2n+1}}{(2n)!}$；

(2) $\sum_{n=1}^{\infty}\frac{x^n}{3^n\cdot n}$；

(3) $\sum_{n=0}^{\infty}\frac{x^n}{n+1}$；

(4) $\sum_{n=1}^{\infty}\frac{x^{2n}}{(-4)^n n}$.

2. 将下列函数展开成 x 的幂级数.

(1) $\dfrac{3x}{x^2+x-2}$；　　(2) $(1+x^2)\arctan x$.

3. 将函数 $f(x)=\dfrac{1}{x^2+4x+3}$ 展开成$(x-1)$的幂级数.

第9章　多元函数微积分

9.1　典型例题

【例 9-1】　设一个球面的球心为 $M_0(x_0,y_0,z_0)$，半径为 R，求此球面的方程.

解　设球面上任意一点为 $M(x,y,z)$，则点 M 到球心 M_0 的距离为 R，即 $|MM_0|=R$. 由两点间距离公式(9.1)，有

$$\sqrt{(x-x_0)^2+(y-y_0)^2+(z-z_0)^2}=R,$$

化简得球面方程为

$$(x-x_0)^2+(y-y_0)^2+(z-z_0)^2=R^2.$$

特别地，以原点 $O(0,0,0)$ 为球心，R 为半径的球面方程为：

$$x^2+y^2+z^2=R^2.$$

【例 9-2】　函数 $f(x,y)=\begin{cases}\dfrac{xy}{x^2+y^2}, x^2+y^2\neq 0\\ 0, x^2+y^2=0\end{cases}$ 在点(0,0)有无极限?

解　当点 $P(x,y)$ 沿 x 轴趋于点(0,0)时，

$$\lim_{(x,y)\to(0,0)}f(x,y)=\lim_{x\to 0}f(x,0)=\lim_{x\to 0}0=0;$$

当点 $P(x,y)$ 沿 y 轴趋于点(0,0)时，

$$\lim_{(x,y)\to(0,0)}f(x,y)=\lim_{y\to 0}f(0,y)=\lim_{y\to 0}0=0;$$

当点 $P(x,y)$ 沿直线 $y=kx$ 移动有

$$\lim_{\substack{(x,y)\to(0,0)\\ y=kx}}\frac{xy}{x^2+y^2}=\lim_{x\to 0}\frac{kx^2}{x^2+k^2x^2}=\frac{k}{1+k^2}.$$

因此，函数 $f(x,y)$ 在(0,0)处无极限.

【例 9-3】　证明：$f(x,y)=\begin{cases}\dfrac{xy}{x^2+y^2}, x^2+y^2\neq 0\\ 0, x^2+y^2=0\end{cases}$ 在点(0,0)有 $f_x(0,0)=0$，$f_y(0,0)=0$，但函数在点(0,0)并不连续.

证明

$$f(x,0)=f(0,y)=0,$$

$$f_x(0,0)=\frac{\mathrm{d}}{\mathrm{d}x}[f(x,0)]=f_y(0,0)=\frac{\mathrm{d}}{\mathrm{d}y}[f(0,y)]=0.$$

当点 $P(x,y)$ 沿 x 轴趋于点(0,0)时，有

$$\lim_{(x,y)\to(0,0)}f(x,y)=\lim_{x\to 0}f(x,0)=\lim_{x\to 0}0=0;$$

当点 $P(x,y)$ 沿直线 $y=kx$ 趋于点$(0,0)$时，有

$$\lim_{\substack{(x,y)\to(0,0)\\y=kx}}\frac{xy}{x^2+y^2}=\lim_{x\to0}\frac{kx^2}{x^2+k^2x^2}=\frac{k}{1+k^2}.$$

因此，$\lim\limits_{(x,y)\to(0,0)}f(x,y)$ 不存在，故函数 $f(x,y)$在$(0,0)$处不连续.

【例 9-4】 设 $z=x^3+y^3-2x^2y$，求它的所有二阶偏导数.

解 因为 $\dfrac{\partial z}{\partial x}=3x^2-4xy$，$\dfrac{\partial z}{\partial y}=3y^2-2x^2$，

所以

$$\frac{\partial^2 z}{\partial x^2}=\frac{\partial}{\partial x}(3x^2-4xy)=6x-4y,\frac{\partial^2 z}{\partial y^2}=\frac{\partial}{\partial y}(3y^2-2x^2)=6y,$$

$$\frac{\partial^2 z}{\partial x\partial y}=\frac{\partial}{\partial y}(3x^2-4xy)=-4x,\frac{\partial^2 z}{\partial y\partial x}=\frac{\partial}{\partial x}(3y^2-2x^2)=-4x.$$

【例 9-5】 设函数 $z=x^2y+y^2$，求其全微分.

解

$$\frac{\partial z}{\partial x}=2xy,\frac{\partial z}{\partial y}=x^2+2y,$$

$$\mathrm{d}z=\frac{\partial z}{\partial x}\mathrm{d}x+\frac{\partial z}{\partial y}\mathrm{d}y=2xy\,\mathrm{d}x+(x^2+2y)\mathrm{d}y.$$

【例 9-6】 计算函数 $u=x+\sin\dfrac{y}{2}+\mathrm{e}^{yz}$ 的全微分.

解 因为 $\dfrac{\partial u}{\partial x}=1$，$\dfrac{\partial u}{\partial y}=\dfrac{1}{2}\cos\dfrac{y}{2}+z\mathrm{e}^{yz}$，$\dfrac{\partial u}{\partial z}=y\mathrm{e}^{yz}$，

所以

$$\mathrm{d}u=\mathrm{d}x+\left(\frac{1}{2}\cos\frac{y}{2}+z\mathrm{e}^{yz}\right)\mathrm{d}y+y\mathrm{e}^{yz}\mathrm{d}z.$$

【例 9-7】 设 $z=uv$，而 $u=\mathrm{e}^t$，$v=\cos t$，求全导数 $\dfrac{\mathrm{d}z}{\mathrm{d}t}$.

解 由公式(9.10)得

$$\begin{aligned}\frac{\mathrm{d}z}{\mathrm{d}x}&=\frac{\partial z}{\partial u}\cdot\frac{\mathrm{d}u}{\mathrm{d}t}+\frac{\partial z}{\partial v}\cdot\frac{\mathrm{d}v}{\mathrm{d}t}\\&=v\mathrm{e}^t-u\sin t=\mathrm{e}^t\cos t-\mathrm{e}^t\sin t=\mathrm{e}^t(\cos t-\sin t).\end{aligned}$$

【例 9-8】 设 $u=f(x,y,z)=\mathrm{e}^{x^2+y^2+z^2}$，而 $z=x^2\sin y$，求 $\dfrac{\partial u}{\partial x}$ 和 $\dfrac{\partial u}{\partial y}$.

解

$$\begin{aligned}\frac{\partial u}{\partial x}&=\frac{\partial f}{\partial x}+\frac{\partial f}{\partial z}\cdot\frac{\partial z}{\partial x}\\&=2x\mathrm{e}^{x^2+y^2+z^2}+2z\mathrm{e}^{x^2+y^2+z^2}\cdot2x\sin y\\&=2x(1+2x^2\sin^2y)\mathrm{e}^{x^2+y^2+x^4\sin^2y}.\end{aligned}$$

$$\begin{aligned}\frac{\partial u}{\partial y}&=\frac{\partial f}{\partial y}+\frac{\partial f}{\partial z}\cdot\frac{\partial z}{\partial y}\\&=2y\mathrm{e}^{x^2+y^2+z^2}+2z\mathrm{e}^{x^2+y^2+z^2}\cdot x^2\cos y\\&=2(y+x^4\sin y\cos y)\mathrm{e}^{x^2+y^2+x^4\sin^2y}.\end{aligned}$$

【例 9-9】 设 $\mathrm{e}^z-z=xy^3$，求 $\dfrac{\partial z}{\partial x}$ 和 $\dfrac{\partial z}{\partial y}$.

解 设 $F(x,y,z)=\mathrm{e}^z-z-xy^3$，则

$$F'_x = -y^3, F'_y = -3xy^2, F'_z = e^z - 1.$$

由公式(9.14)，得

$$\frac{\partial z}{\partial x} = -\frac{F'_x}{F'_z} = \frac{y^3}{e^z - 1} \text{ 及 } \frac{\partial z}{\partial y} = -\frac{F'_y}{F'_z} = \frac{3xy^2}{e^z - 1}.$$

【例 9-10】 求函数 $f(x,y) = x^3 + y^3 - 3xy$ 的极值.

解 求方程组 $\begin{cases} f'_x = 3x^2 - 3y = 0 \\ f'_y = 3y^2 - 3x = 0 \end{cases}$ 的解，得驻点(0,0)及(1,1)，

再求函数 $f(x,y)$ 的二阶偏导数：

$$f''_{xx}(x,y) = 6x, \ f''_{xy}(x,y) = -3, \ f''_{yy}(x,y) = 6y.$$

在点 (0,0) 处，$A = 0, B = -3, C = 0, AC - B^2 = -9 < 0$，所以 $f(0,0) = 0$ 不是极值点.

在 (1,1) 处，$A = 6, B = -3, C = 6, AC - B^2 = 27 > 0$，且 $A = 6 > 0$，所以 $f(1,1) = -1$ 是函数的极小值.

【例 9-11】 某厂要用铁板做成一个体积为 8m^3 的有盖长方体水箱. 问当长、宽、高各取多少时，才能使用料最省？

解 设水箱的长为 xm，宽为 ym，则其高应为 $\frac{8}{xy}$ m. 此水箱所用材料的面积为

$$A = 2\left(xy + y \cdot \frac{8}{xy} + x \cdot \frac{8}{xy}\right) = 2\left(xy + \frac{8}{x} + \frac{8}{y}\right) (x > 0, y > 0).$$

令 $A_x = 2\left(y - \frac{8}{x^2}\right) = 0$，$A_y = 2\left(x - \frac{8}{y^2}\right) = 0$，得 $x=2, y=2$.

根据题意可知，水箱所用材料面积的最小值一定存在，并在开区域 $D=\{(x,y) \mid x>0, y>0\}$ 内取得. 因为函数 A 在 D 内只有一个驻点，所以此驻点一定是 A 的最小值点，即当水箱的长为 2m，宽为 2m，高为 $\frac{8}{2 \cdot 2} = 2$ (m)时，水箱所用的材料最省.

【例 9-12】 某化妆品公司可以通过报纸和电视台做销售广告. 根据统计材料，销售收入 R（单位：百万元）与报纸广告费用 x_1（单位：百万元）和电视广告费 x_2（单位：百万元）之间的关系满足经验公式：

$$R = 15 + 14x_1 + 32x_2 - 8x_1x_2 - 2x_1^2 - 10x_2^2.$$

(1)如果不限制广告费用的支出，求最优广告策略.

(2)如果可供使用的广告费用为 150 万元，求相应的最优广告策略.

解 (1)设该公司的净销售收入为

$$\begin{aligned} z = f(x_1, x_2) &= 15 + 14x_1 + 32x_2 - 8x_1x_2 - 2x_1^2 - 10x_2^2 - (x_1 + x_2) \\ &= 15 + 13x_1 + 31x_2 - 8x_1x_2 - 2x_1^2 - 10x_2^2. \end{aligned}$$

$$\begin{cases} f'_{x_1} = 13 - 8x_2 - 4x_1 = 0 \\ f'_{x_2} = 31 - 8x_1 - 20x_2 = 0 \end{cases},$$

得驻点 $x_1 = 0.75$（百万元），$x_2 = 1.25$（百万元），又

$$f''_{x_1x_1} = -4 < 0, \ f''_{x_1x_2} = 8, \ f''_{x_2x_2} = -20,$$

在点(0.75,1.25)处，有 $AC - B^2 = 80 - 64 = 16 > 0$ 且 $A = -4 < 0$，所以，函数 $z = f(x_1, x_2)$ 在(0.75,1.25)处有极大值，因极大值点唯一，故在(0.75,1.25)处也是最大值，即最优广告策

略为报纸广告费 75 万元，电视广告费 125 万元.

(2)如果广告费限定为 150 万元，则需求函数 $f(x_1,x_2)$ 在条件 $x_1+x_2=1.5$ 下的条件极值. 设

$$L(x_1,x_2,\lambda)=15+14x_1+32x_2-8x_1x_2-2x_1^2-10x_2^2-\lambda(x_1+x_2-1.5).$$

求解方程组

$$\begin{cases}L'_{x_1}=-4x_1-8x_2+14+\lambda=0\\L'_{x_2}=-8x_1-20x_2+32+\lambda=0,\\L'_{\lambda}=x_1+x_2-1.5=0\end{cases}$$

得 $x_1=0,x_2=1.5$. 根据问题的实际意义，在点 $(0,1.5)$ 处函数 $f(x_1,x_2)$ 有条件极值，即将广告费全部用于电视广告，才能使净收入最大.

【例 9-13】 计算 $\iint\limits_D \frac{\sin x}{x}\mathrm{d}x\mathrm{d}y$，其中 D 是直线 $y=x,y=0,x=\pi$ 所围成的闭区域，如图 9-1 所示.

解 由被积函数可知，先对 x 积分不行，因此取 D 为 X-型域

$$D:\begin{cases}0\leqslant y\leqslant x\\0\leqslant x\leqslant \pi\end{cases}$$

所以 $\iint\limits_D \frac{\sin x}{x}\mathrm{d}x\mathrm{d}y=\int_0^{\pi}\frac{\sin x}{x}\mathrm{d}x\int_0^x\mathrm{d}y=\int_0^{\pi}\sin x\mathrm{d}x=[-\cos x]_0^{\pi}=2$.

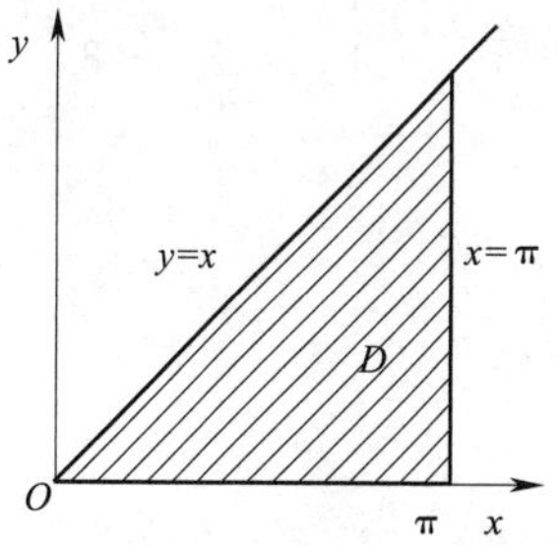

图 9-1

【例 9-14】 计算 $\iint\limits_D \sqrt{x^2+y^2}\mathrm{d}x\mathrm{d}y$.

其中，D 为圆环：$\pi^2\leqslant x^2+y^2\leqslant 4\pi^2$.

解 在极坐标系下，区域 D 的内环连续曲线为 $r=\pi$，外环连续曲线为 $r=2\pi$，极点在区域 D 的外部. 区域 D 可以表示为：

$$D=\{(r,\theta)\mid \pi\leqslant r\leqslant 2\pi,0\leqslant\theta\leqslant 2\pi\}.$$

因此

$$\iint\limits_D \sqrt{x^2+y^2}\mathrm{d}x\mathrm{d}y=\int_0^{2\pi}\mathrm{d}\theta\int_{\pi}^{2\pi}r\cdot r\mathrm{d}r=\frac{7\pi^3}{3}\int_0^{2\pi}\mathrm{d}\theta=\frac{14\pi^4}{3}.$$

【例 9-15】 计算 $\iint\limits_D \mathrm{e}^{-x^2-y^2}\mathrm{d}x\mathrm{d}y$，其中 D 是由中心在原点、半径为 a 的圆周所围成的闭区域.

解 在极坐标系中，闭区域 D 可表示为

$$0\leqslant\rho\leqslant a,0\leqslant\theta\leqslant 2\pi.$$

于是 $$\iint\limits_D \mathrm{e}^{-x^2-y^2}\mathrm{d}x\mathrm{d}y=\iint\limits_D \mathrm{e}^{-\rho^2}\rho\mathrm{d}\rho\mathrm{d}\theta=\int_0^{2\pi}[\int_0^a\mathrm{e}^{-\rho^2}\rho\mathrm{d}\rho]\mathrm{d}\theta=\int_0^{2\pi}\left[-\frac{1}{2}\mathrm{e}^{-\rho^2}\right]_0^a\mathrm{d}\theta$$

$$=\frac{1}{2}\left(1-\mathrm{e}^{-a^2}\right)\int_0^{2\pi}\mathrm{d}\theta=\pi\left(1-\mathrm{e}^{-a^2}\right).$$

9.2 同步训练

习题 9.1

1. 指出下列方程在平面解析几何中和在空间解析几何中分别表示什么图形？

(1) $x=2$； (2) $y=x+1$； (3) $x^2+y^2=4$； (4) $x^2-y^2=1$.

2. 指出下列方程在平面解析几何中与在空间解析几何中分别表示什么图形？

(1) $\begin{cases} y=5x+1 \\ y=2x-3 \end{cases}$； (2) $\begin{cases} \dfrac{x^2}{4}+\dfrac{y^2}{9}=1 \\ y=3 \end{cases}$.

3. 画出下列方程所表示的曲面.

(1) $\left(x-\dfrac{a}{2}\right)+y^2=\left(\dfrac{a}{2}\right)^2$； (2) $-\dfrac{x^2}{4}+\dfrac{y^2}{9}=1$；

(3) $\dfrac{x^2}{9}+\dfrac{y^2}{4}=1$； (4) $y^2-z=0$.

习题 9.2

1. 求下列各函数的定义域.

(1) $u=\dfrac{1}{\sqrt{x}}+\dfrac{1}{\sqrt{y}}+\dfrac{1}{\sqrt{z}}$；

(2) $u = \sqrt{R^2 - x^2 - y^2 - z^2} + \dfrac{1}{\sqrt{x^2 + y^2 + z^2 - r^2}}\ (R > r > 0)$.

2. 函数 $z = \dfrac{y^2 + 2x}{y^2 - 2x}$ 在何处是间断的?

习题 9.3

1. 设函数 $z = x^2 - xy + y$.

(1)求函数在点 (x_0, y_0) 处的偏增量 $\Delta_x z, \Delta_y z$ 和全增量 Δx;

(2)当 x 从 2 变到 2.1, y 从 2 变到 1.9 时,求 $\Delta_x z, \Delta_y z$ 与 Δz 的值各为多少?

2. 设 $z = (1 + xy)^y$,求 $\left.\dfrac{\partial z}{\partial x}\right|_{\substack{x=1\\y=1}}$ 及 $\left.\dfrac{\partial z}{\partial y}\right|_{\substack{x=1\\y=1}}$.

3. 设 $f(x,y)=x+y-\sqrt{x^2+y^2}$，求 $f'_x(2,4)$.

4. 设 $z=\ln\left(x+\dfrac{y}{2x}\right)$，求 $\left.\dfrac{\partial z}{\partial y}\right|_{\substack{x=1\\y=0}}$.

5. 设 $f(x,y)=e^{-x}\sin(x+2y)$，求 $f'_x\left(0,\dfrac{\pi}{4}\right)$ 及 $f'_y\left(0,\dfrac{\pi}{4}\right)$.

6. 设 $u=\ln(1+x+y^2+z^3)$，当 $x=y=z=1$ 时，求 $u_x+u_y+u_z$.

7. 求下列函数的偏导数.

(1) $z=\ln\tan\dfrac{x}{y}$；　　(2) $z=\arcsin(y\sqrt{x})$；

(3) $z=\sin\dfrac{x}{y}\cdot\cos\dfrac{y}{x}$ ；

(4) $z=\left(\dfrac{1}{3}\right)^{-\frac{y}{x}}$ ；

(5) $z=xy\mathrm{e}^{\sin\pi xy}$ ；

(6) $z=\ln(x+\ln y)$ ；

(7) $z=\sqrt{x}\sin\dfrac{y}{x}$ ；

(8) $u=\rho\mathrm{e}^{t\varphi}+\mathrm{e}^{-\varphi}+t$ ；

(9) $u=\mathrm{e}^{\varphi+\theta}\cos(\theta-\varphi)$.

8. 求曲线 $\begin{cases}z=\sqrt{1+x^2+y^2}\\x=1\end{cases}$ 在点 $(1,1,\sqrt{3})$ 处的切线与纵轴正向所成的角度.

9. 求下列函数的全微分.

(1) $z = e^{xy} + \ln(x + y)$;

(2) $z = \arctan \dfrac{x + y}{1 - xy}$;

(3) $z = \sin(xy)$;

(4) $z = \dfrac{x^2 + y^2}{x^2 - y^2}$;

(5) $z = 2xe^{-y} - \sqrt{3x} + \ln 3$;

(6) $u = e^{x(x^2+y^2+z^2)}$;

(7) $u = x^{yx}$;

(8) $u = \ln(3x - 2y + z)$;

(9) $u = \arctan(x - y)^2$.

10. 求下列函数在给定点处的全微分.

(1) $z = x^4 + y^4 - 4x^2y^2$,(1,1)；　　(2) $z = x\sin(x+y) + e^{x-y}$, $\left(\frac{\pi}{4},\frac{\pi}{4}\right)$.

11. 求当 $x = 2$, $y = -1$, $\Delta x = 0.02$, $\Delta y = -0.01$ 时,函数 $z = x^2y^3$ 的全微分及全增量的值.

12. 求下列函数的二阶偏导数.

(1) $z = \sin(ax + by)$ ；　　(2) $z = \arcsin(xy)$ ；

(3) $z = x^{2y}$ ；　　(4) $z = y^{\ln x}$ ；

(5) $z^3 - 3xyz = a^3$ ；　　(6) $x + y + z = e^{-(x+y+z)}$.

13. 设 $f(x,y,z) = xy^2 + yz^2 + zx^2$,求 $f_{xx}(0,0,1)$, $f_{xz}(1,0,2)$,及 $f_{zxy}(2,0,1)$.

习题 9.4

1. 设 $z = u^2 v - uv^2, u = x\cos y, v = x\sin y$，求 $\frac{\partial z}{\partial x}, \frac{\partial z}{\partial y}$.

2. 设 $z = u^2 \ln v, u = \frac{x}{y}, v = 3x - 2y$，求 $\frac{\partial z}{\partial x}, \frac{\partial z}{\partial y}$.

3. 设 $z = \arctan \frac{x}{y}, x = u + v, y = u - v$，证明：$\frac{\partial z}{\partial u} + \frac{\partial z}{\partial v} = \frac{u - v}{u^2 + v^2}$.

4. 设 $z = \frac{x^2}{y}, x = u - 2v, y = v + 2u$，求 $\frac{\partial z}{\partial u}, \frac{\partial z}{\partial v}$.

5. 设 $z = (2x + y)^{2x+y}$，求 $\frac{\partial z}{\partial x}, \frac{\partial z}{\partial y}$.

6. 设 $z=\dfrac{y}{f(x^2-y^2)}$，其中 f 为可微函数，验证：$\dfrac{1}{x}\dfrac{\partial z}{\partial x}+\dfrac{1}{y}\dfrac{\partial z}{\partial y}=\dfrac{z}{y^2}$.

7. 设 $z=F(x,y)$，$x=r\cos\theta$，$y=r\sin\theta$，求 $\dfrac{\partial z}{\partial r}$，$\dfrac{\partial z}{\partial \theta}$.

8. 设 $z=\dfrac{y}{x}$，$x=\mathrm{e}^t$，$y=1-\mathrm{e}^{2t}$，求 $\dfrac{\mathrm{d}z}{\mathrm{d}t}$.

9. 设 $z=\mathrm{e}^{x-2y}$，$x=\sin t$，$y=t^3$，求 $\dfrac{\mathrm{d}z}{\mathrm{d}t}$.

10. 设 $z=\arcsin(x-y)$，$x=3t$，$y=4t^3$，求 $\dfrac{\mathrm{d}z}{\mathrm{d}t}$.

11. 设 $z = \arctan(xy)$，$y = e^x$，求 $\dfrac{dz}{dx}$.

12. 设 $z = \tan(3t + 2x^2 - y)$，$x = \dfrac{1}{t}$，$y = \sqrt{t}$，求 $\dfrac{dz}{dt}$.

13. 设 $u = \dfrac{e^{ax}(y - z)}{a^2 + 1}$，$y = a\sin x$，$z = \cos x$，求 $\dfrac{du}{dx}$.

14. 设 $z = \ln \dfrac{x + \sqrt{x^2 + y^2}}{y}$，$x = \cos t$，$y = \sin t$，在 $t = \dfrac{\pi}{2}$ 处，求全导数的值.

15. 设 $z = \dfrac{1}{2}\ln \dfrac{x + y}{x - y}$，$x = \sec t$，$= 2\sin t$，在 $t = \pi$ 处，求全导数的值.

16. 设 $z = \arctan \dfrac{y}{x}$，$y = x^2$，求 $\dfrac{\partial z}{\partial x}$，$\dfrac{dz}{dx}$.

17. 设 $z = x^y, y = \varphi(x)$，求 $\frac{\partial z}{\partial x}, \frac{\mathrm{d}z}{\mathrm{d}x}$.

习题 9.5

1. 求函数 $f(x,y) = 4(x - y) - x^2 - y^2$ 的极值.

2. 求函数 $f(x,y) = (2ax - x^2)(2by - y^2)$ 的极值，其中，$ab \neq 0$.

3. 求函数 $f(x,y) = \mathrm{e}^{2x}(x + y^2 + 2y)$ 的极值.

4. 求下列已知函数在指定条件下的极值.

(1) $z = xy$，若 $x + y = 1$；

(2) $z = x^2 + y^2$,若 $\frac{x}{a} + \frac{y}{b} = 1$;

(3) $u = x + y + z$,若 $\frac{1}{x} + \frac{1}{y} + \frac{1}{z}$, $x > 0, y > 0, z > 0$.

5. 在斜边长为 l 的一切直角三角形中,求有最大周长的直角三角形.

6. 在半径为 a 的半球内求一个体积最大的内接长方体.

习题 9.6

1. 求 $\iint\limits_D x e^{xy} \mathrm{d}x\mathrm{d}y$ 的值. 其中, D: $\begin{cases} 0 \leqslant x \leqslant 1 \\ -1 \leqslant y \leqslant 0 \end{cases}$.

2. 求 $\iint\limits_{D} \dfrac{\mathrm{d}x\mathrm{d}y}{(x-y)^2}$ 的值. 其中，$D:\begin{cases}1\leqslant x\leqslant 2\\ 3\leqslant y\leqslant 4\end{cases}$.

3. 求 $\iint\limits_{D} \mathrm{e}^{x+y}\mathrm{d}x\mathrm{d}y$ 的值，其中. $D:\begin{cases}0\leqslant x\leqslant 1\\ 0\leqslant y\leqslant 1\end{cases}$.

4. 求 $\iint\limits_{D} x^2 y\cos(xy^2)\mathrm{d}x\mathrm{d}y$ 的值，其中. $D:\begin{cases}0\leqslant x\leqslant \dfrac{\pi}{2}\\ 0\leqslant y\leqslant 2\end{cases}$.

5. 按照下列指定的区域 D 将二重积分 $\iint\limits_{D} f(x,y)\mathrm{d}x\mathrm{d}y$ 化为累次积分.

(1) $D: x+y=1, x-y=1, x=0$ 所围成的区域；

(2) $D: y=x, y=3x, x=1, x=3$ 所围成的区域；

(3) $D: y-2x=0, 2y-x=0, xy=2$ 在第一象限中所围成的区域；

(4) $D: x=3, x=5, 3x-2y+4=0, 3x-2y+1=0$ 所围成的区域；

(5) $D: (x-2)^2+(y-3)^2=4$ 所围成的区域.

6. 改变下列累次积分的积分次序.

(1) $\int_0^1 \mathrm{d}y \int_y^{\sqrt{y}} f(x,y)\mathrm{d}x$；

(2) $\int_1^e \mathrm{d}x \int_0^{\ln x} f(x,y)\mathrm{d}y$；

(3) $\int_{-1}^1 \mathrm{d}x \int_0^{\sqrt{1-x^2}} f(x,y)\mathrm{d}y$；

(4) $\int_0^1 \mathrm{d}x \int_0^{x^2} f(x,y)\mathrm{d}y + \int_1^3 \mathrm{d}x \int_0^{\frac{1}{2}(3-x)} f(x,y)\mathrm{d}y$；

(5) $\int_{-1}^1 \mathrm{d}x \int_{-\sqrt{1-x^2}}^{1-x^2} f(x,y)\mathrm{d}y$；

(6) $\int_0^{2a} \mathrm{d}x \int_{\sqrt{2ax-x^2}}^{\sqrt{2ax}} f(x,y)\mathrm{d}y$.

7. 计算下列二重积分.

(1) $\iint\limits_D (x+6y)\mathrm{d}x\mathrm{d}y$，$D$：$y=x$，$y=5x$，$x=1$ 所围成的区域；

(2) $\iint\limits_D \frac{y}{x}\mathrm{d}x\mathrm{d}y$，$D$：$y=2x$，$y=x$，$x=4$，$x=2$ 所围成的区域；

(3) $\iint\limits_D \frac{y}{x}\mathrm{d}x\mathrm{d}y$，$D$：$y=2$，$y=x$，$xy=1$ 所围成的区域；

(4) $\iint\limits_D (x^2+y^2)\mathrm{d}x\mathrm{d}y$，$D$：$y=x$，$y=x+a$，$y=a$，$y=3a(a>0)$ 所围成的区域.

8. 把下列直角坐标形式的累次积分变为极坐标形式的累次积分.

(1) $\int_0^{2R}\mathrm{d}y\int_0^{\sqrt{2Ry-y^2}} f(x,y)\mathrm{d}x$；

(2) $\int_0^{R}\mathrm{d}x\int_0^{\sqrt{R^2-x^2}} f(x^2+y^2)\mathrm{d}y$；

(3) $\int_0^{\frac{R}{\sqrt{1+R^2}}} dx \int_0^{Rx} f\left(\frac{y}{x}\right) dy + \int_{\frac{R}{\sqrt{1+R^2}}}^{R} dx \int_0^{\sqrt{R^2-x^2}} f\left(\frac{y}{x}\right) dy$.

9. 将下列二重积分变成极坐标形式，并计算.

(1) $\iint\limits_D \ln(1+x^2+y^2)\,dx dy$. D 为圆 $x^2+y^2=1$ 所围的第一象限中的区域；

(2) $\iint\limits_D \sqrt{R^2-x^2-y^2}\,dx dy$. D 为圆 $x^2+y^2=Rx$ 所围的第一象限中的区域；

(3) $\iint\limits_D \arctan\frac{y}{x}\,dx dy$. D 为圆 $x^2+y^2=4$，$x^2+y^2=1$ 及直线 $y=x$，$y=0$ 围成的第一象限内的区域；

(4) $\iint\limits_D \sin\sqrt{x^2+y^2}\,dx dy$. D：$x^2+y^3\leqslant 4\pi^2$，$x^2+y^2\geqslant \pi^2$.

总习题 9

一、选择题.

1. 函数 $z = \ln(xy)$ 的定义域为(　　).

A. $x \geqslant 0, y \geqslant 0$　　B. $x \geqslant 0, y \geqslant 0$ 或 $x \leqslant 0, y \leqslant 0$

C. $x < 0, y < 0$　　D. $x > 0, y > 0$ 或 $x < 0, y < 0$

2. 设 $f(x,y) = \dfrac{xy}{x^2 + y^2}$，则 $f\left(\dfrac{y}{x}, 1\right) =$ (　　).

A. $\dfrac{xy}{x^2 + y^2}$　　B. $\dfrac{x^2 + y^2}{xy}$　　C. $\dfrac{x}{1 + x^2}$　　D. $\dfrac{x^2}{1 + x^4}$

3. $\lim\limits_{\substack{x \to 0 \\ y \to 0}} \dfrac{xy}{1 + x^2 + y^2} =$ (　　).

A. $\dfrac{1}{2}$　　B. $\dfrac{1}{3}$　　C. 0　　D. 不存在

4. 若函数 $z = f(x,y)$ 在点 $P_0(x_0, y_0)$ 处的两个偏导数 $\dfrac{\partial z}{\partial x}, \dfrac{\partial z}{\partial y}$ 存在是它在 P_0 处可微的(　　).

A. 充分条件　　B. 必要条件　　C. 充要条件　　D. 无关条件

5. 设 $z = F(x^2 - y^2)$，且 F 具有导数，则 $\dfrac{\partial z}{\partial x} + \dfrac{\partial z}{\partial y} =$ (　　).

A. $2x - 2y$　　B. $(2x - 2y)F(x^2 - y^2)$

C. $(2x - 2y)F'(x^2 - y^2)$　　D. $(2x + 2y)F'(x^2 - y^2)$

6. 若 $f_x{}'(x_0, y_0) = 0, f_y{}'(x_0, y_0) = 0$，则 $f(x,y)$ 在点 (x_0, y_0) 处(　　).

A. 有极值　　B. 无极值　　C. 不一定有极值　　D. 有极大值

7. 下列各点中，是二元函数 $f(x,y) = x^3 - y^3 - 3x^2 + 3y - 9x$ 的极值点的是(　　).

A. $(-3, -1)$　　B. $(3, 1)$　　C. $(-1, 1)$　　D. $(-1, -1)$

8. 设 D 是由 $\{(x,y) \mid 1^2 \leqslant x^2 + y^2 \leqslant 3^2\}$ 所确定的闭区域，则 $\iint\limits_D \mathrm{d}x\mathrm{d}y =$ (　　).

A. 9π　　B. 2π　　C. 4π　　D. 8π

9. 设 D 是由直线 $y = x, y = \dfrac{1}{2}x, y = 2$ 所围成的闭区域，则 $\iint\limits_D \mathrm{d}x\mathrm{d}y =$ (　　).

A. $\dfrac{1}{4}$　　B. $\dfrac{1}{2}$　　C. 1　　D. 2

10. 设 $I = \iint\limits_D \sqrt[3]{x^2 + y^2 - 1}\,\mathrm{d}x\mathrm{d}y$，其中 D 是圆环：$\{(x,y) \mid 1 \leqslant x^2 + y^2 \leqslant 2\}$ 所确定的闭区域，则必有(　　).

A. $I > 0$　　B. $I < 0$　　C. $I = 0$　　D. 不能确定

11. 如果 $\iint\limits_D \mathrm{d}x\mathrm{d}y = 1$，其中区域 D 是由(　　)所围成的闭区域.

A. $y = x + 1, x = 0, x = 1, x$ 轴　　B. $|x| = 1, |y| = 1$

C. $2x+y=2$，x 轴，y 轴　　D. $|x+y|=1,|x-y|=1$

12. 设 D 是由 $|x|=2,|y|=1$ 所围成的闭区域，则 $\iint\limits_D xy^2\mathrm{d}x\mathrm{d}y=$（　　）.

A. $\frac{4}{3}$　　B. $\frac{8}{3}$　　C. $\frac{16}{3}$　　D. 0

13. 设 $f(x,y)$ 为连续的函数，且 $I=\int_0^2\mathrm{d}x\int_x^{\sqrt{2x}}f(x,y)\mathrm{d}y$，交换 I 的积分次序，则 $I=$（　　）.

A. $\int_0^2\mathrm{d}x\int_x^{\sqrt{2x}}f(x,y)\mathrm{d}y$　　B. $\int_0^2\mathrm{d}x\int_{\frac{y^2}{2}}^{y}f(x,y)\mathrm{d}y$

C. $\int_0^2\mathrm{d}x\int_0^{y}f(x,y)\mathrm{d}y$　　D. $\int_2^0\mathrm{d}x\int_{\frac{y^2}{2}}^{y}f(x,y)\mathrm{d}y$

14. 设 D 是圆域 $x^2+y^2\leqslant a^2(a>0)$，且 $\iint\limits_D\sqrt{x^2+y^2}\mathrm{d}x\mathrm{d}y=\pi$，则 $a=$（　　）.

A. 1　　B. $\sqrt[3]{\frac{3}{2}}$　　C. $\sqrt[3]{\frac{3}{4}}$　　D. $\sqrt[3]{\frac{1}{2}}$

15. 设 $I=\int_{-1}^1\mathrm{d}y\int_0^{\sqrt{1-y^2}}f(x,y)\mathrm{d}x$，将 I 化为极坐标下的二次积分，则 $I=$（　　）.

A. $\int_0^{2\pi}\mathrm{d}\theta\int_0^1 f(r\cos\theta,r\sin\theta)\cdot r\mathrm{d}r$　　B. $\int_0^{\pi}\mathrm{d}\theta\int_0^1 f(r\cos\theta,r\sin\theta)\cdot r\mathrm{d}r$

C. $\int_{-\frac{\pi}{2}}^{\frac{\pi}{2}}\mathrm{d}\theta\int_0^1 f(r\cos\theta,r\sin\theta)\cdot r\mathrm{d}r$　　D. $2\int_0^{\frac{\pi}{2}}\mathrm{d}\theta\int_0^1 f(r\cos\theta,r\sin\theta)\cdot r\mathrm{d}r$

二、判断题.

1. 点 $M(-1,6,2)$ 关于 x 轴对称的点的坐标为 $(-1,-6,-2)$.（　　）
2. 点 $M(3,0,4)$ 到 z 轴的距离是 5.（　　）
3. 球面 $x^2+y^2+z^2-2x+2y=1$ 的球心为 $(-1,-1,0)$.（　　）
4. $f(xy,x-y)=x^2+y^2$，则 $f(x,y)=2x+y^2$.（　　）
5. 设函数 $f(x,y)=\frac{1}{1-\mathrm{e}^{x+y}}$，则 $f(x,y)$ 的间断点为 $\{(x,y)\mid x+y=0\}$.（　　）
6. $f(xy,x+y)=x^2+y^2$，则 $f'(x,y)=2$.（　　）
7. $f'_x(x,y_0)=2$，则 $\lim\limits_{\Delta x\to 0}\frac{f(x_0-\Delta x,y_0)-f(x_0,y_0)}{\Delta x}=2$.（　　）
8. 设 $z=xy,x=1,y=2,\Delta x=0.1,\Delta y=0.2$，则 $\Delta z=0.42,\mathrm{d}z=0.4$.（　　）
9. 二元函数 $f(x,y)=x^2+y^2+2x$ 的驻点是 $(-1,1)$.（　　）
10. 二元函数 $f(x,y)=x^3+y^3+xy$ 的极大值是 $\frac{1}{27}$.（　　）
11. 在区域 D 上，$f(x,y)\equiv 1$，则 $\iint\limits_D f(x,y)\mathrm{d}\sigma=\iint\limits_D\mathrm{d}\sigma=\sigma$.（　　）
12. $\iint\limits_D(x+y)^2\mathrm{d}\sigma\geqslant\iint\limits_D(x+y)^3\mathrm{d}\sigma$，$D$ 是 $(x-2)^2+(y-1)^2=2$ 所围成的闭区域.（　　）
13. $1\leqslant\iint\limits_D(x+3y+7)\mathrm{d}\sigma\leqslant 28$，其中 $0\leqslant x\leqslant 1,0\leqslant y\leqslant 2$.（　　）
14. $\int_0^1\mathrm{d}x\int_x^1\mathrm{e}^{-y^2}\mathrm{d}y=\int_0^1\mathrm{d}y\int_0^y\mathrm{e}^{-y^2}\mathrm{d}x$.（　　）

15. $\iint\limits_D f(x,y)\mathrm{d}x\mathrm{d}y=\iint\limits_D f(r\cos\theta,r\sin\theta)\mathrm{d}r\mathrm{d}\theta$.（　　）

三、求满足下列条件的点的坐标.

1. 点 $(2,-1,1)$ 关于 xOy 平面的对称点；

2. 在 x 轴上且与点 $(3,2,1)$ 的距离等于 3 的点.

四、求下列函数的定义域.

1. $z=\dfrac{\sqrt{1-x^2-y^2}}{\sqrt{x^2+y^2}}$；

2. $z=\dfrac{1}{\ln(x+y)}$；

3. $z=\sqrt{x-\sqrt{y}}$；

4. $z=\dfrac{\arcsin y}{\sqrt{x}}$.

五、求下列函数的一阶偏导数.

1. $z=x^2y+\dfrac{x}{y}$；

2. $z=xy\ln(x+y)$；

3. $z=\mathrm{e}^{-x}\sin y$；

4. $z=\mathrm{e}^{\sin(xy)}$；

5. $z = \arcsin(xy)$；

6. $z = \arctan \dfrac{x+y}{1-xy}$.

六、求下列函数的所有二阶导数.

1. $z = x^4 + y^4 - 4x^2y^2$；

2. $z = \ln(x^2 + y^2)$；

3. $z = \sqrt{xy}$；

4. $z = \dfrac{x+y}{x-y}$.

七、求下列函数的全微分.

1. $z = xy + \dfrac{y}{x}$；

2. $z = e^{xy}$；

3. $z = \arctan \dfrac{y}{x}$；

4. $z = \sin(x-y)$.

八、求下列函数在已知条件下全微分的值.

1. $z=\sqrt{\frac{x}{y}}, x=1, y=1, \Delta x=0.2, \Delta y=0.1$；

2. $z=\ln\left(1+\frac{x}{y}\right), x=1, y=1, \Delta x=0.15, \Delta y=-0.25$.

九、设 $z=\ln(\sqrt{x}+\sqrt{y})$，证明：$x\frac{\partial z}{\partial x}+y\frac{\partial z}{\partial y}=\frac{1}{2}$.

十、求下列函数的偏导数.

1. $z=(x+2y)^x$，求 $\frac{\partial z}{\partial x}, \frac{\partial z}{\partial y}$；

2. $z=\arctan(xy), y=\mathrm{e}^x$，求 $\frac{\mathrm{d}z}{\mathrm{d}x}$；

3. $z=f(u,v)$，且 $f(u,v)$ 可微，$u=xy, v=\frac{x}{y}$，求 $\frac{\partial z}{\partial x}, \frac{\partial z}{\partial y}$；

4. $z=f(x^2-y^2,e^{xy})$（其中 f 是可微函数），求 $\frac{\partial z}{\partial x},\frac{\partial z}{\partial y}$.

十一、求由下列各方程确定的隐函数的导数或偏导数.

1. $x^2+y^2+2x-2yz=e^z$，求 $\frac{\partial z}{\partial x},\frac{\partial z}{\partial y}$；

2. $z^3-3xyz=a^3$，求 $\frac{\partial z}{\partial x},\frac{\partial z}{\partial y}$；

3. $x^2y^2-x^4-y^4=a^4$，求 $\frac{dy}{dx}$；

4. $\frac{x}{z}=\ln\frac{z}{y}$，求 $\frac{\partial z}{\partial x},\frac{\partial z}{\partial y}$.

十二、求下列函数的极值.

1. $f(x,y)=4(x-y)-x^2-y^2$；

2. $f(x,y)=e^{2x}(x+y^2+2y)$.

十三、求函数 $z=xy$ 在条件 $x+y=1$ 下的极值.

十四、求上半球面 $z=\sqrt{2-x^2-y^2}$ 与旋转抛物面 $z=x^2+y^2$ 所围成的立体体积.

十五、利用二重积分的性质估计下列积分的值.

$\iint\limits_D (x^2+4y^2+9)d\sigma$. 其中 $D=\{(x,y)\mid x^2+y^2\leqslant 4\}$.

十六、计算下列二重积分.

1. $\iint\limits_D \left(\frac{x^2}{y^2}\right)dxdy$,D 是由直线 $x=2,y=x$,及曲线 $xy=1$ 所围成的闭区域;

2. $\iint\limits_D e^{x+y}dxdy$, $D=\{(x,y)\mid |x|+|y|\leqslant 1\}$;

3. $\iint\limits_{D} \frac{y}{x}\mathrm{d}x\mathrm{d}y$. D 是由圆周 $x^2+y^2=1, x^2+y^2=4$ 及直线 $y=0, y=x$ 所围成的第一象限的闭区域；

4. $\iint\limits_{D} \sqrt{|y-x^2|}\mathrm{d}x\mathrm{d}y$. $D=\{(x,y) \mid 0 \leqslant x \leqslant 1, 0 \leqslant y \leqslant 2\}$.

十七、交换下列二次积分的次序.

1. $\int_0^1 \mathrm{d}x \int_x^{2-x^2} f(x,y)\mathrm{d}y$ ；

2. $\int_0^1 \mathrm{d}x \int_{x^3}^{x^2} \mathrm{d}y$ ；

3. $\int_1^2 \mathrm{d}y \int_y^{y^2} f(x,y)\mathrm{d}x$ ；

4. $\int_1^e \mathrm{d}x \int_0^{\ln x} f(x,y)\mathrm{d}y$.

十八、计算下列二重积分(利用极坐标计算).

1. $\iint\limits_{D} \sqrt{R^2-x^2-y^2}\mathrm{d}x\mathrm{d}y$ ，其中 D 是圆周 $x^2+y^2=Rx$ 所围成的闭区域；

2. $\iint\limits_{D} \frac{1+xy}{1+x^2+y^2}\mathrm{d}x\mathrm{d}y, D=\{(x,y) \mid x^2+y^2 \leqslant 1, x>0\}$.

第 8～9 章　模拟试卷(一)

考试时间为 120 分钟

题号	一	二	三	四	总分
得分					

一、填空题(每空 3 分,共 30 分)

1. $\dfrac{d}{dx}\int f(x)\,dx=$________ $\dfrac{d}{dx}\int_b^a f(x)dx=$________ $\dfrac{d}{dx}\int_a^x f(t)dt=$________.

2. 若 $\int_0^a x^2 dx=9$ 则 $a=$________；$\int_a^b \dfrac{d}{dx}f(x)dx=$________.

3. 微分方程 $(y'')^4+xy'''=e^{x+y}$ 的阶数是________,方程 $y''=2x$ 的通解为________.

4. 微分方程 $y''+y'-2y=0$ 的通解是____________.

5. 若级数 $\sum\limits_{n=1}^{\infty}u_n$ 收敛,则 $\lim\limits_{n\to\infty}u_n=$________,级数 $\sum\limits_{n=1}^{\infty}\left(\dfrac{2}{3}\right)^n$ 的和为________.

二、单选题(每题 5 分,共 20 分)

1. 下列定积分的值为负的是(　　).

A. $\int_0^{\frac{\pi}{2}}\sin x dx$　　B. $\int_{\frac{\pi}{2}}^{\pi}\sin x dx$　　C. $\int_0^1 x^3 dx$　　D. $\int_{-\frac{\pi}{2}}^{0}\sin x dx$

2. 下列积分值为 0 的是(　　).

A. $\int_{-1}^{2}x dx$　　B. $\int_{-1}^{1}x\sin x dx$　　C. $\int_{-2}^{2}x\sin^2 x dx$　　D. $\int_{-1}^{1}x^2\sin^2 x dx$

3. 下列方程中哪个是可分离变量微分方程(　　).

A. $y'=e^{xy}$　　B. $(x-xy^2)dx+(y+x^2y)dy=0$

C. $xy'+y=e^x$　　D. $yy'+y-x=0$

4. 下列方程中哪个是一阶线性微分方程(　　).

A. $3y'+y\cos x=5x^2$　　B. $y'+y^2=2$

C. $y'=\dfrac{y}{xy^2+e^y}$　　D. $y'+xy^3=x^2$

三、解答题(Ⅰ)(每题 8 分,共 40 分)

1. 求 $\int_0^1\dfrac{2x+3}{1+x^2}dx$.

2. 若 $b>0$，且 $\int_1^b \ln x\mathrm{d}x=1$，求 b 的值.

3. 求方程 $y'=xy+x+y+1$ 的通解.

4. 求方程 $y'=\dfrac{2y-x^2}{x}$ 的通解.

5. 判断级数 $\sum\limits_{n=1}^{\infty} n\left(-\dfrac{1}{3}\right)^n$ 的收敛性.

四、解答题(Ⅱ)(每题 5 分,共 10 分)

1. 求由曲线 $y+1=x^2$ 和直线 $y=x+1$ 所围成的平面图形的面积.

2. 求方程 $y'=\dfrac{y}{y-x}$ 的通解.

第 8～9 章　模拟试卷(二)

考试时间为 120 分钟

题号	一	二	三	四	总分
得分					

一、填空题(每题 4 分,共 28 分)

1. $\int_{2}^{+\infty}\frac{1}{x^2}\mathrm{d}x=$______.

2. 方程 $y'=\mathrm{e}^{-\frac{1}{2}x}$ 的通解是______.

3. 方程 $xy'+y=3$ 的通解是______.

4. 级数 $\sum_{n=1}^{\infty}(1-u_n)$ 收敛,则 $\lim_{n\to\infty}u_n=$______.

5. 当 P______时,级数 $\sum_{n=1}^{\infty}\frac{1}{n^{p-1}}$ 一定收敛.

6. 级数 $\sum_{n=1}^{\infty}\frac{3}{2^n}$ 的和为______.

7. $z=x^2y+\mathrm{e}^{xy}$,则 $\left.\frac{\partial z}{\partial y}\right|_{(1,2)}=$______.

二、单选题(每题 4 分,共 24 分)

1. 下列广义积分发散的是(　　).

A. $\int_{e}^{+\infty}\frac{\ln x}{x}\mathrm{d}x$　　B. $\int_{0}^{+\infty}\frac{\mathrm{d}x}{1+x^2}$　　C. $\int_{0}^{1}\frac{\mathrm{d}x}{\sqrt{1-x^2}}$　　D. $\int_{0}^{+\infty}\mathrm{e}^{-x}\mathrm{d}x$

2. 下列方程中哪个是可分离变量的微分方程(　　).

A. $x\sin(xy)\mathrm{d}x+y\mathrm{d}y=0$　　B. $\frac{\mathrm{d}y}{\mathrm{d}x}=x\sin y$

C. $y'=\ln(x+y)$　　D. $y'+\frac{1}{x}y=\mathrm{e}^{x}y^{z}$

3. 下列方程中哪个是一阶线性微分方程(　　).

A. $xy'+y^2=x$　　B. $yy'=x$

C. $y'+xy=\sin x$　　D. $y'^2+xy=0$

4. 下列级数中收敛的是(　　).

A. $\sum_{n=1}^{\infty}\frac{1}{\sqrt{2n+1}}$　　B. $\sum_{n=1}^{\infty}\frac{n}{3n+1}$

C. $\sum_{n=1}^{\infty}\frac{100}{q^n}$ ($|q|<1$)　　D. $\sum_{n=1}^{\infty}\frac{2^{n-1}}{3^n}$

5. 级数 $\sum_{n=1}^{\infty} \frac{3^n}{n+3} x^n$ 的收敛半径是(　　).

A. $\frac{1}{3}$　　B. 1　　C. 3　　D. $+\infty$

6. $z=(1-x)^2+(1-y)^2$ 的驻点是(　　).

A. (0,0)　　B. (1,1)　　C. (0,1)　　D. (1,0)

三、解答题(Ⅰ)(每题 8 分,共 40 分)

1. 求方程 $xy'-y=x^2 e^x$ 满足条件 $y|_{x=1}=1$ 的特解.

2. 求方程 $x''+x=0$ 满足条件 $x|_{t=0}=1, x'|_{t=0}=1$ 的特解.

3. 求级数 $\sum_{n=1}^{\infty} (\ln x)^n$ 的收敛域.

4. 将 $f(x)=\frac{1}{3-x}$ 展为 $(x-1)$ 的幂级数.

5. $z=\frac{x}{y}$, $x=e^{2t}$, $y=e-e^{-t}$, 求 $\frac{dz}{dt}$.

四、解答题(Ⅱ)(每题 4 分,共 8 分)

1. 求方程 $(y^2-6x)\frac{dy}{dx}+2y=0$ 的通解.

2. 求幂级数 $\sum_{n=1}^{\infty}2nx^{2n-1}$ 的收敛域及和函数.

第8～9章　模拟试卷(三)

考试时间为90分钟

题号	一	二	三	四	总分
得分					

一、单选题(每题3分,共24分)

1. 若级数 $\sum_{n=1}^{\infty}u_n$ 收敛,S_n 为其前 n 项部分和,则它的和为(　　).

A. S_n　　B. u_n　　C. $\lim\limits_{n\to\infty}S_n$　　D. $\lim\limits_{n\to\infty}u_n$

2. 级数 $\sum_{n=1}^{\infty}(-1)^{n-1}$ 的前 n 项和数列的极限(　　).

A. 1　　B. -1　　C. 不存在　　D. 0

3. 级数 $\sum_{n=0}^{\infty}\frac{3^n}{5^n}$ 的和为(　　).

A. $\frac{1}{2}$　　B. $\frac{3}{5}$　　C. $\frac{5}{2}$　　D. $\frac{5}{3}$

4. 下列级数中收敛的是(　　).

A. $\sum_{n=0}^{\infty}\left(\frac{3}{2}\right)^n$　　B. $\sum_{n=1}^{\infty}\frac{1}{n}$　　C. $\sum_{n=1}^{\infty}\frac{1}{n^2}$　　D. $\sum_{n=1}^{\infty}\frac{1}{n+1}$

5. 幂级数 $\sum_{n=1}^{\infty}\frac{x^n}{n}$ 的收敛域是(　　).

A. $(-1,1)$　　B. $(-1,1]$　　C. $[-1,1]$　　D. $[-1,1)$

6. 微分方程 $(y')^2+(y'')^3y+xy^4=0$ 的阶数是(　　).

A. 3　　B. 4　　C. 5　　D. 2

7. 方程 $y'-2y=0$ 的通解是(　　).

A. $y=\sin 2x$　　B. $y=4e^{2x}$　　C. $y=\frac{c}{x}+3$　　D. $y=ce^{x^2}$

8. 下列微分方程中哪个是可分离变量的微分方程(　　).

A. $(x-xy^2)dx+(y+x^2y)dy=0$　　B. $xy'+y=e^x$

C. $y'=e^{xy}$　　D. $yy'+y-x=0$

二、填空题(每题4分,共28分)

1. 方程 $y'=y$ 满足初始条件 $y|_{x=0}=2$ 的特解是__________.

2. 方程 $y''-4y=0$ 的通解为__________.

3. 级数 $\sum_{n=1}^{\infty}\frac{1}{n^{\alpha+1}}$ 发散,则应有 $\alpha\leqslant$__________.

4. 若级数 $\sum_{n=1}^{\infty}(1-u_n)$ 收敛，则 $\lim_{n\to\infty}u_n$ __________.

5. 幂级数 $\sum_{n=0}^{\infty}\frac{x^n}{3^n}$ 得收敛半径 $R=$__________.

6. 幂级数 $\sum_{n=0}^{\infty}\frac{x^n}{2^n}$ 的收敛域为__________.

7. 幂级数 $\sum_{n=0}^{\infty}\frac{x^{2n}}{n!}$ 的和函数是__________.

三、解答题(每题 6 分，共 48 分)

1. 求级数 $\sum_{n=0}^{\infty}\left(\frac{1}{5^n}+\frac{1}{3^n}\right)$ 的和.

2. 判断级数 $\sum_{n=0}^{\infty}\frac{1}{n(n+1)}$ 的收敛性.

3. 判断级数 $\sum_{n=0}^{\infty}\frac{2^n}{n^2}$ 的收敛性.

4. 研究级数 $\sum_{n=0}^{\infty}\left(\frac{1}{n}+\frac{1}{n^2}+\frac{1}{3^n}\right)$ 的收敛性.

5. 求方程 $(1+e^x)yy'=e^x$ 满足初始条件 $y|_{x=0}=0$的特解.

6. 求方程 $y''-10y'-11y=0$ 的通解.

7. 将 $f(x)=e^{x+1}$ 展为 x 的幂级数.

8. 求 $y'=\dfrac{y}{2x-y^2}$.

习题答案

第1章　习题答案

习题1.1

一、1. B　2. D　3. A　4. B　5. C

二、1. $(-\infty,-3)\cup(3,+\infty)$；2. $\left(0,\frac{\pi}{2}\right]$.

三、$0,-\frac{\pi}{2},\frac{\pi}{3}$，不存在.

四、1. 不相等，定义域不同；2. 相同.

习题1.2

一、1. A　2. B　3. D　4. C　5. C　6. C

二、三、四、五、略

习题1.3

一、1. C　2. D　3. A　4. B

二、1. $y=\sin u, u=2x$；　2. $y=u^2, u=\sin x$；　3. $y=e^u, u=-x^2$；

4. $y=\frac{1}{u}, u=\ln v, v=\ln x$；　5. $y=u^{\frac{1}{2}}, u=\cot v, v=\frac{x}{2}$；

6. $y=2^u, u=\arcsin v, v=w^{\frac{1}{2}}, w=1+x$.

三、$[1,e^2]$.

总习题1

一、1. D　2. C　3. B　4. A　5. D　6. B　7. A　8. C　9. C

二、1. $x\neq k,(k=0,\pm1,\pm2\cdots)$；2. $\left(\frac{3}{2},2\right)\cup(2,+\infty)$；3. $[-1,2)$.

三、$(-\infty,+\infty)$，$[-1,1]$.

四、1. 不相同，对应法则不同；2. 相同.

六、$a=4, b=-1$.

七、1. $y=\sqrt[3]{u}, u=(1+x^2)+1$；　2. $y=3^u, u=v^2, v=x+1$；

3. $y=u^2, u=\sin v, v=3x+1$；　4. $y=\sqrt[3]{u}, u=\log_a v, v=w^2, w=\cos x$.

八、1. $y=\sin^3 t$，定义域 $(-\infty,+\infty)$； 2. $y=a^{x^2}$，定义域为 $(-\infty,+\infty)$；

3. $y=\log_a(3x^2+2)$，定义域为 $(-\infty,+\infty)$； 4. 不能；

5. $y=x^{\frac{3}{2}}$，定义域 $[0,+\infty]$；

6. $y=\log_a(x^2-2)$，定义域为 $(-\infty,-\sqrt{2})\cup(\sqrt{2},+\infty)$.

九、1. 偶函数； 2. 既非奇函数，又非偶函数； 3. 偶函数；

4. 奇函数； 5. 既非奇函数，又非偶函数； 6. 偶函数；

7. 奇函数； 8. 奇函数； 9. 奇函数.

十、$f[f(x)]=\dfrac{x}{1-2x}$.

十一、$f(x)=x^2-2$.

十四、1. 2π；2. $\dfrac{\pi}{2}$；3. 2；4. 非周期函数；5. π.

十六、$S=-13\,000+4\,000p$.

十七、$p_0=4$.

十八、$C(200)=2\,000+\dfrac{200^2}{8}=7\,000$；$\overline{C}(200)=\dfrac{2\,000+\dfrac{200^2}{8}}{200}=35$.

第 2 章　习题答案

习题 2.1

一、1. A　2. A　3. D

二、2. 25；3. 0.

习题 2.2

一、1. B　2. D　3. D

二、1. 0；2. 0；3. 2；4. 0.

三、0.

习题 2.3

一、1. D　2. D　3. A　4. A

二、1. 3；2. 0；3. -1；4. $\dfrac{3}{2}$；5. $-\dfrac{1}{3}$；6. 0；7. 2；8. $\dfrac{2}{3}$；9. $\dfrac{1}{2}$；10. $\dfrac{1}{4}$.

习题 2.4

一、1. C　2. C　3. A　4. B　5. A

二、1. $\dfrac{a}{b}$；2. $\dfrac{5}{2}$；3. 0；4. 0.

三、1. e^5；2. e^{-3}；3. e^{-1}；4. e.

四、$a = 3, \lim\limits_{x\to 0} f(x) = 3$.

习题 2.6

一、1. A 2. B 3. D 4. C

三、连续.

四、不连续.

六、$(-\infty, -1) \cup (-1, 1) \cup (1, +\infty)$.

七、$(-1, 1) \cup (1, 4)$.

八、1. $x = 1$，无穷间断点；2. $x = 0$ 跳跃间断点.

十、1. 2；2. tan1；3. 0；4. -1；5. $\frac{\pi}{4}$；6. 2.

总习题 2

一、1. A 2. B 3. C 4. B 5. D

二、1. 否； 2. 否； 3. 否； 4. 存在.

三、1. 略； 2. $f(1-0) = 1, f(1+0) = 2$； 3. 否.

四、1. -9；2. 0；3. 0；4. $\frac{1}{2}$；5. $2x$；6. 2；7. $\frac{1}{2}$；

8. 0；9. $\frac{2}{3}$；10. 2；11. 2；12. $\frac{1}{2}$；13. $\frac{1}{5}$；14. -1；15. 0.

五、1. $\frac{a}{b}$；2. $\frac{1}{2}$；3. $\frac{1}{2}$；4. 1；5. 1；6. x.

六、1. e^2；2. $\frac{1}{e}$；3. e；4. e；5. e^{2a}；6. e；7. 1.

七、1. $\frac{2}{3}$；2. 2；3. $0(m < n)$，$1(m = n)$，$\infty(m > n)$；4. $\sqrt{2}$.

九、1. $f(x)$ 在 $(-\infty, 0) \cup (0, +\infty)$ 上连续，$x = 0$ 为可去间断点；

2. $f(x)$ 在 $[0, 2]$ 上连续；

3. $f(x)$ $(-\infty, -1) \cup (-1, +\infty)$ 上连续 $x = -1$ 为第一类间断点；

4. $f(x)$ 在 $(-\infty, 0) \cup (0, +\infty)$ 上连续，$x = 0$ 为第一类间断点.

十、$a = e - 1$.

十一、1. $\sqrt{5}$；2. 1；3. 2；4. $\cos\alpha$；5. $a^b \ln a$；6. 3；7. 1；8. $\frac{1}{2}$；9. $-\infty$；10. $-\frac{1}{24}$；

11. 1；12. $\frac{1}{a}$.

第3章 习题答案

习题 3.1

1. D 2. D 3. A

4. 用定义证明(略). 5. 在 $x=0$ 点左右导数不相等,所以函数在点 $x=0$ 处不可导.
6. 切线和法线方程为:$y-ex=0, x+ey=e^2+1$. 7. $a=2, b=-1$.

习题 3.2

1. A 2. C 3. B 4. D 5. C 6. C

7. (1) $\frac{1}{2}x^{-\frac{1}{2}}+\cos x$; (2) $\frac{1}{2}x^{-\frac{1}{2}}\sin x+\sqrt{x}\cos x$; (3) $5\frac{1}{x\ln 2}-8x^3$;

(4) $\sec x\tan x+2^x\ln 2+3x^2$; (5) $8x(2x^2-3)$; (6) $3\sec^2(3x+2)$;

(7) $\sin^2\frac{x}{3}\cos\frac{x}{3}$; (8) $2x\cot x(\cot x-x\csc^2 x)$.

8. $\frac{-y^2}{xy+1}$ 9. (1) $-\frac{6x+y}{x-5}$; (2) $-\frac{e^{x+y}-y}{e^{x+y}-x}$. 10. $a_0 n!$

习题 3.3

1. B 2. D

3. 0.002.

4. (1) $(2x+3\sec^2 x+e^x)dx$; (2) $(e^x\cos x-e^x\sin x)dx$;

(3) $\left(\frac{\cos x+\cos x\cdot x^2-2x\sin x}{(1+x^2)^2}\right)dx$; (4) $\left(\frac{1}{\sqrt{1-4x^2}}\right)dx$;

(5) $\left(-2\ln(1-x)\frac{1}{1-x}\right)dx$; (6) $(2xe^{2x\sin x}(1+x\sin x+x^2\cos x))dx$.

5. (1) $dy=-\frac{b^2x}{a^2y}dx$; (2) $dy=-\frac{y\sin(xy)+2xy^2}{x\sin(xy)+2x^2y}dx$.

6. 解:方程两边对 x 求导,得 $[\cos(x+y)]'+(e^y)'=(x)'$, $-\sin(x+y)[1+y']+e^y y'=1$,

$$[e^y-\sin(x+y)]y'=1+\sin(x+y), \qquad y'=\frac{1+\sin(x+y)}{e^y-\sin(x+y)},$$

故

$$dy=\frac{1+\sin(x+y)}{e^y-\sin(x+y)}dx.$$

总习题 3

一、选择题

1. A 2. C 3. B 4. D 5. C 6. C 7. D 8. D 9. C 10. A 11. C 12. B

二、填空题

1. $-f'(x_0), 2f'(x_0)$. 2. $f'(0)$. 3. 0.

4. (1)0; (2) $\mu x^{\mu-1}$; (3) e^x ; (4) $2^x\ln 2$; (5) $\frac{1}{x}$; (6) $\frac{1}{x\ln a}$; (7) $\cos x$;

(8) $-\sin x$; (9) $\sec^2 x$; (10) $-\csc^2 x$; (11) $\frac{1}{\sqrt{1-x^2}}$; (12) $-\frac{1}{\sqrt{1-x^2}}$;

(13) $\frac{1}{1+x^2}$; (14) $-\frac{1}{1+x^2}$; (15) $-4x\sin 2x^2$; (16) $-\sin 2x^2$; (17) $-2\sin 2x^2$; (18)3;

(19) $(\ln 10)^n$.

5. $\frac{1}{2}+\mathrm{e}$． 6. -2． 7. $y=(1+\mathrm{e})x-1$． 8. 1． 9. $(\sin^2 x-\cos x)\mathrm{e}^{\cos x}$．

10. $\frac{1}{x^4}f''\left(\frac{1}{x}\right)+\frac{2}{x^3}f'\left(\frac{1}{x}\right)$． 11. $\left(3x^2+\frac{1}{1+x}\right)\mathrm{d}x$． 12. $\frac{y-2x}{2y-x}$．

13. $89\,100(1-3x)^{98}-\frac{3}{x^2\ln 2}-4\sin 2x$． 14. $\frac{1}{2}$． 15. $\frac{2}{3}x^3$．

16. $a^x\ln a-\frac{1}{1+x^2}$． 17. $2\sqrt{x}$． 18. $\left(\mathrm{e}^x\ln x+\frac{1}{x}\mathrm{e}^x\right)\mathrm{d}x$． 19. $\frac{\mathrm{e}^{\sqrt{\sin 2x}}}{2\sqrt{\sin 2x}}$．

三、计算题

1. (1) $2x\cos x-x^2\sin x+\frac{5}{2}x^{\frac{3}{2}}$；(2) $-\frac{1}{\sqrt{x}(1+\sqrt{x})^2}$；(3) $3x^2-12x+11$；

(4) $\frac{1}{3}x^{-\frac{2}{3}}\sin x+x^{\frac{1}{3}}\cos x-a^x\mathrm{e}^x\ln(a\mathrm{e})$；(5) $\log_2 x+\frac{1}{\ln 2}$；(6) $-\csc^2 x\arctan x+\frac{\cot x}{1+x^2}$；

(7) $\frac{1}{x^2}\sin\frac{1}{x}$；(8) $\frac{1+x}{x(x\ln x-1)}$；(9) $\frac{1}{x-1}$；(10) $\frac{1}{\sqrt{1+x^2}}$

2. $y=4x-6, y=-\frac{1}{4}x-\frac{7}{4}$． 3. $\frac{1}{2}$． 4. $\pi\ln\pi+\pi+1$．

5. $6x-\csc^2 x$． 6. $2\varphi(0)$． 7. $a=2; b=1$． 8. $\frac{1}{2}$．

9. $\left[\frac{1}{2x\sqrt{\ln x}}-\frac{2}{(2x-1)^2}\right]\mathrm{d}x$． 10. $\frac{\mathrm{d}y}{\mathrm{d}x}=\ln x+1-\frac{1}{2}x^{-\frac{3}{2}}$，$\left.\frac{\mathrm{d}y}{\mathrm{d}x}\right|_{x=1}=\frac{1}{2}$．

11. 2． 12. $x+y-1$． 13. $\frac{2xy}{\cos y+2\mathrm{e}^{2y}-x^2}$． 14. $\frac{2}{3x}(1+\ln^2 x)^{-\frac{2}{3}}\ln x\mathrm{d}x$．

15. $-\frac{2x\sin(x^2+y)+y}{x+\sin(x^2+y)}\mathrm{d}x$． 16. $\mathrm{d}y=2^x(\ln 2\cdot\cos x-\sin x)\mathrm{d}x-\frac{2}{1-x^2}\mathrm{d}x$．

17. $\mathrm{d}y=\left(\frac{7}{4}x^{\frac{3}{4}}+\frac{1}{x}\right)\mathrm{d}x$. 18. $\left[\frac{1}{2x\sqrt{\ln x}}-\frac{2}{(2x-1)^2}\right]\mathrm{d}x$．

第 4 章 习题答案

习题 4.1

1. D 2. B 3. B 4. D 5. B 6. B

7.（验证略） 8.（验证略） 9.（验证略）

10. 证：设 $f(x)=\mathrm{e}^x-x\mathrm{e}$．因为 $f'(x)=\mathrm{e}^x-\mathrm{e}$，当 $x>1$ 时，有 $f'(x)>0$，即 $f(x)$ 单调增加，由 $f(x)>f(1)=0$，即有 $\mathrm{e}^x-x\mathrm{e}>0$，所以，当 $x>1$ 时，有 $\mathrm{e}^x>x\mathrm{e}$．

11. 证：设 $F(x)=x-\ln(1+x)$，因为 $F'(x)=1-\frac{1}{1+x}$，当 $x>0$ 时，$F'(x)>0$，即 $F(x)$ 单调增加．所以 当 $x>0$ 时，有 $x-\ln(1+x)=F(x)>F(0)=0$，即 $x>\ln(1+x)$．

12. 证：设 $f(x)=\ln(1+x)-(x-\frac{1}{2}x^2)$，因为 $f(x)$ 在 $[0,+\infty)$ 连续，在 $(0,+\infty)$ 可导，且 $f'(x)=\frac{1}{1+x}-1+x=\frac{x^2}{1+x}$．当 $x>0$ 时，$f'(x)=\frac{x^2}{1+x}>0$．所以，当 $x>0$ 时，

$f(x)$ 是单调增加的，且由 $f(0)=0$ 可知，当 $x>0$ 时，$f(x)>0$，故 $\ln(1+x)>x-\frac{1}{2}x^2$.

习题 4.2

1.(1) $\frac{3}{4}$；(2)$\cos a$；(3)6；(4)0.

2.(1)0；(2) $-\frac{1}{2}$；(3)1；(4)e；(5)1.

习题 4.3

1.A　2.B　3.B　4.B　5.D　6.D　7.A　8.B

9.(1)函数 $f(x)=\frac{3}{5}x^{\frac{5}{3}}-\frac{3}{2}x^{\frac{2}{3}}+1$ 的定义域是$(-\infty,+\infty)$.

因为 $f'(x)=x^{\frac{2}{3}}-x^{-\frac{1}{3}}=\frac{x-1}{\sqrt[3]{x}}$，可见，在 $x_1=0$ 处 $f'(x)$ 不存在. 令 $f'(x)=0$，即 $\frac{x-1}{\sqrt[3]{x}}=0$，得 $x_2=1$.

当 $x\in(-\infty,0)$时，$f'(x)=\frac{x-1}{\sqrt[3]{x}}>0$；当 $x\in(0,1)$时，$f'(x)=\frac{x-1}{\sqrt[3]{x}}<0$；

当 $x\in(1,+\infty)$ 时，$f'(x)=\frac{x-1}{\sqrt[3]{x}}>0$，所以函数 $f(x)$ 的单调增加区间为$(-\infty,0)$和$(1,+\infty)$，单调减少区间为$(0,1)$.

(2)函数 $f(x)=x-2\ln(x+\sqrt{x^2+1})$ 的定义域为$(-\infty,+\infty)$.

因为
$$f'(x)=1-\frac{2}{\sqrt{x^2+1}}=\frac{\sqrt{x^2+1}-2}{\sqrt{x^2+1}},$$
令 $f'(x)=0$，即 $\frac{\sqrt{x^2+1}-2}{\sqrt{x^2+1}}=0$，得 $x_1=-\sqrt{3},x_2=\sqrt{3}$.

当 $x\in(-\infty,-\sqrt{3})$ 时，$f'(x)>0$；当 $x\in(-\sqrt{3},\sqrt{3})$ 时，$f'(x)<0$；

当 $x\in(\sqrt{3},+\infty)$ 时，$f'(x)>0$.

所以函数 $f(x)$ 的单调增加区间为 $(-\infty,-\sqrt{3}]$，$[\sqrt{3},+\infty)$；单调减少区间为 $[-\sqrt{3},\sqrt{3}]$.

10.(1)极小值 $f\left(\frac{1}{\sqrt{e}}\right)=-\frac{1}{2e}$；　(2)极大值 $f(2)=\sqrt{5}$.

11.(1)最大值 $f(3)=\ln 8$；最小值 $f(2)=\ln 3$.

(2)最大值 $f(2)=3$；最小值 $f(0)=-1$.

12. 当 $r=\sqrt[3]{\frac{V}{2\pi}}$ 和 $h=\sqrt[3]{\frac{4V}{\pi}}$ 时，表面积最小.

13. 当小正方形的边长为 $\frac{a}{6}$ 时，盒子的容积最大.

总习题 4

一、1. C 2. A 3. B 4. C 5. D 6. B 7. D

二、1. 1. 2. $f(x)$ 在 $(-1,1)$ 内不可导. 3. $\dfrac{e^b-e^a}{b^2-a^2}=\dfrac{e^\xi}{2\xi}$.

4. $[1,+\infty]$ 和 $(-\infty,0)\cup(0,1]$. 5. 0,大,$\dfrac{2}{5}$,小. 6. $\dfrac{22}{3}$,$-\dfrac{5}{3}$. 7. $\dfrac{3}{5}$,-1.

三、(略)

四、1. $\xi=1$;2. $\xi=\sqrt{\dfrac{4-\pi}{\pi}}$;3. $\xi=\dfrac{1}{\ln 2}$.

五、1. $\dfrac{3}{2}$;2. $\dfrac{3}{5}$;3. 1;4. $\dfrac{1}{2}$;5. 1;6. 1;7. -1;8. $-\dfrac{1}{3}$;9. $\cos a$;10. 0.

六、1. 在 $(-\infty,-1]$,$[3,+\infty)$ 内单调增加,在 $[-1,3]$ 内单调减少;

2. 在 $\left(\dfrac{1}{2},+\infty\right)$ 内单调增加,在 $\left(0,\dfrac{1}{2}\right)$ 内单调减少;

3. 在 $(-2,0)(0,2]$ 内单调减少,在 $(-\infty,-2][2,+\infty)$ 内单调增加;

4. 在 $\left(\dfrac{\pi}{4},\dfrac{5}{4}\pi\right)$ 内单调减少,在 $\left(0,\dfrac{\pi}{4}\right)\cup\left(\dfrac{5}{4}\pi,2\pi\right)$ 内单调增加.

七、1. 极大值 $y(\pm1)=1$,极小值 $y(0)=0$;

2. 极大值 $f(-1)=0$;

3. 极大值 $y(0)=2$,极小值 $y(\pm2)=-14$;

4. 极大值 $y\left(\dfrac{\pi}{4}\right)=\dfrac{\pi}{3}-\sqrt{3}$,极小值 $y\left(\dfrac{5}{4}\pi\right)=-\dfrac{\sqrt{2}}{2}e^{\frac{5}{4}\pi}$.

八、1. 最大值 $y(\pm2)=13$,最小值 $y(\pm1)=4$;

2. 最大值 $y\left(-\dfrac{1}{2}\right)=y(1)=\dfrac{1}{2}$,最小值 $y(0)=0$;

3. 最大值 $y\left(\dfrac{3}{4}\right)=1.25$,最小值 $y(-5)=-5+\sqrt{6}$.

九、$r=\sqrt[3]{\dfrac{V}{2\pi}}$,$h=2\sqrt[3]{\dfrac{V}{2\pi}}$,$d:h=1:1$.

十、解 因为 收入函数 $R(q)=pq=50q$,

利润函数 $L(q)=R(q)-C(q)=50q-\left(250+20q+\dfrac{q^2}{10}\right)=30q-250-\dfrac{q^2}{10}$,

且 $$L'(q)=\left(30q-250-\frac{q^2}{10}\right)'=30-0.2q,$$

令 $L'(q)=0$,即 $30-0.2q=0$,得 $q=150$,

它是利润函数 $L(q)$ 在其定义域内的唯一驻点. 所以 $q=150$ 是利润函数 $L(q)$ 的最大值点. 即若产品以每件 50 万元售出,要使利润最大,应生产 150 件产品.

十一、解 1. 因为总成本、平均成本和边际成本分别为

$$C(x)=100+0.25x^2+6x,\ \overline{C}(x)=\frac{100}{x}+0.25x+6,\ C'(x)=0.5x+6,$$

所以，$C(10)=100+0.25\times 10^2+6\times 10=185$，

$$\overline{C}(10)=\frac{100}{10}+0.25\times 10+6=18.5,$$

$$C'(10)=0.5\times 10+6=11.$$

2. 令 $\overline{C}'(x)=-\frac{100}{x^2}+0.25=0$，得 $x=20$（$x=-20$ 舍去）.

因为 $x=20$ 是其在定义域内唯一驻点，且该问题确实存在最小值，所以当 $x=20$ 时，平均成本最小.

十二、解　1. 总成本函数和总收入函数分别为

$$C(p)=200+5q=200+5(100-2p)=700-10p,$$

$$R(p)=pq=p(100-2p)=100p-2p^2.$$

2. 利润函数 $L(p)=R(p)-C(p)=110p-2p^2-700$，且令 $L'(p)=110-4p=0$，得 $p=27.5$，该问题确实存在最大值. 又 $q=100-2p$，当 $p=27.5$ 时，$q=45$. 所以，当产量 $q=45$ 单位时，利润最大.

最大利润 $L(27.5)=110\times 27.5-2\times 27.5^2-700=812.5$（百元）.

十三、解　1. 成本函数 $C(q)=60q+2\,000$.

因为　$q=1000-10p$，即 $p=100-\frac{1}{10}q$，

所以收入函数 $R(q)=p\times q=\left(100-\frac{1}{10}q\right)q=100q-\frac{1}{10}q^2$.

2. 因为利润函数 $L(q)=R(q)-C(q)=100q-\frac{1}{10}q^2-(60q+2\,000)$

$$=40q-\frac{1}{10}q^2-2\,000,$$

且
$$L'(q)=\left(40q-\frac{1}{10}q^2-2\,000\right)'=40-0.2q,$$

令 $L'(q)=0$，即 $40-0.2q=0$，得 $q=200$，它是 $L(q)$ 在其定义域内的唯一驻点.
所以 $q=200$ 是利润函数 $L(q)$ 的最大值点，即当产量为 200 吨时利润最大.

第 5 章　习题答案

习题 5.1

一、1. D　2. D

三、1. $\frac{2}{5}x^{\frac{5}{2}}+C$；2. $e^{t+2}+C$；3. $-\frac{1}{x}+\ln|x|+C$；4. $\frac{2}{3}x^{\frac{3}{2}}-2x+C$；

5. $\arctan x+x+C$；6. $x-2\ln|x|-\frac{1}{x}+C$；7. $-2\cos x+C$；

8. e^x-x+C；9. $\arcsin\theta-\theta+C$；(10) $\tan x-x+C$.

四、$C(Q)=7Q+50\sqrt{Q}+1\,000$，$\overline{C}(Q)=7+\frac{50}{\sqrt{Q}}+\frac{1\,000}{Q}$.

习题 5.2

1. (1) $\frac{1}{4}\ln|4x-3|+C$；(2) $\frac{1}{5}\sin 5x+C$；(3) $\frac{2}{9}(3x+1)^{\frac{3}{2}}+C$；(4) $\frac{1}{2}e^{2x+1}+C$.

2. (1) $-\frac{1}{2}\ln|1-x^2|+C$；(2) $\frac{1}{2(1-2x)}+C$；

(3) $\ln|x|+\ln|\ln x|+C$；(4) $-\frac{1}{2\sin^2 x}+C$；

(5) $\arctan e^x+C$；(6) $-\frac{1}{3}(1-x^2)^{\frac{3}{2}}+C$.

3. (1) $\frac{3}{2}x^{\frac{2}{3}}-3x^{\frac{1}{3}}+3\ln|x^{\frac{1}{3}}+1|+C$；(2) $\sqrt{2x}-\ln\left|\sqrt{2x}+1\right|+C$；

(3) $\frac{(3x+1)^{\frac{5}{3}}}{15}-\frac{(3x+1)^{\frac{2}{3}}}{6}+C$；(4) $\frac{x\sqrt{1-x^2}}{2}+\frac{1}{2}\arcsin x+C$.

习题 5.3

1. (1) $-\frac{1}{3}xe^{-3x}-\frac{1}{9}e^{-3x}+C$；(2) $-\frac{1}{4}x\cos 4x+\frac{1}{16}\sin 4x+C$；(3) $-\frac{1}{x}\ln x-\frac{1}{x}+C$；

(4) $x\arcsin x+\sqrt{1-x^2}+C$；(5) $x\,\mathrm{arccot}\,x+\frac{1}{2}\ln|1+x^2|+C$；

(6) $-x\cot x+\ln|\sin x|+C$.

2. (1) $\frac{1}{2}e^x(\cos x+\sin x)+C$；(2) $-\frac{\arctan e^x}{e^x}+x-\frac{1}{2}\ln(1+e^{2x})+C$.

总习题 5

一、1. A　2. A　3. C　4. C　5. C　6. D　7. A　8. B　9. C　10. A　11. B

二、1. $-\frac{2}{3}x^{-\frac{3}{2}}+C$；2. $e^x+\frac{1}{x}+C$；3. $\frac{1}{5}e^{5t}+C$；4. $-\frac{1}{\arcsin x}+C$；

5. $\sqrt{2x}-\ln\left|1+\sqrt{2x}\right|+C$；6. $\frac{1}{6}\arctan\frac{x^3}{2}+C$；7. $-\frac{1}{x}+\frac{\sqrt{1-x^2}}{x}+\arcsin x+C$；

8. $\frac{x}{2}+\frac{\sin x}{2}+C$；9. $-\frac{x^2}{2}+x\tan x+\ln|\cos x|+C$；10. $\frac{x}{3}\sin 3x+\frac{1}{9}\cos 3x+C$；

11. $-(x+1)e^x+C$；12. $x\ln x-x+C$；13. $2\left(\sqrt{x+1}-1\right)e^{\sqrt{x+1}}+C$；

14. $\sqrt{x}\ln x-2\sqrt{x}+C$.

第6章　习题答案

习题　6.1

1. C　2. B　3. (1)正；(2)正；(3)负；(4)正.　4. (1)4；(2) π.　5. (1) $<$；(2) $>$.

6. 略

7. (1) $-\frac{3}{4} \leqslant \int_1^4 (x^2 - 3x + 2)\mathrm{d}x \leqslant 18$;(2) $\frac{\sqrt{2}\pi}{8} \leqslant \int_0^{\frac{\pi}{4}} \cos x \mathrm{d}x \leqslant \frac{\pi}{4}$.

习题 6.2

1. D　2. D　3. C　4. B　5. (1)不正确,因为 $x = 0$ 为间断点;(2)正确.

6. (1) $\frac{1}{1+x}$;(2) $-\cos(y+1)$;(3) $2xe^{x^2}$;(4) $2x\sin x^2 - \sin x$.

7. (1) $2 - e$;(2) $\frac{1}{3}$;(3) $\frac{3}{2} - \ln 2$;(4) $\frac{17}{6}$;(5) $1 - \frac{\pi}{4}$;(6) 0.

8. $\frac{10}{3}$.　9. 1.

习题 6.3

1. (1) $\frac{e^2+1}{4}$;(2) $\frac{e^2+1}{4}$;(3) $\frac{\pi}{2} - 1$;(4) $8\ln 2 - 4$.

2. (1)0;(2) $\frac{2\sqrt{2}-1}{3}$;(3) $2 - \ln 3$;(4) $2 - \frac{\pi}{2}$.

3. 证 $\int_{-a}^{a} f(x)\mathrm{d}x = \int_{-a}^{0} f(x)\mathrm{d}x + \int_0^a f(x)\mathrm{d}x$　　(*)

在(*)式第一项中令 $x = -t$,则 $\mathrm{d}x = -\mathrm{d}t$. 当 $x = -a$ 时, $t = a$;当 $x = 0$ 时, $t = 0$.

(1)当 $f(x)$ 为奇函数时, $f(-x) = -f(x)$. 所以有

$$\int_{-a}^{0} f(x)\mathrm{d}x = \int_a^0 f(-t)(-\mathrm{d}t) = \int_0^a f(-t)\mathrm{d}t = -\int_0^a f(t)\mathrm{d}t = -\int_0^a f(x)\mathrm{d}x$$

代入(*)式,有 $\int_{-a}^{a} f(x)\mathrm{d}x = 0$.

(2)当 $f(x)$ 为偶函数时, $f(-x) = f(x)$. 所以有

$$\int_{-a}^{0} f(x)\mathrm{d}x = \int_a^0 f(-t)(-\mathrm{d}t) = \int_0^a f(-t)\mathrm{d}t = \int_0^a f(t)\mathrm{d}t = \int_0^a f(x)\mathrm{d}x ,$$

代入(*)式,有 $\int_{-a}^{a} f(x)\mathrm{d}x = 2\int_0^a f(x)\mathrm{d}x$.

4. $\frac{2 - \sin 2}{2}$.

习题 6.4

1. (1) $e - 1$;(2) $\frac{32}{3}$;(3)5;(4) $\frac{8}{3}$.

2. $C(q) = \frac{1}{3}q^3 - 2q^2 + 4q + 6$, $R(q) = -q^2 + 15q$

3. (1) $C(Q) = 0.2Q^2 + 2Q + 20$;(2) $L(Q) = -0.2Q^2 + 16Q - 20$;(3) 40.

4. (1) 250 台;(2)0.25 万元.

习题 6.5

1. B　2. C　3. B　4. C

5. (1) 1；(2) 发散；(3) $\frac{1}{2}$；(4) -1；(5) $\frac{\pi}{2}$；(6) $\frac{\pi}{2}$；(7) 发散；(8) 发散.

总习题 6

一、1. D　2. C　3. D　4. A　5. A　6. B　7. A　8. D　9. A　10. D
11. B　12. C　13. A　14. B　15. A　16. B　17. D　18. B　19. A　20. C
21. B　22. A　23. D　24. C　25. C　26. C　27. D　28. A　29. A　30. C
31. B　32. A　33. C　34. C　35. C　36. D　37. C　38. A　39. C　40. B

二、1. $\frac{\pi}{4}$；2. $\frac{4}{3}$；3. $+\infty$；4. $2\sqrt{2}e^{-4}$；5. $\frac{\pi}{4}$；6. $\frac{4}{3}$，1；7. 0；8. 负号；

9. $\ln(x^2+1)$；10. 2；11. $\frac{5}{2}$；12. 2；13. $\frac{1}{2}$；14. 0；15. $2x\sin x^4$；16. $2a$；

17. $\frac{1}{2}$；18. $2x\sin x$；19. 2；20. $b-a-m$.

三、1. $\frac{\pi}{4}$；　2. $\frac{\pi}{2}$；　3. $\frac{(e-1)^5}{5}$；　4. 1；　5. 4；　6. $\frac{1}{3}$；　7. $4\sin 1-4\cos 1$；

8. $(\pi-1)e^{\pi}+(\pi+1)e^{-\pi}$；　9. 0；　10. $\frac{\pi}{4}$.

四、$\frac{3}{2}-\ln 2$

五、$V_x=\frac{16}{15}\pi$，$V_y=\frac{\pi}{2}$

六、1. 19 万元；2. 3.2 百台.

第 7 章　习题答案

习题 7.1

1. (1) 一阶；　(2) 二阶；　(3) 一阶；　(4) 一阶.
2. 特解为 $y=2e^{2x}-2e^{x}$.
3. (1) $y=\frac{4}{3}x^3$；　　(2) $y=\frac{1}{10}x^6+C_1x+C_2$.
4. $y=x^2+2$

习题 7.2

1. (1) $e^y-\frac{1}{3}e^{3x}-C=0$；　(2) $y=Ce^{-\frac{1}{2}x^2}$；

(3) $\frac{1}{2}y^2-\frac{1}{5}x^5=\frac{9}{2}$；　(4) $y^2-x^2=0$.

2. $x^2+y^2=C$.
3. (1) $y=Ce^{-3x}$；　　(2) $y=Ce^{-3x}+\frac{1}{3}x-\frac{1}{9}$.

4. (1) $\ln y = Ce^{x}$ ；　(2) $y = \frac{5}{6}x^{3} + \frac{1}{2}x^{2} + C$ ；

(3) $y = e^{-\sin x}(x + C)$ ；　(4) $y = \frac{1}{x}\left(-\frac{1}{2}\cos x + C\right)$.

5. (1) $y = x$ ；　(2) $y = e^{x^{2}}(\sin x + 2)$.

6. $y = 4x^{2} - 8x + 8$.

习题 7.3

1. (1) $y = (\arcsin x)^{2} + C_{1}\arcsin x + C_{2}$ ；

(2) $y = x\arctan x = \frac{1}{2}\ln(1 + x^{2} + C_{1}x + C_{2})$ ；

(3) $y = -\frac{1}{2}x^{2} - x + C_{1}e^{x} + C_{2}$ ；　(4) $y = -\ln\cos(x + C_{1}) + C_{2}$.

2. (1) $y = \frac{1}{12}(x+2)^{3} - \frac{2}{3}$ ；　(2) $y = \frac{3}{2}(\arcsin x)^{2}$.

3. $y = \frac{1}{6}x^{3} + \frac{1}{2}x + 1$.

习题 7.4

1. (1) $y = C_{1}e^{-2x} + C_{2}e^{-3x}$ ；　(2) $y = e^{-\frac{1}{4}x}\left(C_{1}\cos\frac{\sqrt{30}}{8}x + C_{2}\sin\frac{\sqrt{30}}{8}x\right)$ ；

(3) $y = e^{-3x}(C_{1} + C_{2}x)$ ；　(4) $y = e^{2x}(C_{1} + C_{2}x)$.

2. (1) $y = e^{-x} + e^{x}$ ；　(2) $y = 4e^{x} + 2e^{3x}$.

3. $s = C_{1}e^{2t} + C_{2}e^{-t}$.

习题 7.5

一、1. B　2. D　3. C　4. B

二、1. $y = C_{1}e^{x} + C_{2}e^{-2x} + \frac{2}{3}xe^{x}$ ；2. $y = C_{1} + C_{2}e^{-\frac{5}{2}x} + \frac{1}{3}x^{3} - \frac{3}{5}x^{2} + \frac{7}{25}x$ ；

3. $y = (C_{1} + C_{2}x)e^{-x} + \frac{5}{2}x^{2}e^{-x}$ ；4. $y = \frac{1}{16}e^{-2x} + (C_{1}x + C_{2})e^{2x}$ ；

5. $y = C_{1}e^{x} + C_{2}e^{-x} - 2\sin x$ ；6. $y = e^{x}(C_{1}\cos 2x + C_{2}\sin 2x) + \frac{1}{17}\cos 2x - \frac{4}{17}\sin 2x$.

三、1. $y = \frac{7}{2}e^{2x} - 5e^{x} + \frac{5}{2}$ ；2. $y = e^{x} - e^{-x} + (x^{2} - x)e^{x}$.

总习题 7

一、1. B　2. B　3. C　4. C　5. B　6. A　7. B　8. B　9. D　10. C　11. C　12. B　13. A　14. A

二、1. 二阶；　2. $y = \frac{1}{24}x^{4} + \frac{1}{3}C_{1}x^{2} + C_{2}x + C_{3}$ ；　3. $y = Ce^{-x}$ ；

4. $y=-\sin x+C_1x+C_2$； 5. $y=C_1e^{-2x}+C_2$； 6. $y^*=x^2(Ax+B)e^{-x}$.

三、1. $y=Ce^{\sqrt{1-x^2}}$； 2. $\ln^2x+\ln^2y=C$； 3. $\dfrac{1+y^2}{1-x^2}=C$；

4. $\sin\dfrac{y}{x}=Cx$； 5. $2y^3+3y^2-2x^3-3x^2=5$； 6. $y=e^{\tan\frac{x}{2}}$；

7. $y^2=x^2(\ln x^2+1)$； 8. $e^y=\dfrac{1}{2}e^{2x}+\dfrac{1}{2}$.

四、1. $y=(x+C)+(x+1)^2$； 2. $y=e^{-x}(x+C)$； 3. $y=Ce^{\frac{3}{2}x^2}-\dfrac{2}{3}$；

4. $y=x^2\left(C-\dfrac{1}{3}\cos 3x\right)$； 5. $y=x^2(e^x-e)$； 6. $y=3-\dfrac{3}{x}$；

7. $y=\dfrac{x}{\cos x}$； 8. $y=(x-2)^3-(x-2)$.

五、1. $y=\dfrac{1}{4}e^{2x}+C_1x+C_2$； 2. $y=x\arctan x-\dfrac{1}{2}\ln(1+x^2)+C_1x+C_2$；

3. $y=C_1\ln x+C_2$； 4. $y=C_1e^x+C_2x+C_3$； 5. $2y^{\frac{1}{4}}=x+2$；

6. $y=\dfrac{3}{2}(\arcsin x)^2$.

六、1. $y=(C_1+C_2x)e^{2x}$； 2. $y=e^{2x}(C_1\cos 3x+C_2\sin 3x)$；

3. $y=C_1+C_2e^{5x}$； 4. $y=C_1e^{-x}+C_2e^{11x}$；

5. $y=2xe^{3x}$； 6. $y=3e^{-x}-2e^{-2x}$；

7. $y=2\cos 5x+3\sin 5x$； 8. $y=3e^{-2x}\sin 5x$.

七、1. $y=(C_1\cos 2x+c_2\sin 2x)e^{3x}+\dfrac{14}{13}$； 2. $y=C_1e^{3x}+C_2e^{-x}-\dfrac{2}{3}x+\dfrac{1}{9}$；

3. $y=C_1e^x+C_2e^{-2x}+\dfrac{2}{3}xe^x$； 4. $y=C_1e^x+C_2e^{-x}-2\sin x$；

5. $y=e^{-2x}+e^{2x}-1$； 6. $y=e^x$；

7. $y=\dfrac{7}{2}e^{2x}-5e^x+\dfrac{5}{2}$； 8. $y=e^x-e^{-x}+(x^2-x)e^x$.

第1～7章 模拟试卷(一)答案

一、填空题

1. $\{x\,|\,x<1\}$. 2. 0. 3. $k=\dfrac{1}{2}$. 4. 1. 5. 单调减少.

二、选择题

1. D. 2. B. 3. B. 4. A. 5. C.

三、计算题

1. 求下列极限.

(1) $\dfrac{2^{30}\cdot 3^{20}}{5^{50}}$；(2) e^5；(3) $\dfrac{1}{2}$.

2. 求下列导数.

(1) $y'=2e^{2x}\sin x+e^{2x}\cos x+2(x+1)$；

(2) $y' = \dfrac{x-y}{x+y}$.

四、综合题

1. $f(0)=k=1$.

2. 求下列不定积分.

(1) $\dfrac{1}{2}\arctan^2 x + c$;

(2) $x\ln(1+x^2) - 2(x - \arctan x) + c$;

3. $\ln 5$.

4. $\dfrac{4}{3}$.

第1～7章　模拟试卷(二)答案

一、填空题

1. $(2,5)$.　2. $\sqrt{2+\cos^2 x}$.　3. 1.　4. $\cos x$.　5. $\dfrac{1}{5}$.　6. 0.

二、单选题

1. C　2. A　3. B　4. A　5. B　6. B

三、解答题

1. 0.　2. e^2.　3. $\dfrac{1}{4}$.　4. $y' = \dfrac{e^y}{(1-xe^y)}$.

6. $(x^2+3)\sin x + 2x\cos x + C$.　7. $\dfrac{2}{3}$.　8. 2.

第1～7章　模拟试卷(三)答案

一、单选题

1. B　2. A　3. D　4. A　5. A　6. B　7. B　8. B　9. D　10. B

二、填空题

1. $9x+17$.　2. 2.　3. 1,2.　4. $\dfrac{1}{2(1+x)\sqrt{x}}$.　5. $\sin 1$.

三、解答题

1. 1.　2. $n! + e^x$.　3. $x^2\sin x + 2x\cos x + C$.　4. 10.　5. 2.

第8章　习题答案

习题 8.1

一、1. B　2. B

二、1. 1, $\dfrac{3}{5}$, $\dfrac{4}{10}$, $\dfrac{5}{17}$, $\dfrac{6}{26}$;　　2. $\dfrac{1}{5}$, $-\dfrac{1}{5^2}$, $\dfrac{1}{5^3}$, $-\dfrac{1}{5^4}$, $\dfrac{1}{5^5}$.

三、1. $u_n=\dfrac{1}{2n-1}$； 2. $u_n=(-1)^{n+1}\dfrac{n+1}{n}$； 3. $u_n=\dfrac{1}{2\cdot4\cdot6\cdot\cdots\cdot2n}x^{\frac{n}{2}}$；

4. $u_n=(-1)^{n+1}\dfrac{a^{n+1}}{2n+1}$.

四、1. 发散； 2. 收敛.

习题 8.2

一、1. B 2. B 3. A 4. A 5. C

二、1. 发散； 2. 发散； 3. 收敛；4. 收敛； 5. 当 $a>1$ 时收敛，当 $a\leqslant 1$ 时发散；

6. 发散； 7. 收敛 ； 8. 收敛.

三、1. 条件收敛； 2. 发散； 3. 条件收敛； 4. 绝对收敛； 5. 发散.

习题 8.3

一、1. D 2. B

二、1. $[-1,1]$； 2. $(-\infty,+\infty)$；3. $[-3,3)$； 4. $\left[-\dfrac{1}{2},\dfrac{1}{2}\right]$；

5. 仅 $x=0$ 时收敛； 6. $[4,6)$； 7. $(-\sqrt{3},\sqrt{3})$； 8. $(-1,1)$.

三、1. 收敛域为 $(-1,1)$，和函数 $S(x)=\dfrac{2x}{(1-x)^3}$；

2. 收敛域为 $(-1,1)$，和函数 $S(x)=\dfrac{1}{4}\ln\dfrac{1+x}{1-x}+\dfrac{1}{2}\arctan x$.

习题 8.4

1. (1) $a^x=\sum\limits_{n=0}^{\infty}\dfrac{(x\ln a)^n}{n!}$, $x\in(-\infty,+\infty)$；

(2) $\ln(a+x)=\ln a+\sum\limits_{n=1}^{\infty}(-1)^{n-1}\dfrac{1}{n}\left(\dfrac{x}{a}\right)^n$，$x\in(-a,a)$ 且 $a>0$.

2. $f(x)=\dfrac{1}{x}=\sum\limits_{n=0}^{\infty}(-1)^n\left(\dfrac{x-3}{3}\right)^n$，$x\in(-2,4)$.

3. $f(x)=\dfrac{1}{x^2+3x+2}=\sum\limits_{n=1}^{\infty}\left(\dfrac{1}{2^{n+1}}-\dfrac{1}{3^{n+1}}\right)(x+4)^n$，$x\in(-6,-2)$.

总习题 8

一、1. A；2. B；3. C；4. A；5. D；6. C；7. B；8. A；9. B；10. C；

11. A；12. B；13. C；14. C；15. D；16. A；17. C；18. C；19. B；20. C.

一、1. $\dfrac{1}{2}$； 2. 0； 3. $p<1$；$p=1$；$p>1$； 4. $R=1$，$[-1,1)$； 5. $R=0$.

三、1. 发散；2. 收敛；3. 收敛；4. 收敛；5. 收敛；6. 发散；7. 收敛；

8. 收敛；9. 发散；10. 收敛；11. 收敛；12. 发散；13. 绝对收敛；

14. 条件收敛;15. 发散;16. 绝对收敛.

四、(1)收敛半径 $R=\infty$,收敛域为 $(-\infty,+\infty)$,和函数 $S(x)=x\cos x$.

(2)收敛半径 $R=3$,收敛域为 $[-3,3)$,和函数 $S(x)=-3\ln(3-x)$.

(3)收敛半径 $R=1$,收敛域为 $[-1,1)$,和函数 $S(x)=\dfrac{1}{(1-x)^2}$.

(4)收敛半径 $R=2$,收敛域为 $[-2,2]$,和函数 $S(x)=-\ln\left(1+\dfrac{x^2}{4}\right)$.

2. (1) $\dfrac{3x}{x^2+x-2}=\sum\limits_{n=1}^{\infty}\left[\left(-\dfrac{1}{2}\right)^n-1\right]x^n$, $x\in(-1,1)$.

(2) $(1+x^2)\arctan x=x+\sum\limits_{n=1}^{\infty}\dfrac{2(-1)^{n-1}}{4n^2-1}x^{2n+1}$, $x\in[-1,1]$.

3. $f(x)=\dfrac{1}{x^2+4x+3}=\sum\limits_{n=0}^{\infty}\left(\dfrac{1}{2^{n+2}}-\dfrac{1}{2^{2n+3}}\right)(x-1)^n$, $x\in(-1,3)$.

第 9 章　习题答案

习题 9.1

1.(1)直线,平面； (2)直线,平面； (3)圆,圆柱面； (4)双曲线,双曲线柱面.

2.(1)一点,一直线； (2)一点,一直线.

习题 9.2

1.(1) $\{(x,y,z)\mid x>0,y>0,z>0\}$ ； (2) $\{(x,y,z)\mid r^2\leqslant x^2+y^2+z^2\leqslant R^2\}$.

2. $\{(x,y)\mid y^2=2x\}$.

习题 9.3

1. (1) $\Delta_x z=(2x-y)\Delta x+(\Delta x)^2$ ，　$\Delta_y z=(1-x)\Delta y$ ，

$\Delta z=(2x-y)\Delta x+(1-x)\Delta y-\Delta x\Delta y+(\Delta x)^2$ ；

(2) $\Delta_x z=0.21,\Delta_y z=0.1,\Delta z=0.32$.

2. 1,1+2ln2.　2. $1-\dfrac{1}{\sqrt{5}}$.　4. $\dfrac{1}{2}$.　5. -1 ,0.　6. $\dfrac{3}{2}$.

7. (1) $\dfrac{\partial z}{\partial x}=\dfrac{2}{y\sin\dfrac{2x}{y}},\dfrac{\partial z}{\partial y}=\dfrac{-2x}{y^2\sin\dfrac{2x}{y}}$ ；

(2) $\dfrac{\partial z}{\partial x}=\dfrac{y}{2\sqrt{x(1-xy)^2}},\dfrac{\partial z}{\partial y}=\sqrt{\dfrac{x}{1-xy^2}}$ ；

(3) $\dfrac{\partial z}{\partial x}=\dfrac{y}{x^2}\sin\dfrac{x}{y}\sin\dfrac{y}{x}+\dfrac{1}{y}\cos\dfrac{y}{x}\cos\dfrac{x}{y}$ ，

$\dfrac{\partial z}{\partial y}=-\dfrac{x}{y^2}\cos\dfrac{x}{y}\cos\dfrac{y}{x}-\dfrac{1}{x}\sin\dfrac{x}{y}\sin\dfrac{y}{x}$ ；

(4) $\dfrac{\partial z}{\partial x}=-\dfrac{y}{x^2}3^{\frac{y}{x}}\ln 3$，　$\dfrac{\partial z}{\partial y}=\dfrac{1}{x}3^{\frac{y}{x}}\ln 3$ ；

(5) $\frac{\partial z}{\partial x}=y\mathrm{e}^{\sin\pi xy}(1+\pi xy\cos\pi xy)$, $\frac{\partial z}{\partial y}=x\mathrm{e}^{\sin\pi xy}(1+\pi xy\cos\pi xy)$;

(6) $\frac{\partial z}{\partial x}=\frac{1}{x+\ln y},\frac{\partial z}{\partial y}=\frac{1}{y(x+\ln y)}$;

(7) $\frac{\partial z}{\partial x}=\frac{1}{2\sqrt{x}}\sin\frac{y}{x}-\frac{y}{x\sqrt{x}}\cos\frac{y}{x},\frac{\partial z}{\partial y}=\frac{1}{\sqrt{x}}\cos\frac{y}{x}$;

(8) $\frac{\partial u}{\partial t}=\rho\varphi\mathrm{e}^{t\varphi}+1,\frac{\partial u}{\partial \rho}=\mathrm{e}^{t\varphi},\frac{\partial u}{\partial \varphi}=\rho t\mathrm{e}^{t\varphi}-\mathrm{e}^{-\varphi}$;

(9) $\frac{\partial u}{\partial \varphi}=\mathrm{e}^{\varphi+\theta}[\cos(\theta-\varphi)+\sin(\theta-\varphi)]$, $\frac{\partial u}{\partial \theta}=\mathrm{e}^{\varphi+\theta}[\cos(\theta-\varphi)-\sin(\theta-\varphi)]$.

8. $\frac{\pi}{6}$.

9. (1) $\mathrm{d}z=\left(y\mathrm{e}^{xy}+\frac{1}{x+y}\right)\mathrm{d}x+\left(x\mathrm{e}^{xy}+\frac{1}{x+y}\right)\mathrm{d}y$;

(2) $\mathrm{d}z=\frac{\mathrm{d}x}{1+x^2}+\frac{\mathrm{d}y}{1+y^2}$;

(3) $\mathrm{d}z=(x\mathrm{d}y+y\mathrm{d}x)\cos(xy)$;

(4) $\mathrm{d}z=\frac{4xy(x\mathrm{d}y-y\mathrm{d}x)}{(x^2-y^2)^2}$;

(5) $\mathrm{d}z=\left(2\mathrm{e}^{-y}-\frac{\sqrt{3}}{2\sqrt{x}}\right)\mathrm{d}x-2x\mathrm{e}^{-y}\mathrm{d}y$;

(6) $\mathrm{d}u=\mathrm{e}^{x(x^2+y^2+z^2)}[(3x^2+y^2+z^2)\mathrm{d}x+2xy\mathrm{d}y+2xz\mathrm{d}z]$;

(7) $\mathrm{d}u=x^{xy}[y(1+\ln x)\mathrm{d}x+x\ln x\mathrm{d}y]$;

(8) $\mathrm{d}u=\frac{3\mathrm{d}x-2\mathrm{d}y+\mathrm{d}z}{3x-2y+z}$;

(9) $\mathrm{d}u=\frac{2(x-y)(\mathrm{d}x-\mathrm{d}y)}{1+(x-y)^4}$.

10. (1) $\mathrm{d}z=-4(\mathrm{d}x+\mathrm{d}y)$; (2) $\mathrm{d}z=2\mathrm{d}x-\mathrm{d}y$.

11. $\mathrm{d}z=-0.2,\Delta z\approx-0.204\,04$.

12. (1) $\frac{\partial^2 z}{\partial x^2}=-a^2\sin(ax+by),\frac{\partial^2 z}{\partial x^2 y}=-ab\sin(ax+by)$, $\frac{\partial^2 z}{\partial y^2}=-b^2\sin(ax+by)$;

(2) $\frac{\partial^2 z}{\partial x^2}=\frac{xy^3}{\sqrt{(1-x^2y^2)^3}},\frac{\partial^2 z}{\partial x\partial y}=\frac{1}{\sqrt{(1-x^2y^2)^3}},\frac{\partial^2 z}{\partial y^2}=\frac{x^3y}{\sqrt{(1-x^2y^2)^3}}$;

(3) $\frac{\partial^2 x}{\partial x^2}=2y(2y-1)x^{2y-2},\frac{\partial^2 z}{\partial x\partial y}=2x^{(2y-1)}(1+2y\ln x),\frac{\partial^2 z}{\partial y^2}=4x^{2y}\ln^2 x$;

(4) $\frac{\partial^2 x}{\partial x^2}=\frac{\ln y(\ln y-1)}{x^2}y^{\ln x},\frac{\partial^2 z}{\partial x\partial y}=\frac{\ln x\ln y+1}{xy}y^{\ln x},\frac{\partial^2 z}{\partial y^2}=\frac{\ln x(\ln x-1)}{y^2}y^{\ln x}$;

(5) $\frac{\partial^2 z}{\partial x^2}=\frac{-2xy^3z}{(z^2-xy)^3},\frac{\partial^2 z}{\partial x\partial y}=\frac{z(z^4-2xyz^2-x^2y^2)}{(z^2-xy)^3},\frac{\partial^2 z}{\partial y^2}=\frac{-2x^3yz}{(z^2-xy)^3}$;

(6) $\frac{\partial^2 z}{\partial x^2}=\frac{\partial^2 z}{\partial x\partial y}=\frac{\partial^2 z}{\partial y^2}=0$.

13. 2,2,0.

习题 9.4

1. $\frac{\partial z}{\partial x}=3x^2\sin y\cos y(\cos y-\sin y)$，

$\frac{\partial z}{\partial y}=x^3(\sin^3 y+\cos^3 y)-2x^3\sin y\cos y(\sin y+\cos y)$.

2. $\frac{\partial z}{\partial x}=\frac{2x}{y^2}\ln(3x-2y)+\frac{3x^2}{(3x-2y)y^2}$，

$\frac{\partial z}{\partial y}=-\frac{2x^2}{y^3}\ln(3x-2y)-\frac{2x^2}{(2x-2y)y^2}$.

4. $\frac{\partial z}{\partial u}=\frac{2(u-2v)(u+3v)}{(u+2u)^2},\frac{\partial z}{\partial v}=\frac{(2v-u)(9u+2v)}{(v+2u)^2}$.

5. $\frac{\partial z}{\partial x}=2(2x+y)^{2x+y}[\ln(2x+y)+1]$，

$\frac{\partial z}{\partial y}=(2x+y)^{2x+y}[\ln(2x+)+1]$.

7. $\frac{\partial z}{\partial r}=\frac{\partial F}{\partial x}\cos\theta+\frac{\partial F}{\partial y}\sin\theta,\frac{\partial z}{\partial \theta}=\frac{\partial F}{\partial y}r\cos\theta-\frac{\partial F}{\partial x}r\sin\theta$.

8. $\frac{dz}{dt}=-e^t-e^{-t}$.

9. $\frac{dz}{dt}=e^{\sin t-2t^4}(\cos t-6t^2)$.

10. $\frac{dz}{dt}=\frac{3-12t^2}{\sqrt{1-(3t-4t^3)^2}}$.

11. $\frac{dz}{dt}=\frac{e^x(1+x)}{1+x^2e^{2x}}$.

12. $\frac{dz}{dt}=\left(3-\frac{4}{t^3}-\frac{1}{2\sqrt{t}}\right)\sec^2\left(3t+\frac{2}{t^2}-\sqrt{t}\right)$.

13. $\frac{du}{dx}=e^{ax}\sin x$.　　14. -1.　　15. 2.

16. $\frac{\partial z}{\partial x}=\frac{-y}{x^2+y^2},\frac{dz}{dx}=\frac{1}{1+x^2}$.

17. $\frac{\partial z}{\partial x}=yxy-1,\frac{dz}{dx}=x^y\left[\varphi'(x)\ln x+\frac{y}{x}\right]$.

习题 9.5

1. 极大值：$f(2,-1)=8$.　2. 极大值：a^2b^2.

3. 极小值：$f\left(\frac{1}{2},-1\right)=-\frac{e}{2}$.

4. (1)极大值：$z\left(\frac{1}{2},\frac{1}{2}\right)=\frac{1}{4}$；

(2)极小值：$z\left(\frac{ab^2}{a^2+b^2},\frac{a^2b}{a^2+b^2}\right)=\frac{a^2b^2}{a^2+b^2}$；

(3)极小值：$u(3,3,3)=9$.

5. 当两直角边都等于 $\frac{l}{\sqrt{2}}$ 时，三角形周长最大.

习题 9.6

1. $\frac{1}{e}$.　2. $\ln\frac{4}{3}$.　3. $(e, -1)^2$.　4. $-\frac{\pi}{16}$.

5. (1) $\int_0^1 dx\int_{x-1}^{1-x} f(x,y)dy = \int_{-1}^0 dy\int_0^{y+1} f(x,y)dx + \int_0^1 dy\int_0^{1-y} f(x,y)dx$；

(2) $\int_1^3 dx\int_x^{3x} f(x,y)dy = \int_1^3 dy\int_1^y f(x,y)dx + \int_3^9 dy\int_{y/3}^3 f(x,y)dx$；

(3) $\int_0^1 dx\int_{x/2}^{2x} f(x,y)dy + \int_1^2 dx\int_{x/2}^{2/x} f(x,y)dy = \int_0^1 dy\int_{y/2}^{2y} f(x,y)dx + \int_1^2 dy\int_{y/2}^{2/y} f(x,y)dx$；

(4) $\int_3^5 dx\int_{(3x+1)/2}^{(3x+4)/2} f(x,y)dy = \int_5^{13/2} dy\int_3^{(2y-1)/3} f(x,y)dx + \int_{13/2}^8 dy\int_{(2y-4)/3}^{(2y-1)/3} f(x,y)dx +$

$\int_8^{19/2} dy\int_{(2y-4)/3}^5 f(x,y)dx$；

(5) $\int_0^4 dx\int_{3-\sqrt{4-(x-2)^2}}^{3+\sqrt{4-(x-2)^2}} f(x,y)dy = \int_1^5 dy\int_{2-\sqrt{4-(y-3)^2}}^{2+\sqrt{4-(y-3)^2}} f(x,y)dx$.

6. (1) $\int_0^1 dx\int_{x^2}^x f(x,y)dy$；　(2) $\int_0^1 dy\int_{e^y}^e f(x,y)dx$；

(3) $\int_0^1 dy\int_{-\sqrt{1-y^2}}^{\sqrt{1-y^2}} f(x,y)dx$；　(4) $\int_0^1 dy\int_{\sqrt{y}}^{3-2y} f(x,y)dx$；

(5) $\int_{-1}^0 dy\int_{-\sqrt{1-y^2}}^{\sqrt{1-y^2}} f(x,y)dx + \int_0^1 dy\int_{-\sqrt{1-y}}^{\sqrt{1-y}} f(x,y)dx$；

(6) $\int_0^a dy\int_{y^2/2a}^{a-\sqrt{a^2-y^2}} f(x,y)dx + \int_0^a dy\int_{a+\sqrt{a^2-y^2}}^{2a} f(x,y)dx + \int_a^{2a} dy\int_{y^2/2a}^{2a} f(x,y)dx$.

7. (1) 76/3；　(2) 9；　(3) $\frac{27}{64}$；　(4) $14a^4$.

8. (1) $\int_0^{\pi/2} d\theta\int_0^{2R\sin\theta} f(r\cos\theta, r\sin\theta)rdr$；　(2) $\int_0^{\frac{\pi}{2}} d\theta\int_0^R f(r^2)rdr$；　(3) $\int_0^R rdr\int_0^{\arctan R} f(\tan\theta)d\theta$.

9. (1) $\frac{\pi}{4}(2\ln^2-1)$；　(2) $\frac{R^3}{3}\left(\frac{\pi}{2}-\frac{2}{3}\right)$；　(3) $\frac{3\pi^2}{64}$；　(4) $-6\pi^2$.

总习题 9

一、1. D；2. A；3. C；4. B；5. C；6. C；7. C；8. D；9. D；10. A；

11. C；12. D；13. B；14. B；15. C.

二、1. √；2. √；3. ×；4. √；5. √；6. ×；7. ×；8. √；9. × 10. √；11. √；

12. ×；13. ×；14. √；15. ×.

三、1. (2, −1, −1)；2. (1,0), (5,0).

四、1. $\{(x,y) \mid -1 \leqslant x \leqslant 1, -1 \leqslant y \leqslant 1, x$ 与 y 不同时为 $0\}$；

2. $\{(x,y) \mid x+y \geqslant 0, x+y \neq 1\}$；

3. $\{(x,y) \mid y \geqslant 0, x \geqslant 0, x^2 > y\}$；

4. $\{(x,y)\mid -1\leqslant y\leqslant 1, x>0\}$.

五、1. $\dfrac{\partial z}{\partial x}=2xy+\dfrac{1}{y}$，$\dfrac{\partial z}{\partial y}=x^2-\dfrac{x}{y^2}$；

2. $\dfrac{\partial z}{\partial x}=y\ln(x+y)+\dfrac{xy}{x+y}$，$\dfrac{\partial z}{\partial y}=x\ln(x+y)+\dfrac{xy}{x+y}$；

3. $\dfrac{\partial z}{\partial x}=-e^{-x}\sin y$，$\dfrac{\partial z}{\partial y}=e^{-x}\cos y$；

4. $\dfrac{\partial z}{\partial x}=ye^{\sin xy}\cos xy$，$\dfrac{\partial z}{\partial y}=xe^{\sin xy}\cos xy$；

5. $\dfrac{\partial z}{\partial x}=\dfrac{y}{\sqrt{1-x^2y^2}}$，$\dfrac{\partial z}{\partial y}=\dfrac{x}{\sqrt{1-x^2y^2}}$；

6. $\dfrac{\partial z}{\partial x}=\dfrac{1}{1+x^2}$，$\dfrac{\partial z}{\partial y}=\dfrac{1}{1+y^2}$.

六、1. $\dfrac{\partial^2 z}{\partial x^2}=12x^2-8y^2$，$\dfrac{\partial^2 z}{\partial y^2}=12y^2-8x^2$；

2. $\dfrac{\partial^2 z}{\partial x^2}=\dfrac{2}{x^2+y^2}-\dfrac{4x^2}{(x^2+y^2)^2}$，$\dfrac{\partial^2 z}{\partial y^2}=\dfrac{2}{x^2+y^2}-\dfrac{4y^2}{(x^2+y^2)^2}$；

3. $\dfrac{\partial^2 z}{\partial x^2}=\dfrac{-y}{4x(xy)^{1/2}}$，$\dfrac{\partial^2 z}{\partial y^2}=\dfrac{-x}{4y(xy)^{1/2}}$；

4. $\dfrac{\partial^2 z}{\partial x^2}=\dfrac{4y}{(x-y)^3}$，$\dfrac{\partial^2 z}{\partial y^2}=\dfrac{4x}{(x-y)^3}$.

七、1. $dz=\left(y-\dfrac{y}{x^2}\right)dx+\left(x+\dfrac{1}{x}\right)dy$

2. $dz=ye^{xy}dx+xe^{xy}dy$

3. $dz=\dfrac{y}{x^2+y^2}dx+\dfrac{x^2}{x^3+y^2}dy$

4. $dz=\cos(x-y)dx-\cos(x-y)dy$

八、1. 0. 05；2. 0. 2.

九、证明：

因为 $\dfrac{\partial z}{\partial x}=\dfrac{1}{2}\dfrac{1}{x+(xy)^{1/2}}$，$\dfrac{\partial z}{\partial y}=\dfrac{1}{2}\dfrac{1}{y+(xy)^{1/2}}$，所以 $x\dfrac{\partial z}{\partial x}+y\dfrac{\partial z}{\partial y}=\dfrac{1}{2}$.

十、1. $\dfrac{\partial z}{\partial x}=(x+2y)^x\left(\ln(x+2y)+\dfrac{x}{x+2y}\right)$，$\dfrac{\partial z}{\partial y}=\dfrac{2(x+2y)^x x}{x+2y}$

2. $\dfrac{dz}{dx}=\dfrac{e^x+xe^x}{1+x^2e^{x^2}}$；

3. $\dfrac{\partial z}{\partial x}=yf'_1+\dfrac{f'_2}{y}$；$\dfrac{\partial z}{\partial y}=xf'_1-\dfrac{xf'_2}{y^2}$；

4. $\dfrac{\partial z}{\partial x}=2xf'_1+ye^{xy}f'_2$；$\dfrac{\partial z}{\partial y}=-2yf'_1+xe^{xy}f'_2$.

十一、1. $\dfrac{\partial z}{\partial x}=\dfrac{2x+2}{2y+e^z}$，$\dfrac{\partial z}{\partial y}=\dfrac{2y-2z}{2y+e^z}$；

2. $\dfrac{\partial z}{\partial x}=\dfrac{yz}{z^2-xy}$，$\dfrac{\partial z}{\partial y}=\dfrac{xz}{z^2-xy}$；

3. $\dfrac{dy}{dx}=\dfrac{2x^3-xy^2}{x^2y-2y^3}$；

4. $\dfrac{\partial z}{\partial x}=\dfrac{1}{x+1}$，$\dfrac{\partial z}{\partial y}=\dfrac{1}{y(x+1)}$.

十二、1. 8；2. $-\dfrac{e}{2}$.

十三、$\dfrac{1}{4}$.

十四、$\dfrac{\pi}{6}(8\sqrt{2}-7)$.

十五、$36\pi\leqslant\iint\limits_D(x^2+4y^2+9)d\sigma\leqslant 100\pi$

十六、1. 9/4；2. $e-e^{-1}$；3. $\dfrac{3}{4}\ln 2$；4. $\dfrac{5}{6}+\dfrac{\pi}{4}$.

十七、1. $\int_0^1 dy\int_0^y f(x,y)dx+\int_1^2 dy\int_0^{\sqrt{2-y}} f(x,y)dx$；

2. $\int_0^1 dy\int_{\sqrt{y}}^{\sqrt[3]{y}} f(x,y)dx$；

3. $\int_1^2 dx\int_{\sqrt{x}}^{x} f(x,y)dy+\int_2^4 dx\int_{\sqrt{x}}^{2} f(x,y)dy$；

4. $\int_0^1 dy\int_{e^y}^{e} f(x,y)dx$.

十八、1. $\dfrac{1}{3}R^3\left(\pi-\dfrac{4}{3}\right)$；2. $\dfrac{\pi}{2}\ln 2$.

第8～9章　模拟试卷(一)答案

一、

1. $f(x)$；0；$f(x)$　2. $a=3$.　$f(b)-f(a)$. 3. 3，$\dfrac{1}{3}x^3+c_1x+c_2$.

4. $c_1e^{-x}+c_2e^{2x}$. 5. 0，3.

二、1. D.　2. C.　3. B.　4. A.

三、

1. 原式 $=\int_0^1\dfrac{2x}{1+x^2}dx+3\int_0^1\dfrac{1}{1+x^2}dx=\ln 2+\dfrac{3\pi}{4}$

2. $\int_1^b\ln x dx=(x\ln x-x)\big|_1^b=b\ln b-b+1,\ln b=1,b=e$

3. $y'=x(y+1)+(y+1)=(x+1)(y+1)$，分离变量得

$$\frac{dy}{y+1}=(x+1)dx,$$

两边积分得 $\ln(y+1)=\dfrac{1}{2}(x+1)^2+\ln c,y+1=ce^{\frac{1}{2}(x+1)^2}$，所以 $y=ce^{\frac{1}{2}(x+1)^2}-1$.

4. 方程整理为 $y'-\dfrac{2}{x}y=-x$，由公式，$y=e^{\int\frac{2}{x}dx}\left(c+\int -xe^{-\int\frac{2}{x}dx}dx\right)=x^2(c-\ln x)$.

5. $\lim\limits_{n\to\infty}\dfrac{|u_{n+1}|}{|u_n|}=\lim\limits_{n\to\infty}\dfrac{(n+1)\left(\dfrac{1}{3}\right)^{n+1}}{n\left(\dfrac{1}{3}\right)^{n}}=\dfrac{1}{3}<1$，所以级数收敛.

四、

1. 图略.

由 $\begin{cases}y=x^2-1\\y=x+1\end{cases}$，求出交点为$(-1,0)$，$(2,3)$，

面积 $S=\int_{-1}^{2}[(x+1)-(x^2-1)]\mathrm{d}x=\dfrac{9}{2}$（平方单位）

2. 所给方程为 $\dfrac{\mathrm{d}x}{\mathrm{d}y}=\dfrac{y}{y-x}$，即 $\dfrac{\mathrm{d}y}{\mathrm{d}x}=\dfrac{y-x}{y}$，整理为 $\dfrac{\mathrm{d}y}{\mathrm{d}x}+\dfrac{x}{y}=1$，此处 $P(y)=1/y$，$Q(y)=1$，由公式，有

$$x=\mathrm{e}^{-\int\frac{1}{y}\mathrm{d}y}\left(c+\int\mathrm{e}^{\int\frac{1}{y}\mathrm{d}y}dy\right)=\frac{1}{y}\left(c+\frac{1}{2}y^2\right).$$

第8～9章　模拟试卷(二)答案

一、

1. 1/2.　2. $-2\,\mathrm{e}^{-\frac{1}{2}x}+C$.　3. $y=\dfrac{1}{x}(c+3x)$.　4. 1.　5. $p>2$.　6. 6.　7. $1+\mathrm{e}^2$.

二、1. A.　2. B.　3. C.　4. D.　5. A.　6. B.

三、

1. 整理为 $y'-\dfrac{1}{x}y=x\mathrm{e}^x$，由公式

$$y=\mathrm{e}^{\int\frac{1}{x}\mathrm{d}x}\left(c+\int x\mathrm{e}^x\mathrm{e}-\int\frac{1}{x}\,\mathrm{d}x\right)=\mathrm{e}^{\ln x}\left(c+\int x\mathrm{e}^x\mathrm{e}^{-\ln x}\mathrm{d}x\right)=x\left(c+\int\mathrm{e}^x\,\mathrm{d}x\right)=x(c+\mathrm{e}^x)$$

由 $y|_{x=1}=1$，得 $c=1-\mathrm{e}$，故所求特解为 $y=x(\mathrm{e}^x+1-\mathrm{e})$

2. 其特征方程为 $r^2+1=0$，特征方程为 $r_1=i$，$r_2=-i$，其通解为 $x=c_1\cos t+c_2\sin t$，代入 $x|_{t=0}=1$，$x'|_{t=0}=1$，

又 $\begin{cases}c_1\cos0+c_2\sin0=1\\-c_1\sin0+c_2\cos0=1\end{cases}$，解得 $c_1=c_2=1$，故所求特解为 $x=\cos t+\sin t$.

3. 用达朗贝尔判别法，$\lim\limits_{n\to\infty}\left|\dfrac{(\ln x)^{n+1}}{(\ln x)^n}\right|=|\ln x|$，知当 $|\ln x|<1$ 即 $\dfrac{1}{\mathrm{e}}<x<\mathrm{e}$ 时，级数收敛，在 $x=\mathrm{e}$ 时，级数变为 $\sum\limits_{n=1}^{\infty}1^n$.

因 $\lim\limits_{n\to\infty}1^n\neq1\neq0$，知在 $x=\mathrm{e}$ 处发散.

在 $x=\dfrac{1}{\mathrm{e}}$ 处，级数变为 $\sum\limits_{n=1}^{\infty}(-1)^n$，因 $\lim\limits_{n\to\infty}(-1)^n\neq0$，知在 $x=\dfrac{1}{\mathrm{e}}$ 处发散.

综上，收敛域为$\left(\dfrac{1}{\mathrm{e}},\mathrm{e}\right)$.

4. $f(x)=\dfrac{1}{3-x}=\dfrac{1}{2-(x-1)}=\dfrac{1}{2}\cdot\dfrac{1}{1-\dfrac{x-1}{2}}=\dfrac{1}{2}\cdot\sum\limits_{n=0}^{\infty}\dfrac{1}{2^{n+1}}(x-1)^n$，

因 $\lim\limits_{n\to\infty}\dfrac{1}{2^{n+1}}\Big/\dfrac{1}{2^n}=\dfrac{1}{2}$，知其收敛半径 $R=2$，

在 $x=-1$ 处，级数变为 $\sum\limits_{n=0}^{\infty}\dfrac{1}{2^{n+1}}(-2)^n=\dfrac{1}{2}\sum\limits_{n=0}^{\infty}(-1)^n$，

因 $\lim\limits_{n\to\infty}(-1)^n\neq 0$，知在 $x=-1$ 处发散.

在 $x=3$ 处，级数变为 $\dfrac{1}{2}\sum\limits_{n=0}^{\infty}1^n$，因 $\lim\limits_{n\to\infty}1^n\neq 0$，知在 $x=3$ 处发散.

从而收敛区间为 $(-2,2)$，即 $-1<x<3$.

故展开式在 $(-1,3)$ 成立，即 $f(x)=\dfrac{1}{3-x}=\sum\limits_{n=0}^{\infty}\dfrac{1}{2^{n+1}}(x-1)^n$，$x\in(-1,3)$.

5. $\dfrac{1}{(e-e^{-t})^2}(2e^{1-2t}-3e^t)$.

四、

1. 将方程整理为 $\dfrac{dx}{dy}-\dfrac{3}{y}x=-\dfrac{y}{2}$，$P(y)=-\dfrac{3}{y}$，$Q(y)=-\dfrac{y}{2}$，

由公式，有 $x=e^{\int\frac{3}{y}dy}\left(c+\int-\dfrac{y}{2}e^{-\int\frac{3}{y}dy}dy\right)=y^3\left(c+\dfrac{1}{2y}\right)$.

2. 该级数缺偶次项，用达朗贝尔判别法，

$$\lim_{n\to\infty}\frac{2(n+1)}{2n}=1,$$

收敛半径 $R=\dfrac{1}{1}=1$，

在 $x=-1$ 处，级数变为 $\sum\limits_{n=1}^{\infty}2n(-1)^{2n-1}$，因 $\lim\limits_{n\to\infty}(-1)^{2n-1}2n=-\lim\limits_{n\to\infty}2n\neq 0$，所以级数发散；

在 $x=1$ 处，级数变为 $\sum\limits_{n=1}^{\infty}2n$，因 $\lim\limits_{n\to\infty}2n\neq 0$，所以级数发散.

其收敛区间为 $(-1,1)$.

故其收敛域为 $(-1,1)$.

设 $S(x)=\sum\limits_{n=1}^{\infty}2nx^{2n-1}$，$x\in(-1,1)$，则

$$\int_0^x S(x)dx=\sum_{n=1}^{\infty}\int_0^x 2nx^{2n-1}dx=\frac{x^2}{1-x^2},$$

故

$$S(x)=\frac{2x}{(1-x^2)^2}.$$

第 8～9 章　模拟试卷(三)答案

一、单选题(每题 3 分,共 24 分)

1. C　2. C　3. C　4. C　5. D　6. D　7. D　8. A

二、填空题(每题 4 分,共 28 分)

1. $2e^x$　2. $y = C_1 e^{2x} + C_2 e^{-2x}$　3. $\alpha \leqslant 0$　4. 1　5. R=3　6. $(-2,2)$

7. $e^{x^2}, x \in (-\infty, +\infty)$

三、解答题(每题 6 分,共 48 分)

1. $\frac{11}{4}$.　2. 利用极限判别法,收敛.

3. 利用比值判别法,收敛.

4. 有一个发散则级数和肯定发散.

5. $\frac{1}{2}y^2 = \ln \frac{1}{2}(1 + e^x)$.

6. $y = C_1 e^{11x} + C_2 e^{-x}$.

7. $f(x) = e^{x+1} = e\sum_{n=0}^{\infty} \frac{x^n}{n!}, x \in (-\infty, +\infty)$.

8. $x = y^2(c - \ln y)$.

第二篇

线 性 代 数

第 1 章　n 阶行列式

1.1　典型例题

【例 1-1】　判定排列 7341256 是奇排列还是偶排列.

解　将自然排列 1234567 与排列 7341256 分别排成平行的两行，连接上下两行相同的元素(注意不要三线共点)，得到排列交叉图，图中交点的个数就是逆序数，

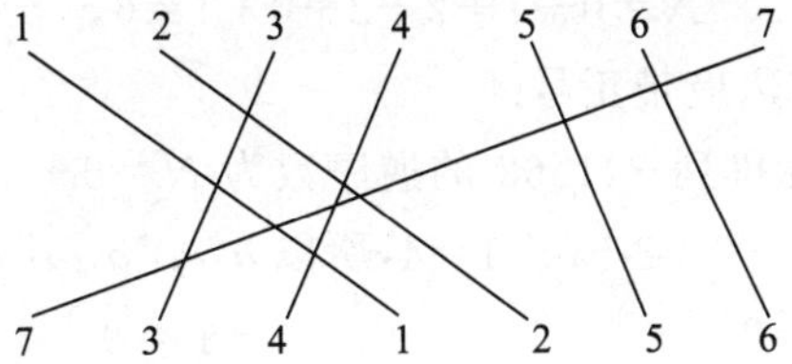

则有　$N(7341256)=10$.

【例 1-2】　计算排列 32514 的逆序数.

解　在排列 32514 中，3 排在首位，故其逆序数为 0；2 的前面比 2 大的数只有 1 个 3，故其逆序数为 1；5 的前面没有比 5 大的数，故其逆序数为 0；1 的前面比 1 大的数有 3 个，故其逆序数为 3；4 的前面比 4 大的数有 1 个，故其逆序数为 1.

即　排列　3　2　5　1　4

　　　　　↓　↓　↓　↓　↓

　　逆序　0　1　0　3　1

于是排列 32514 的逆序数为 $N=0+1+0+3+1=5$.

【例 1-3】　计算排列 217986354 的逆序数，并讨论其奇偶性.

解　排列　2　1　7　9　8　6　3　5　4

　　　　　↓　↓　↓　↓　↓　↓　↓　↓　↓

　　逆序 0　1　0　0　1　3　4　4　5

于是题设排列的逆序数为

$$N=5+4+4+3+1+0+0+1+0=18.$$

该排列是偶排列.

【例 1-4】　求排列 $n(n-1)(n-1)\cdots 321$ 的逆序数，并讨论其奇偶性.

解　排列　n　$n-1$　$n-2$　$\cdots$　3　2　1

　　　　　↓　↓　↓　↓　↓　↓　↓

　　逆序 0　1　2　$\cdots$　$n-3$　$n-2$　$n-1$

于是题设排列的逆序数为

$$N=(n-1)+(n-2)+(n-3)+\cdots+2+1+0=\frac{n(n-1)}{2}.$$

易见当 $n=4k,4k+1$ 时,题设排列是偶排列;当 $n=4k+2,4k+3$ 时,题设排列是奇排列.

【例 1-5】 试判断 $a_{14}a_{23}a_{31}a_{42}a_{56}a_{65}$ 和 $-a_{32}a_{43}a_{14}a_{51}a_{25}a_{66}$ 是否都是六阶行列式中的项.

解 $a_{14}a_{23}a_{31}a_{42}a_{56}a_{65}$ 下标的逆序数为 $N(431265)=0+1+2+2+0+1=6$.

所以 $a_{14}a_{23}a_{31}a_{42}a_{56}a_{65}$ 是六阶行列式中的项.而 $a_{32}a_{43}a_{14}a_{51}a_{25}a_{66}$ 下标的逆序数和为

$$N(341526)+N(234156)=5+3=8,$$

所以 $-a_{32}a_{43}a_{14}a_{51}a_{25}a_{66}$ 不是六阶行列式中的项.

【例 1-6】 在六阶行列式中,下列两项各应带什么符号?

(1) $a_{23}a_{31}a_{42}a_{56}a_{14}a_{65}$;

(2) $a_{32}a_{43}a_{14}a_{51}a_{66}a_{25}$.

解 (1) $a_{23}a_{31}a_{42}a_{56}a_{14}a_{65}=a_{14}a_{23}a_{31}a_{42}a_{56}a_{65}$,431265 的逆序数为

$$N=0+1+2+2+0+1=6,$$

所以 $a_{23}a_{31}a_{42}a_{56}a_{14}a_{65}$ 前边应带正号.

(2) $a_{32}a_{43}a_{14}a_{51}a_{66}a_{25}$ 行标排列 341562 的逆序数为 $N=0+0+2+0+0+4=6$,列标排列 234165 的逆序数为 $N=0+0+0+3+0+1=4$,所以 $a_{32}a_{43}a_{14}a_{51}a_{66}a_{25}$ 前边应带正号.

【例 1-7】 若 $D=\begin{vmatrix}1&2&3\\-1&0&1\\0&1&\sqrt{2}\end{vmatrix}$,则 $D^{\mathrm{T}}=\begin{vmatrix}1&-1&0\\2&0&1\\3&1&\sqrt{2}\end{vmatrix}=D$.

【例 1-8】 (1) $\begin{vmatrix}1&2&1\\0&1&-1\\2&-1&0\end{vmatrix}=-\begin{vmatrix}0&1&-1\\1&2&1\\2&-1&0\end{vmatrix}$(第 1、2 行互换).

(2) $\begin{vmatrix}1&2&1\\0&1&-1\\2&-1&0\end{vmatrix}=-\begin{vmatrix}1&1&2\\0&-1&1\\2&0&-1\end{vmatrix}$(第 2、3 列互换).

(3) $\begin{vmatrix}1&1&0\\1&1&0\\5&\sqrt{2}&7\end{vmatrix}=0$,(第 1、2 两行相等).

(4) $\begin{vmatrix}-2&1&1\\4&2&2\\7&-3&-3\end{vmatrix}=0$,(第 2、3 列相等).

【例 1-9】 (1) $\begin{vmatrix}1&-1&2\\0&1&5\\\sqrt{2}&-\sqrt{2}&2\sqrt{2}\end{vmatrix}=0$,因为第 3 行是第 1 行的 $\sqrt{2}$ 倍.

(2) $\begin{vmatrix}1&4&1&0\\2&8&3&5\\0&0&1&4\\-1&-4&-5&7\end{vmatrix}=0$,因为第 1 列与第 2 列成比例,即第 2 列是第 1 列的 4 倍.

【例 1-10】 若 $D=\begin{vmatrix}1&0&2\\3&-1&0\\1&2&-1\end{vmatrix}$，则(1) $\begin{vmatrix}-2&0&-4\\3&-1&0\\1&2&-1\end{vmatrix}=(-2)\begin{vmatrix}1&0&2\\3&-1&0\\1&2&-1\end{vmatrix}=-2D$，

(2) $\begin{vmatrix}4&0&2\\12&-1&0\\4&2&-1\end{vmatrix}=4\begin{vmatrix}1&0&2\\3&-1&0\\1&2&-1\end{vmatrix}=4D$.

【例 1-11】 设 $\begin{vmatrix}a_{11}&a_{12}&a_{13}\\a_{21}&a_{22}&a_{23}\\a_{31}&a_{32}&a_{33}\end{vmatrix}=1$，求 $\begin{vmatrix}6a_{11}&-2a_{12}&-10a_{13}\\-3a_{21}&a_{22}&5a_{23}\\-3a_{31}&a_{32}&5a_{33}\end{vmatrix}$.

解 利用行列式性质，有

$$\begin{vmatrix}6a_{11}&-2a_{12}&-10a_{13}\\-3a_{21}&a_{22}&5a_{23}\\-3a_{31}&a_{32}&5a_{33}\end{vmatrix}=-2\begin{vmatrix}-3a_{11}&a_{12}&5a_{13}\\-3a_{21}&a_{22}&5a_{23}\\-3a_{31}&a_{32}&5a_{33}\end{vmatrix}=-2\cdot(-3)\cdot5\begin{vmatrix}a_{11}&a_{12}&a_{13}\\a_{21}&a_{22}&a_{23}\\a_{31}&a_{32}&a_{33}\end{vmatrix}$$

$$=-2\cdot(-3)\cdot5\cdot1=30.$$

【例 1-12】 证明奇数阶反对称行列式的值为零.

证 设反对称行列式

$$D=\begin{vmatrix}0&a_{12}&a_{13}&\cdots&a_{1n}\\-a_{12}&0&a_{23}&\cdots&a_{2n}\\-a_{13}&-a_{23}&0&\cdots&a_{3n}\\\vdots&\vdots&\vdots&&\vdots\\-a_{1n}&-a_{2n}&-a_{3n}&\cdots&0\end{vmatrix}$$

其中，$a_{ij}=-a_{ji}(i\neq j$ 时)，$a_{ij}=0(i=j$ 时).

利用行列式性质 1 及性质 3 的推论 1，有

$$D=D^{\mathrm{T}}=(-1)^n\begin{vmatrix}0&a_{12}&a_{13}&\cdots&a_{1n}\\-a_{12}&0&a_{23}&\cdots&a_{2n}\\-a_{13}&-a_{23}&0&\cdots&a_{3n}\\\vdots&\vdots&\vdots&&\vdots\\-a_{1n}&-a_{2n}&-a_{3n}&\cdots&0\end{vmatrix}=(-1)^nD,$$

当 n 为奇数时有 $D=-D$，即 $D=0$.

【例 1-13】 (1) $\begin{vmatrix}2&3\\1&1\end{vmatrix}=\begin{vmatrix}1+1&3+0\\1&1\end{vmatrix}=\begin{vmatrix}1&3\\1&1\end{vmatrix}+\begin{vmatrix}1&0\\1&1\end{vmatrix}$.

(2) $\begin{vmatrix}1&1+\sqrt{2}&5\\0&3-2&7\\2&-1-\sqrt{2}&-1\end{vmatrix}=\begin{vmatrix}1&1+(\sqrt{2})&5\\0&3+[-2]&7\\2&-1+(-\sqrt{2})&-1\end{vmatrix}=$

$\begin{vmatrix}1&1&5\\0&3&7\\2&-1&-1\end{vmatrix}+\begin{vmatrix}1&\sqrt{2}&5\\0&-2&7\\2&-\sqrt{2}&-1\end{vmatrix}$.

【例 1-14】 因为 $\begin{vmatrix}3+1&2-2\\-1+2&3+0\end{vmatrix}=\begin{vmatrix}4&0\\1&3\end{vmatrix}=12$，而 $\begin{vmatrix}3&2\\-1&3\end{vmatrix}+\begin{vmatrix}1&-2\\2&0\end{vmatrix}=(9+2)+(0+$

4)=15.

因此 $\begin{vmatrix} 3+1 & 2-2 \\ -1+2 & 3+0 \end{vmatrix} \neq \begin{vmatrix} 3 & 2 \\ -1 & 3 \end{vmatrix} + \begin{vmatrix} 1 & -2 \\ 2 & 0 \end{vmatrix}$.

注：一般来说下式是不成立的.

$$\begin{vmatrix} a_{11}+b_{11} & a_{12}+b_{12} \\ a_{21}+b_{21} & a_{22}+b_{22} \end{vmatrix} \neq \begin{vmatrix} a_{11} & a_{12} \\ a_{21} & a_{22} \end{vmatrix} + \begin{vmatrix} b_{11} & b_{12} \\ b_{21} & b_{22} \end{vmatrix}.$$

【例 1-15】 (1) $\begin{vmatrix} 1 & 3 & -1 \\ 1 & 4 & -1 \\ 2 & 3 & 1 \end{vmatrix} \xlongequal{r_2-r_1} \begin{vmatrix} 1 & 3 & -1 \\ 0 & 1 & 0 \\ 2 & 3 & 1 \end{vmatrix}$，上式表示第 1 行乘以 −1 后加到第 2 行，其值不变.

(2) $\begin{vmatrix} 1 & 3 & -1 \\ 1 & 4 & -1 \\ 2 & 3 & 1 \end{vmatrix} \xlongequal{c_3+c_1} \begin{vmatrix} 1 & 3 & 0 \\ 1 & 4 & 0 \\ 2 & 3 & 3 \end{vmatrix}$，上式表示第 1 列乘以 1 后加到第 3 列，其值不变.

【例 1-16】 计算行列式 $D=\begin{vmatrix} 3 & 6 & 12 \\ 2 & -3 & 0 \\ 5 & 1 & 2 \end{vmatrix}$.

解 先将第一行的公因子 3 提出来，即

$$\begin{vmatrix} 3 & 6 & 12 \\ 2 & -3 & 0 \\ 5 & 1 & 2 \end{vmatrix} = 3\begin{vmatrix} 1 & 2 & 4 \\ 2 & -3 & 0 \\ 5 & 1 & 2 \end{vmatrix}.$$

再计算

$$D=3\begin{vmatrix} 1 & 2 & 4 \\ 2 & -3 & 0 \\ 5 & 1 & 2 \end{vmatrix} \xlongequal[r_3-5r_1]{r_2-2r_1} 3\begin{vmatrix} 1 & 2 & 4 \\ 0 & -7 & -8 \\ 0 & -9 & -18 \end{vmatrix} = 27\begin{vmatrix} 1 & 2 & 4 \\ 0 & 7 & 8 \\ 0 & 1 & 2 \end{vmatrix} = 54\begin{vmatrix} 1 & 2 & 2 \\ 0 & 7 & 4 \\ 0 & 1 & 1 \end{vmatrix} \xlongequal{c_2-c_3}$$

$$54\begin{vmatrix} 1 & 0 & 2 \\ 0 & 3 & 4 \\ 0 & 0 & 1 \end{vmatrix} = 54\times 3 = 162.$$

【例 1-17】 计算 $D=\begin{vmatrix} 3 & 1 & -1 & 2 \\ -5 & 1 & 3 & -4 \\ 2 & 0 & 1 & -1 \\ 1 & -5 & 3 & -3 \end{vmatrix}$.

解

$$D \xlongequal{c_1\leftrightarrow c_2} \begin{vmatrix} 1 & 3 & -1 & 2 \\ 1 & -5 & 3 & -4 \\ 0 & 2 & 1 & -1 \\ -5 & 1 & 3 & -3 \end{vmatrix} \xlongequal[r_4+5r_1]{r_2-r_1} \begin{vmatrix} 1 & 3 & -1 & 2 \\ 0 & -8 & 4 & -6 \\ 0 & 2 & 1 & -1 \\ 0 & 16 & -2 & 7 \end{vmatrix}$$

$$\xlongequal{r_2\leftrightarrow r_3} \begin{vmatrix} 1 & 3 & -1 & 2 \\ 0 & 2 & 1 & -1 \\ 0 & -8 & 4 & -6 \\ 0 & 16 & -2 & 7 \end{vmatrix} \xlongequal[r_4-8r_2]{r_3+4r_2} \begin{vmatrix} 1 & 3 & -1 & 2 \\ 0 & 2 & 1 & -1 \\ 0 & 0 & 8 & -10 \\ 0 & 0 & -10 & 15 \end{vmatrix}$$

$$\xlongequal{r_4+\frac{5}{4}r_3}\begin{vmatrix}1&3&-1&2\\0&2&1&-1\\0&0&8&-10\\0&0&0&5/2\end{vmatrix}=40.$$

【例 1-18】 计算 $D=\begin{vmatrix}3&1&1&1\\1&3&1&1\\1&1&3&1\\1&1&1&3\end{vmatrix}$.

解 注意到行列式的各列 4 个数之和都是 6.故把第 2,3,4 行同时加到第 1 行,可提出公因子 6,再由各行减去第一行化为上三角形行列式.

$$D\xlongequal{r_1+r_2+r_3+r_4}\begin{vmatrix}6&6&6&6\\1&3&1&1\\1&1&3&1\\1&1&1&3\end{vmatrix}=6\begin{vmatrix}1&1&1&1\\1&3&1&1\\1&1&3&1\\1&1&1&3\end{vmatrix}\xlongequal[\substack{r_3-r_1\\r_4-r_1}]{r_2-r_1}6\begin{vmatrix}1&1&1&1\\0&2&0&0\\0&0&2&0\\0&0&0&2\end{vmatrix}=48.$$

注:仿照上述方法可得到更一般的结果:

$$\begin{vmatrix}a&b&b&\cdots&b\\b&a&b&\cdots&b\\\vdots&\vdots&\vdots&&\vdots\\b&b&b&\cdots&a\end{vmatrix}=[a+(n-1)b](a-b)^{n-1}.$$

【例 1-19】 计算 $\begin{vmatrix}a_1&-a_1&0&0\\0&a_2&-a_2&0\\0&0&a_3&-a_3\\1&1&1&1\end{vmatrix}$.

解 根据行列式的特点,可将第 1 列加至第 2 列,然后将第 2 列加至第 3 列,再将第 3 列加至第 4 列,目的是使 D_4 中的零元素增多.

$$D_4\xlongequal{c_2+c_1}\begin{vmatrix}a_1&0&0&0\\0&a_2&-a_2&0\\0&0&a_3&-a_3\\1&2&1&1\end{vmatrix}\xlongequal{c_3+c_2}\begin{vmatrix}a_1&0&0&0\\0&a_2&0&0\\0&0&a_3&-a_3\\1&2&3&1\end{vmatrix}$$

$$\xlongequal{c_4+c_3}\begin{vmatrix}a_1&0&0&0\\0&a_2&0&0\\0&0&a_3&0\\1&2&3&4\end{vmatrix}=4a_1a_2a_3.$$

【例 1-20】 计算 $D=\begin{vmatrix}a&b&c&d\\a&a+b&a+b+c&a+b+c+d\\a&2a+b&3a+2b+c&4a+3b+2c+d\\a&3a+b&6a+3b+c&10a+6b+3c+d\end{vmatrix}$.

解 从第 4 行开始,后一行减前一行:

$$D\xlongequal[r_2-r_1]{\substack{r_4-r_3\\r_3-r_2}}\begin{vmatrix}a&b&c&d\\0&a&a+b&a+b+c\\0&a&2a+b&3a+2b+c\\0&a&3a+b&6a+3b+c\end{vmatrix}\xlongequal[r_3-r_2]{r_4-r_3}\begin{vmatrix}a&b&c&d\\0&a&a+b&a+b+c\\0&0&a&2a+b\\0&0&a&3a+b\end{vmatrix}.$$

$$\xlongequal{r_4-r_3}\begin{vmatrix}a&b&c&d\\0&a&a+b&a+b+c\\0&0&a&2a+b\\0&0&0&a\end{vmatrix}=a^4.$$

【例 1-21】 设 $D=\begin{vmatrix}a_{11}&\cdots&a_{1k}&0&\cdots&0\\\vdots&&\vdots&\vdots&&\vdots\\a_{k1}&\cdots&a_{kk}&0&\cdots&0\\c_{11}&\cdots&c_{1k}&b_{11}&\cdots&b_{1n}\\\vdots&&\vdots&\vdots&&\vdots\\c_{n1}&\cdots&c_{nk}&b_{n1}&\cdots&b_{nn}\end{vmatrix}$，$D_1=\det(a_{ij})=\begin{vmatrix}a_{11}&\cdots&a_{1k}\\\vdots&&\vdots\\a_{k1}&\cdots&a_{kk}\end{vmatrix}$，

$D_2=\det(b_{ij})=\begin{vmatrix}b_{11}&\cdots&b_{1n}\\\vdots&&\vdots\\b_{n1}&\cdots&b_{nn}\end{vmatrix}$，

证明：$D=D_1D_2$.

证 对 D_1 作运算 r_i+kr_j，对 D_2 作运算 c_i+kc_j，可分别把 D_1 和 D_2 化为下三角形行列式.

$$D_1=\begin{vmatrix}p_{11}&&0\\\vdots&\ddots&\\p_{k1}&\cdots&p_{kk}\end{vmatrix}=p_{11}\cdots p_{kk};D_2=\begin{vmatrix}q_{11}&&0\\\vdots&\ddots&\\q_{n1}&\cdots&q_{nn}\end{vmatrix}=q_{11}\cdots q_{nn}.$$

对 D 的前 k 行作与对 D_1 相同的运算 r_i+kr_j，再对后 n 列作与对 D_2 相同的运算 c_i+kc_j，即把 D 化为下三角形行列式，且 $D=p_{11}\cdots p_{kk}\cdot q_{11}\cdots q_{nn}=D_1D_2$.

【例 1-22】 解方程 $\begin{vmatrix}a_1&a_2&a_3&\cdots&a_{n-1}&a_n\\a_1&a_1+a_2-x&a_3&\cdots&a_{n-1}&a_n\\a_1&a_2&a_2+a_3-x&\cdots&a_{n-1}&a_n\\\vdots&\vdots&\vdots&\vdots&\vdots&\vdots\\a_1&a_2&a_3&\cdots&a_{n-2}+a_{n-1}-x&a_n\\a_1&a_2&a_3&\cdots&a_{n-1}&a_{n-1}+a_n-x\end{vmatrix}=0.$

解 从第 2 行开始每一行都减去第 1 行得

$$\begin{vmatrix}a_1&a_2&a_3&\cdots&a_{n-1}&a_n\\0&a_1-x&0&\cdots&0&0\\0&0&a_2-x&\cdots&0&0\\\vdots&\vdots&\vdots&\vdots&\vdots&\vdots\\0&0&0&\cdots&a_{n-2}-x&0\\0&0&0&\cdots&0&a_{n-1}-x\end{vmatrix}=a_1(a_1-x)(a_2-x)\cdots(a_{n-2}-x)(a_{n-1}-x),$$

由 $a_1(a_1-x)(a_2-x)\cdots(a_{n-2}-x)(a_{n-1}-x)=0$，解得方程的 $n-1$ 个根：

$x_1=a_1, x_2=a_2, \cdots, x_{n-2}=a_{n-2}, x_{n-1}=a_{n-1}$.

【例 1-23】 计算三阶行列式 $\begin{vmatrix} 1 & 2 & 3 \\ 4 & 0 & 5 \\ -1 & 0 & 6 \end{vmatrix}$.

解 $\begin{vmatrix} 1 & 2 & 3 \\ 4 & 0 & 5 \\ -1 & 0 & 6 \end{vmatrix}=1\times0\times6+2\times5(-1)+3\times4\times0-3\times0\times(-1)-1\times5\times0-4\times2\times6$

$=-10-48=-58$.

【例 1-24】 求解方程 $D=\begin{vmatrix} 1 & 1 & 1 \\ 2 & 3 & x \\ 4 & 9 & x^2 \end{vmatrix}=0$.

解 方程左端 $D=3x^2+4x+18-12-9x-2x^2=x^2-5x+6$,
由 $x^2-5x+6=0$ 解得 $x=2$ 或 $x=3$.

【例 1-25】 解三元线性方程组 $\begin{cases} x_1-2x_2+x_3=-2 \\ 2x_1+x_2-3x_3=1 \\ -x_1+x_2-x_3=0 \end{cases}$.

解 由于方程组的系数行列式

$$D=\begin{vmatrix} 1 & -2 & 1 \\ 2 & 1 & -3 \\ -1 & 1 & -1 \end{vmatrix}$$

$=1\times1\times(-1)+(-2)\times(-3)\times(-1)+1\times2\times1-(-1)\times1\times1-1\times(-3)\times1-(-2)\times2\times(-1)$
$=-5\neq0$,

$D_1=\begin{vmatrix} -2 & -2 & 1 \\ 1 & 1 & -3 \\ 0 & 1 & -1 \end{vmatrix}=-5, D_2=\begin{vmatrix} 1 & -2 & 1 \\ 2 & 1 & -3 \\ -1 & 0 & -1 \end{vmatrix}=-10, D_3=\begin{vmatrix} 1 & -2 & -2 \\ 2 & 1 & 1 \\ -1 & 1 & 0 \end{vmatrix}=-5$,

故所求方程组的解为

$$x_1=\frac{D_1}{D}=1, \quad x_2=\frac{D_2}{D}=2, \quad x_3=\frac{D_3}{D}=1.$$

【例 1-26】 计算行列式 $D=\begin{vmatrix} 0 & 0 & 0 & 1 \\ 0 & 0 & 2 & 0 \\ 0 & 3 & 0 & 0 \\ 4 & 0 & 0 & 0 \end{vmatrix}$.

解 四阶行列式 D 的一般项为 $(-1)^{N(j_1j_2j_3j_4)}a_{1j_1}a_{2j2}a_{3j_3}a_{4j_4}$，$D$ 中第 1 行的非零元素只有 a_{14}，因而 j_1 只能取 4，同理由 D 中第 2，3，4 行知，$j_2=3, j_3=2, j_4=1$，即行列式 D 中的非零项只有一项，即

$$D=(-1)^{N(4321)}a_{14}a_{23}a_{32}a_{41}=(-1)^{N(4321)}1\cdot2\cdot3\cdot4=24.$$

【例 1-27】 计算上三角形行列式 $\begin{vmatrix} a_{11} & a_{12} & \cdots & a_{1n} \\ 0 & a_{22} & \cdots & a_{2n} \\ \vdots & \vdots & & \vdots \\ 0 & 0 & \cdots & a_{nn} \end{vmatrix}$ $(a_{11}a_{22}\cdots a_{nn}\neq0)$.

解 行列式的一般项为

$$(-1)^{N(j_1j_2\cdots j_n)}a_{1j_1}a_{2j_2}\cdots a_{nj_n},$$

不为零的项只有 $a_{11}a_{12}\cdots a_{nn}$，故

$$\begin{vmatrix} a_{11} & a_{12} & \cdots & a_{1n} \\ 0 & a_{22} & \cdots & a_{2n} \\ \vdots & \vdots & & \vdots \\ 0 & 0 & \cdots & a_{nn} \end{vmatrix}=(-1)^{N(12\cdots n)}a_{11}a_{12}\cdots a_{nn}.$$

同理，下三角形行列式

$$\begin{vmatrix} a_{11} & 0 & \cdots & 0 \\ a_{21} & a_{22} & \cdots & 0 \\ \vdots & \vdots & & \vdots \\ a_{n1} & a_{n2} & \cdots & a_{nn} \end{vmatrix}=a_{11}a_{22}\cdots a_{nn}.$$

行列式中从左上角到右下角的对角线称为主对角线.

【例 1-28】 设 $D_1=\begin{vmatrix} a_{11} & a_{12} & \cdots & a_{1n} \\ a_{21} & a_{22} & \cdots & a_{2n} \\ \cdots & \cdots & \cdots & \cdots \\ a_{n1} & a_{n2} & \cdots & a_{nn} \end{vmatrix}$，$D_2=\begin{vmatrix} a_{11} & a_{12}b^{-1} & \cdots & a_{1n}b^{1-n} \\ a_{21}b & a_{22} & \cdots & a_{2n}b^{2-n} \\ \vdots & \vdots & & \vdots \\ a_{n1}b^{n-1} & a_{n2}b^{n-2} & \cdots & a_{nn} \end{vmatrix}$，证明：$D_1=D_2$.

证 由定义知，$D_1=\sum\limits_{j_1j_2\cdots j_n}(-1)^{N(j_1j_2\cdots j_n)}a_{1j_1}a_{2j_2}\cdots a_{nj_n}$，再注意到 D_2 中第 i 行第 j 列的元素可表为 $a_{ij}b^{i-j}$，故 $D_2=\sum\limits_{j_1j_2\cdots j_n}(-1)^{N(j_1j_2\cdots j_n)}a_{1j_1}a_{2j_2}\cdots a_{nj_n}b^{(1+2+\cdots+n)-(j_1+j_2+\cdots+j_n)}$.

因为 $$j_1+j_2+\cdots+j_n=1+2+\cdots+n,$$

所以 $$D_2=\sum_{j_1j_2\cdots j_n}(-1)^{N(j_1j_2\cdots j_n)}a_{1j_1}a_{2j_2}\cdots a_{nj_n}\Longrightarrow D_1=D_2.$$

【例 1-29】 用行列式的定义计算 $D_n=\begin{vmatrix} 0 & 0 & \cdots & 0 & 1 & 0 \\ 0 & 0 & \cdots & 2 & 0 & 0 \\ \vdots & \vdots & & \vdots & \vdots & \vdots \\ n-1 & 0 & \cdots & 0 & 0 & 0 \\ 0 & 0 & \cdots & 0 & 0 & n \end{vmatrix}$.

解 $D_n=(-1)^N a_{1,n-1}a_{2,n-2}\cdots a_{n-1,1}a_{n,n}=(-1)^N 1\cdot 2\cdots(n-1)\cdot(n-2)\cdot n=(-1)^N n!$，

其中 $N=N[(n-1)(n-2)\cdots 21n]=0+1+2+\cdots+(n-2)+0=\dfrac{(n-1)(n-2)}{2}$，

所以 $$D_n=(-1)^{\frac{(n-1)(n-2)}{2}}n!.$$

【例 1-30】 设有 5 阶行列式：$D=\begin{vmatrix} 1 & 0 & -1 & 3 & 1 \\ 0 & 2 & -5 & 4 & 1 \\ 3 & -2 & -1 & 1 & 0 \\ 0 & 0 & 2 & 1 & 3 \\ 1 & 3 & -1 & 5 & 1 \end{vmatrix}$.

(1)$a_{11}=1$,其余子式 $M_{11}=\begin{vmatrix}2&-5&4&1\\-2&-1&1&0\\0&2&1&3\\3&-1&5&1\end{vmatrix}$,其代数余子式

$$A_{11}=(-1)^{1+1}M_{11}=(-1)^2M_{11}=M_{11}.$$

(2)$a_{34}=1$,其余子式 $M_{34}=\begin{vmatrix}1&0&-1&1\\0&2&-5&1\\0&0&2&3\\1&3&-1&1\end{vmatrix}$,其代数余子式

$$A_{34}=(-1)^{3+4}M_{34}=(-1)^7M_{34}=-M_{34}.$$

【例 1-31】 试按第三列展开计算行列式 $D=\begin{vmatrix}1&2&3&4\\1&0&1&2\\3&-1&-1&0\\1&2&0&-5\end{vmatrix}$.

解　将 D 按第三列展开,则有 $D=a_{13}A_{13}+a_{23}A_{23}+a_{33}A_{33}+a_{43}A_{43}$,其中 $a_{13}=3,a_{23}=1$,$a_{33}=-1,a_{43}=0$,

$$A_{13}=(-1)^{1+3}\begin{vmatrix}1&0&2\\3&-1&0\\1&2&-5\end{vmatrix}=19,\qquad A_{33}=(-1)^{3+3}\begin{vmatrix}1&2&4\\1&0&2\\1&2&-5\end{vmatrix}=18,$$

$$A_{23}=(-1)^{2+3}\begin{vmatrix}1&2&4\\3&-1&0\\1&2&-5\end{vmatrix}=-63,\qquad A_{43}=(-1)^{4+3}\begin{vmatrix}1&2&4\\1&0&2\\3&-1&0\end{vmatrix}=-10,$$

所以　$D=3\times19+1\times(-63)+(-1)\times18+0\times(-10)=-24.$

【例 1-32】 计算行列式 $D=\begin{vmatrix}1&2&3&4\\1&0&1&2\\3&-1&-1&0\\1&2&0&-5\end{vmatrix}$.

解　$D=\begin{vmatrix}1&2&3&4\\1&0&1&2\\3&-1&-1&0\\1&2&0&-5\end{vmatrix}\xlongequal[r_4+2r_3]{r_1+2r_3}\begin{vmatrix}7&0&1&4\\1&0&1&2\\3&-1&-1&0\\7&0&-2&-5\end{vmatrix}$

$$=(-1)\times(-1)^{3+2}\begin{vmatrix}7&1&4\\1&1&2\\7&-2&-5\end{vmatrix}\xlongequal[r_3+2r_2]{r_1-r_2}\begin{vmatrix}6&0&2\\1&1&2\\9&0&-1\end{vmatrix}$$

$$=1\times(-1)^{2+2}\begin{vmatrix}6&2\\9&-1\end{vmatrix}=-6-18=-24.$$

【例 1-33】 计算行列式 $D=\begin{vmatrix} 5 & 3 & -1 & 2 & 0 \\ 1 & 7 & 2 & 5 & 2 \\ 0 & -2 & 3 & 1 & 0 \\ 0 & -4 & -1 & 4 & 0 \\ 0 & 2 & 3 & 5 & 0 \end{vmatrix}$.

解 $$D=\begin{vmatrix} 5 & 3 & -1 & 2 & 0 \\ 1 & 7 & 2 & 5 & 2 \\ 0 & -2 & 3 & 1 & 0 \\ 0 & -4 & -1 & 4 & 0 \\ 0 & 2 & 3 & 5 & 0 \end{vmatrix}=(-1)^{2+5}2\begin{vmatrix} 5 & 3 & -1 & 2 \\ 0 & -2 & 3 & 1 \\ 0 & -4 & -1 & 4 \\ 0 & 2 & 3 & 5 \end{vmatrix}$$

$$=-2\cdot 5\begin{vmatrix} -2 & 3 & 1 \\ -4 & -1 & 4 \\ 2 & 3 & 5 \end{vmatrix}\xlongequal[r_3+r_1]{r_2+(-2)r_1}-10\begin{vmatrix} -2 & 3 & 1 \\ 0 & -7 & 2 \\ 0 & 6 & 6 \end{vmatrix}$$

$$=-10\cdot(-2)\begin{vmatrix} -7 & 2 \\ 6 & 6 \end{vmatrix}=20(-42-12)=-1080.$$

【例 1-34】 求证 $\begin{vmatrix} 1 & 2 & 3 & 4 & \cdots & n \\ 1 & 1 & 2 & 3 & \cdots & n-1 \\ 1 & x & 1 & 2 & \cdots & n-2 \\ 1 & x & x & 1 & \cdots & n-3 \\ \vdots & \vdots & \vdots & \vdots & & \vdots \\ 1 & x & x & x & \cdots & 2 \\ 1 & x & x & x & \cdots & 1 \end{vmatrix}=(-1)^{n+1}x^{n-2}$.

证 $$D\xlongequal[\substack{r_3-r_4 \\ \cdots \\ r_{n-1}-r_n}]{\substack{r_1-r_2 \\ r_2-r_3}}\begin{vmatrix} 0 & 1 & 1 & 1 & \cdots & 1 & 1 \\ 0 & 1-x & 1 & 1 & \cdots & 1 & 1 \\ 0 & 0 & 1-x & 1 & \cdots & 1 & 1 \\ 0 & 0 & 0 & 1-x & \cdots & 1 & 1 \\ \vdots & \vdots & \vdots & \vdots & & \vdots & 1 \\ 0 & 0 & 0 & 0 & \cdots & 1-x & 1 \\ 1 & x & x & x & \cdots & 1 & 1 \end{vmatrix}$$

$$=(-1)^{n+1}\begin{vmatrix} x & 0 & 0 & \cdots & 0 & 0 \\ 1-x & x & 0 & \cdots & 0 & 0 \\ 0 & 1-x & x & \cdots & 0 & 0 \\ 0 & 0 & 1-x & \cdots & 0 & 0 \\ \vdots & \vdots & \vdots & \vdots & & \vdots \\ 0 & 0 & 0 & \cdots & x & 0 \\ 0 & 0 & 0 & \cdots & 1-x & 1 \end{vmatrix}=(-1)^{n+1}x^{n-2}.$$

【例 1-35】 证明范德蒙德(Vandermonde)行列式.

$$D_n=\begin{vmatrix}1&1&\cdots&1\\x_1&x_2&\cdots&x_n\\x_1^2&x_2^2&\cdots&x_n^2\\\vdots&\vdots&&\vdots\\x_1^{n-1}&x_2^{n-1}&\cdots&x_n^{n-1}\end{vmatrix}=\prod_{n\geqslant i>j\geqslant 1}(x_i-x_j),$$

其中,记号“Π”表示全体同类因子的乘积.

证 用数学归纳法.

因为 $D_2=\begin{vmatrix}1&1\\x_1&x_2\end{vmatrix}=x_2-x_1=\prod\limits_{2\geqslant i>j\geqslant 1}(x_i-x_j)$,

所以 当 $n=2$ 时(1)式成立.假设(1)式对于 $n-1$ 时成立,则

$$D_n=\begin{vmatrix}1&1&1&\cdots&1\\0&x_2-x_1&x_3-x_1&\cdots&x_n-x_1\\0&x_2(x_2-x_1)&x_3(x_3-x_1)&\cdots&x_n(x_n-x_1)\\\vdots&\vdots&\vdots&&\vdots\\0&x_2^{n-2}(x_2-x_1)&x_3^{n-2}(x_3-x_1)&\cdots&x_n^{n-2}(x_n-x_1)\end{vmatrix}$$

$$=(x_2-x_1)(x_3-x_1)\cdots(x_n-x_1)\begin{vmatrix}1&1&\cdots&1\\x_2&x_3&\cdots&x_n\\\vdots&\vdots&&\vdots\\x_2^{n-2}&x_3^{n-2}&\cdots&x_n^{n-2}\end{vmatrix}.$$

$$D_n=(x_2-x_1)(x_3-x_1)\cdots(x_n-x_1)\prod_{n\geqslant i>j\geqslant 2}(x_i-x_j)=\prod_{n\geqslant i>j\geqslant 1}(x_i-x_j).$$

【例 1-36】 设 $D=\begin{vmatrix}3&-5&2&1\\1&1&0&-5\\-1&3&1&3\\2&-4&-1&-3\end{vmatrix}$,$D$ 中元素 a_{ij} 的余子式和代数余子式依次记作 M_{ij} 和 A_{ij},求 $A_{11}+A_{12}+A_{13}+A_{14}$ 及 $M_{11}+M_{21}+M_{31}+M_{41}$.

解 注意到 $A_{11}+A_{12}+A_{13}+A_{14}$ 等于用 1,1,1,1 代替 D 的第 1 行所得的行列式,即

$$A_{11}+A_{12}+A_{13}+A_{14}=\begin{vmatrix}1&1&1&1\\1&1&0&-5\\-1&3&1&3\\2&-4&-1&-3\end{vmatrix}\xlongequal[r_3-r_1]{r_4+r_3}\begin{vmatrix}1&1&1&1\\1&1&0&-5\\-2&2&0&2\\1&-1&0&0\end{vmatrix}$$

$$=\begin{vmatrix}1&1&-5\\-2&2&2\\1&-1&0\end{vmatrix}\xlongequal{c_2+c_1}\begin{vmatrix}1&2&-5\\-2&0&2\\1&0&0\end{vmatrix}=\begin{vmatrix}2&-5\\0&2\end{vmatrix}=4.$$

又由定义知,

$$M_{11}+M_{21}+M_{31}+M_{41}=A_{11}-A_{21}+A_{31}-A_{41}=\begin{vmatrix}1&-5&2&1\\-1&1&0&-5\\1&3&1&3\\-1&-4&-1&-3\end{vmatrix}$$

$$\xlongequal{r_4+r_3}\begin{vmatrix}1&-5&2&1\\-1&1&0&-5\\1&3&1&3\\0&-1&0&0\end{vmatrix}=(-1)\begin{vmatrix}1&2&1\\-1&0&-5\\1&1&3\end{vmatrix}\xlongequal{r_1-2r_3}-\begin{vmatrix}-1&0&-5\\-1&0&-5\\1&1&3\end{vmatrix}=0.$$

【例 1-37】 用拉普拉斯定理求行列式 $\begin{vmatrix}2&3&0&0\\1&2&3&0\\0&1&2&3\\0&0&1&2\end{vmatrix}$ 的值.

解 按第 1 行和第 2 行展开,得

$$\begin{vmatrix}2&3&0&0\\1&2&3&0\\0&1&2&3\\0&0&1&2\end{vmatrix}=\begin{vmatrix}2&3\\1&2\end{vmatrix}\times(-1)^{1+2+1+2}\begin{vmatrix}2&3\\1&2\end{vmatrix}+\begin{vmatrix}2&0\\1&3\end{vmatrix}\times(-1)^{1+2+1+3}\begin{vmatrix}1&3\\0&2\end{vmatrix}+$$

$$\begin{vmatrix}3&0\\2&3\end{vmatrix}\times(-1)^{1+2+2+3}\begin{vmatrix}0&3\\0&2\end{vmatrix}=1-12+0=-11.$$

【例 1-38】 计算 $2n$ 阶行列式 $D_{2n}=\underbrace{\begin{vmatrix}a&&&&&b\\&\ddots&&&\unicode{x22F0}&\\&&a&b&&\\&&c&d&&\\&\unicode{x22F0}&&&\ddots&\\c&&&&&d\end{vmatrix}}_{2n}$.(其中未写出的元素为 0)

解法 1 把 D_{2n} 中的第 $2n$ 行依次与第 $2n-1$ 行,…,第 2 行对调(作 $2n-2$ 次相邻对换),再把第 $2n$ 列依次与第 $2n-1$ 列,…,第 2 列对调,得

$$D_{2n}=(-1)^{2(2n-2)}\begin{vmatrix}a&b&0&&&&&0\\c&d&0&&&&&0\\0&0&a&&&&&b\\&&&\ddots&&&\unicode{x22F0}&\\&&&&a&b&&\\&&&&c&d&&\\&&&\unicode{x22F0}&&&\ddots&\\0&0&c&&&&&d\end{vmatrix}=D_1D_{2(n-1)}=(ad-bc)D_{2(n-1)}.$$

以此作递推公式,得

$$D_{2n}=(ad-bc)D_{2(n-1)}=\cdots=(ad-bc)^{n-1}D_2=(ad-bc)^n.$$

解法 2　$D_{2n}=a\begin{vmatrix} a & & & 0 & & & b & 0\\ & \ddots & & & & \iddots & & \\ & & a & & b & & & \\ 0 & & & & & & 0 & \\ & & c & & d & & & \\ & \iddots & & & & \ddots & & \\ c & & & 0 & & & d & 0\\ 0 & & & & \cdots & & 0 & d \end{vmatrix}+b(-1)^{1+2n}\begin{vmatrix} 0 & a & & & 0 & & & b\\ & & \ddots & & & & \iddots & \\ & & & a & & b & & \\ & 0 & & & & & & 0\\ & & & c & & d & & \\ & & \iddots & & & & \ddots & \\ 0 & c & & & 0 & & & d\\ c & 0 & & & & & & 0 \end{vmatrix}$

$$=adD_{2(n-1)}-bc(-1)^{2n-1+1}D_{2(n-1)}=(ad-bc)D_{2(n-1)},$$

$$D_{2n}=(ad-bc)D_{2(n-1)}=(ad-bc)^2D_{2(n-2)}=\cdots$$

$$=(ad-bc)^{n-1}D_2=(ad-bc)^{n-1}\begin{vmatrix} a & b\\ c & d\end{vmatrix}=(ad-bc)^n.$$

【例 1-39】　计算 $D=\begin{vmatrix} 1 & 1 & 1 & 1\\ a & b & c & d\\ a^2 & b^2 & c^2 & d^2\\ a^4 & b^4 & c^4 & d^4 \end{vmatrix}$..

解　$D\xlongequal[r_4-a^4r_1]{\substack{r_2-ar_1\\ r_3-a^2r_1}}\begin{vmatrix} 1 & 1 & 1 & 1\\ 0 & b-a & c-a & d-a\\ 0 & b^2-a^2 & c^2-a^2 & d^2-a^2\\ 0 & b^4-a^4 & c^4-a^4 & d^4-a^4 \end{vmatrix}=\begin{vmatrix} b-a & c-a & d-a\\ b^2-a^2 & c^2-a^2 & d^2-a^2\\ b^4-a^4 & c^4-a^4 & d^4-a^4 \end{vmatrix}$

$$=(b-a)(c-a)(d-a)\begin{vmatrix} 1 & 1 & 1\\ b+a & c+a & d+a\\ (b^2+a^2)(b+a) & (c^2+a^2)(c+a) & (d^2+a^2)(d+a) \end{vmatrix}$$

$$\xlongequal{r_2-ar_1}(b-a)(c-a)(d-a)\begin{vmatrix} 1 & 1 & 1\\ b & c & d\\ a^3+ab^2+a^2b+b^3 & a^3+ac^2+a^2c+c^3 & a^3+ad^2+a^2d+d^3 \end{vmatrix}$$

$$\xlongequal{r_3-a^3r_1}(b-a)(c-a)(d-a)\begin{vmatrix} 1 & 1 & 1\\ b & c & d\\ ab^2+a^2b+b^3 & ac^2+a^2c+c^3 & ad^2+a^2d+d^3 \end{vmatrix}$$

$$\xlongequal{r_3-a^2r_2}(b-a)(c-a)(d-a)\begin{vmatrix} 1 & 1 & 1\\ b & c & d\\ ab^2+b^3 & ac^2+c^3 & ad^2+d^3 \end{vmatrix}$$

$$=a(b-a)(c-a)(d-a)\begin{vmatrix} 1 & 1 & 1\\ b & c & d\\ b^2 & c^2 & d^2 \end{vmatrix}+(b-a)(c-a)(d-a)\begin{vmatrix} 1 & 1 & 1\\ b & c & d\\ b^3 & c^3 & d^3 \end{vmatrix}$$

$$=a(b-a)(c-a)(d-a)\begin{vmatrix} 1 & 0 & 0\\ b & c-b & d-b\\ b^2 & c^2-b^2 & d^2-b^2 \end{vmatrix}+(b-a)(c-a)(d-a)\begin{vmatrix} 1 & 0 & 0\\ b & c-b & d-b\\ b^3 & c^3-b^3 & d^3-b^3 \end{vmatrix}$$

$$=a(b-a)(c-a)(d-a)(c-b)(d-b)\begin{vmatrix} 1 & 1\\ b+c & b+d \end{vmatrix}+(b-a)(c-a)(d-a)(c-b)$$

$$(d-b)\begin{vmatrix} 1 & 1 \\ c^2+bc+b^2 & d^2+bd+b^2 \end{vmatrix}$$

$$=-a(a-b)(a-c)(a-d)(b-c)(b-d)\begin{vmatrix} 1 & 0 \\ b+c & d-c \end{vmatrix}$$

$$-(a-b)(a-c)(a-d)(b-c)(b-d)\begin{vmatrix} 1 & 0 \\ c^2+bc+b^2 & (d+c+b)(d-c) \end{vmatrix}$$

$=a(a-b)(a-c)(a-d)(b-c)(b-d)(c-d)+(a-b)(a-c)(a-d)(b-c)(b-d)(c-d)(b+c+d)=(a-b)(a-c)(a-d)(b-c)(b-d)(c-d)(a+b+c+d)$.

【例 1-40】 计算 n 阶行列式 $D_n=\begin{vmatrix} x & a & a & \cdots & a \\ a & x & a & \cdots & a \\ a & a & x & \cdots & a \\ \vdots & \vdots & \vdots & & \vdots \\ a & a & a & \cdots & x \end{vmatrix}$.

解 1 $D_n \xlongequal[i=2,3,\cdots n]{C_1+C_i} \begin{vmatrix} x+(n-1)a & a & a & \cdots & a \\ x+(n-1)a & x & a & \cdots & a \\ x+(n-1)a & a & x & \cdots & a \\ \vdots & \vdots & \vdots & & \vdots \\ x+(n-1)a & a & a & \cdots & x \end{vmatrix}$

$$\xlongequal[i=2,3,\cdots n]{r_i-r_1} \begin{vmatrix} x+(n-1)a & a & a & \cdots & a \\ 0 & x-a & 0 & \cdots & 0 \\ 0 & 0 & x-a & \cdots & 0 \\ \vdots & \vdots & \vdots & & \vdots \\ 0 & 0 & 0 & \cdots & x-a \end{vmatrix}$$

$=[x+(n-1)a](x-a)^{n-1}$.

解 2 $D_n=\begin{vmatrix} x & a & a & \cdots & a \\ a & x & a & \cdots & a \\ a & a & x & \cdots & a \\ \vdots & \vdots & \vdots & & \vdots \\ a & a & a & \cdots & x \end{vmatrix}_n = \begin{vmatrix} 1 & a & a & a & \cdots & a \\ 0 & x & a & a & \cdots & a \\ 0 & a & x & a & \cdots & a \\ 0 & a & a & x & \cdots & a \\ \vdots & \vdots & \vdots & \vdots & & \vdots \\ 0 & a & a & a & \cdots & x \end{vmatrix}_{n+1} \xlongequal[i=2,3,\cdots n+1]{r_i-r_1}$

$$\begin{vmatrix} 1 & a & a & a & \cdots & a \\ -1 & x-a & 0 & 0 & \cdots & 0 \\ -1 & 0 & x-a & 0 & \cdots & 0 \\ -1 & 0 & 0 & x-a & \cdots & 0 \\ \vdots & \vdots & \vdots & \vdots & & \vdots \\ -1 & 0 & 0 & 0 & \cdots & x-a \end{vmatrix}_{n+1}.$$

① 如果 $x=a$，则

$$D_n=\begin{vmatrix}1 & a & a & a & \cdots & a\\ -1 & 0 & 0 & 0 & \cdots & 0\\ -1 & 0 & 0 & 0 & \cdots & 0\\ -1 & 0 & 0 & 0 & \cdots & 0\\ \vdots & \vdots & \vdots & \vdots & & \vdots\\ -1 & 0 & 0 & 0 & \cdots & 0\end{vmatrix}_{n+1}=0;$$

② 如果 $x\neq a$，则

$$D_n\xlongequal[i=2,3,\cdots n+1]{C_1+\frac{C_i}{x-a}}\begin{vmatrix}1+\frac{na}{x-a} & a & a & a & \cdots & a\\ 0 & x-a & 0 & 0 & \cdots & 0\\ 0 & 0 & x-a & 0 & \cdots & 0\\ 0 & 0 & 0 & x-a & \cdots & 0\\ \vdots & \vdots & \vdots & \vdots & & \vdots\\ 0 & 0 & 0 & 0 & \cdots & x-a\end{vmatrix}_{n+1}=(1+\frac{na}{x-a})(x-a)^n.$$

综合①、②有：$D_n=[x+(n-1)a](x-a)^{n-1}$.

【例 1-41】 用克莱默法则求解线性方程组：

$$\begin{cases}2x_1+3x_2+5x_3=2\\ x_1+2x_2=5.\\ \quad 3x_2+5x_3=4\end{cases}$$

解 $D=\begin{vmatrix}2 & 3 & 5\\ 1 & 2 & 0\\ 0 & 3 & 5\end{vmatrix}\xlongequal{r_1-r_3}\begin{vmatrix}2 & 0 & 0\\ 1 & 2 & 0\\ 0 & 3 & 5\end{vmatrix}=2\begin{vmatrix}2 & 0\\ 3 & 5\end{vmatrix}=2\times2\times5=20,$

$D_1=\begin{vmatrix}2 & 3 & 5\\ 5 & 2 & 0\\ 4 & 3 & 5\end{vmatrix}\xlongequal{r_1-r_3}\begin{vmatrix}-2 & 0 & 0\\ 5 & 2 & 0\\ 4 & 3 & 5\end{vmatrix}=(-2)\times2\times5=-20,$

$D_2=\begin{vmatrix}2 & 2 & 5\\ 1 & 5 & 0\\ 0 & 4 & 5\end{vmatrix}\xlongequal{r_1-2r_2}\begin{vmatrix}0 & -8 & 5\\ 1 & 5 & 0\\ 0 & 4 & 5\end{vmatrix}\xlongequal{r_1\leftrightarrow r_2}-\begin{vmatrix}1 & 5 & 0\\ 0 & -8 & 5\\ 0 & 4 & 5\end{vmatrix}=-\begin{vmatrix}-8 & 5\\ 4 & 5\end{vmatrix}=60,$

$D_3=\begin{vmatrix}2 & 3 & 2\\ 1 & 2 & 5\\ 0 & 3 & 4\end{vmatrix}\xlongequal{r_1-2r_2}\begin{vmatrix}0 & -1 & -8\\ 1 & 2 & 5\\ 0 & 3 & 4\end{vmatrix}\xlongequal{r_1\leftrightarrow r_2}-\begin{vmatrix}1 & 2 & 5\\ 0 & -1 & -8\\ 0 & 3 & 4\end{vmatrix}$

$=-\begin{vmatrix}-1 & -8\\ 3 & 4\end{vmatrix}=-20.$

由克莱默法则，

$$x_1=\frac{D_1}{D}=-1,x_2=\frac{D_2}{D}=3,x_3=\frac{D_3}{D}=-1.$$

【例 1-42】 用克莱默法则解方程组 $\begin{cases}2x_1+x_2-5x_3+x_4=8\\ x_1-3x_2-6x_4=9\\ 2x_2-x_3+2x_4-5\\ x_1+4x_2-7x_3+6x_4=0\end{cases}$.

解 $D=\begin{vmatrix}2&1&-5&1\\1&-3&0&-6\\0&2&-1&2\\1&4&-7&6\end{vmatrix}\xlongequal[r_4-r_2]{r_1-2r_2}\begin{vmatrix}0&7&-5&13\\1&-3&0&-6\\0&2&-1&2\\0&7&-7&12\end{vmatrix}=-\begin{vmatrix}7&-5&13\\2&-1&2\\7&-7&12\end{vmatrix}$

$$\xlongequal[c_3+2c_2]{c_1+2c_2}-\begin{vmatrix}-3&-5&3\\0&-1&0\\-7&-7&-2\end{vmatrix}=\begin{vmatrix}-3&3\\-7&-2\end{vmatrix}=27.$$

$$D_1=\begin{vmatrix}8&1&-5&1\\9&-3&0&-6\\-5&2&-1&2\\0&4&-7&6\end{vmatrix}=81,\qquad D_2=\begin{vmatrix}2&8&-5&1\\1&9&0&-6\\0&-5&-1&2\\1&0&-7&6\end{vmatrix}=108,$$

$$D_3=\begin{vmatrix}2&1&8&1\\1&-3&9&-6\\0&2&-5&2\\1&4&0&6\end{vmatrix}=-27,\qquad D_4=\begin{vmatrix}2&1&-5&8\\1&-3&0&9\\0&2&-1&-5\\1&4&-7&0\end{vmatrix}=27,$$

所以 $x_1=\dfrac{D_1}{D}=\dfrac{81}{27}=3,\qquad x_2=\dfrac{D_2}{D}=\dfrac{-108}{27}=-4,$

$$x_3=\frac{D_3}{D}=\frac{-27}{27}=-1,\qquad x_4=\frac{D_4}{D}=\frac{27}{27}=1.$$

【例 1-43】 设曲线 $y=a_0+a_1x+a_2x^2+a_3x^3$ 通过四点(1,3),(2,4),(3,3),(4,−3),求系数 a_0,a_1,a_2,a_3.

解 把四个点的坐标代入曲线方程,得线性方程组

$$\begin{cases}a_0+a_1+a_2+a_3=3\\a_0+2a_1+4a_2+8a_3=4\\a_0+3a_1+9a_2+27a_3=3\\a_0+4a_1+16a_2+64a_3=-3\end{cases},$$

其系数行列式 $D=\begin{vmatrix}1&1&1&1\\1&2&4&8\\1&3&9&27\\1&4&16&64\end{vmatrix}=1\cdot2\cdot3\cdot1\cdot2\cdot1=12,$

而 $D_1=\begin{vmatrix}3&1&1&1\\4&2&4&8\\3&3&9&27\\-3&4&16&64\end{vmatrix}\xlongequal[c_1-3c_2]{\substack{c_4-c_3\\c_3-c_2}}\begin{vmatrix}0&1&0&0\\-2&2&2&4\\-6&3&6&18\\-15&4&12&48\end{vmatrix}=(-1)^3\begin{vmatrix}-2&2&4\\-6&6&18\\-15&12&48\end{vmatrix}$

$$\xlongequal{c_1+c_2}-\begin{vmatrix}0&2&4\\0&6&18\\-3&12&48\end{vmatrix}=-(-3)\begin{vmatrix}2&4\\6&18\end{vmatrix}=36.$$

类似地,计算得

$$D_2=\begin{vmatrix}1&3&1&1\\1&4&4&8\\1&3&9&27\\1&-3&16&64\end{vmatrix}=-18,\quad D_3=\begin{vmatrix}1&1&3&1\\1&2&4&8\\1&3&-3&27\\1&4&3&64\end{vmatrix}=24,$$

$$D_4=\begin{vmatrix}1&1&1&3\\1&2&4&4\\1&3&9&3\\1&4&16&-3\end{vmatrix}=-6,$$

故由克莱默法则，得唯一解

$$a_0=3,a_1=-3/2,a_2=2,a_3=-1/2,$$

即曲线方程为

$$y=3-\frac{3}{2}x+2x^2-\frac{1}{2}x^3.$$

【例 1-44】 问 λ 为何值时，齐次方程组 $\begin{cases}(1-\lambda)x_1-2x_2+4x_3=0\\2x_1+(3-\lambda)x_2+x_3=0\\x_1+x_2+(1-\lambda)x_3=0\end{cases}$ 有非零解？

解
$$D=\begin{vmatrix}1-\lambda&-2&4\\2&3-\lambda&1\\1&1&1-\lambda\end{vmatrix}=\begin{vmatrix}1-\lambda&-3+\lambda&4\\2&1-\lambda&1\\1&0&1-\lambda\end{vmatrix}$$
$$=(1-\lambda)^3+(\lambda-3)-4(1-\lambda)-2(1-\lambda)(-3+\lambda)$$
$$=(1-\lambda)^3+2(1-\lambda)^2+\lambda-3=\lambda(\lambda-2)(3-\lambda),$$

齐次线性方程组有非零解，则 $D=0$，所以 $\lambda=0$，$\lambda=2$ 或 $\lambda=3$ 时齐次线性方程组有非零解.

【例 1-45】 当 λ 为何值时，齐次线性方程组 $\begin{cases}\lambda x_1+x_2+x_3=0\\x_1+\lambda x_2+x_3=0\\x_1+x_2+\lambda x_3=0\end{cases}$ 有非零解？

解
$$D=\begin{vmatrix}\lambda&1&1\\1&\lambda&1\\1&1&\lambda\end{vmatrix}\xlongequal{c_1+c_2+c_3}\begin{vmatrix}\lambda+2&1&1\\\lambda+2&\lambda&1\\\lambda+2&1&\lambda\end{vmatrix}=(\lambda+2)\begin{vmatrix}1&1&1\\1&\lambda&1\\1&1&\lambda\end{vmatrix}$$
$$\xlongequal[r_3-r_1]{r_2-r_1}(\lambda+2)\begin{vmatrix}1&1&1\\0&\lambda-1&0\\0&0&\lambda-1\end{vmatrix}=(\lambda+2)(\lambda-1)^2.$$

由 $D=0$，得 $\lambda=-2$ 或 $\lambda=1$，即当 $\lambda=-2$ 或 $\lambda=1$ 时，齐次线性方程组有非零解.

【例 1-46】 设方程组 $\begin{cases}x+y+z=a+b+c\\ax+by+cz=a^2+b^2+c^2\\bcx+cay+abz=3abc\end{cases}$.

试问 a,b,c 满足什么条件时，方程组有唯一解，并求出唯一解.

解
$$D=\begin{vmatrix}1&1&1\\a&b&c\\bc&ca&ab\end{vmatrix}\xlongequal[c_2-c_3]{c_1-c_2}\begin{vmatrix}0&0&1\\a-b&b-c&c\\c(b-a)&a(c-b)&ab\end{vmatrix}$$

$$\xlongequal[c_2\div(b-c)]{c_1\div(a-b)}(a-b)(b-c)\begin{vmatrix}0&0&1\\1&1&c\\-c&-a&ab\end{vmatrix}=(a-b)(b-c)\begin{vmatrix}1&1\\-c&-a\end{vmatrix}=(a-b)(b-c)(c-a).$$

显然，当 a,b,c 互不相等时，$D\neq0$，该方程组有唯一解. 又

$$D_1=\begin{vmatrix}a+b+c&1&1\\a^2+b^2+c^2&b&c\\3abc&ca&ab\end{vmatrix}\xlongequal{c_1-bc_2-cc_3}\begin{vmatrix}a&1&1\\a^2&b&c\\abc&ca&ab\end{vmatrix}\xlongequal{c_1\div a}a\begin{vmatrix}1&1&1\\a&b&c\\bc&ca&ab\end{vmatrix}=aD.$$

同理可得 $D_2=bD,D_3=cD$，于是 $\quad x=\dfrac{D_1}{D}=a,y=\dfrac{D_2}{D}=b,z=\dfrac{D_3}{D}=c.$

1.2 同步训练

习题 1.1

1. 按自然数从小到大为标准次序，求下列各排列的逆序数：

(1) 1 2 3 4； (2) 4 1 3 2；

(3) 3 4 2 1； (4) 2 4 1 3；

(5) 1 3…$(2n-1)$ 2 4…$(2n)$；

(6) 1 3…$(2n-1)$ $(2n)$ $(2n-2)$… 2.

2. 写出四阶行列式中含有因子 $a_{11}a_{23}$ 的项.

3. 计算下列各行列式：

(1) $\begin{vmatrix}4&1&2&4\\1&2&0&2\\10&5&2&0\\0&1&1&7\end{vmatrix}$； (2) $\begin{vmatrix}2&1&4&1\\3&-3&2&1\\1&2&3&2\\5&0&6&2\end{vmatrix}$

(3) $\begin{vmatrix}-ab&ac&ae\\bd&-cd&de\\bf&cf&-ef\end{vmatrix}$； (4) $\begin{vmatrix}a&1&0&0\\-1&b&1&0\\0&-1&c&1\\0&0&-1&d\end{vmatrix}$

4. 证明：

(1) $\begin{vmatrix}a^2&ab&b^2\\2a&a+b&2b\\1&1&1\end{vmatrix}=(a-b)^3$；

(2) $\begin{vmatrix}ax+by&ay+bz&az+bx\\ay+bz&az+bx&ax+by\\az+bx&ax+by&ay+bz\end{vmatrix}=(a^3+b^3)\begin{vmatrix}x&y&z\\y&z&x\\z&x&y\end{vmatrix}$；

(3) $\begin{vmatrix}a^2&(a+1)^2&(a+2)^2&(a+3)^2\\b^2&(b+1)^2&(b+2)^2&(b+3)^2\\c^2&(c+1)^2&(c+2)^2&(c+3)^2\\z^2&(z+1)^2&(z+2)^2&(z+3)^2\end{vmatrix}=0$；

(4) $\begin{vmatrix} 1 & 1 & 1 & 1 \\ a & b & c & d \\ a^2 & b^2 & c^2 & d^2 \\ a^4 & b^4 & c^4 & d^4 \end{vmatrix}$

$=(a-b)(a-c)(a-d)(b-c)(b-d)(c-d)(a+b+c+d)$；

(5) $\begin{vmatrix} x & -1 & 0 & \cdots & 0 & 0 \\ 0 & x & -1 & \cdots & 0 & 0 \\ \vdots & \vdots & \vdots & & \vdots & \vdots \\ 0 & 0 & 0 & \cdots & x & -1 \\ a_n & a_{n-1} & a_{n-2} & \cdots & a_2 & x+a_1 \end{vmatrix}$

$=x^n+a_1x^{n-1}+\cdots+a_{n-1}x+a_n$.

5. 计算下列各行列式(D_k 为 k 阶行列式)：

(1) $D_n=\begin{vmatrix} a & \cdots & 1 \\ \vdots & & \vdots \\ 1 & \cdots & a \end{vmatrix}$，其中对角线上元素都是 a，未写出的元素都是 0.

(2) $D_n=\begin{vmatrix} x & a & \cdots & a \\ a & x & \cdots & a \\ \vdots & \vdots & & \vdots \\ a & a & \cdots & x \end{vmatrix}$.

(3) $D_{n+1}=\begin{vmatrix} a^n & (a-1)^n & \cdots & (a-n)^n \\ a^{n-1} & (a-1)^{n-1} & \cdots & (a-n)^{n-1} \\ \vdots & \vdots & & \vdots \\ a & a-1 & \cdots & a-n \\ 1 & 1 & \cdots & 1 \end{vmatrix}$.

提示：利用范德蒙行列式的结果.

(4) $D_{2n}=\begin{vmatrix} c_n & & & & & b_n \\ & \ddots & & 0 & \iddots & \\ & & a_1 & b_1 & & \\ & 0 & & & 0 & \\ & & c_1 & d_1 & & \\ & \iddots & & 0 & \ddots & \\ c_n & & & & & d_n \end{vmatrix}$.

(5) $D_n=\det(a_{ij})$，其中 $a_{ij}=|i-j|$.

(6) $D_n=\begin{vmatrix} 1+a_1 & 1 & \cdots & 1 \\ 1 & 1+a_2 & \cdots & 1 \\ \vdots & \vdots & & \vdots \\ 1 & 1 & \cdots & 1+a_n \end{vmatrix}$，其中 $a_1a_2\cdots a_n\neq 0$.

6. 用克莱默法则解下列方程组：

(1) $\begin{cases} x_1+x_2+x_3+x_4=5 \\ x_1+2x_2-x_3+4x_4=-2 \\ 2x_1-3x_2-x_3-5x_4=-2 \\ 3x_1+x_2+2x_3+11x_4=0 \end{cases}$;

(2) $\begin{cases} 5x_1+6x_2 = 1 \\ x_1+5x_2+6x_3 = 0 \\ x_2+5x_3+6x_4 = 0 \\ x_3+5x_4+6x_5=0 \\ x_4+5x_5=1 \end{cases}$.

7. 问 λ,μ 取何值时，齐次方程组

$$\begin{cases} \lambda x_1+x_2+x_3=0 \\ x_1+\mu x_2+x_3=0 \\ \lambda x_1+2\mu x_2+x_3=0 \end{cases}$$

有非零解?

习题 1.2

一、选择题(选项不唯一).

1. $D=\begin{vmatrix} a_{11} & a_{12} & a_{13} \\ a_{21} & a_{22} & a_{23} \\ a_{31} & a_{32} & a_{33} \end{vmatrix}=M\neq 0$；$D_1=\begin{vmatrix} 2a_{11} & 2a_{12} & 2a_{13} \\ 2a_{31} & 2a_{32} & 2a_{33} \\ 2a_{21} & 2a_{22} & 2a_{23} \end{vmatrix}$；那么 $D_1=$(　　).

(A)$2M$　　(B)$-2M$　　(C)$8M$　　(D)$-8M$

2. $D=\begin{vmatrix} a_{11} & a_{12} & a_{13} \\ a_{21} & a_{22} & a_{23} \\ a_{31} & a_{32} & a_{33} \end{vmatrix}=1$；$D_1=\begin{vmatrix} 4a_{11} & 2a_{11}-3a_{12} & a_{13} \\ 4a_{21} & 2a_{21}-3a_{22} & a_{23} \\ 4a_{31} & 2a_{31}-3a_{32} & a_{33} \end{vmatrix}$；那么 $D_1=$(　　).

(A)8　　(B)-12　　(C)24　　(D)-24

3. 下列 n 阶行列式的值必为零的是(　　).

(A)行列式主对角线的元素全为零.

(B)三角形行列式主对角线有一个元素为零.

(C)行列式零元素的个数多于 n 个.

(D)行列式非零元素的个数小于 n 个.

4. 如果 $\begin{cases} 3x+ky-z=0 \\ 4y+z=0 \\ kx-5y-z=0 \end{cases}$ 有非零解，则(　　).

(A)$k=0$　　(B)$k=1$　　(C)$k=-1$　　(D)$k=-3$

二、填空题.

1. 行列式 $\begin{vmatrix} 34215 & 36215 \\ 28092 & 30092 \end{vmatrix}=$________；

2. 已知 4 阶方阵 $\boldsymbol{A}$，其中第三列元素分别为 $1,3,-2,2$，它们的余子式的值分别为 $3,-2,1,1$，则行列式 $|\boldsymbol{A}|=$________；

3. 若 a,b 均为整数，而 $\begin{vmatrix} a & b & 0 \\ -b & a & 0 \\ 100 & 0 & -1 \end{vmatrix}=0$，则 $a=$________，$b=$________；

4. 若 4 阶行列式为 $\begin{vmatrix} 1 & 2 & 3 & 4 \\ 5 & 6 & 7 & 8 \\ 2 & 3 & 4 & 8 \\ 6 & 7 & 8 & 9 \end{vmatrix}$，$A_{ij}$ 为其代数余子式，则 $2A_{13}+10A_{23}+4A_{33}+12A_{43}=$________.

三、计算下列行列式.

1. $\begin{vmatrix} 5 & 0 & 4 & 2 \\ 1 & -1 & 2 & 1 \\ 4 & 1 & 2 & 0 \\ 1 & 1 & 1 & 1 \end{vmatrix}$；

2. $\begin{vmatrix} 1 & 1 & \cdots & 1 \\ 2 & 2^2 & \cdots & 2^n \\ 3 & 3^2 & \cdots & 3^n \\ \vdots & \vdots & & \vdots \\ n & n^2 & \cdots & n^n \end{vmatrix}$；

3. $\begin{vmatrix} 1+a_1 & 1 & 1 & \cdots & 1 & 1 \\ 1 & 1+a_2 & 1 & \cdots & 1 & 1 \\ 1 & 1 & 1+a_3 & \cdots & 1 & 1 \\ \vdots & \vdots & \vdots & & \vdots & 1 \\ 1 & 1 & 1 & \cdots & 1 & 1+a_n \end{vmatrix}$ $(a_i\neq 0, i=1,2,\cdots,n)$；

4. $D_n=\begin{vmatrix} 1+x_1y_1 & 2+x_1y_2 & \cdots & n+x_1y_n \\ 1+x_2y_1 & 2+x_2y_2 & \cdots & n+x_2y_n \\ \vdots & \vdots & & \vdots \\ 1+x_ny_1 & 2+x_ny_2 & \cdots & n+x_ny_n \end{vmatrix}$.

四、证明题.

$$\begin{vmatrix} x & -1 & 0 & \cdots & 0 & 0 \\ 0 & x & -1 & \cdots & 0 & 0 \\ \vdots & \vdots & \vdots & & \vdots & \vdots \\ 0 & 0 & 0 & \cdots & x & -1 \\ a_n & a_{n-1} & a_{n-2} & \cdots & a_2 & x+a_1 \end{vmatrix}=x^n+a_1x^{n-1}+\cdots+a_{n-1}x+a_n；$$

习题 1.3

一、填空题（每空 4 分，共 20 分）.

1. 若 $D_n=|a_{ij}|=a$，则 $D=|-a_{ij}|=$________；

2. $\begin{vmatrix} 1 & 1 & 1 & 0 \\ 1 & 1 & 0 & 1 \\ 1 & 0 & 1 & 1 \\ 0 & 1 & 1 & 1 \end{vmatrix}=$________;

3. 设 $|\boldsymbol{A}|=\begin{vmatrix} 1 & 2 & 3 & 4 & 5 \\ 7 & 7 & 7 & 3 & 3 \\ 3 & 2 & 4 & 5 & 2 \\ 3 & 3 & 3 & 2 & 2 \\ 4 & 6 & 5 & 2 & 3 \end{vmatrix}$,即 $A_{31}+A_{32}+A_{33}+A_{34}+A_{35}=$________;

4. $D=\begin{vmatrix} 0 & 0 & \cdots & 0 & 1 & 0 \\ 0 & 0 & \cdots & 2 & 0 & 0 \\ \vdots & \vdots & & \vdots & \vdots & \vdots \\ 0 & 2007 & \cdots & 0 & 0 & 0 \\ 2008 & 0 & \cdots & 0 & 0 & 0 \\ 0 & 0 & \cdots & 0 & 0 & 1 \end{vmatrix}=$________.

二、选择题(每小题 4 分,共 20 分).

1. 三阶行列式 $D_3=\begin{vmatrix} 103 & 100 & 204 \\ 199 & 200 & 395 \\ 301 & 300 & 600 \end{vmatrix}$ 的值为(　　).

(A)0　　(B)1　　(C)2000　　(D)1000

2. 当(　　)时,$\begin{cases} kx+z=0 \\ 2x+ky+z=0 \\ kx-2y+z=0 \end{cases}$ 仅有零解.

(A)$k\neq 0$　　(B)$k\neq -1$　　(C)$k\neq -2$　　(D)$k\neq 2$

3. 设四阶行列式 $D_4=\begin{vmatrix} a & b & c & d \\ c & b & d & a \\ d & b & c & a \\ a & b & d & c \end{vmatrix}$,$a,b,c,d$ 各不相同,则 $A_{14}+A_{24}+A_{34}+A_{44}=$________.

(A)0　　(B)$abcd$　　(C)abc^2　　(D)abd^2

4. 方程组 $\begin{cases} \lambda x_1+x_2=0 \\ x_1+\lambda x_2=0 \end{cases}$ 有非零解,则 $\lambda=$________.

(A) 1　　(B)± 1　　(C)0　　(D)-1

5. 设 x_1,x_2,x_3 是方程 $x^3+px+p=0$ 的三个根,则行列式 $\begin{vmatrix} x_1 & x_2 & x_3 \\ x_3 & x_1 & x_2 \\ x_2 & x_3 & x_1 \end{vmatrix}=$________.

(A) 0　　(B)p　　(C)p^2　　(D)p^3

三、计算题(每小题 10 分,共 30 分).

1. $D=\begin{vmatrix} 5 & 2 & 3 & 1 \\ 0 & 1 & -1 & 1 \\ 7 & -1 & 0 & 1 \\ 8 & 1 & 1 & 1 \end{vmatrix}$;

2. $D_{n+1}=\begin{vmatrix} a^n & [a-1]^n & \cdots & [a-n]^n \\ a^{n-1} & [a-1]^{n-1} & \cdots & [a-n]^{n-1} \\ \vdots & \vdots & & \vdots \\ a & [a-1] & \cdots & [a-n] \\ 1 & 1 & \cdots & 1 \end{vmatrix}$.

第 2 章　矩　　阵

2.1　典型例题

【例 2-1】　已知 $\boldsymbol{A}=\begin{bmatrix}-1 & 2 & 3 & 1\\ 0 & 3 & -1 & 1\\ 4 & 0 & 3 & 2\end{bmatrix}$，$\boldsymbol{B}=\begin{bmatrix}4 & 3 & 2 & -1\\ 5 & -3 & 0 & 1\\ 1 & 2 & -5 & 0\end{bmatrix}$，求 $3\boldsymbol{A}-2\boldsymbol{B}$.

解　$3\boldsymbol{A}-2\boldsymbol{B}=3\begin{bmatrix}-1 & 2 & 3 & 1\\ 0 & 3 & -2 & 1\\ 4 & 0 & 3 & 2\end{bmatrix}-2\begin{bmatrix}4 & 3 & 2 & -1\\ 5 & -3 & 0 & 1\\ 1 & 2 & -5 & 0\end{bmatrix}=\begin{bmatrix}-3-8 & 6-6 & 9-4 & 3+2\\ 0-10 & 9+6 & -6-0 & 3-2\\ 12-2 & 0-4 & 9+10 & 6-0\end{bmatrix}$

$$=\begin{bmatrix}-11 & 0 & 5 & 5\\ -10 & 15 & -6 & 1\\ 10 & -4 & 19 & 6\end{bmatrix}.$$

【例 2-2】　已知 $\boldsymbol{A}=\begin{bmatrix}3 & -1 & 2 & 0\\ 1 & 5 & 7 & 9\\ 2 & 4 & 6 & 8\end{bmatrix}$，$\boldsymbol{B}=\begin{bmatrix}7 & 5 & -2 & 4\\ 5 & 1 & 9 & 7\\ 3 & 2 & -1 & 6\end{bmatrix}$，且 $\boldsymbol{A}+2\boldsymbol{X}=\boldsymbol{B}$，求 $\boldsymbol{X}$.

解　$\boldsymbol{X}=\dfrac{1}{2}(\boldsymbol{B}-\boldsymbol{A})=\dfrac{1}{2}\begin{bmatrix}4 & 6 & -4 & 4\\ 4 & -4 & 2 & -2\\ 1 & -2 & -7 & -2\end{bmatrix}=\begin{bmatrix}2 & 3 & -2 & 2\\ 2 & -2 & 1 & -1\\ \dfrac{1}{2} & -1 & -\dfrac{7}{2} & -1\end{bmatrix}$

注：n 阶数量矩阵 $\boldsymbol{A}=\begin{bmatrix}a & 0 & \cdots & 0\\ 0 & a & \cdots & 0\\ \vdots & \vdots & & \vdots\\ 0 & 0 & \cdots & a\end{bmatrix}=a\boldsymbol{E}_n$

【例 2-3】　若 $\boldsymbol{A}=\begin{bmatrix}2 & 3\\ 1 & -2\\ 3 & 1\end{bmatrix}$，$\boldsymbol{B}=\begin{bmatrix}1 & -2 & -3\\ 2 & -1 & 0\end{bmatrix}$，求 $\boldsymbol{AB}$.

解　$\boldsymbol{AB}=\begin{bmatrix}2 & 3\\ 1 & -2\\ 3 & 1\end{bmatrix}\begin{bmatrix}1 & -2 & -3\\ 2 & -1 & 0\end{bmatrix}=\begin{bmatrix}2\times1+3\times2 & 2\times(-2)+3\times(-1) & 2\times(-3)+3\times0\\ 1\times1+(-2)\times2 & 1\times(-2)+(-2)\times(-1) & 1\times(-3)+(-2)\times0\\ 3\times1+1\times2 & 3\times(-2)+1\times(-1) & 3\times(-3)+1\times0\end{bmatrix}$

$$=\begin{bmatrix}8 & -7 & -6\\ -3 & 0 & -3\\ 5 & -7 & -9\end{bmatrix}.$$

就此例再求一下 $\boldsymbol{BA}$.

$$\boldsymbol{BA}=\begin{bmatrix}1 & -2 & -3\\ 2 & -1 & 0\end{bmatrix}\begin{bmatrix}2 & 3\\ 1 & -2\\ 3 & 1\end{bmatrix}=\begin{bmatrix}1\times2+(-2)\times1+(-3)\times3 & 1\times3+(-2)\times(-2)+(-3)\times1\\ 2\times2+(-1)\times1+0\times3 & 2\times3+(-1)\times(-2)+0\times1\end{bmatrix}$$

$$=\begin{bmatrix}-9 & 4\\ 3 & 8\end{bmatrix},$$

显然 $\boldsymbol{AB}\neq\boldsymbol{BA}$.

【例 2-4】 设 $\boldsymbol{A}=(1,0,4)$，$\boldsymbol{B}=\begin{bmatrix}1\\1\\0\end{bmatrix}$. $\boldsymbol{A}$ 是一个 1×3 矩阵，$\boldsymbol{B}$ 是 3×1 矩阵，因此 $\boldsymbol{AB}$ 有意义，$\boldsymbol{BA}$ 也有意义，但

$$\boldsymbol{AB}=(1,0,4)\begin{bmatrix}1\\1\\0\end{bmatrix}=1\times1+0\times1+4\times0=1,$$

$$\boldsymbol{BA}=\begin{bmatrix}1\\1\\0\end{bmatrix}(1,0,4)=\begin{bmatrix}1\times1 & 1\times0 & 1\times4\\ 1\times1 & 1\times0 & 1\times4\\ 0\times1 & 0\times0 & 0\times4\end{bmatrix}=\begin{bmatrix}1 & 0 & 4\\ 1 & 0 & 4\\ 0 & 0 & 0\end{bmatrix}.$$

【例 2-5】 设 $\boldsymbol{A}=\begin{bmatrix}a_1 & & & \\ & a_2 & & \\ & & \ddots & \\ & & & a_n\end{bmatrix}$，$\boldsymbol{B}=\begin{bmatrix}b_1 & & & \\ & b_2 & & \\ & & \ddots & \\ & & & b_n\end{bmatrix}$.

（这种记法表示主对角线以外没有注明的元素均为零），则

(1) $k\begin{bmatrix}a & & & \\ & a_2 & & \\ & & \ddots & \\ & & & a_n\end{bmatrix}=\begin{bmatrix}ka_1 & & & \\ & ka_2 & & \\ & & \ddots & \\ & & & ka_n\end{bmatrix}$;

(2) $\begin{bmatrix}a_1 & & & \\ & a_2 & & \\ & & \ddots & \\ & & & a_n\end{bmatrix}+\begin{bmatrix}b_1 & & & \\ & b_2 & & \\ & & \ddots & \\ & & & b_n\end{bmatrix}=\begin{bmatrix}a_1+b_1 & & & \\ & a_2+b_2 & & \\ & & \ddots & \\ & & & a_n+b_n\end{bmatrix}$;

(3) $\begin{bmatrix}a_1 & & & \\ & a_2 & & \\ & & \ddots & \\ & & & a_n\end{bmatrix}\begin{bmatrix}b_1 & & & \\ & b_2 & & \\ & & \ddots & \\ & & & b_n\end{bmatrix}=\begin{bmatrix}a_1b_1 & & & \\ & a_2b_2 & & \\ & & \ddots & \\ & & & a_nb_n\end{bmatrix}$.

可见，如果 $\boldsymbol{A}$，$\boldsymbol{B}$ 为同阶对角矩阵，则 $k\boldsymbol{A}$，$\boldsymbol{A}+\boldsymbol{B}$，$\boldsymbol{A}\times\boldsymbol{B}$ 仍为同阶对角矩阵.

【例 2-6】 某地区有四个工厂Ⅰ、Ⅱ、Ⅲ、Ⅳ，生产甲、乙、丙三种产品，矩阵 $\boldsymbol{A}$ 表示一年中各工厂生产各种产品的数量，矩阵 $\boldsymbol{B}$ 表示各种产品的单位价格（元）及单位利润（元），矩阵 $\boldsymbol{C}$ 表示各工厂的总收入及总利润.

$$\boldsymbol{A}=\begin{bmatrix} a_{11} & a_{12} & a_{13} \\ a_{21} & a_{22} & a_{23} \\ a_{31} & a_{32} & a_{33} \\ a_{41} & a_{42} & a_{43} \end{bmatrix}\begin{matrix}\text{Ⅰ}\\ \text{Ⅱ}\\ \text{Ⅲ}\\ \text{Ⅳ}\end{matrix},\quad \boldsymbol{B}=\begin{bmatrix} b_{11} & b_{12} \\ b_{21} & b_{22} \\ b_{31} & b_{32} \end{bmatrix}\begin{matrix}\text{甲}\\ \text{乙}\\ \text{丙}\end{matrix},\quad \boldsymbol{C}=\begin{bmatrix} c_{11} & c_{12} \\ c_{21} & c_{22} \\ c_{31} & c_{32} \\ c_{41} & c_{42} \end{bmatrix}\begin{matrix}\text{Ⅰ}\\ \text{Ⅱ}\\ \text{Ⅲ}\\ \text{Ⅳ}\end{matrix}$$

甲 乙 丙　　　单位价格 单位利润　　　总收入 总利润

其中，$a_{ik}(i=1,2,3,4;k=1,2,3)$是第 i 个工厂生产第 k 种产品的数量，b_{k1} 及 $b_{k2}(k=1,2,3)$分别是第 k 种产品的单位价格及单位利润，c_{i1} 及 $c_{i2}(i=1,2,3,4)$分别是第 i 个工厂生产三种产品的总收入及总利润. 则矩阵 $\boldsymbol{A},\boldsymbol{B},\boldsymbol{C}$ 的元素之间有下列关系：

$$\begin{bmatrix} a_{11}b_{11}+a_{12}b_{21}+a_{13}b_{31} & a_{11}b_{12}+a_{12}b_{22}+a_{13}b_{32} \\ a_{21}b_{11}+a_{22}b_{21}+a_{23}b_{31} & a_{21}b_{12}+a_{22}b_{22}+a_{23}b_{32} \\ a_{31}b_{11}+a_{32}b_{21}+a_{33}b_{31} & a_{31}b_{12}+a_{32}b_{22}+a_{33}b_{32} \\ a_{41}b_{11}+a_{42}b_{21}+a_{43}b_{31} & a_{41}b_{12}+a_{42}b_{22}+a_{43}b_{32} \end{bmatrix}=\begin{bmatrix} c_{11} & c_{12} \\ c_{21} & c_{22} \\ c_{31} & c_{32} \\ c_{41} & c_{42} \end{bmatrix}.$$

总收入 总利润

其中 $c_{ij}=a_{i1}b_{1j}+a_{i2}b_{2j}+a_{i3}b_{3j}(i=1,2,3,4;j=1,2)$，即 $\boldsymbol{C}=\boldsymbol{AB}$.

【例 2-7】 求与矩阵 $\boldsymbol{A}=\begin{bmatrix} 0 & 1 & 0 & 0 \\ 0 & 0 & 1 & 0 \\ 0 & 0 & 0 & 1 \\ 0 & 0 & 0 & 0 \end{bmatrix}$可交换的一切矩阵.

解 设与 $\boldsymbol{A}$ 可交换的矩阵为 $\boldsymbol{B}=\begin{bmatrix} a & b & c & d \\ a_1 & b_1 & c_1 & d_1 \\ a_2 & b_2 & c_2 & d_2 \\ a_3 & b_3 & c_3 & d_3 \end{bmatrix}$，

则
$$\boldsymbol{AB}=\begin{bmatrix} 0 & 1 & 0 & 0 \\ 0 & 0 & 1 & 0 \\ 0 & 0 & 0 & 1 \\ 0 & 0 & 0 & 0 \end{bmatrix}\begin{bmatrix} a & b & c & d \\ a_1 & b_1 & c_1 & d_1 \\ a_2 & b_2 & c_2 & d_2 \\ a_3 & b_3 & c_3 & d_3 \end{bmatrix}=\begin{bmatrix} a_1 & b_1 & c_1 & d_1 \\ a_2 & b_2 & c_2 & d_2 \\ a_3 & b_3 & c_3 & d_3 \\ 0 & 0 & 0 & 0 \end{bmatrix},$$

$$\boldsymbol{BA}=\begin{bmatrix} a & b & c & d \\ a_1 & b_1 & c_1 & d_1 \\ a_2 & b_2 & c_2 & d_2 \\ a_3 & b_3 & c_3 & d_3 \end{bmatrix}\begin{bmatrix} 0 & 1 & 0 & 0 \\ 0 & 0 & 1 & 0 \\ 0 & 0 & 0 & 1 \\ 0 & 0 & 0 & 0 \end{bmatrix}=\begin{bmatrix} 0 & a & b & c \\ 0 & a_1 & b_1 & c_1 \\ 0 & a_2 & b_2 & c_2 \\ 0 & a_3 & b_3 & c_3 \end{bmatrix}.$$

由 $\boldsymbol{AB}=\boldsymbol{BA} \Longrightarrow a_1=0,b_1=a,c_1=b,d_1=c,a_2=0,b_2=a_1=0,c_2=b_1=a.\ d_2=c_1=b,$ $a_3=0,b_3=a_2=0,c_3=b_2=0,d_3=c_2=a.$

于是可得 $\boldsymbol{B}=\begin{bmatrix} a & b & c & d \\ 0 & a & b & c \\ 0 & 0 & a & b \\ 0 & 0 & 0 & a \end{bmatrix}$，其中 a,b,c 为任意实数.

【例 2-8】 证明：如果 $\boldsymbol{CA}=\boldsymbol{AC},\boldsymbol{CB}=\boldsymbol{BC}$，则有

$$(\boldsymbol{A}+\boldsymbol{B})\boldsymbol{C}=\boldsymbol{C}(\boldsymbol{A}+\boldsymbol{B});\quad (\boldsymbol{AB})\boldsymbol{C}=\boldsymbol{C}(\boldsymbol{AB}).$$

证　因为 $CA=AC, CB=BC$，

所以 $(A+B)C=AC+BC=CA+CB=C(A+B)$；

$(AB)C=A(BC)=A(CB)=(AC)B=(CA)B=C(AB)$.

【例 2-9】　解矩阵方程 $\begin{bmatrix}2&1\\1&2\end{bmatrix}X=\begin{bmatrix}1&2\\-1&4\end{bmatrix}$，$X$ 为二阶矩阵.

解　设 $X=\begin{bmatrix}x_{11}&x_{12}\\x_{21}&x_{22}\end{bmatrix}$，由题设，有

$$\begin{bmatrix}2&1\\1&2\end{bmatrix}\begin{bmatrix}x_{11}&x_{12}\\x_{21}&x_{22}\end{bmatrix}=\begin{bmatrix}1&2\\-1&4\end{bmatrix},\begin{bmatrix}2x_{11}+x_{21}&2x_{12}+x_{22}\\x_{11}+2x_{21}&x_{12}+2x_{22}\end{bmatrix}=\begin{bmatrix}1&2\\-1&4\end{bmatrix},$$

即 $\begin{cases}2x_{11}+x_{21}=1 & (1)\\x_{11}+2x_{21}=-1 & (2)\end{cases}$，$\begin{cases}2x_{12}+x_{22}=2 & (3)\\x_{12}+2x_{22}=4 & (4)\end{cases}$.

分别解(1)、(2)和(3)、(4)两个方程组得

$$x_{11}=1, x_{21}=-1, x_{12}=0, x_{22}=2,$$

所以 $X=\begin{bmatrix}1&0\\-1&2\end{bmatrix}$.

【例 2-10】　(1)设 $A=\begin{bmatrix}1&2&-1&0\\-1&0&1&4\\2&5&-3&1\end{bmatrix}$ 则 $A^{T}=\begin{bmatrix}1&-1&2\\2&0&5\\-1&1&-3\\0&4&1\end{bmatrix}$.

(2)设 $A=(1,2,3,-1)$，则 $A^{T}=\begin{bmatrix}1\\2\\3\\-1\end{bmatrix}$.

【例 2-11】　已知 $A=\begin{bmatrix}2&0&-1\\1&3&2\end{bmatrix}$，求 $B=\begin{bmatrix}1&7&-1\\4&2&3\\2&0&1\end{bmatrix}$，求 $(AB)^{T}$

解 1　因为 $AB=\begin{bmatrix}2&0&-1\\1&3&2\end{bmatrix}\begin{bmatrix}1&7&-1\\4&2&3\\2&0&1\end{bmatrix}=\begin{bmatrix}0&14&-3\\17&13&10\end{bmatrix}$，所以 $(AB)^{T}=\begin{bmatrix}0&17\\14&13\\-3&10\end{bmatrix}$.

解 2　$(AB)^{T}=B^{T}A^{T}=\begin{bmatrix}1&4&2\\7&2&0\\-1&3&1\end{bmatrix}\begin{bmatrix}2&1\\0&3\\-1&2\end{bmatrix}=\begin{bmatrix}0&17\\14&13\\-3&10\end{bmatrix}$.

【例 2-12】　设 $A=\begin{bmatrix}\lambda&1&0\\0&\lambda&1\\0&0&\lambda\end{bmatrix}$，求 A^{3}.

解 $A^2=\begin{bmatrix}\lambda&1&0\\0&\lambda&1\\0&0&\lambda\end{bmatrix}\begin{bmatrix}\lambda&1&0\\0&\lambda&1\\0&0&\lambda\end{bmatrix}=\begin{bmatrix}\lambda^2&2\lambda&1\\0&\lambda^2&2\lambda\\0&0&\lambda^3\end{bmatrix}$

$$A^3=A^2A=\begin{bmatrix}\lambda^2&2\lambda&1\\0&\lambda^2&2\lambda\\0&0&\lambda^2\end{bmatrix}\begin{bmatrix}\lambda&1&0\\0&\lambda&1\\0&0&\lambda\end{bmatrix}=\begin{bmatrix}\lambda^3&3\lambda^2&3\lambda\\0&\lambda^3&3\lambda^2\\0&0&\lambda^3\end{bmatrix}.$$

【例 2-13】 设 $A=\begin{bmatrix}1&0&-1\\2&1&0\\3&2&-1\end{bmatrix}$，$B=\begin{bmatrix}-2&1&0\\0&3&1\\0&0&2\end{bmatrix}$，则

又 $$AB=\begin{bmatrix}-2&1&-2\\-4&5&1\\-6&9&0\end{bmatrix},|AB|=\begin{vmatrix}-2&1&-2\\-4&5&1\\-6&9&0\end{vmatrix}=24;$$

$$|A|=\begin{vmatrix}1&0&-1\\2&1&0\\3&2&-1\end{vmatrix}=-2,|B|=\begin{vmatrix}-2&1&0\\0&3&1\\0&0&2\end{vmatrix}=-12,$$

因此 $|AB|=24=(-2)\times(-12)=|A||B|$.

【例 2-14】 设 A 与 B 是两个 n 阶反对称矩阵，证明：当且仅当 $AB=-BA$ 时，AB 是反对称矩阵.

解 因为 A 与 B 时反对称矩阵 $\Longrightarrow A=-A^{T},B=-B^{T}$.

若 $AB=-BA$，则 $(AB)^{T}=B^{T}A^{T}=BA=-AB$，所以 AB 反对称.

反之，若 AB 反对称，即 $(AB)^{T}=-AB\Longrightarrow AB=-(AB)^{T}=-B^{T}A^{T}=-(-B)(-A)=-BA$，证毕.

【例 2-15】 设列矩阵 $X=(x_1,x_2,\cdots,x_n)^{T}$ 满足 $X^{T}X=1$，E 为 n 阶单位矩阵，$H=E-2XX^{T}$，证明 H 是对称矩阵，且 $HH^{T}=E$.

证 因为 $H^{T}=(E-2XX^{T})^{T}=E^{T}-2(XX^{T})^{T}=E-2XX^{T}=H$，

所以 H 是对称矩阵.

$$HH^{T}=H^2=(E-2XX^{T})^2=E-4XX^{T}+4(XX^{T})(XX^{T})=E-4XX^{T}+4X(X^{T}X)X^{T}$$
$$=E-4XX^{T}+4XX^{T}=E.$$

2.2 同步训练

习题 2.1

一、选择题.

1. 设矩阵 $A=\begin{bmatrix}a_1&b_1&c_1\\a_2&b_2&c_2\\a_3&b_3&c_3\end{bmatrix}$，$B=\begin{bmatrix}a_2&b_2&c_2\\a_1&b_1&c_1\\a_3&b_3&c_3\end{bmatrix}$，$P=\begin{bmatrix}0&1&0\\1&0&0\\0&0&1\end{bmatrix}$中，则有（　　）.

(A) $AP^2=B$　(B) $P^2A=B$　(C) $AP=B$　(D) $PA=B$

2. 设 A 是方阵，如有矩阵关系式 $AB=AC$，则必有(　　).

(A) $A=0$　(B) $B\neq C$ 时 $A=0$

(C) $A\neq 0$ 时 $B=C$　(D) $|A|\neq 0$ 时 $B=C$

3. 设矩阵 $A=\begin{bmatrix}1&1&1\\1&2&1\\2&3&\lambda+1\end{bmatrix}$ 的秩为 2，则 $\lambda=$(　　).

(A) 2　(B) 1　(C) 0　(D) -1

4. 设 A,B 均为 3 阶矩阵，若 A 可逆，$R(B)=2$，那么 $R(AB)=$(　　).

(A) 0　(B) 1　(C) 2　(D) 3

二、填空题.

1. 设 $A=\begin{bmatrix}2&0&0\\0&0&1\\0&1&0\end{bmatrix}$，则 $|A^5|=$________；

2. 设 $A=\begin{bmatrix}1&2&-2\\4&t&3\\3&-1&1\end{bmatrix}$，$B$ 为三阶非零矩阵，且 $AB=0$，则 $t=$________；

3. 设 $A=\begin{bmatrix}2&1&0\\1&1&0\\0&0&2\end{bmatrix}$，$A^*$ 为 A 的伴随矩阵，则 $|A^*|=$________.

三、计算题.

1. $A=\begin{bmatrix}1&0&1\\2&1&0\\-3&2&-5\end{bmatrix}$，求 A^{-1}.

2. 设矩阵 $C=A[(A^{-1})^2+A^*BA^{-1}]A$，其中，$A=\begin{bmatrix}1&1&0\\0&1&1\\1&1&1\end{bmatrix}$，$B=\begin{bmatrix}1&2&3\\4&5&6\\7&8&9\end{bmatrix}$. A^* 为 A 的伴随矩阵. 计算 $|C|$.

3. 设矩阵 $A=\begin{bmatrix}4&2&3\\1&1&0\\-1&2&3\end{bmatrix}$，求矩阵 B 使其满足矩阵方程 $AB=A+2B$.

4. 已知 $AP=PB$，其中 $B=\begin{bmatrix}1&0&0\\0&0&0\\0&0&-1\end{bmatrix}$，$P=\begin{bmatrix}1&0&0\\2&-1&0\\2&1&1\end{bmatrix}$，求 A^{10}.

习题 2.2

一、选择题(每小题 3 分，共 24 分).

1. 设 A 是 n 阶方阵，X 是 $n\times 1$ 矩阵，则下列矩阵运算中正确的是(　　).

(A) X^TAX　(B) XAX　(C) AXA　(D) XAX^T

2. 设 A,B 均为 n 阶可逆矩阵，则下列各式中不正确的是（　）.

(A) $(\boldsymbol{A}+\boldsymbol{B})^{T}=\boldsymbol{A}^{T}+\boldsymbol{B}^{T}$　　(B) $(\boldsymbol{A}+\boldsymbol{B})^{-1}=\boldsymbol{A}^{-1}+\boldsymbol{B}^{-1}$

(C) $(\boldsymbol{AB})^{-1}=\boldsymbol{B}^{-1}\boldsymbol{A}^{-1}$　　(D) $(\boldsymbol{AB})^{T}=\boldsymbol{B}^{T}\boldsymbol{A}^{T}$

3. 设 $\boldsymbol{A}=\begin{bmatrix}2&0&0\\0&1&-1\\0&0&2\end{bmatrix}$，则 $\boldsymbol{A}^{-1}=$（　）.

(A) $\begin{bmatrix}\frac{1}{2}&0&0\\0&1&0\\0&-\frac{1}{2}&1\end{bmatrix}$ (B) $\begin{bmatrix}\frac{1}{2}&0&0\\0&\frac{1}{2}&-\frac{1}{2}\\0&0&\frac{1}{2}\end{bmatrix}$ (C) $\begin{bmatrix}\frac{1}{2}&0&0\\0&1&\frac{1}{2}\\0&0&\frac{1}{2}\end{bmatrix}$ (D) $\begin{bmatrix}\frac{1}{2}&0&0\\0&1&0\\0&\frac{1}{2}&\frac{1}{2}\end{bmatrix}$

4. 设 n 阶方阵 $\boldsymbol{A}$，且 $|\boldsymbol{A}|\neq0$，则 $(\boldsymbol{A}^{*})^{-1}=$（　）.

(A) $\frac{1}{|\boldsymbol{A}|}\boldsymbol{A}$　　(B) $\frac{1}{|\boldsymbol{A}|}\boldsymbol{A}^{*}$　　(C) $\frac{1}{|\boldsymbol{A}|}\boldsymbol{A}^{-1}$　　(D) $\frac{1}{\boldsymbol{A}^{*}}\boldsymbol{A}$

5. 设 $\boldsymbol{A}$ 为 3 阶方阵，且 $|\boldsymbol{A}|=2$，则 $|2\boldsymbol{A}^{-1}|=$（　）.

(A) -4　　(B) -1　　(C) 1　　(D) 4

6. 设 3 阶方阵 $\boldsymbol{A}$ 的秩为 2，则与 $\boldsymbol{A}$ 等价的矩阵为（　）.

(A) $\begin{bmatrix}1&1&1\\0&0&0\\0&0&0\end{bmatrix}$　　(B) $\begin{bmatrix}1&1&1\\0&1&1\\0&0&0\end{bmatrix}$　　(C) $\begin{bmatrix}1&1&1\\2&2&2\\0&0&0\end{bmatrix}$　　(D) $\begin{bmatrix}1&1&1\\2&2&2\\3&3&3\end{bmatrix}$

7. 设 $\boldsymbol{A}$ 为三阶方阵且 $|\boldsymbol{A}|=-2$，则 $|3\boldsymbol{A}^{T}\boldsymbol{A}|=$（　）.

(A) -108　　(B) -12　　(C) 12　　(D) 108

8. 设 $\boldsymbol{A}$、$\boldsymbol{B}$ 为同阶方阵，下列等式中恒正确的是（　）.

(A) $\boldsymbol{AB}=\boldsymbol{BA}$　　(B) $(\boldsymbol{A}+\boldsymbol{B})^{-1}=\boldsymbol{A}^{-1}+\boldsymbol{B}^{-1}$

(C) $|\boldsymbol{A}+\boldsymbol{B}|=|\boldsymbol{A}|+|\boldsymbol{B}|$　　(D) $(\boldsymbol{A}+\boldsymbol{B})^{T}=\boldsymbol{A}^{T}+\boldsymbol{B}^{T}$

二、填空题（每小题 3 分，共 24 分）.

1. 设 $\boldsymbol{A},\boldsymbol{B}$ 均为 3 阶方阵，且 $|\boldsymbol{A}|=3$，$|\boldsymbol{B}|=-2$，则 $|\boldsymbol{AB}^{T}|=$________.

2. 设 $\boldsymbol{A}$ 为 n 阶方阵，且 $|\boldsymbol{A}|=2$，则 $\left|\left(-\frac{1}{3}\boldsymbol{A}\right)^{-1}+\boldsymbol{A}^{*}\right|=$________.

3. $\boldsymbol{A}=\begin{bmatrix}1&-1&1&2\\2&3&3&2\\1&1&2&1\end{bmatrix}$，则 $R(\boldsymbol{A})=$________.

4. 设 3 阶矩阵 $\boldsymbol{A}=\begin{bmatrix}0&1&3\\0&2&5\\2&0&0\end{bmatrix}$，则 $(\boldsymbol{A}^{T})^{-1}=$________.

5. 设 3 阶矩阵 $\boldsymbol{A}=\begin{bmatrix}1&0&0\\2&2&0\\3&3&3\end{bmatrix}$，则 $\boldsymbol{A}^{*}\boldsymbol{A}=$________.

6. 设 $\boldsymbol{A},\boldsymbol{B}$ 均为 3 阶方阵，$|\boldsymbol{A}|=|\boldsymbol{B}|=3$，则 $|-2\boldsymbol{A}^{*}\boldsymbol{B}^{-1}|=$________.

7. 设 $\boldsymbol{A}=\begin{bmatrix}0&1&0&0\\1&0&0&0\\0&0&1&1\\0&0&1&2\end{bmatrix}$，则 $\boldsymbol{A}^{-1}=$________.

8. 设 n 阶矩阵 $(n\geqslant 3)$ $\boldsymbol{A}=\begin{bmatrix}1&a&a&\cdots&a\\a&1&a&\cdots&a\\a&a&1&\cdots&a\\\vdots&\vdots&\vdots&&\vdots\\a&a&a&\cdots&1\end{bmatrix}$ 的秩为 $n-1$，则 $a=$________.

三、计算题（每小题 10 分，共 40 分）.

1. 设矩阵 $\boldsymbol{A}=\begin{bmatrix}1&-1&1&2\\3&\lambda&-1&2\\5&3&\mu&6\end{bmatrix}$，已知 $R(\boldsymbol{A})=2$，求 λ 与 μ 的值.

2. 设矩阵 $\boldsymbol{A}=\begin{bmatrix}5&0&0\\0&1&2\\0&3&7\end{bmatrix}$，$\boldsymbol{B}=\begin{bmatrix}10&0&1\\20&2&1\end{bmatrix}$，求矩阵方程 $\boldsymbol{XA}=\boldsymbol{B}$ 的解 $\boldsymbol{X}$.

3. 设 $\boldsymbol{AP}=\boldsymbol{P\Lambda}$，其中 $\boldsymbol{P}=\begin{bmatrix}1&1&1\\1&0&-2\\1&-1&1\end{bmatrix}$，$\boldsymbol{\Lambda}=\begin{bmatrix}-1&&\\&1&\\&&-1\end{bmatrix}$，求 $\boldsymbol{A}^5$.

4. 已知矩阵 $\boldsymbol{A}$ 的伴随矩阵 $\boldsymbol{A}^*=\begin{bmatrix}1&0&0&0\\0&1&0&0\\1&0&1&0\\0&-3&0&8\end{bmatrix}$，且 $\boldsymbol{ABA}^{-1}=\boldsymbol{BA}^{-1}+3\boldsymbol{E}$，求 $\boldsymbol{B}$.

四、证明题（每小题 6 分，共 12 分）.

1. n 阶方阵 $\boldsymbol{A}$ 满足 $\boldsymbol{A}^2-2\boldsymbol{A}-4\boldsymbol{E}=0$，其中 $\boldsymbol{A}$ 给定，证明 $\boldsymbol{A}$ 可逆，并求其逆矩阵.

2. 设 $\boldsymbol{A}$ 是 n 阶方阵，若存在 n 阶方阵 $\boldsymbol{B}\neq 0$，使 $\boldsymbol{AB}=0$，证明：$R(\boldsymbol{A})<n$.

第 3 章　线性方程组

3.1　典型例题

【例 3-1】 任何一个 n 维向量 $\boldsymbol{\alpha}=(a_1,a_2,\cdots,a_n)^{\mathrm{T}}$ 都是 n 维向量单位组

$\boldsymbol{\varepsilon}_1=(1,0,\cdots,0)^{\mathrm{T}},\boldsymbol{\varepsilon}_2=(0,1,0,\cdots,0)^{\mathrm{T}},\cdots,\boldsymbol{\varepsilon}_n=(0,0,\cdots,0,1)^{\mathrm{T}}$ 的线性组合.

因为 $\boldsymbol{\alpha}=\boldsymbol{\alpha}_1\boldsymbol{\varepsilon}_1+\boldsymbol{\alpha}_2\boldsymbol{\varepsilon}_2+\cdots+\boldsymbol{\alpha}_n\boldsymbol{\varepsilon}_n$.

【例 3-2】 判断向量 $\boldsymbol{\beta}_1=(4,3,-1,11)^{\mathrm{T}}$ 与 $\boldsymbol{\beta}_2=(4,3,0,11)^{\mathrm{T}}$ 是否各为向量组 $\boldsymbol{\alpha}_1=(1,2,-1,5)^{\mathrm{T}},\boldsymbol{\alpha}_2=(2,-1,1,1)^{\mathrm{T}}$ 的线性组合.若是，写出表示式.

解　设 $k_1\boldsymbol{\alpha}_1+k_2\boldsymbol{\alpha}_2=\boldsymbol{\beta}_1$,对矩阵$(\boldsymbol{\alpha}_1\quad\boldsymbol{\alpha}_2\quad\boldsymbol{\beta}_1)$施以初等行变换.

易见,秩$(\boldsymbol{\alpha}_1,\boldsymbol{\alpha}_2,\boldsymbol{\beta}_1)=$秩$(\boldsymbol{\alpha}_1,\boldsymbol{\alpha}_2)=2$.故 $\boldsymbol{\beta}_1$ 可由 $\boldsymbol{\alpha}_1,\boldsymbol{\alpha}_2$ 线性表示,且由初等变换可取 $k_1=2,k_2=1$ 使 $\boldsymbol{\beta}_1=2\boldsymbol{\alpha}_1+\boldsymbol{\alpha}_2$.类似地,对矩阵$(\boldsymbol{\alpha}_1,\boldsymbol{\alpha}_2,\boldsymbol{\beta}_2)$施以初等行变换:

$$\begin{bmatrix}1&2&4\\2&-1&3\\-1&1&0\\5&1&11\end{bmatrix}\longrightarrow\begin{bmatrix}1&2&4\\0&-5&-5\\0&3&4\\0&-9&-9\end{bmatrix}\longrightarrow\begin{bmatrix}1&2&4\\0&1&1\\0&0&1\\0&0&0\end{bmatrix}$$

易见,$R(\boldsymbol{\alpha}_1\quad\boldsymbol{\alpha}_2\quad\boldsymbol{\beta}_2)=3\neq R(\boldsymbol{\alpha}_1\quad\boldsymbol{\alpha}_2)=2$.故 $\boldsymbol{\beta}_2$ 不能由 $\boldsymbol{\alpha}_1,\boldsymbol{\alpha}_2$ 线性表示.

【例 3-3】
$$\boldsymbol{\beta}_1=\begin{bmatrix}1\\0\\-1\end{bmatrix},\boldsymbol{\beta}_2=\begin{bmatrix}1\\1\\1\end{bmatrix},\boldsymbol{\beta}_3=\begin{bmatrix}3\\1\\-1\end{bmatrix},\boldsymbol{\beta}_4=\begin{bmatrix}5\\3\\1\end{bmatrix}.$$

判断 $\boldsymbol{\beta}_4$ 可否由 $\boldsymbol{\beta}_1,\boldsymbol{\beta}_2,\boldsymbol{\beta}_3$ 线性表示.

解　设 $\boldsymbol{\beta}_4=\boldsymbol{k}_1\boldsymbol{\beta}_1+\boldsymbol{k}_2\boldsymbol{\beta}_2+\boldsymbol{k}_3\boldsymbol{\beta}_3$,比较两端的对应分量可得

$$\begin{bmatrix}1&1&3\\0&1&1\\-1&1&-1\end{bmatrix}\begin{bmatrix}k_1\\k_1\\k_3\end{bmatrix}=\begin{bmatrix}5\\3\\1\end{bmatrix},\text{求得一组解为}\begin{bmatrix}k_1\\k_2\\k_3\end{bmatrix}=\begin{bmatrix}0\\2\\1\end{bmatrix},$$

于是有 $\boldsymbol{\beta}_4=0\boldsymbol{\beta}_1+2\boldsymbol{\beta}_2+1\boldsymbol{\beta}_3$，即 $\boldsymbol{\beta}_4$ 可由 $\boldsymbol{\beta}_1,\boldsymbol{\beta}_2,\boldsymbol{\beta}_3$ 线性表示.

注:取另一组解$\begin{bmatrix}k_1\\k_2\\k_3\end{bmatrix}=\begin{bmatrix}2\\3\\0\end{bmatrix}$时，有 $\boldsymbol{\beta}_4=2\boldsymbol{\beta}_1+3\boldsymbol{\beta}_2+0\boldsymbol{\beta}_3$.

【例 3-4】 判断例 3 中向量组 $\boldsymbol{\beta}_1,\boldsymbol{\beta}_2,\boldsymbol{\beta}_3,\boldsymbol{\beta}_4$ 的线性相关性.

解　设 $k_1\boldsymbol{\beta}_1+k_2\boldsymbol{\beta}_2+k_3\boldsymbol{\beta}_3+k_4\boldsymbol{\beta}_4=0$，比较两端的对应分量可得

$$\begin{bmatrix}1&1&3&5\\0&1&1&3\\-1&1&-1&1\end{bmatrix}\begin{bmatrix}k_1\\k_2\\k_3\\k_4\end{bmatrix}=\begin{bmatrix}0\\0\\0\end{bmatrix},$$

即 $\boldsymbol{A}x=0$. 因为未知量的个数是 4，而 $R(\boldsymbol{A})<4$，所以 $\boldsymbol{A}x=0$ 有非零解，由定义知 $\boldsymbol{\beta}_1,\boldsymbol{\beta}_2,\boldsymbol{\beta}_3,\boldsymbol{\beta}_4$ 线性相关.

【例 3-5】 已知向量组 $\boldsymbol{\alpha}_1,\boldsymbol{\alpha}_2,\boldsymbol{\alpha}_3$ 线性无关，证明向量组

$$\boldsymbol{\beta}_1=\boldsymbol{\alpha}_1+\boldsymbol{\alpha}_2,\boldsymbol{\beta}_2=\boldsymbol{\alpha}_2+\boldsymbol{\alpha}_3,\boldsymbol{\beta}_3=\boldsymbol{\alpha}_3+\boldsymbol{\alpha}_1 \text{ 线性无关.}$$

证　设 $k_1\boldsymbol{\beta}_1+k_2\boldsymbol{\beta}_2+k_3\boldsymbol{\beta}_3=0$，则有

$$(k_1+k_3)\boldsymbol{\alpha}_1+(k_1+k_2)\boldsymbol{\alpha}_2+(k_2+k_3)\boldsymbol{\alpha}_3=0.$$

因为 $\boldsymbol{\alpha}_1,\boldsymbol{\alpha}_2,\boldsymbol{\alpha}_1$ 线性无关，所以

$$\begin{cases}k_1+k_3=0\\k_1+k_2=0,\\k_2+k_3=0\end{cases}\text{即}\begin{bmatrix}1&0&1\\1&1&0\\0&1&1\end{bmatrix}\begin{bmatrix}k_1\\k_2\\k_3\end{bmatrix}=\begin{bmatrix}0\\0\\0\end{bmatrix}.$$

系数行列式 $\begin{vmatrix}1&0&1\\1&1&0\\0&1&1\end{vmatrix}=2\neq0$，该齐次方程组只有零解，

故 $\boldsymbol{\beta}_1,\boldsymbol{\beta}_2,\boldsymbol{\beta}_3$ 线性无关.

【例 3-6】 判断向量组

$\boldsymbol{e}_1=(1,0,0,\cdots,0),\boldsymbol{e}_2=(0,1,0,\cdots,0),\cdots,\boldsymbol{e}_n=(0,0,\cdots,0,1)$的线性相关性.

解　设 $k_1\boldsymbol{e}_1+k_2\boldsymbol{e}_2+\cdots+k_n\boldsymbol{e}_n=0$，则有

$$(k_1,k_2,\cdots,k_n)=0\Rightarrow\text{只有 }k_1=0,k_2=0,\cdots,k_n=0,$$

故 $\boldsymbol{e}_1,\boldsymbol{e}_2,\cdots,\boldsymbol{e}_n$ 线性无关.

【例 3-7】 设 $\boldsymbol{\alpha}_1,\boldsymbol{\alpha}_2,\cdots,\boldsymbol{\alpha}_m$ 两两正交且非零，证明该向量组线性无关.

证　设 $k_1\boldsymbol{\alpha}_1+k_2\boldsymbol{\alpha}_2+\cdots+k_m\boldsymbol{\alpha}_m=0$，两端与 α_i 作内积可得

$$k_1[\boldsymbol{\alpha}_1,\boldsymbol{\alpha}_i]+\cdots+k_i[\boldsymbol{\alpha}_i,\boldsymbol{\alpha}_i]+\cdots+k_m[\boldsymbol{\alpha}_m,\boldsymbol{\alpha}_i]=[0,\boldsymbol{\alpha}_i],$$

当 $i\neq j$ 时，$[\boldsymbol{\alpha}_i,\boldsymbol{\alpha}_j]=0$，于是有

$$k_i[\boldsymbol{\alpha}_i,\boldsymbol{\alpha}_i]=0\Rightarrow\text{只有 }k_i=0(\text{因为 }\boldsymbol{\alpha}_i\neq0)$$

上式对于 $i=1,2,\cdots,m$ 都成立，故 $\boldsymbol{\alpha}_1,\boldsymbol{\alpha}_2,\cdots,\boldsymbol{\alpha}_m$ 线性无关.

【例 3-8】 向量组 T：$\boldsymbol{\beta}_1=\begin{bmatrix}1\\0\\-2\end{bmatrix},\boldsymbol{\beta}_2=\begin{bmatrix}3\\2\\0\end{bmatrix},\boldsymbol{\beta}_3=\begin{bmatrix}-2\\-1\\1\end{bmatrix},\boldsymbol{\beta}_4=\begin{bmatrix}2\\3\\5\end{bmatrix}$.

求 T 的一个极大无关组.

解　构造矩阵 $\boldsymbol{A}=(\boldsymbol{\beta}_1\quad\boldsymbol{\beta}_2\quad\boldsymbol{\beta}_3\quad\boldsymbol{\beta}_4)=\begin{bmatrix}1&3&-2&2\\0&2&-1&3\\-2&0&1&5\end{bmatrix}$,

求得 $R(\boldsymbol{A})=2\Rightarrow$秩$(T)=2$.

矩阵 $\boldsymbol{A}$ 中位于 1,2 行 1,2 列的二阶子式 $\begin{vmatrix}1&3\\0&2\end{vmatrix}=2\neq0$,

故 $\boldsymbol{\beta}_1,\boldsymbol{\beta}_2$ 是 T 的一个极大无关组.

【例 3-9】 向量组 T：$\boldsymbol{\alpha}_1=\begin{bmatrix}1\\1\\1\\3\end{bmatrix},\boldsymbol{\alpha}_2=\begin{bmatrix}-1\\-3\\5\\1\end{bmatrix},\boldsymbol{\alpha}_3=\begin{bmatrix}3\\2\\-1\\c+2\end{bmatrix},\boldsymbol{\alpha}_4=\begin{bmatrix}-2\\-6\\10\\c\end{bmatrix}$.

求向量组 T 的一个极大无关组.

解 对矩阵 $\boldsymbol{A}=[\boldsymbol{\alpha}_1\quad \boldsymbol{\alpha}_2\quad \boldsymbol{\alpha}_3\quad \boldsymbol{\alpha}_4]$进行初等行变换可得

$$\boldsymbol{A}=\begin{bmatrix}1&-1&3&-2\\1&-3&2&-6\\1&5&-1&10\\3&1&c+2&c\end{bmatrix}\longrightarrow\begin{bmatrix}1&-1&3&-2\\0&-2&-1&-4\\0&6&-4&12\\0&4&c-7&c+6\end{bmatrix}$$

$$\longrightarrow\begin{bmatrix}1&-1&3&-2\\0&-2&-1&-4\\0&0&-7&0\\0&0&c-9&c-2\end{bmatrix}\longrightarrow\begin{bmatrix}1&-1&3&-2\\0&-2&-1&-4\\0&0&-7&0\\0&0&0&c-2\end{bmatrix}=\boldsymbol{B}.$$

(1)$c\neq 2$:$R(\boldsymbol{A})=R(\boldsymbol{B})=4$.

$\boldsymbol{B}$ 的 1,2,3,4 列线性无关$\Rightarrow\boldsymbol{A}$ 的 1,2,3,4 列线性无关,

故 $\boldsymbol{\alpha}_1,\boldsymbol{\alpha}_2,\boldsymbol{\alpha}_3,\boldsymbol{\alpha}_4$ 是 T 的一个极大无关组.

(2)$c=2$:$R(\boldsymbol{A})=R(\boldsymbol{B})=3$.

$\boldsymbol{B}$ 的 1,2,3 列线性无关$\Rightarrow\boldsymbol{A}$ 的 1,2,3 列线性无关,

故 $\boldsymbol{\alpha}_1,\boldsymbol{\alpha}_2,\boldsymbol{\alpha}_3$ 是 T 的一个极大无关组.

注:当 $\boldsymbol{\alpha}_1,\boldsymbol{\alpha}_2,\cdots,\boldsymbol{\alpha}_m$ 为行向量组时,$\boldsymbol{\alpha}_1^{\mathrm{T}},\boldsymbol{\alpha}_2^{\mathrm{T}},\cdots,\boldsymbol{\alpha}_m^{\mathrm{T}}$ 为列向量组.

若矩阵 $\boldsymbol{A}=[\boldsymbol{\alpha}_1^{\mathrm{T}}\quad \boldsymbol{\alpha}_2^{\mathrm{T}}\quad \cdots\quad \boldsymbol{\alpha}_m^{\mathrm{T}}]$的列向量组的一个最大无关组为 $\boldsymbol{\alpha}_{c_1}^{\mathrm{T}},\cdots,\boldsymbol{\alpha}_{c_r}^{\mathrm{T}}$,则 $\boldsymbol{\alpha}_{c_1},\cdots,\boldsymbol{\alpha}_{cr}$,是 $\boldsymbol{\alpha}_1,\boldsymbol{\alpha}_2,\cdots,\boldsymbol{\alpha}_m$ 的一个极大无关组.

【例 3-10】 设 $\boldsymbol{A}_{m\times l},\boldsymbol{B}_{l\times n}$,则 $R(\boldsymbol{AB})\leqslant R(\boldsymbol{A}),R(\boldsymbol{AB})\leqslant R(\boldsymbol{B})$.

证 设 $\boldsymbol{A}=(a_{ij})_{m\times l},\boldsymbol{B}=\begin{bmatrix}b_1\\\vdots\\b_l\end{bmatrix},\boldsymbol{AB}\overset{\Delta}{=\!=}C=\begin{bmatrix}c_1\\\vdots\\c_m\end{bmatrix}$,则

$$\boldsymbol{c}_i=a_{i1}\boldsymbol{b}_1+\cdots+a_{il}\boldsymbol{b}_l.\ (i=1,2,\cdots,m)$$

即 $\boldsymbol{c}_1,\cdots,\boldsymbol{c}_m$ 可由 $\boldsymbol{b}_1,\cdots,\boldsymbol{b}_c$ 线性表示,故 $R(\boldsymbol{C})\leqslant R(\boldsymbol{B})$.

根据上述结果可得

$R(\boldsymbol{C})=R(\boldsymbol{C}^{\mathrm{T}})=R(\boldsymbol{B}^{\mathrm{T}}\boldsymbol{A}^{\mathrm{T}})\leqslant R(\boldsymbol{A}^{\mathrm{T}})=R\boldsymbol{A}$.

【例 3-11】 给定 n 维向量组 $\boldsymbol{\alpha}_1,\cdots,\boldsymbol{\alpha}_m(m\geqslant 1)$,验证:

$$V=\{\boldsymbol{\alpha}\mid\boldsymbol{\alpha}=k_1\boldsymbol{\alpha}_1+\cdots+k_m\boldsymbol{\alpha}_m,k_i\in\mathbf{R}\}$$

是向量空间.称之为由向量组 $\boldsymbol{\alpha}_1,\cdots,\boldsymbol{\alpha}_m$ 生成的向量空间,记作

$$L(\boldsymbol{\alpha}_1,\cdots,\boldsymbol{\alpha}_m)\text{或者 }\mathrm{span}\{\boldsymbol{\alpha}_1,\cdots,\boldsymbol{\alpha}_m\}.$$

证 设 $\boldsymbol{\alpha},\boldsymbol{\beta}\in V$ 则 $\boldsymbol{\alpha}=k_1\boldsymbol{\alpha}_1+\cdots+k_m\boldsymbol{\alpha}_m,\boldsymbol{\beta}=t_1\boldsymbol{\alpha}_1+\cdots+t_m\boldsymbol{\alpha}_m$,于是有

$$\boldsymbol{\alpha}+\boldsymbol{\beta}=(k_1+t_1)\boldsymbol{\alpha}_1+\cdots+(k_m+t_m),\boldsymbol{\alpha}_m\in V$$

$$k\boldsymbol{\alpha}=(kk_1)\boldsymbol{\alpha}_1+\cdots+(kk_m)\boldsymbol{\alpha}_m\in V.\ (\forall k\in\mathbf{R})$$

由定义知,V 是向量空间.

【例 3-12】 设向量空间 V 的基为 $\boldsymbol{\alpha}_1,\cdots\boldsymbol{\alpha}_r$,则 $V=L(\boldsymbol{\alpha}_1,\cdots\boldsymbol{\alpha}_r)$.

证

$$\forall\boldsymbol{\alpha}\in V\Rightarrow\boldsymbol{\alpha}=k_1\boldsymbol{\alpha}_1+\cdots+k_r\boldsymbol{\alpha}_r\in L\Rightarrow V\subset L;$$

$$\forall\boldsymbol{\alpha}\in L\Rightarrow\boldsymbol{\alpha}=k_1\boldsymbol{\alpha}_1+\cdots+k_r\boldsymbol{\alpha}_r\in V\Rightarrow L\subset V.$$

【例 3-13】 设向量空间 V^3 的基为

$$\boldsymbol{\alpha}_1=(1,1,1,1)^{\mathrm{T}},\boldsymbol{\alpha}_2=(1,1,-1,1)^{\mathrm{T}},\boldsymbol{\alpha}_3=(1,-1,-1,1)^{\mathrm{T}}.$$

求 $\boldsymbol{\alpha}=(1,2,1,1)^{\mathrm{T}}$ 在该基下的坐标.

解　设 $\boldsymbol{\alpha}=x_1\boldsymbol{\alpha}_1+x_2\boldsymbol{\alpha}_2+x_3\boldsymbol{\alpha}_3$，比较等式两端的对应分量可得

$$\begin{bmatrix}1&1&1\\1&1&-1\\1&-1&-1\\1&1&1\end{bmatrix}\begin{bmatrix}x_1\\x_2\\x_3\end{bmatrix}=\begin{bmatrix}1\\2\\1\\1\end{bmatrix},$$

$$\left[\begin{array}{ccc:c}1&1&1&1\\1&1&-1&2\\1&-1&-1&1\\1&1&1&1\end{array}\right]\to\left[\begin{array}{ccc:c}1&0&0&1\\0&1&0&1/2\\0&0&1&-1/2\\0&0&0&0\end{array}\right],\begin{bmatrix}x_1\\x_2\\x_3\end{bmatrix}=\begin{bmatrix}1\\1/2\\-1/2\end{bmatrix}.$$

【例 3-14】　已知向量空间 V^3 的基为

$$\boldsymbol{\alpha}_1=(1,1,0,0),\boldsymbol{\alpha}_2=(1,0,1,0),\boldsymbol{\alpha}_3=(-1,0,0,1).$$

求 V^3 的一组正交基.

解　$\boldsymbol{\beta}_1=\boldsymbol{\alpha}_1=(1,1,0,0)$，

$$\boldsymbol{\beta}_2=\boldsymbol{\alpha}_2+k_{21}\boldsymbol{\beta}_1=\boldsymbol{\alpha}_2+\left[-\frac{1}{2}\right]\boldsymbol{\beta}_1=\left[\frac{1}{2},-\frac{1}{2},1,0\right],$$

$$\boldsymbol{\beta}_3=\boldsymbol{\alpha}_3+k_{32}\boldsymbol{\beta}_2+k_{31}\boldsymbol{\beta}_1=\boldsymbol{\alpha}_2+\frac{1}{3}\boldsymbol{\beta}_2+\frac{1}{2}\boldsymbol{\beta}_2+\frac{1}{2}\boldsymbol{\beta}_1=\left[-\frac{1}{3},\frac{1}{3},\frac{1}{3},1\right].$$

故 V^3 的一组正交基为 $\boldsymbol{\beta}_1,\boldsymbol{\beta}_2,\boldsymbol{\beta}_3$.

【例 3-15】　已知 $\mathbf{R}^4$ 的两个基为

$$①\begin{cases}\boldsymbol{\alpha}_1=(1,1,2,1)\\\boldsymbol{\alpha}_2=(0,1,1,2)\\\boldsymbol{\alpha}_3=(0,0,3,1)\\\boldsymbol{\alpha}_4=(0,0,1,0)\end{cases};②\begin{cases}\boldsymbol{\beta}_1=(1,-1,0,0)\\\boldsymbol{\beta}_2=(1,0,0,0)\\\boldsymbol{\beta}_3=(0,0,3,2)\\\boldsymbol{\beta}_4=(0,0,1,1)\end{cases}.$$

(1) 求由基①到基②的过渡矩阵 $\boldsymbol{C}$；

(2) 求 $\boldsymbol{\beta}=\boldsymbol{\beta}_1+\boldsymbol{\beta}_2+\boldsymbol{\beta}_3-5\boldsymbol{\beta}_4$ 在基①下的坐标.

解　采用中介法求过渡矩阵 $\boldsymbol{C}$. 简单基为

$$\boldsymbol{e}_1=(1,0,0,0),\boldsymbol{e}_2=(0,1,0,0),\boldsymbol{e}_3=(0,0,1,0),\boldsymbol{e}_4(0,0,0,1).$$

简单基→基①：$(\boldsymbol{\alpha}_1,\boldsymbol{\alpha}_2,\boldsymbol{\alpha}_3,\boldsymbol{\alpha}_4)=(\boldsymbol{e}_1,\boldsymbol{e}_2,\boldsymbol{e}_3,\boldsymbol{e}_4)\boldsymbol{C}_1$

简单基→基②：$(\boldsymbol{\beta}_1,\boldsymbol{\beta}_2,\boldsymbol{\beta}_3,\boldsymbol{\beta}_4)=(\boldsymbol{e}_1,\boldsymbol{e}_2,\boldsymbol{e}_3,\boldsymbol{e}_4)\boldsymbol{C}_2$

基①→基②：$(\boldsymbol{\beta}_1,\boldsymbol{\beta}_2,\boldsymbol{\beta}_3,\boldsymbol{\beta}_4)=(\boldsymbol{\alpha}_1,\boldsymbol{\alpha}_2,\boldsymbol{\alpha}_3,\boldsymbol{\alpha}_4)\boldsymbol{C}_1^{-1}\boldsymbol{C}_2$

$$\boldsymbol{C}_1=\begin{bmatrix}1&0&0&0\\1&1&0&0\\2&1&3&1\\1&2&1&0\end{bmatrix},\boldsymbol{C}_2=\begin{bmatrix}1&1&0&0\\-1&0&0&0\\0&0&3&1\\0&0&2&1\end{bmatrix},$$

$$C=C_1^{-1}C_2=\begin{bmatrix}1&1&0&0\\-2&-1&0&0\\3&1&2&1\\-9&-4&-3&-2\end{bmatrix},\begin{bmatrix}x_1\\x_2\\x_3\\x_4\end{bmatrix}=\boldsymbol{C}\begin{bmatrix}1\\1\\1\\-5\end{bmatrix}=\begin{bmatrix}2\\-3\\1\\-6\end{bmatrix}.$$

【例 3-16】 设 $A=\begin{bmatrix}1&2&2&0\\1&3&4&-2\\1&1&0&2\end{bmatrix}$，求 $Ax=0$ 的一个基础解系.

解 $A\xrightarrow{\text{行}}\begin{bmatrix}1&0&-2&4\\0&1&2&-2\\0&0&0&0\end{bmatrix}$，同解方程组为$\begin{cases}x_1=2x_3-4x_4\\x_2=-2x_3+2x_4\end{cases}$，

依次取$\begin{bmatrix}x_3\\x_4\end{bmatrix}=\begin{bmatrix}1\\0\end{bmatrix},\begin{bmatrix}0\\1\end{bmatrix}$，可求得基础解系 $\boldsymbol{\xi}_1=\begin{bmatrix}2\\-2\\1\\0\end{bmatrix}$，$\boldsymbol{\xi}_2=\begin{bmatrix}-4\\2\\0\\1\end{bmatrix}$.

【例 3-17】 设 $\boldsymbol{A}\begin{bmatrix}1&2&2&0\\1&3&4&-2\\1&1&0&2\end{bmatrix}$，$\boldsymbol{b}=\begin{bmatrix}5\\6\\4\end{bmatrix}$，求 $\boldsymbol{Ax}=\boldsymbol{b}$ 的通解.

解 $[\boldsymbol{A}|\boldsymbol{b}]=\left[\begin{array}{cccc:c}1&2&2&0&5\\1&3&4&-2&6\\1&1&0&2&4\end{array}\right]\xrightarrow{\text{行}}\left[\begin{array}{cccc:c}1&0&-2&4&3\\0&1&2&-2&1\\0&0&0&0&0\end{array}\right]$

同解方程组为 $\begin{cases}x_1=3+2x_3-4x_4\\x_2=1-2x_3+2x_4\end{cases}$

$\boldsymbol{Ax}=0$ 基础解系：$\boldsymbol{\xi}_1=\begin{bmatrix}2\\-2\\1\\0\end{bmatrix}$，$\boldsymbol{\xi}_2=\begin{bmatrix}-4\\2\\0\\1\end{bmatrix}$；$\boldsymbol{Ax}=\boldsymbol{b}$ 特解：$\boldsymbol{\eta}^*=\begin{bmatrix}3\\1\\0\\0\end{bmatrix}$；

$\boldsymbol{Ax}=\boldsymbol{b}$ 通解：$\boldsymbol{\eta}=\boldsymbol{\eta}^*+k_1\boldsymbol{\xi}_1+k_2\boldsymbol{\xi}_2$（$\forall k_1,k_2\in\mathbf{R}$）.

【例 3-18】 设 $\text{rank}\boldsymbol{A}_{3\times 3}=2$，$\boldsymbol{Ax}=\boldsymbol{b}(\boldsymbol{b}\neq 0)$的 3 个解 $\boldsymbol{\eta}_1,\boldsymbol{\eta}_2,\boldsymbol{\eta}_3$ 满足

$\boldsymbol{\eta}_1+\boldsymbol{\eta}_2=\begin{bmatrix}2\\0\\-2\end{bmatrix}$，$\boldsymbol{\eta}_1+\boldsymbol{\eta}_3=\begin{bmatrix}3\\1\\-1\end{bmatrix}$，求 $\boldsymbol{Ax}=\boldsymbol{b}$ 的通解.

解 $R(\boldsymbol{A})=2\Rightarrow\boldsymbol{Ax}=0$ 的基础解系中含有 $3-2=1$ 个解向量.

因为 $\boldsymbol{A}[(\boldsymbol{\eta}_1+\boldsymbol{\eta}_2)-(\boldsymbol{\eta}_1+\boldsymbol{\eta}_3)]=0$，

所以 $\boldsymbol{\xi}=(\boldsymbol{\eta}_1+\boldsymbol{\eta}_2)-(\boldsymbol{\eta}_1+\boldsymbol{\eta}_3)=\begin{bmatrix}-1\\-1\\-1\end{bmatrix}$是 $\boldsymbol{Ax}=0$ 的基础解系.

又 $\boldsymbol{A}\left[\frac{1}{2}(\boldsymbol{\eta}_1+\boldsymbol{\eta}_2)\right]=\boldsymbol{b}\Rightarrow\boldsymbol{\eta}^*=\frac{1}{2}(\boldsymbol{\eta}_1+\boldsymbol{\eta}_2)=\begin{bmatrix}1\\0\\-1\end{bmatrix}$是 $\boldsymbol{Ax}=\boldsymbol{b}$ 的特解，

故 $\boldsymbol{Ax}=\boldsymbol{b}$ 的通解为 $\boldsymbol{x}=\boldsymbol{\eta}^*+k\boldsymbol{\xi}$（$\forall k\in\boldsymbol{R}$）.

【例 3-19】 设 $R(\boldsymbol{A})_{n\times n}=r(r<n)$，$\boldsymbol{\eta}_0,\boldsymbol{\eta}_1,\cdots,\boldsymbol{\eta}_{n-r}$是 $\boldsymbol{Ax}=\boldsymbol{b}(\boldsymbol{b}\neq 0)$的解，证明：$\boldsymbol{\eta}_1-\boldsymbol{\eta}_0,\cdots,\boldsymbol{\eta}_{n-r}-\boldsymbol{\eta}_0$ 是 $\boldsymbol{Ax}=0$ 的基础解系$\Leftrightarrow\boldsymbol{\eta}_0,\boldsymbol{\eta}_1,\cdots,\boldsymbol{\eta}_{n-r}$线性无关.

证 必要性：设数组 $k_0,k_1,\cdots,k_{n-r}$使得 $k_0\boldsymbol{\eta}_0+k_1\boldsymbol{\eta}_1+\cdots+k_{n-r}\boldsymbol{\eta}_{n-r}=0$.

左乘 $\boldsymbol{A}$，利用 $\boldsymbol{A\eta}_i=\boldsymbol{b}$ 可得　$(k_0+k_1+\cdots+k_{n-r})\boldsymbol{b}=0$.

因为 $\boldsymbol{b}\neq 0$，所以 $k_0+k_1+\cdots+k_{n-r}=0\Rightarrow k_0=-(k_1+\cdots+k_{n-r})$.

由此可得　$k_1(\boldsymbol{\eta}_1-\boldsymbol{\eta}_0)+\cdots+k_{n-r}(\boldsymbol{\eta}_{n-r}-\boldsymbol{\eta}_0)=0$.

因为 $\boldsymbol{\eta}_1-\boldsymbol{\eta}_0,\cdots,\boldsymbol{\eta}_{n-r}-\boldsymbol{\eta}_0$ 是 $\boldsymbol{Ax}=0$ 的基础解系，所以线性无关，从而有

$$k_1=0,\cdots,k_{n-r}=0\Rightarrow k_0=0,$$

故 $\boldsymbol{\eta}_0,\boldsymbol{\eta}_1,\cdots,\boldsymbol{\eta}_{n-r}$ 线性无关.

充分性：$\boldsymbol{A}(\boldsymbol{\eta}_i-\boldsymbol{\eta}_0)=0\Rightarrow\boldsymbol{\eta}_i-\boldsymbol{\eta}_0$ 是 $\boldsymbol{Ax}=0$ 的解向量.

设数组 $k_1,\cdots,k_{n-r}$ 使得 $k_1(\boldsymbol{\eta}_1-\boldsymbol{\eta}_0)+\cdots+k_{n-r}(\boldsymbol{\eta}_{n-r}-\boldsymbol{\eta}_0)=0$,

则 $$-(k_1+\cdots+k_{n-r})\boldsymbol{\eta}_0+k_1\boldsymbol{\eta}_1+\cdots+k_{n-r}\boldsymbol{\eta}_{n-r}=0,$$

因为 $\boldsymbol{\eta}_0,\boldsymbol{\eta}_1,\cdots,\boldsymbol{\eta}_{n-r}$ 线性无关，所以只有

$-(k_1+\cdots+k_{n-r})=0,k_1=0,\cdots,k_{n-r}=0$.

故向量组 $\boldsymbol{\eta}_1-\boldsymbol{\eta}_0,\cdots,\boldsymbol{\eta}_{n-r}-\boldsymbol{\eta}_0$ 线性无关.

因此 $\boldsymbol{\eta}_1-\boldsymbol{\eta}_0,\cdots,\boldsymbol{\eta}_{n-r}-\boldsymbol{\eta}_0$ 是 $\boldsymbol{Ax}=0$ 的基础解系.

【例 3-20】 证明向量 $\boldsymbol{b}=\begin{bmatrix}-1\\1\\5\end{bmatrix}$ 能由向量组 $\boldsymbol{a}_1=\begin{bmatrix}1\\2\\3\end{bmatrix},\boldsymbol{a}_2=\begin{bmatrix}0\\1\\4\end{bmatrix},\boldsymbol{a}_3=\begin{bmatrix}2\\3\\6\end{bmatrix}$ 线性表示，但不能由向量组 $\boldsymbol{a}_1,\boldsymbol{a}_2$ 线性表示. 并求出相应的组合系数.

解 $$\boldsymbol{B}=\begin{bmatrix}1&0&2&-1\\2&1&3&1\\3&4&6&5\end{bmatrix}\xrightarrow[r_3-3r_1]{r_2-2r_1}\begin{bmatrix}1&0&2&-1\\0&1&-1&3\\0&4&0&8\end{bmatrix}\xrightarrow{\frac{1}{4}r_3}\begin{bmatrix}1&0&2&-1\\0&1&-1&3\\0&1&0&2\end{bmatrix},$$

$$\xrightarrow{r_3-r_2}\begin{bmatrix}1&0&2&-1\\0&1&-1&3\\0&0&1&-1\end{bmatrix}\xrightarrow{r_2+r_3}\begin{bmatrix}1&0&2&-1\\0&1&0&2\\0&0&1&-1\end{bmatrix}\xrightarrow{r_1-2r_3}\begin{bmatrix}1&0&0&1\\0&1&0&2\\0&0&1&-1\end{bmatrix}$$

所以　$\boldsymbol{b}=\boldsymbol{a}_1+2\boldsymbol{a}_2-\boldsymbol{a}_3$.

显然：向量 $\boldsymbol{b}$ 不能由向量组 $\boldsymbol{a}_1,\boldsymbol{a}_2$ 线性表示.

【例 3-21】 判定向量组：$\boldsymbol{a}_1=\begin{bmatrix}1\\1\\1\end{bmatrix},\boldsymbol{a}_2=\begin{bmatrix}0\\2\\5\end{bmatrix},\boldsymbol{a}_3=\begin{bmatrix}2\\4\\7\end{bmatrix}$ 是否线性相关?

解 $$(\boldsymbol{a}_1,\boldsymbol{a}_2,\boldsymbol{a}_3)=\begin{bmatrix}1&0&2\\1&2&4\\1&5&7\end{bmatrix}\xrightarrow[r_3-r_1]{r_2-r_1}\begin{bmatrix}1&0&2\\0&2&2\\0&5&5\end{bmatrix}\xrightarrow{r_3-\frac{5}{2}r_2}\begin{bmatrix}1&0&2\\0&2&2\\0&0&0\end{bmatrix}.$$

$R(\boldsymbol{a}_1,\boldsymbol{a}_2,\boldsymbol{a}_3)=2<3$，所以向量组 $\boldsymbol{a}_1,\boldsymbol{a}_2,\boldsymbol{a}_3$ 线性相关.

推论 1 设 n 维列向量组 $\boldsymbol{A}:\boldsymbol{a}_1,\boldsymbol{a}_2,\cdots,\boldsymbol{a}_n$，记矩阵 $\boldsymbol{A}=(\boldsymbol{a}_1,\boldsymbol{a}_2,\cdots,\boldsymbol{a}_n)$，则向量组 $\boldsymbol{A}:\boldsymbol{a}_1,\boldsymbol{a}_2,\cdots,\boldsymbol{a}_n$ 线性相关的充要条件是 $|\boldsymbol{A}|=0$，即向量组的矩阵 $\boldsymbol{A}$ 的行列式等于 0.

推论 2 设 m 维向量组 $\boldsymbol{a}_1,,\boldsymbol{a}_2,\cdots,\boldsymbol{a}_n$，若 $n>m$，则 m 维向量组 $\boldsymbol{a}_1,\boldsymbol{a}_2,\cdots,\boldsymbol{a}_n$ 一定线性相关.

上面两个推论都可由判定定理给予说明.

【例 3-22】 已知向量组 $\boldsymbol{a}_1,\boldsymbol{a}_2,\boldsymbol{a}_3$ 线性无关，$\boldsymbol{b}_1=\boldsymbol{a}_1+\boldsymbol{a}_2,\boldsymbol{b}_2=\boldsymbol{a}_2+\boldsymbol{a}_3$.

$\boldsymbol{b}_3=\boldsymbol{a}_3+\boldsymbol{a}_1$，证明向量组 $\boldsymbol{b}_1,\boldsymbol{b}_2,\boldsymbol{b}_3$ 线性无关.

证 设有 k_1,k_2,k_3 使，$k_1\boldsymbol{b}_1+k_2\boldsymbol{b}_2+k_3\boldsymbol{b}_3=0$，即

$k_1(\boldsymbol{a}_1+\boldsymbol{a}_2)+k_2(\boldsymbol{a}_2+\boldsymbol{a}_3)+k_3(\boldsymbol{a}_3+\boldsymbol{a}_1)=0$，

$(k_1+k_3)\boldsymbol{a}_1+(k_1+k_2)\boldsymbol{a}_2+(k_2+k_3)\boldsymbol{a}_3=0$，

因 $\boldsymbol{a}_1,\boldsymbol{a}_2,\boldsymbol{a}_3$ 线性无关，所以有：$\begin{cases}k_1+k_3=0\\k_1+k_2=0.\\k_2+k_3=0\end{cases}$

因其系数行列式 $\begin{vmatrix}1&0&1\\1&1&0\\0&1&1\end{vmatrix}=2\neq0$，所以方程组只有零解，

即 $k_1=k_2=k_3=0$，所以向量组 $\boldsymbol{b}_1,\boldsymbol{b}_2,\boldsymbol{b}_3$ 线性无关.

【例 3-23】 已知向量 $\boldsymbol{a}_1=\begin{bmatrix}1\\1\\1\end{bmatrix},\boldsymbol{a}_2=\begin{bmatrix}2\\1\\3\end{bmatrix},\boldsymbol{a}_3=\begin{bmatrix}1\\0\\2\end{bmatrix}$.

① 讨论向量组 $\boldsymbol{a}_1,\boldsymbol{a}_2.\boldsymbol{a}_3$ 及向量组 $\boldsymbol{a}_1,\boldsymbol{a}_2$ 的线性相关性；

② 向量 $\boldsymbol{a}_3$ 能否由向量组 $\boldsymbol{a}_1,\boldsymbol{a}_2$ 线性表示？若能，求向量 $\boldsymbol{a}_3$ 由向量组 $\boldsymbol{a}_1,\boldsymbol{a}_2$ 线性表示的表示式.

解 $(a_1,a_2,a_3)=\begin{bmatrix}1&2&1\\1&1&0\\1&3&2\end{bmatrix}\xrightarrow[r_3-r_1]{r_2-r_1}\begin{bmatrix}1&2&1\\0&-1&-1\\0&1&1\end{bmatrix}\xrightarrow[-r_2]{r_3+r_2}\begin{bmatrix}1&2&1\\0&1&1\\0&0&0\end{bmatrix}=\boldsymbol{S}$.

$R(\boldsymbol{a}_1,\boldsymbol{a}_2,\boldsymbol{a}_3)=2<3$，所以向量组 $\boldsymbol{a}_1,\boldsymbol{a}_2,\boldsymbol{a}_3$ 线性相关；而 $R(\boldsymbol{a}_1,\boldsymbol{a}_2)=2$，所以向量组 $\boldsymbol{a}_1,\boldsymbol{a}_2$ 线性无关.

为了求得向量 $\boldsymbol{a}_3$ 由向量组 $\boldsymbol{a}_1,\boldsymbol{a}_2$ 线性表示的表示式，将行阶梯形矩阵 $\boldsymbol{S}$ 化为最简形行阶梯阵：

$$(\boldsymbol{a}_1,\boldsymbol{a}_2,\boldsymbol{a}_3)=\begin{bmatrix}1&2&1\\0&1&1\\0&0&0\end{bmatrix}\xrightarrow{r_1-2r_2}\begin{bmatrix}1&0&-1\\0&1&1\\0&0&0\end{bmatrix},$$

所以 $\boldsymbol{a}_3=\boldsymbol{a}_1+\boldsymbol{a}_2$.

【例 3-24】 设向量组 $\boldsymbol{A}:\boldsymbol{a}_1=\begin{bmatrix}1\\1\\1\end{bmatrix},\boldsymbol{a}_2=\begin{bmatrix}1\\2\\0\end{bmatrix},\boldsymbol{a}_3=\begin{bmatrix}3\\4\\2\end{bmatrix},\boldsymbol{a}_4=\begin{bmatrix}2\\1\\3\end{bmatrix}$.

求向量组 $\boldsymbol{A}$ 的一个极大无关组，并将其余向量用极大无关组线性表示.

解 $\boldsymbol{A}=(\boldsymbol{a}_1,\boldsymbol{a}_2,\boldsymbol{a}_3,\boldsymbol{a}_4)=\begin{bmatrix}1&1&3&2\\1&2&4&1\\1&0&2&3\end{bmatrix}$

$$\xrightarrow[r_3-r_1]{r_2-r_1}\begin{bmatrix}1&1&3&2\\0&1&1&-1\\0&-1&-1&1\end{bmatrix}\xrightarrow{r_3+r_2}\begin{bmatrix}1&1&3&2\\0&1&1&-1\\0&0&0&0\end{bmatrix}=\boldsymbol{B}.$$

由于行阶梯阵 $\boldsymbol{B}$ 中有 2 个非零行，所以 $R(\boldsymbol{a}_1,\boldsymbol{a}_2,\boldsymbol{a}_3,\boldsymbol{a}_4)=2$.

又因非零行的第一个非零元分别在第 1、2 列，所以 $\boldsymbol{a}_1,\boldsymbol{a}_2$ 是线性无关的，而任意 3 个向量

都线性相关，所以 a_1, a_2 就是向量组 A 的一个极大无关组（当然还可有其他的极大无关组）.

为了将其余向量用极大无关组线性表示，将上述行阶梯形矩阵化为最简行阶梯形矩阵：

$$A \to \begin{bmatrix} 1 & 1 & 3 & 2 \\ 0 & 1 & 1 & -1 \\ 0 & 0 & 0 & 0 \end{bmatrix} \xrightarrow{r_1-r_2} \begin{bmatrix} 1 & 0 & 2 & 3 \\ 0 & 1 & 1 & -1 \\ 0 & 0 & 0 & 0 \end{bmatrix},$$

所以　$a_3 = 2a_1 + a_2, a_4 = 3a_1 - a_2$.

【例 3-25】　$\boldsymbol{\alpha}_1 = (-1,0,2)^T, \boldsymbol{\alpha}_2 = (2,1,-3)^T$，且 $2\boldsymbol{\alpha}_1 + 3(\boldsymbol{\alpha}_2 - \boldsymbol{\beta}) = 0$，求 $\boldsymbol{\beta}$.

解　$2\boldsymbol{\alpha}_1 + 3(\boldsymbol{\alpha}_2 - \boldsymbol{\beta}) = 0 \Rightarrow \boldsymbol{\beta} = \frac{1}{3}(2\boldsymbol{\alpha}_1 + 3\boldsymbol{\alpha}_2) = \frac{1}{3}(4,3,-5)$.

【例 3-26】　试将 $\boldsymbol{\beta}$ 表示成 $\boldsymbol{\alpha}_1, \boldsymbol{\alpha}_2, \boldsymbol{\alpha}_3, \boldsymbol{\alpha}_4$ 的线性组合.

(1)$\boldsymbol{\beta} = (0,0,0,1), \boldsymbol{\alpha}_1 = (1,1,0,1), \boldsymbol{\alpha}_2 = (2,1,3,1), \boldsymbol{\alpha}_3 = (1,1,0,0), \boldsymbol{\alpha}_4 = (0,1,-1,-1)$.

解　$\boldsymbol{\beta} = \boldsymbol{\alpha}_1 - \boldsymbol{\alpha}_3$.

(2)$\boldsymbol{\beta} = (1,2,1,1), \boldsymbol{\alpha}_1 = (1,1,1,1), \boldsymbol{\alpha}_2 = (1,1,-1,-1), \boldsymbol{\alpha}_3 = (1,-1,1,-1), \boldsymbol{\alpha}_4 = (1,-1,-1,1)$.

解　$\boldsymbol{\beta} = \frac{5}{4}\boldsymbol{\alpha}_1 + \frac{1}{4}\boldsymbol{\alpha}_2 - \frac{1}{4}\boldsymbol{\alpha}_3 - \frac{1}{4}\boldsymbol{\alpha}_4$.

【例 3-27】　判断下列向量组是否线性相关，若是，求出其极大无关组，并且将剩余向量用极大无关组线性表示.

(1)$\boldsymbol{\alpha}_1 = (1,-1,2,4), \boldsymbol{\alpha}_2 = (0,3,1,2), \boldsymbol{\alpha}_3 = (3,0,7,4), \boldsymbol{\alpha}_4 = (1,-1,2,0), \boldsymbol{\alpha}_5 = (2,1,5,6)$,

$\boldsymbol{\alpha}_3 = 3\boldsymbol{\alpha}_1 + \boldsymbol{\alpha}_2, \boldsymbol{\alpha}_5 = \boldsymbol{\alpha}_1 + \boldsymbol{\alpha}_2 + \boldsymbol{\alpha}_4$.

(2)$\boldsymbol{\alpha}_1 = (1,4,11,-2), \boldsymbol{\alpha}_2 = (3,-6,3,8), \boldsymbol{\alpha}_3 = (2,-1,7,3)$,

$\boldsymbol{\alpha}_2 = -\boldsymbol{\alpha}_1 + 2\boldsymbol{\alpha}_2, \boldsymbol{\alpha}_5 = \boldsymbol{\alpha}_1 + \boldsymbol{\alpha}_2 + \boldsymbol{\alpha}_4$.

(3)$\boldsymbol{\alpha}_1 = (1,0,0,0), \boldsymbol{\alpha}_2 = (1,1,0,0), \boldsymbol{\alpha}_3 = (1,1,1,0), \boldsymbol{\alpha}_4 = (1,1,1,1)$,

该向量组线性无关.

【例 3-28】　(1)$\boldsymbol{\alpha}_1 = (\boldsymbol{\lambda}+1,4,6), \boldsymbol{\alpha}_2 = (1,0,\lambda), \boldsymbol{\alpha}_3 = (2,2,\lambda)$，问 λ 为何值时，$\boldsymbol{\alpha}_1, \boldsymbol{\alpha}_2, \boldsymbol{\alpha}_3$ 线性相关，并将 $\boldsymbol{\alpha}_1$ 用 $\boldsymbol{\alpha}_2, \boldsymbol{\alpha}_3$ 线性表示.

解　$\lambda = -2$ 时，$\boldsymbol{\alpha}_1 = 5\boldsymbol{\alpha}_2 + 2\boldsymbol{\alpha}_3$；$\lambda = 3$ 时，$\boldsymbol{\alpha}_1 = 2\boldsymbol{\alpha}_2$.

(2)已知 $\boldsymbol{\alpha}_1 = (1,0,2,3), \boldsymbol{\alpha}_2 = (1,1,3,5), \boldsymbol{\alpha}_3 = (1,-1,a+2,1), \boldsymbol{\alpha}_4 = (1,2,4,a=8), \boldsymbol{\beta} = (1,1,b+3,5)$ 问 a, b 为何值时，$\boldsymbol{\beta}$ 不能表示成 $\boldsymbol{\alpha}_1, \boldsymbol{\alpha}_2, \boldsymbol{\alpha}_3, \boldsymbol{\alpha}_4$ 的线性组合.

解　当 $a = -1, b \neq 0$ 时，$\boldsymbol{\beta}$ 不能表示成 $\boldsymbol{\alpha}_1, \boldsymbol{\alpha}_2, \boldsymbol{\alpha}_3, \boldsymbol{\alpha}_4$ 的线性组合.

【例 3-29】　若 $\boldsymbol{\alpha}_1, \boldsymbol{\alpha}_2, \boldsymbol{\alpha}_3$ 线性相关，而 $\boldsymbol{\alpha}_2, \boldsymbol{\alpha}_3, \boldsymbol{\alpha}_4$ 线性无关，试证 $\boldsymbol{\alpha}_4$ 不能表示成 $\boldsymbol{\alpha}_1, \boldsymbol{\alpha}_2, \boldsymbol{\alpha}_3$ 的线性组合.

证　设 $\boldsymbol{\alpha}_4$ 能表示成 $\boldsymbol{\alpha}_1, \boldsymbol{\alpha}_2, \boldsymbol{\alpha}_3$ 的线性组合，则有 $\boldsymbol{\alpha}_4 = k_1\boldsymbol{\alpha}_1 + k_2\boldsymbol{\alpha}_2 + k_3\boldsymbol{\alpha}_3$——①

由于 $\boldsymbol{\alpha}_1, \boldsymbol{\alpha}_2, \boldsymbol{\alpha}_3$ 线性相关，$\boldsymbol{\alpha}_2, \boldsymbol{\alpha}_3, \boldsymbol{\alpha}_4$ 线性无关，进而 $\boldsymbol{\alpha}_2, \boldsymbol{\alpha}_3$ 线性无关，则 $\boldsymbol{\alpha}_1 = l_1\boldsymbol{\alpha}_2 + l_2\boldsymbol{\alpha}_3, \boldsymbol{\alpha}_4 = (k_1l_1 + k_2)\boldsymbol{\alpha}_2 + (k_1l_2 + k_3)\boldsymbol{\alpha}_3$，即 $\boldsymbol{\alpha}_4$ 能表示成 $\boldsymbol{\alpha}_2, \boldsymbol{\alpha}_3$ 的线性组合，所以 $\boldsymbol{\alpha}_2, \boldsymbol{\alpha}_3, \boldsymbol{\alpha}_4$ 线性相关，与题目条件矛盾，所以 $\boldsymbol{\alpha}_4$ 不能表示成 $\boldsymbol{\alpha}_1, \boldsymbol{\alpha}_2, \boldsymbol{\alpha}_3$ 的线性组合.

【例 3-30】　证明：若 $\boldsymbol{\alpha}_1, \boldsymbol{\alpha}_2, \boldsymbol{\alpha}_3$ 线性无关，$\boldsymbol{\alpha}_1, \boldsymbol{\alpha}_2, \boldsymbol{\alpha}_4$ 线性相关，则 $\boldsymbol{\alpha}_4$ 由 $\boldsymbol{\alpha}_1, \boldsymbol{\alpha}_2, \boldsymbol{\alpha}_3$ 线性

表出.

证　因为 $\boldsymbol{\alpha}_1,\boldsymbol{\alpha}_2,\boldsymbol{\alpha}_3$ 线性无关,所以 $\boldsymbol{\alpha}_1,\boldsymbol{\alpha}_2$ 也线性无关.

又因为 $\boldsymbol{\alpha}_1,\boldsymbol{\alpha}_2,\boldsymbol{\alpha}_4$ 线性相关($\boldsymbol{\alpha}_1,\boldsymbol{\alpha}_2$ 为极大无关组),所以 $\boldsymbol{\alpha}_4$ 可以表示成 $\boldsymbol{\alpha}_1,\boldsymbol{\alpha}_2$ 的线性组合,即

$\boldsymbol{\alpha}_4=k_1\boldsymbol{\alpha}_1+k_2\boldsymbol{\alpha}_2\Rightarrow\boldsymbol{\alpha}_4=k_1\boldsymbol{\alpha}_1+k_2\boldsymbol{\alpha}_2+0\boldsymbol{\alpha}_3$,故 $\boldsymbol{\alpha}_4$ 可以由 $\boldsymbol{\alpha}_1,\boldsymbol{\alpha}_2,\boldsymbol{\alpha}_3$ 线性表出.

【例 3-31】　当 λ 为何值时,方程组 $\begin{cases}\lambda x_1+x_2+x_3=1\\x_1+\lambda x_2+x_3=\lambda\\x_1+x_2+\lambda_{x_3}=\lambda^2\end{cases}$

①有唯一解;②无解;③有无穷多解.

解

$$\begin{bmatrix}\lambda&1&1&1\\1&\lambda&1&\lambda\\1&1&\lambda&\lambda^2\end{bmatrix}\xrightarrow{r_3\leftrightarrow r_1}\begin{bmatrix}1&1&\lambda&\lambda^2\\1&\lambda&1&\lambda\\\lambda&1&1&1\end{bmatrix}\xrightarrow[r_3-\lambda r_1]{r_2-r_1}\begin{bmatrix}1&1&\lambda&\lambda^2\\0&\lambda-1&1-\lambda&\lambda-\lambda^2\\0&1-\lambda&1-\lambda^2&1-\lambda^3\end{bmatrix}$$

$$\xrightarrow{r_3+r_2}\begin{bmatrix}1&1&\lambda&\lambda^2\\0&\lambda-1&1-\lambda&\lambda-\lambda^2\\0&0&(1-\lambda)(2+\lambda)&(1-\lambda)(1+\lambda)^2\end{bmatrix}.$$

① 当 $\lambda\neq1$ 且 $\lambda\neq-2$ 时,$R(\boldsymbol{A})=R(\boldsymbol{Ab})=3$, 唯一解;

② 当 $\lambda=-2$ 时,$R(\boldsymbol{A})=2,R(\boldsymbol{Ab})=3$,无解;

③ 当 $\lambda=1$ 时,$\boldsymbol{R}(\boldsymbol{A})=\boldsymbol{R}(\boldsymbol{Ab})=1<3$,无穷多解.

【例 3-32】　设 $\boldsymbol{A}=\begin{bmatrix}1&2&2&0\\1&3&4&-2\\1&1&0&2\end{bmatrix}$, 求 $\boldsymbol{Ax}=0$ 的一个基础解系.

解　$\boldsymbol{A}\longrightarrow\begin{bmatrix}1&0&-2&4\\0&1&2&-2\\0&0&0&0\end{bmatrix}$, 同解方程组为 $\begin{cases}x_1=2x_3-4x_4\\x_2=-2x_3+2x_4\end{cases}$.

依次取 $\begin{bmatrix}x_3\\x_4\end{bmatrix}=\begin{bmatrix}1\\0\end{bmatrix},\begin{bmatrix}0\\1\end{bmatrix}$, 可求得基础解系 $\boldsymbol{\xi}_1=\begin{bmatrix}2\\-2\\1\\0\end{bmatrix},\boldsymbol{\xi}_2=\begin{bmatrix}-4\\2\\0\\1\end{bmatrix}$.

【例 3-33】　设 $\boldsymbol{A}=\begin{bmatrix}1&2&2&0\\1&3&4&-2\\1&1&0&2\end{bmatrix},\boldsymbol{b}=\begin{bmatrix}5\\6\\4\end{bmatrix}$, 求 $\boldsymbol{Ax}$ 的通解.

解　$[\boldsymbol{A}|\boldsymbol{b}]=\left[\begin{array}{cccc:c}1&2&2&0&5\\1&3&4&-2&6\\1&1&0&2&4\end{array}\right]\xrightarrow{\text{行}}\begin{bmatrix}1&0&-2&4&3\\0&1&2&-2&1\\0&0&0&0&0\end{bmatrix}$,

同解方程组为 $\begin{cases}x_1=3+2x_3-4x_4\\x_2=1-2x_3+2x_4\end{cases}$.

$Ax=0$ 的基础解系：$\boldsymbol{\xi}_1=\begin{bmatrix}2\\-2\\1\\0\end{bmatrix}$，$\boldsymbol{\xi}_2=\begin{bmatrix}-4\\2\\0\\1\end{bmatrix}$；$Ax=b$ 的特解：$\eta^*=\begin{bmatrix}3\\1\\0\\0\end{bmatrix}$；

$Ax=b$ 的通解：$\boldsymbol{\eta}=\boldsymbol{\eta}^*+k_1\boldsymbol{\xi}_1+k_2\boldsymbol{\xi}_2\quad(\forall k_1,k_2\in\mathbf{R})$.

【例 3-34】 求下列齐次线性方程组的一个基础解系：

$$\begin{cases}2x_1+x_2-2x_3+3x_4=0\\3x_1+2x_2-x_3+2x_4=0.\\x_1+x_2+x_3-x_4=0\end{cases}$$

解 对此方程组的系数矩阵作如下初等行变换：

$$A=\begin{bmatrix}2&1&-2&3\\3&2&-1&2\\1&1&1&-1\end{bmatrix}\xrightarrow[r_2-3r_3]{r_1-2r_3}\begin{bmatrix}0&-1&-4&5\\0&-1&-4&5\\1&1&1&-1\end{bmatrix}\xrightarrow{r_1-r_2}\begin{bmatrix}0&0&0&0\\0&-1&-4&5\\1&1&1&-1\end{bmatrix}$$

$$\xrightarrow{r_1\leftrightarrow r_3}\begin{bmatrix}1&1&1&-1\\0&-1&-4&5\\0&0&0&0\end{bmatrix}\xrightarrow{r_1+r_2}\begin{bmatrix}1&0&-3&4\\0&-1&-4&5\\0&0&0&0\end{bmatrix}\xrightarrow{(-1)r_2}\begin{bmatrix}1&0&-3&4\\0&1&4&-5\\0&0&0&0\end{bmatrix}$$

于是原方程组可同解地变为

$$\begin{cases}x_1=3x_3-4x_4\\x_2=-4x_3+5x_4\end{cases}$$

因此基础解系为　$\boldsymbol{\eta}_1=(-3,-4,1,0)^{\mathrm{T}},\boldsymbol{\eta}_2=(-4,5,0,1)^{\mathrm{T}}$.

【例 3-35】 求齐次线性方程组$\begin{cases}x_1+x_2-x_3-x_4=0\\2x_1-5x_2+3x_3+2x_4=0\\7x_1-7x_2+3x_3+x_4=0\end{cases}$的基础解系与通解.

解 对系数矩阵 $\boldsymbol{A}$ 作初等行变换，化为行最简矩阵：

$$A=\begin{bmatrix}1&1&-1&1\\2&-5&3&2\\7&-7&3&1\end{bmatrix}\longrightarrow\begin{bmatrix}1&0&-2/7&-3/7\\0&1&-5/7&-4/7\\0&0&0&0\end{bmatrix},$$

得到原方程组的同解方程组$\begin{cases}x_1=(2/7)x_3+(3/7)x_4\\x_2=(5/7)x_3+(4/7)x_4\end{cases}$,

令$\begin{bmatrix}x_3\\x_4\end{bmatrix}=\begin{bmatrix}1\\0\end{bmatrix},\begin{bmatrix}0\\1\end{bmatrix}$，即得基础解系

$$\boldsymbol{\eta}_1=\begin{bmatrix}2/7\\5/7\\1\\0\end{bmatrix},\boldsymbol{\eta}_2=\begin{bmatrix}3/7\\4/7\\0\\1\end{bmatrix}$$

并由此得到通解

$$\begin{bmatrix}x_1\\x_2\\x_3\\x_4\end{bmatrix}=C_1\begin{bmatrix}2/7\\5/7\\1\\0\end{bmatrix}+C_2\begin{bmatrix}3/7\\4/7\\0\\1\end{bmatrix}(C_1,C_2\in\mathbf{R})$$

注：在第一节中，线性方程组的解法是根据例 1 中的（＊）式直接写出方程组的全部解（通解）. 或者根据例 1 中的（＊）式先取基础解系，再写出通解，两种解法其实没有多少区别.

【例 3-36】 用基础解系表示如下线性方程组的通解.

$$\begin{cases}x_1+x_2+x_3+4x_4-3x_5=0\\x_1-x_2+3x_3-2x_4-x_5=0\\2x_1+x_2+3x_3+5x_4-5x_5=0\\3x_1+x_2+5x_3+6x_4-7x_5=0\end{cases}.$$

解　$m=4,n=5,m<n$ 因此所给方程组有无穷多个解. 对增广矩阵 $\boldsymbol{A}$ 施以初等行变换：

$$\boldsymbol{A}=\begin{bmatrix}1&1&1&4&-3\\1&-1&3&-2&-1\\2&1&3&5&-5\\3&1&5&6&-7\end{bmatrix}\xrightarrow[r_4-3r_1]{\substack{r_2-r_1\\r_3-2r_1}}\begin{bmatrix}1&1&1&4&-3\\0&-2&2&-6&2\\0&-1&1&-3&1\\0&-2&2&-6&2\end{bmatrix}\xrightarrow[\substack{r_4-2r_3\\r_3\div(-1)}]{\substack{r_1-r_3\\r_2-2r_3}}$$

$$\begin{bmatrix}1&0&2&1&-2\\0&0&0&0&0\\0&1&-1&3&-1\\0&0&0&0&0\end{bmatrix},$$

即原方程组与下面方程组同解：

$\begin{cases}x_1=-2x_3-x_4+2x_5\\x_2=x_3-3x_4+x_5\end{cases}$，其中 x_3,x_4,x_5 为自由未知量.

令自由未知量 $\begin{bmatrix}x_3\\x_4\\x_5\end{bmatrix}$ 分别取 $\begin{bmatrix}1\\0\\0\end{bmatrix},\begin{bmatrix}0\\1\\0\end{bmatrix},\begin{bmatrix}0\\0\\1\end{bmatrix}$ 得方程组的解为

$\boldsymbol{\eta}_1=(-2,1,1,0,0)^{\mathrm{T}},\boldsymbol{\eta}_2=(-1,-3,0,1,0)^{\mathrm{T}},\boldsymbol{\eta}_1=(2,1,0,0,1)^{\mathrm{T}},\boldsymbol{\eta}_1,\boldsymbol{\eta}_2,\boldsymbol{\eta}_3$ 就是所给方程组的一个基础解系. 因此，方程组的通解为 $\boldsymbol{\eta}=c_1\boldsymbol{\eta}_1+c_2\boldsymbol{\eta}_2+c_3\boldsymbol{\eta}_3$（$c_1,c_2,c_3$ 为任意常数）.

【例 3-37】 求解下列齐次线性方程组：

$$\begin{cases}x_1+x_2-x_3+2x_4+x_5=0,\\x_3+3x_4-x_5=0,\\2x_3+x_4-2x_5=0.\end{cases}$$

解　对方程组的系数矩阵作如下初等变换：

$$A=\begin{bmatrix}1&1&-1&2&1\\0&0&1&3&-1\\0&0&2&1&-2\end{bmatrix}\xrightarrow{r_3-2r_2}\begin{bmatrix}1&1&-1&2&1\\0&0&1&3&-1\\0&0&2&-5&-2\end{bmatrix}\xrightarrow{\left[-\frac{1}{5}\right]r_3}\begin{bmatrix}1&1&-1&2&1\\0&0&1&3&-1\\0&0&2&1&-2\end{bmatrix}.$$

这个矩阵不符合要求,因为它已经不可能仅用初等行变换变成所要求的左上角为单位块的形状了,这时必须借助于列对调.

$$\begin{matrix}x_1&x_2&x_3&x_4&x_5\end{matrix}\qquad\begin{matrix}x_1&x_3&x_2&x_4&x_5\end{matrix}\qquad\begin{matrix}x_1&x_3&x_4&x_2&x_5\end{matrix}$$

$$\begin{bmatrix}1&1&-1&2&1\\0&0&1&3&-1\\0&0&0&1&0\end{bmatrix}\xrightarrow{c_2\leftrightarrow c_3}\begin{bmatrix}1&-1&1&2&1\\0&1&0&3&-1\\0&0&0&1&0\end{bmatrix}\xrightarrow{c_3\leftrightarrow c_4}\begin{bmatrix}1&-1&2&1&1\\0&1&3&0&-1\\0&0&1&0&0\end{bmatrix}$$

$$\begin{matrix}x_1&x_3&x_4&x_2&x_5\end{matrix}\qquad\begin{matrix}x_1&x_3&x_4&x_2&x_5\end{matrix}$$

$$\xrightarrow{r_1+r_2}\begin{bmatrix}1&0&5&1&0\\0&1&3&0&-1\\0&0&1&0&0\end{bmatrix}\xrightarrow[r_2-3r_3]{r_1-5r_3}\begin{bmatrix}1&0&0&1&1\\0&1&0&0&-1\\0&0&1&0&0\end{bmatrix},$$

矩阵的秩等于 3,未知数个数 $n=5$,因此基础解系应含有 2 个向量,分别取自由变量 $x_2=1,x_5=0$ 及 $x_2=0,x_5=1$. 得到基础解系

$$\boldsymbol{\eta}_1=(-1,1,0,0,0)^{\mathrm{T}},\boldsymbol{\eta}_2=(0,0,1,0,1)^{\mathrm{T}},$$

于是原方程组的解为

$$c_1\boldsymbol{\eta}_1+c_2\boldsymbol{\eta}_2$$

其中 c_1,c_2 为任意数.

【例 3-38】 求解齐次线性方程组:

$$\begin{cases}x_1+2x_2+x_4-2x_5=0\\2x_1+4x_2+2x_3+2x_4+5x_5=0\\-x_1-2x_2+x_3+3x_4+8x_5=0\\3x_1+6x_2+x_4-2x_5=0\end{cases}.$$

解　对方程组的系数矩阵进行初等变换:

$$A=\begin{bmatrix}1&2&0&1&-2\\2&4&2&2&5\\-1&-2&1&3&8\\3&6&0&1&-2\end{bmatrix}\xrightarrow[r_4-3r_1]{\substack{r_2-2r_1\\r_3+r_1}}\begin{bmatrix}1&2&0&1&-2\\0&0&2&0&9\\0&0&1&4&6\\0&0&0&-2&4\end{bmatrix}$$

$$\xrightarrow{r_2-2r_3}\begin{bmatrix}1&2&0&1&-2\\0&0&0&-8&-3\\0&0&1&4&6\\0&0&0&-2&4\end{bmatrix}\xrightarrow{r_2\leftrightarrow r_3}\begin{bmatrix}1&2&0&1&-2\\0&0&1&4&6\\0&0&0&-8&-3\\0&0&0&-2&4\end{bmatrix}$$

$$\xrightarrow{c_2\leftrightarrow c_3}\begin{array}{c} \begin{matrix} x_1 & x_3 & x_2 & x_4 & x_5 \end{matrix} \\ \begin{bmatrix} 1 & 0 & 2 & 1 & -2 \\ 0 & 1 & 0 & 4 & 6 \\ 0 & 0 & 0 & -8 & -3 \\ 0 & 0 & 0 & -2 & 4 \end{bmatrix} \end{array} \xrightarrow{\left[-\frac{1}{2}\right]r_4} \begin{array}{c} \begin{matrix} x_1 & x_3 & x_2 & x_4 & x_5 \end{matrix} \\ \begin{bmatrix} 1 & 0 & 2 & 1 & -2 \\ 0 & 1 & 0 & 4 & 6 \\ 0 & 0 & 0 & -8 & -3 \\ 0 & 0 & 0 & 1 & -2 \end{bmatrix} \end{array}$$

$$\xrightarrow{r_4\leftrightarrow r_3}\begin{array}{c} \begin{matrix} x_1 & x_3 & x_2 & x_4 & x_5 \end{matrix} \\ \begin{bmatrix} 1 & 0 & 2 & 1 & -2 \\ 0 & 1 & 0 & 4 & 6 \\ 0 & 0 & 0 & 1 & -2 \\ 0 & 0 & 0 & -8 & -3 \end{bmatrix} \end{array} \xrightarrow{c_4\leftrightarrow c_3} \begin{array}{c} \begin{matrix} x_1 & x_3 & x_4 & x_2 & x_5 \end{matrix} \\ \begin{bmatrix} 1 & 0 & 2 & 1 & -2 \\ 0 & 1 & 4 & 0 & 6 \\ 0 & 0 & 1 & 0 & -2 \\ 0 & 0 & -8 & 0 & -3 \end{bmatrix} \end{array}$$

$$\xrightarrow{r_4+8r_3}\begin{array}{c} \begin{matrix} x_1 & x_3 & x_4 & x_2 & x_5 \end{matrix} \\ \begin{bmatrix} 1 & 0 & 1 & 2 & -2 \\ 0 & 1 & 4 & 0 & 6 \\ 0 & 0 & 1 & 0 & -2 \\ 0 & 0 & 0 & 0 & -19 \end{bmatrix} \end{array} \xrightarrow{\left[-\frac{1}{19}\right]r_4} \begin{array}{c} \begin{matrix} x_1 & x_3 & x_4 & x_2 & x_5 \end{matrix} \\ \begin{bmatrix} 1 & 0 & 1 & 2 & -2 \\ 0 & 1 & 4 & 0 & 6 \\ 0 & 0 & 1 & 0 & -2 \\ 0 & 0 & 0 & 0 & 1 \end{bmatrix} \end{array}$$

$$\xrightarrow[r_3+2r_4]{\substack{r_1+2r_4 \\ r_2-6r_4}}\begin{array}{c} \begin{matrix} x_1 & x_3 & x_4 & x_2 & x_5 \end{matrix} \\ \begin{bmatrix} 1 & 0 & 1 & 2 & 0 \\ 0 & 1 & 4 & 0 & 0 \\ 0 & 0 & 1 & 0 & 0 \\ 0 & 0 & 0 & 0 & 1 \end{bmatrix} \end{array} \xrightarrow[r_2-4r_3]{r_1-r_3} \begin{array}{c} \begin{matrix} x_1 & x_3 & x_4 & x_2 & x_5 \end{matrix} \\ \begin{bmatrix} 1 & 0 & 0 & 2 & 0 \\ 0 & 1 & 0 & 0 & 0 \\ 0 & 0 & 1 & 0 & 0 \\ 0 & 0 & 0 & 0 & 1 \end{bmatrix} \end{array} \xrightarrow{c_4\leftrightarrow c_5} \begin{array}{c} \begin{matrix} x_1 & x_3 & x_4 & x_5 & x_2 \end{matrix} \\ \begin{bmatrix} 1 & 0 & 0 & 0 & 2 \\ 0 & 1 & 0 & 0 & 0 \\ 0 & 0 & 1 & 0 & 0 \\ 0 & 0 & 0 & 1 & 0 \end{bmatrix} \end{array}$$

这个矩阵秩等于 4，未知数个数 $n=5$，因此基础解系只含有 1 个向量，取自由变量 $x_2=1$，得

$$\boldsymbol{\eta}=(-2,1,0,0,0)^{\mathrm{T}}$$

原方程的通解为 $c\boldsymbol{\eta}$，其中 c 可取任何数.

【例 3-39】 证明 $R(\boldsymbol{A}^{\mathrm{T}}\boldsymbol{A})=r(\boldsymbol{A})$.

证 设 $\boldsymbol{A}$ 为 $m\times n$ 矩阵，$\boldsymbol{x}$ 为 n 维列向量.

若 $\boldsymbol{x}$ 满足 $\boldsymbol{A}\boldsymbol{x}=0 \Longrightarrow \boldsymbol{A}^{\mathrm{T}}(\boldsymbol{A}\boldsymbol{x})=0$，即 $(\boldsymbol{A}^{\mathrm{T}}\boldsymbol{A})\boldsymbol{x}=0$；

若 $\boldsymbol{x}$ 满足 $(\boldsymbol{A}^{\mathrm{T}}\boldsymbol{A})\boldsymbol{x}=0 \Longrightarrow \boldsymbol{x}^{\mathrm{T}}(\boldsymbol{A}^{\mathrm{T}}\boldsymbol{A})\boldsymbol{x}=0$，即 $(\boldsymbol{A}\boldsymbol{x})^{\mathrm{T}}(\boldsymbol{A}\boldsymbol{x})=0 \Longrightarrow \boldsymbol{A}\boldsymbol{x}=0$.

综上可知方程组 $\boldsymbol{A}\boldsymbol{x}=0$ 与 $(\boldsymbol{A}^{\mathrm{T}}\boldsymbol{A})\boldsymbol{x}=0$ 同解，

所以
$$R(\boldsymbol{A}^{\mathrm{T}}\boldsymbol{A})=r(\boldsymbol{A}).$$

【例 3-40】 求出一个齐次线性方程组，使它的基础解系由下列向量组成：

$$\boldsymbol{\xi}_1=\begin{bmatrix} 1 \\ 2 \\ 3 \\ 4 \end{bmatrix} \qquad \boldsymbol{\xi}_2=\begin{bmatrix} 4 \\ 3 \\ 2 \\ 1 \end{bmatrix}.$$

解 设所求得齐次线性方程组为 $\boldsymbol{A}\boldsymbol{x}=0$,矩阵 $\boldsymbol{A}$ 的行向量形如 $\boldsymbol{\alpha}^{\mathrm{T}}=(a_1,a_2,a_3,a_4)$,

根据题意,有 $\boldsymbol{\alpha}^{\mathrm{T}}\boldsymbol{\xi}_1=0,\boldsymbol{\alpha}^{\mathrm{T}}\boldsymbol{\xi}_2=0$,即 $\begin{cases}a_1+2a_2+3a_3+4a_4=0\\4a_1+3a_2+2a_3+a_4=0\end{cases}$.

设这个方程组系数矩阵为 $\boldsymbol{B}$,对 $\boldsymbol{B}$ 进行初等行变换,得

$$\boldsymbol{B}=\begin{bmatrix}1&2&3&4\\4&3&2&1\end{bmatrix}\longrightarrow\begin{bmatrix}1&2&3&4\\0&-5&-10&-15\end{bmatrix}\longrightarrow\begin{bmatrix}1&0&-1&-2\\0&1&2&3\end{bmatrix}.$$

这个方程组的同解方程组为

$$\begin{cases}a_1-a_3-2a_4=0\\a_2+2a_3+3a_4=0\end{cases},$$

其基础解系为 $\begin{bmatrix}1\\-2\\1\\0\end{bmatrix},\begin{bmatrix}2\\-3\\0\\1\end{bmatrix}$,故可取矩阵 $\boldsymbol{A}$ 的行向量为 $\boldsymbol{\alpha}_1^{\mathrm{T}}=(1,-2,1,0),\boldsymbol{\alpha}_2^{\mathrm{T}}=(2,-3,0,1)$,

故所求齐次线性方程组的系数矩阵 $\boldsymbol{A}=\begin{bmatrix}1&-2&1&0\\2&-3&0&1\end{bmatrix}$.

所求齐次线性方程组为 $\begin{cases}x_1-2x_2+x_3=0\\2x_1-3x_2+x_4=0\end{cases}$

【例 3-41】 求下列方程组的通解 $\begin{cases}x_1+x_2+x_3+x_4+x_5=7\\3x_1+x_2+2x_3+x_4-3x_5=-2\\2x_2+x_3+2x_4+6x_5=23\end{cases}$.

解 $$\boldsymbol{A}=\begin{bmatrix}1&1&1&1&1&7\\3&1&2&1&-3&-2\\0&2&1&2&6&23\end{bmatrix}\longrightarrow\begin{bmatrix}1&0&1/2&0&-2&-9/2\\0&1&1/2&1&3&23/2\\0&0&0&0&0&0\end{bmatrix}$$

由 $R(\mathbf{A})=R(\mathbf{A})$,知方程组有解.

又 $R(\mathbf{A})=2,n-r=3$,所以方程组有无穷多解.且原方程组等价于方程组

$$\begin{cases}x_1=-x_3/2+2x_5-9/2\\x_2=-x_3/2-x_4-3x_5+23/2\end{cases}.$$

令 $\begin{bmatrix}x_3\\x_4\\x_5\end{bmatrix}=\begin{bmatrix}1\\0\\0\end{bmatrix},\begin{bmatrix}0\\1\\0\end{bmatrix},\begin{bmatrix}0\\0\\1\end{bmatrix}$.分别代入等价方程组对应的齐次方程组中求得基础解系

$$\boldsymbol{\xi}_1=\begin{bmatrix}-1/2\\-1/2\\1\\0\\0\end{bmatrix},\boldsymbol{\xi}_2=\begin{bmatrix}0\\-1\\0\\1\\0\end{bmatrix},\boldsymbol{\xi}_3=\begin{bmatrix}2\\-3\\0\\0\\1\end{bmatrix}$$

求特解：令 $x_3=x_4=x_5=0$，得 $x_1=-9/2, x_2=23/2$.

故所求通解为
$$x=C_1\begin{bmatrix}-1/2\\-1/2\\1\\0\\0\end{bmatrix}+C_2\begin{bmatrix}0\\-1\\0\\1\\0\end{bmatrix}+C_3\begin{bmatrix}2\\-3\\0\\0\\1\end{bmatrix}+\begin{bmatrix}-9/2\\23/2\\0\\0\\0\end{bmatrix}.$$

其中 C_1, C_2, C_3 为任意常数.

【例 3-42】 求解下列非齐次线性方程组：

$$\begin{cases}x_1+x_2-3x_3-x_4=1\\3x_1-x_2-3x_3-4x_4=4.\\x_1+5x_2-9x_3-8x_4=0\end{cases}$$

解 对方程组的增广矩阵作如下初等变换：

$$\widetilde{\boldsymbol{A}}=(\boldsymbol{A}\quad \boldsymbol{b})=\begin{bmatrix}1&1&-3&-1&\vdots&1\\3&-1&-3&4&\vdots&4\\1&5&-9&8&\vdots&0\end{bmatrix}\xrightarrow[r_3-r_1]{r_2-3r_1}\begin{bmatrix}1&1&-3&-1&\vdots&1\\0&-4&6&7&\vdots&1\\0&4&-6&-7&\vdots&-1\end{bmatrix}$$

$$\xrightarrow{r_3+r_2}\begin{bmatrix}1&1&-3&-1&\vdots&1\\0&-4&6&7&\vdots&1\\0&0&0&0&\vdots&0\end{bmatrix}\xrightarrow{\left[-\frac{1}{4}\right]r_2}\begin{bmatrix}1&1&-3&-1&\vdots&1\\0&1&-3/2&-7/4&\vdots&-1/4\\0&0&0&0&\vdots&0\end{bmatrix}$$

$$\xrightarrow{r_1-r_2}\begin{bmatrix}1&0&-3/2&3/4&\vdots&5/4\\0&1&-3/2&-7/4&\vdots&-1/4\\0&0&0&0&\vdots&0\end{bmatrix}$$

在上面的初等变换中没有作过列对换，因此可立即求出特解 $\boldsymbol{\gamma}$ 和对应齐次线性方程组的基础解系：

$$\boldsymbol{\gamma}=\begin{bmatrix}5/4\\-1/4\\0\\0\end{bmatrix},\boldsymbol{\eta}_1=\begin{bmatrix}3/2\\3/2\\1\\0\end{bmatrix},\boldsymbol{\eta}_2=\begin{bmatrix}-3/4\\7/4\\0\\1\end{bmatrix}$$

原方程组的解为 $\boldsymbol{x}=\boldsymbol{\gamma}+c_1\boldsymbol{\eta}_1+c_2\boldsymbol{\eta}_2$，其中 c_1, c_2 为任意数.

【例 3-43】 求解下列线性方程组：

$$\begin{cases}x_1+2x_2-x_3+3x_4+x_5=2\\2x_1+4x_2-2x_3+6x_4+3x_5=6.\\-x_1-2x_2+x_3-x_4+3x_5=4\end{cases}$$

解 对方程组的增广矩阵作如下初等变换：

$$\widetilde{\boldsymbol{A}}=(\boldsymbol{A}\quad \boldsymbol{b})=\begin{array}{c}\begin{matrix}x_1 & x_2 & x_3 & x_4 & x_5 & & \end{matrix}\\ \begin{bmatrix}1 & 2 & -1 & 3 & 1 & \vdots & 2\\ 2 & 4 & -2 & 6 & 3 & \vdots & 6\\ -1 & -2 & 1 & -1 & 3 & \vdots & 4\end{bmatrix}\end{array}\xrightarrow[r_3+r_1]{r_2-2r_1}\begin{array}{c}\begin{matrix}x_1 & x_2 & x_3 & x_4 & x_5 & & \end{matrix}\\ \begin{bmatrix}1 & 2 & -1 & 3 & 1 & \vdots & 2\\ 0 & 0 & 0 & 0 & 1 & \vdots & 2\\ 0 & 0 & 0 & 2 & 4 & \vdots & 6\end{bmatrix}\end{array}$$

$$\xrightarrow{\frac{1}{2}r_3}\begin{array}{c}\begin{matrix}x_1 & x_2 & x_3 & x_4 & x_5 & & \end{matrix}\\ \begin{bmatrix}1 & 2 & -1 & 3 & 1 & \vdots & 2\\ 0 & 0 & 0 & 0 & 1 & \vdots & 2\\ 0 & 0 & 0 & 1 & 2 & \vdots & 3\end{bmatrix}\end{array}\xrightarrow[c_3\leftrightarrow c_5]{c_2\leftrightarrow c_4}\begin{array}{c}\begin{matrix}x_1 & x_4 & x_5 & x_2 & x_3 & & \end{matrix}\\ \begin{bmatrix}1 & 3 & 1 & 2 & -1 & \vdots & 2\\ 0 & 0 & 1 & 0 & 0 & \vdots & 2\\ 0 & 1 & 2 & 0 & 0 & \vdots & 3\end{bmatrix}\end{array}$$

$$\xrightarrow{r_2\leftrightarrow r_3}\begin{array}{c}\begin{matrix}x_1 & x_4 & x_5 & x_2 & x_3 & & \end{matrix}\\ \begin{bmatrix}1 & 3 & 1 & 2 & -1 & \vdots & 2\\ 0 & 1 & 2 & 0 & 0 & \vdots & 3\\ 0 & 0 & 1 & 0 & 0 & \vdots & 2\end{bmatrix}\end{array}\xrightarrow{r_1-3r_2}\begin{array}{c}\begin{matrix}x_1 & x_4 & x_5 & x_2 & x_3 & & \end{matrix}\\ \begin{bmatrix}1 & 0 & -5 & 2 & -1 & \vdots & -7\\ 0 & 1 & 2 & 0 & 0 & \vdots & 3\\ 0 & 0 & 1 & 0 & 0 & \vdots & 2\end{bmatrix}\end{array}$$

$$\xrightarrow[r_2-2r_3]{r_1+5r_3}\begin{array}{c}\begin{matrix}x_1 & x_4 & x_5 & x_2 & x_3 & & \end{matrix}\\ \begin{bmatrix}1 & 0 & 0 & 2 & -1 & \vdots & 3\\ 0 & 1 & 0 & 0 & 0 & \vdots & -1\\ 0 & 0 & 1 & 0 & 0 & \vdots & 2\end{bmatrix}\end{array}.$$

在上面初等变换的整个过程中，我们进行了两次列对换，第一次是第 2 列与第 4 列对换，第二次是第 3 列与第 5 列对换.

$$R(\widetilde{\boldsymbol{A}})=R(\boldsymbol{A})=3.$$

未知数个数 $n=5$ 因此基础解系应含有 2 个向量，分别取自由变量

$$x_2=0,x_3=0;x_2=1,x_3=0 \text{ 及 } x_2=0,x_3=1.$$

得特解 $\boldsymbol{\gamma}$ 以及基础解系 $\boldsymbol{\eta}_1,\boldsymbol{\eta}_2$：

$\boldsymbol{\gamma}=(3,0,0,-1,2)^{\mathrm{T}},\boldsymbol{\eta}_1=(-2,1,0,0,0)^{\mathrm{T}},\eta_2=(1,0,1,0,0)^{\mathrm{T}}$

于是原线性方程组的通解为

$$\boldsymbol{\gamma}+c_1\boldsymbol{\eta}_1+c_2\boldsymbol{\eta}_2,$$

其中 c_1,c_2 为任意数.

【例 3-44】 设四元非齐次线性方程组 $\boldsymbol{AX}=b$ 的系数矩阵 $\boldsymbol{A}$ 的秩为 3，已知它的三个解向量为 $\boldsymbol{\eta}_1,\boldsymbol{\eta}_2,\boldsymbol{\eta}_3$，其中

$$\boldsymbol{\eta}_1=\begin{bmatrix}3\\-4\\1\\2\end{bmatrix},\boldsymbol{\eta}_2+\boldsymbol{\eta}_3=\begin{bmatrix}4\\6\\8\\0\end{bmatrix},$$

求该方程组的通解.

解 依题意，方程组 $\boldsymbol{Ax}=\boldsymbol{b}$ 的导出组的基础解系含 $4-3=1$ 个向，于是导出组的任何一个非零解都可作为其基础解系.

显然 $\boldsymbol{\eta}_1-\dfrac{1}{2}(\boldsymbol{\eta}_2+\boldsymbol{\eta}_3)=\begin{bmatrix}1\\-7\\-3\\2\end{bmatrix}\neq 0$ 是导出组的非零解，可作为其基础解系.

故方程组 $\boldsymbol{A}\boldsymbol{x}=\boldsymbol{b}$ 的通解为

$$x=\boldsymbol{\eta}_1+C\left[\boldsymbol{\eta}_1--\frac{1}{2}(\boldsymbol{\eta}_2+\boldsymbol{\eta}_3)\right]=\begin{bmatrix}3\\-4\\1\\2\end{bmatrix}+C\begin{bmatrix}1\\-7\\-3\\2\end{bmatrix}(C\text{ 为任意常数}).$$

3.2 同步训练

习题 3.1

一、判断题.

1. 若 $\boldsymbol{\alpha},\boldsymbol{\beta}$ 线性无关，则 $\boldsymbol{\alpha}+\boldsymbol{\beta},\boldsymbol{\beta}$ 也线性无关. （　　）

3. 若 $\boldsymbol{\alpha},\boldsymbol{\beta}$ 线性相关，$\boldsymbol{\alpha}+\boldsymbol{\gamma},\boldsymbol{\beta}+\boldsymbol{\gamma}$ 也线性相关. （　　）

4. 若向量组 $\boldsymbol{\alpha}_1,\boldsymbol{\alpha}_2,\cdots,\boldsymbol{\alpha}_s(s>1)$ 线性相关，则其中每个向量都是其余向量的线性组合. （　　）

5. 向量组的秩等于它的最大线性无关组的个数. （　　）

6. 若 $R(\boldsymbol{A}_{2\times3})=2$，则方程组 $\boldsymbol{A}_{2\times3}\boldsymbol{x}=\boldsymbol{b}$ 一定有解. （　　）

7. 非齐次方程组 $\boldsymbol{A}\boldsymbol{x}=\boldsymbol{b}$ 有无穷多个解的充分必要条件是它有两个不同的解. （　　）

8. 若 $\boldsymbol{\xi}_1,\boldsymbol{\xi}_2,\cdots,\boldsymbol{\xi}_k$ 是齐次方程组 $\boldsymbol{A}\boldsymbol{x}=0$ 的基础解系，$\boldsymbol{\eta}$ 是非齐次方程组 $\boldsymbol{A}\boldsymbol{x}=\boldsymbol{b}$ 的一个解向量，则 $\boldsymbol{\xi}_1,\boldsymbol{\xi}_2,\cdots,\boldsymbol{\xi}_k,\boldsymbol{\eta}$ 一定线性无关. （　　）

9. 对 n 个未知量 n 个方程的线性方程组，当它的系数行列式等于 0 时，方程组一定无解. （　　）

10. 齐次线性方程组解的线性组合还是它的解. （　　）

二、证明：若向量 $\boldsymbol{\alpha},\boldsymbol{\beta},\boldsymbol{\gamma}$ 线性无关，则 $\boldsymbol{\alpha}+\boldsymbol{\beta},\boldsymbol{\beta}+\boldsymbol{\gamma},\boldsymbol{\gamma}+\boldsymbol{\alpha}$ 也线性无关.

三、证明：如果 n 维单位坐标向量组 $\boldsymbol{e}_1,\boldsymbol{e}_2,\cdots,\boldsymbol{e}_n$ 可以由 n 维向量组 $\boldsymbol{a}_1,\boldsymbol{a}_2,\cdots,\boldsymbol{a}_n$ 线性表示，则向量组 $\boldsymbol{a}_1,\boldsymbol{a}_2,\cdots,\boldsymbol{a}_n$ 线性无关.

四、设 $\boldsymbol{a}_1,\boldsymbol{a}_2,\cdots,\boldsymbol{a}_n$ 是一组 n 维向量，证明它们线性无关的充要条件是任一 n 维向量组都可由它们线性表示.

五、设向量组 $\boldsymbol{\alpha}_1=(1,1,0,0)^{\mathrm{T}},\boldsymbol{\alpha}_2=(1,2,1,-1)^{\mathrm{T}},\boldsymbol{\alpha}_3-(0,1,1,-1)^{\mathrm{T}},\boldsymbol{\alpha}_4=(1,3,2,1)^{\mathrm{T}},\boldsymbol{\alpha}_5=(2,6,4,-1)^{\mathrm{T}}$. 试求向量组的秩及其一个极大无关组，并将其余向量用这个最大无关组线性表出.

六、设线性方程组 $\begin{cases}x_1+2x_3=-1\\-x_1+x_2-3x_3=2\\2x_1-x_2+5x_3=0\end{cases}$，求其系数矩阵和增广矩阵的秩，并判断其解的情况.

七、求下列齐次线性方程组的一个基础解系及通解：

1. $\begin{cases}x_1+x_2-x_3-x_4=0\\x_1+2x_2+2x_3+3x_4=0;\\2x_1+3x_2+x_3+2x_4=0\end{cases}$

2. $\begin{cases}x_1-x_2+5x_3-x_4=0\\x_1+x_2-2x_3+3x_4=0\\3x_1-x_2+8x_3+x_4=0\\x_1+3x_2-9x_3+7x_4=0\end{cases}$.

八、求下列非齐次线性方程组的通解，并写出它的一个解及对应的齐次线性方程组的基础解系.

1. $\begin{cases}2x_1+7x_2+3x_3+x_4=6\\3x_1+5x_2+2x_3+2x_4=4;\\9x_1+4x_2+x_3+7x_4=2\end{cases}$

2. $\begin{cases}x_1+x_2+x_3+x_4+x_5=7\\3x_1+2x_2+x_3+x_4-3x_5=-2\\x_2+2x_3+2x_4+6x_5=23\\5x_1+4x_2+3x_3+3x_4-x_5=12\end{cases}$.

习题 3.2

一、填空题

1. 已知 $\boldsymbol{\alpha}_1=(1,1,0,1)^{\mathrm{T}}$，$\boldsymbol{\alpha}_2=(0,1,\boldsymbol{a},4)^{\mathrm{T}}$，$\boldsymbol{\alpha}_3=(2,1,-2,-2)^{\mathrm{T}}$ 线性相关，则 $\boldsymbol{a}$ ________.

2. 向量组 $\boldsymbol{\alpha}_1=(1,0,2,-1)^{\mathrm{T}}$，$\boldsymbol{\alpha}_2=(3,0,4,1)^{\mathrm{T}}$，$\boldsymbol{\alpha}_3=(-1,0,0,-3)^{\mathrm{T}}$ 线性________.

3. 已知四阶方阵且 $\boldsymbol{A}=(\boldsymbol{\alpha}_1,\boldsymbol{\alpha}_2,\boldsymbol{\alpha}_3,\boldsymbol{\alpha}_4)$，且 $\boldsymbol{\beta}=\boldsymbol{\alpha}_1+\boldsymbol{\alpha}_2+\boldsymbol{\alpha}_3+\boldsymbol{\alpha}_4$，则方程组 $\boldsymbol{Ax}=\boldsymbol{\beta}$ 的一个解向量为________.

4. 线性方程组 $\boldsymbol{Ax}=\boldsymbol{b}$ 有解的充分必要条件是____________.

5. 若齐次线性方程组 $\begin{cases}kx+y-2z=0\\x+ky+2z=0\\kx+y+kz=0\end{cases}$ 有非零解，且 $k^2\neq1$，则 k 的值为____________.

6. 已知四阶方阵且 $\boldsymbol{A}=(\boldsymbol{\alpha}_1,\boldsymbol{\alpha}_2,\boldsymbol{\alpha}_3,\boldsymbol{\alpha}_4)$，$\boldsymbol{\beta}=\boldsymbol{\alpha}_1+\boldsymbol{\alpha}_2+\boldsymbol{\alpha}_3+\boldsymbol{\alpha}_4$，则方程组 $\boldsymbol{Ax}=\boldsymbol{\beta}$ 的一个解向量为____________.

7. 方程组 $\begin{cases}x_1+x_2+x_3=1\\x_4+x_5-x_6=0\end{cases}$ 的通解为____________.

8. 设 $\boldsymbol{\alpha}_1,\boldsymbol{\alpha}_2$ 是非齐次线性方程组 $\boldsymbol{Ax}=\boldsymbol{b}$ 的解，又已知 $k_1\boldsymbol{\alpha}_1+k_2\boldsymbol{\alpha}_2$ 也是 $\boldsymbol{Ax}=\boldsymbol{b}$ 的解，则 $k_1+k_2=$____________.

二、选择题

1. 设 $\boldsymbol{A}$ 为 $m\times n$ 矩阵，则有(　　).

(A)若 $m<n$，则 $\boldsymbol{Ax}=\boldsymbol{b}$ 有无穷多解

(B)若 $m<n$，则 $\boldsymbol{Ax}=0$ 有非零解，且基础解系含有 $n-m$ 个线性无关解向量

(C)若 A 有 n 阶子式不为零,则 $\boldsymbol{Ax}=\boldsymbol{b}$ 有唯一解

(D)若 A 有 n 阶子式不为零,则 $\boldsymbol{Ax}=0$ 仅有零解

2.已知 α,β,γ 线性无关,则下列向量组中一定线性无关的是(　　).

(A)$\boldsymbol{\alpha}+\boldsymbol{\beta}+2\boldsymbol{\gamma},\boldsymbol{\alpha}-2\boldsymbol{\beta}+\boldsymbol{\gamma},2\boldsymbol{\alpha}-\boldsymbol{\beta}+3\boldsymbol{\gamma}$

(B)$5\boldsymbol{\alpha}-3\boldsymbol{\beta}+\boldsymbol{\gamma},2\boldsymbol{\alpha}+\boldsymbol{\beta}-\boldsymbol{\gamma},3\boldsymbol{\alpha}-4\boldsymbol{\beta}+2\boldsymbol{\gamma}$

(C)$3\boldsymbol{\alpha}+2\boldsymbol{\beta}+4\boldsymbol{\gamma},\boldsymbol{\alpha}-\boldsymbol{\beta}+\boldsymbol{\gamma},5\boldsymbol{\alpha}+5\boldsymbol{\beta}+7\boldsymbol{\gamma}$

(D)$2\boldsymbol{\alpha}+5\boldsymbol{\beta}-3\boldsymbol{\gamma},7\boldsymbol{\alpha}-\boldsymbol{\beta}-\boldsymbol{\gamma},\boldsymbol{\alpha}-\boldsymbol{\beta}-\boldsymbol{\gamma}$

3.设 $\boldsymbol{A}$ 为 n 阶矩阵,若 $\boldsymbol{A}$ 与 n 阶单位矩阵等价,那么方程组 $\boldsymbol{Ax}=\boldsymbol{b}$(　　).

(A)无解　　(B)有唯一解

(C)有无穷多解　　(D)解的情况不能确定

4.齐次方程组 $\boldsymbol{A}_{m\times n}=0$ 只有零解的充分必要条件是 $\boldsymbol{A}_{m\times n}$ 的秩(　　).

(A)$R(\boldsymbol{A}_{m\times n})=m$　　(B)$R(\boldsymbol{A}_{m\times n})=n$

(C)$n\neq R(\boldsymbol{A}_{m\times n})$　　(D)$m\neq R(A_{m\times n})=n$

5.线性方程组$\begin{bmatrix}1 & 2\\3 & 6\end{bmatrix}\begin{bmatrix}x_1\\x_2\end{bmatrix}=\begin{bmatrix}5\\9\end{bmatrix}$满足结论(　　).

(A)有唯一解　　(B)有零解

(C)有无穷多解　　(D)无解

三、设 4 维向量组 $\boldsymbol{\alpha}_1=(1+\boldsymbol{a},1,1,1)^{\mathrm{T}},\boldsymbol{\alpha}_2=(2,2+\boldsymbol{a},2,2)^{\mathrm{T}},\boldsymbol{\alpha}_3=(3,3,3+\boldsymbol{a},3)^{\mathrm{T}},\boldsymbol{\alpha}_4=(4,4,4,4+\boldsymbol{a})^{\mathrm{T}}$,问 $\boldsymbol{a}$ 为何值时 $\boldsymbol{\alpha}_1,\boldsymbol{\alpha}_2,\boldsymbol{\alpha}_3,\boldsymbol{\alpha}_4$ 线性相关,当 $\boldsymbol{\alpha}_1,\boldsymbol{\alpha}_2,\boldsymbol{\alpha}_3,\boldsymbol{\alpha}_4$ 线性相关时,求其一个最大线性无关组,并将其余向量用该最大线性无关组线性表出.

四、已知 3 阶矩阵 $\boldsymbol{B}\neq 0$,且 $\boldsymbol{B}$ 的每一列均为方程组

$$\begin{cases}x_1+x_2-2x_3=0\\2x_1-x_2+\lambda x_3=0\\3x_1+x_2-x_3=0\end{cases}$$

的解向量,求 λ 及 $|\boldsymbol{B}|$.

五、已知 $\boldsymbol{\alpha}_1,\boldsymbol{\alpha}_2,\cdots,\boldsymbol{\alpha}_s,\boldsymbol{\beta}$ 线性无关,证明 $\boldsymbol{\alpha}_1+\boldsymbol{\beta},\boldsymbol{\alpha}_2+\boldsymbol{\beta},\cdots,\boldsymbol{\alpha}_s+\boldsymbol{\beta}$ 也线性无关.

六、设线性方程组

$$\begin{cases}x_1+x_3=2\\x_1+2x_2-x_3=0\\2x_1+x_2-ax_3=b\end{cases}.$$

讨论当 a,b 为何值时,方程组无解,有唯一解,有无穷多解.

七、求解非齐次线性方程组$\begin{cases}2x_1+x_2-x_3+x_4=1\\4x_1+2x_2-2x_3+x_4=2\\2x_1+x_2-x_3-x_4=1\end{cases}$.

八、线性方程组$\begin{cases}2x_1+x_2-x_3+x_4=1\\x_1-x_2+x_3+x_4=2\\7x_1+2x_2-2x_3+4x_4=a\\7x_1-x_2+x_3+5x_4=b\end{cases}$ 当 a,b 为何值时有解?在有解的情况下,求其全部解(用其导出组的基础解系线性表示).

习题 3.3

一、判断题(正确的画√,错误的画×).

1. 任何一个非零向量组都有极大线性无关组.　　(　　)

2. 两个等价的向量组所含向量个数相等.　　(　　)

3. 任何一个向量组都有极大线性无关组.　　(　　)

4. 两个等价的向量组必有相同的秩.　　(　　)

5. 一组向量$\{\boldsymbol{\alpha}_1,\boldsymbol{\alpha}_2,\cdots,\boldsymbol{\alpha}_n\}$线性相关的充要条件是其中任一向量是其余向量的线性组合.　　(　　)

二、填空题.

1. 向量组 $\boldsymbol{\alpha}_1=(1,1,1,1)$,$\boldsymbol{\alpha}_2=(0,1,1,1)$,$\boldsymbol{\alpha}_3=(0,0,1,1)$的一个最大无关组是________.

2. 非零 n 维向量$\boldsymbol{\alpha}_1$,$\boldsymbol{\alpha}_2$ 线性无关的充要条件是________.

3. 已知向量组 $\boldsymbol{\alpha}_1=(1,a,-2)$,$\boldsymbol{\alpha}_2=(3,6,-6)$线性相关,则 $a=$________.

三、选择题.

1. 向量组(Ⅰ):$\boldsymbol{\alpha}_1,\boldsymbol{\alpha}_2,\cdots,\boldsymbol{\alpha}_r$ 和向量组(Ⅱ):$\boldsymbol{\beta}_1,\boldsymbol{\beta}_2,\cdots,\boldsymbol{\beta}_s$ 等价的定义是向量组(　　).

(A)(Ⅰ)和(Ⅱ)可互相线性表示

(B)(Ⅰ)和(Ⅱ)中有一组可由另一组线性表示

(C)(Ⅰ)和(Ⅱ)中所含向量的个数相等

(D)(Ⅰ)和(Ⅱ)的极大无关组相同

2. 设 n 维向量组为$\{\boldsymbol{\alpha}_1,\boldsymbol{\alpha}_2,\cdots,\boldsymbol{\alpha}_m\}$,则下列结论正确的是(　　).

(A)若 $k_1\boldsymbol{\alpha}_1+k_2\boldsymbol{\alpha}_2+\cdots+k_m\boldsymbol{\alpha}_m=0$,则 $\boldsymbol{\alpha}_1,\boldsymbol{\alpha}_2,\cdots,\boldsymbol{\alpha}_m$ 线性相关

(B)若对任何一组不全为 0 的数 $k_1,k_2,\cdots,k_m$,都有 $k_1\boldsymbol{\alpha}_1+k_2\boldsymbol{\alpha}_2+\cdots+k_m\boldsymbol{\alpha}_m\neq0$,则 $\boldsymbol{\alpha}_1$,$\boldsymbol{\alpha}_2,\cdots,\boldsymbol{\alpha}_m$ 线性无关.

(C)若 $\boldsymbol{\alpha}_1,\boldsymbol{\alpha}_2,\cdots,\boldsymbol{\alpha}_m$ 线性相关,则对任何一种不全为 0 的数 $k_1,k_2,\cdots,k_m$ 都有 $k_1\boldsymbol{\alpha}_1+k_2\boldsymbol{\alpha}_2+\cdots+k_m\boldsymbol{\alpha}_m=0$.

(D)若 $0\cdot\boldsymbol{\alpha}_1+0\cdot\boldsymbol{\alpha}_2+\cdots+0\cdot\boldsymbol{\alpha}_m=0$,则 $\boldsymbol{\alpha}_1,\boldsymbol{\alpha}_2,\cdots,\boldsymbol{\alpha}_m$ 线性无关.

3. 设向量组为 $\boldsymbol{\alpha},\boldsymbol{\alpha}_2,\boldsymbol{\alpha}_3,\boldsymbol{\alpha}_4$ 线性无关,则下列向量组仍线性无关的是(　　).

(A)$\boldsymbol{\alpha}_1+\boldsymbol{\alpha}_2,\boldsymbol{\alpha}_2+\boldsymbol{\alpha}_3,\boldsymbol{\alpha}_3+\boldsymbol{\alpha}_4,\boldsymbol{\alpha}_4+\boldsymbol{\alpha}_1$

(B)$\boldsymbol{\alpha}_1-\boldsymbol{\alpha}_2,\boldsymbol{\alpha}_2-\boldsymbol{\alpha}_3,\boldsymbol{\alpha}_3-\boldsymbol{\alpha}_4,\boldsymbol{\alpha}_4-\boldsymbol{\alpha}_1$

(C)$\boldsymbol{\alpha}_1+\boldsymbol{\alpha}_2,\boldsymbol{\alpha}_2+\boldsymbol{\alpha}_3,\boldsymbol{\alpha}_3+\boldsymbol{\alpha}_4,\boldsymbol{\alpha}_4-\boldsymbol{\alpha}_1$

(D)$\boldsymbol{\alpha}_1+\boldsymbol{\alpha}_2,\boldsymbol{\alpha}_2+\boldsymbol{\alpha}_3,\boldsymbol{\alpha}_1+2\boldsymbol{\alpha}_2+\boldsymbol{\alpha}_3,\boldsymbol{\alpha}_4+\boldsymbol{\alpha}_1$

4. 设 $\boldsymbol{A}$ 为 n 阶方阵,$R(A)=r<n$,那么在 $\boldsymbol{A}$ 的 n 个行中(　　).

(A)必有 r 个行线性无关;

(B)任意 r 个行向量都构成极大线性无关组;

(C)任意 r 个行都线性无关;

(D)任意一个行向量都可以由其他 r 个行向量线性表出.

四、设矩阵 $\boldsymbol{A}=\begin{bmatrix}1&-2&-1&0&2\\-2&4&2&6&-6\\2&-1&0&2&3\\3&3&3&3&4\end{bmatrix}$. 求:

(1)秩($\boldsymbol{A}$);

(2)$\boldsymbol{A}$ 的列向量组的一个最大线性无关组.

五、求向量组

$$\boldsymbol{\alpha}_1=(2,4,2)^{\mathrm{T}},\boldsymbol{\alpha}_2=(1,1,0)^{\mathrm{T}},\boldsymbol{\alpha}_3=(2,3,1)^{\mathrm{T}},\boldsymbol{\alpha}_4=(3,5,2)^{\mathrm{T}}$$

的一个极大无关组，并把其余向量用该极大无关组线性表示.

第4章 相似矩阵

4.1 典型例题

【例4-1】 设有 $\mathbf{R}^3$ 中的基 $\boldsymbol{\varepsilon}_1=(1,0,0)^T$，$\boldsymbol{\varepsilon}_2=(0,1,0)^T$，$\boldsymbol{\varepsilon}_3=(0,0,1)^T$，试求 $\boldsymbol{\varepsilon}_i$ 与 $\boldsymbol{\varepsilon}_j$ $(i,j=1,2,3)$ 的内积.

解 $[\boldsymbol{\varepsilon}_1,\boldsymbol{\varepsilon}_2]=1\times0+0\times1+0\times0=0$，$[\boldsymbol{\varepsilon}_2,\boldsymbol{\varepsilon}_3]=0\times0+1\times0+0\times1=0$，

$[\boldsymbol{\varepsilon}_3,\boldsymbol{\varepsilon}_1]=0\times1+0\times0+1\times0=0$.

同理可得
$$[\boldsymbol{\varepsilon}_i,\boldsymbol{\varepsilon}_i]=1\quad(i=1,2,3)$$

【例4-2】 求 $\left[\left([\boldsymbol{\alpha},\boldsymbol{\alpha}]\boldsymbol{\beta}-\frac{1}{3}[\boldsymbol{\alpha},\boldsymbol{\beta}]\boldsymbol{\alpha}\right),3\boldsymbol{\alpha}\right]$.

解
$$\left[\left([\boldsymbol{\alpha},\boldsymbol{\alpha}]\boldsymbol{\beta}-\frac{1}{3}[\boldsymbol{\alpha},\boldsymbol{\beta}]\boldsymbol{\alpha}\right),3\boldsymbol{\alpha}\right]=3[\boldsymbol{\alpha},\boldsymbol{\alpha}][\boldsymbol{\beta},\boldsymbol{\alpha}]-[\boldsymbol{\alpha},\boldsymbol{\beta}][\boldsymbol{\alpha},\boldsymbol{\alpha}]$$
$$=\{3[\boldsymbol{\alpha},\boldsymbol{\alpha}]-[\boldsymbol{\alpha},\boldsymbol{\alpha}]\}[\boldsymbol{\alpha},\boldsymbol{\beta}]=2[\boldsymbol{\alpha},\boldsymbol{\alpha}][\boldsymbol{\alpha},\boldsymbol{\beta}].$$

【例4-3】 $\boldsymbol{\alpha},\boldsymbol{\beta},\boldsymbol{\gamma}$ 是 n 维实向量$(n>1)$下列算式无意义：

(1) $[\boldsymbol{\alpha},\boldsymbol{\beta}]\boldsymbol{\gamma}=[\boldsymbol{\alpha},\boldsymbol{\alpha}][\boldsymbol{\beta},\boldsymbol{\gamma}]$；

(2) $[[\boldsymbol{\alpha},\boldsymbol{\beta}],\boldsymbol{\gamma}]+2\boldsymbol{\alpha}$.

解 在(1)中，$[\boldsymbol{\alpha},\boldsymbol{\beta}]$表示一个数，因此$[\boldsymbol{\alpha},\boldsymbol{\beta}]\boldsymbol{\gamma}$是一个向量，而$[\boldsymbol{\alpha},\boldsymbol{\alpha}]$及$[\boldsymbol{\beta},\boldsymbol{\gamma}]$都是数，故$[\boldsymbol{\alpha},\boldsymbol{\alpha}]$，$[\boldsymbol{\beta},\boldsymbol{\gamma}]$也是数. 于是(1)式变为一个向量减去一个数，显然没有意义.

在(2)中，$[\boldsymbol{\alpha},\boldsymbol{\beta}]$是数，$[\boldsymbol{\alpha},\boldsymbol{\beta}]\boldsymbol{\gamma}$ 表示$[\boldsymbol{\alpha},\boldsymbol{\beta}]$与 $\boldsymbol{\gamma}$ 的数乘，$[[\boldsymbol{\alpha},\boldsymbol{\beta}]\boldsymbol{\gamma},\boldsymbol{\gamma}]$表示$[\boldsymbol{\alpha},\boldsymbol{\beta}]\boldsymbol{\gamma}$ 与 $\boldsymbol{\gamma}$ 的内积，事实上
$$[[\boldsymbol{\alpha},\boldsymbol{\beta}]\boldsymbol{\gamma},\boldsymbol{\gamma}]=[\boldsymbol{\alpha},\boldsymbol{\beta}][\boldsymbol{\gamma},\boldsymbol{\gamma}],$$
因此(2)式中第一项是一个数，而 $2\boldsymbol{\alpha}$ 是一个向量，两者相加无意义.

【例4-4】 求 $\mathbf{R}^3$ 中向量 $\boldsymbol{\alpha}=(4,0,3)^T$，$\boldsymbol{\beta}=(-\sqrt{3},3,2)^T$ 之间的夹角 θ.

解 由 $\|\boldsymbol{\alpha}\|=\sqrt{4^2+0^2+3^2}=5$，$\|\boldsymbol{\beta}\|=\sqrt{(-\sqrt{3})^2+3^2+2^2}=4$，$[\boldsymbol{\alpha},\boldsymbol{\beta}]=4(-\sqrt{3})+0\times3+3\times2=6-4\sqrt{3}$，

所以
$$\cos\theta=\frac{[\boldsymbol{\alpha},\boldsymbol{\beta}]}{\|\boldsymbol{\alpha}\|\cdot\|\boldsymbol{\beta}\|}=\frac{6-4\sqrt{3}}{5\times4}=\frac{3-2\sqrt{3}}{10},\theta=\arccos\frac{3-2\sqrt{3}}{10}.$$

【例4-5】 求 $\mathbf{R}^5$ 中的向量 $\boldsymbol{\alpha}=(1,0,-1,0,2)^T$，$\boldsymbol{\beta}=(0,1,2,4,1)^T$ 的夹角 θ.

解 因为
$$[\boldsymbol{\alpha},\boldsymbol{\beta}]=1\times0+0\times1+(-1)\times2+0\times4+2\times1=0,$$
而
$$\cos\theta=\frac{[\boldsymbol{\alpha},\boldsymbol{\beta}]}{\|\boldsymbol{\alpha}\|\cdot\|\boldsymbol{\beta}\|}=0,所以\ \theta=90^\circ.$$

【例 4-6】 设 $\boldsymbol{\alpha}_1=\begin{bmatrix}1\\2\\-1\end{bmatrix},\boldsymbol{\alpha}_2=\begin{bmatrix}-1\\3\\1\end{bmatrix},\boldsymbol{\alpha}_3=\begin{bmatrix}4\\-1\\0\end{bmatrix}$,试用施密特正交化方法，将向量组正交规范化.

解 不难证明 $\boldsymbol{\alpha}_1,\boldsymbol{\alpha}_2,\boldsymbol{\alpha}_3$ 是线性无关的. 取 $\boldsymbol{\beta}_1=\boldsymbol{a}_1$，

$$\boldsymbol{\beta}_2=\boldsymbol{\alpha}_2-\frac{[\boldsymbol{\alpha}_2,\boldsymbol{\beta}_1]}{\|\boldsymbol{\beta}_1\|^2}\boldsymbol{\beta}_1=\begin{bmatrix}-1\\3\\1\end{bmatrix}-\frac{4}{6}\begin{pmatrix}1\\2\\-1\end{pmatrix}=\frac{5}{3}\begin{pmatrix}-1\\1\\1\end{pmatrix};$$

$$\boldsymbol{\beta}_3=\boldsymbol{\alpha}_3-\frac{[\boldsymbol{\alpha}_3,\boldsymbol{\beta}_1]}{\|\boldsymbol{\beta}_1\|^2}\boldsymbol{\beta}_1-\frac{[\boldsymbol{\alpha}_3,\boldsymbol{\beta}_2]}{\|\boldsymbol{\beta}_2\|^2}\boldsymbol{\beta}_2=\begin{bmatrix}4\\-1\\0\end{bmatrix}-\frac{1}{3}\begin{bmatrix}1\\2\\-1\end{bmatrix}+\frac{5}{3}\begin{bmatrix}-1\\1\\1\end{bmatrix}=2\begin{bmatrix}1\\0\\1\end{bmatrix}.$$

再将它们单位化,取

$$\boldsymbol{e}_1=\frac{\boldsymbol{\beta}_1}{\|\boldsymbol{\beta}_1\|}=\frac{1}{\sqrt{6}}\begin{bmatrix}1\\2\\-1\end{bmatrix},\boldsymbol{e}_2=\frac{\boldsymbol{\beta}_2}{\|\boldsymbol{\beta}_2\|}=\frac{1}{\sqrt{3}}\begin{bmatrix}-1\\1\\1\end{bmatrix},\boldsymbol{e}_3=\frac{\boldsymbol{\beta}_3}{\|\boldsymbol{\beta}_3\|}=\frac{1}{\sqrt{2}}\begin{bmatrix}1\\0\\1\end{bmatrix}.$$

$\boldsymbol{e},\boldsymbol{e}_2,\boldsymbol{e}_3$ 即为所求.

【例 4-7】 用施密特正交化方法,将向量组正交规范化.

$$\boldsymbol{\alpha}_1=(1,1,1,1),\boldsymbol{\alpha}_2=(1,-1,0,4),\boldsymbol{\alpha}_3=(3,5,1,-1).$$

解 显然,$\boldsymbol{\alpha}_1,\boldsymbol{\alpha}_2,\boldsymbol{\alpha}_3$ 是线性无关的. 先正交化,取

$$\boldsymbol{\beta}_1=\boldsymbol{a}_1=(1,1,1,1),$$

$$\boldsymbol{\beta}_2=\boldsymbol{\alpha}_2-\frac{[\boldsymbol{\beta}_1,\boldsymbol{\alpha}_2]}{[\boldsymbol{\beta}_1,\boldsymbol{\beta}_1]}\boldsymbol{\beta}_1=(1,-1,0,4)-\frac{1-1+4}{1+1+1+1}(1,1,1,1)=(0,-2,-1,3),$$

$$\boldsymbol{\beta}_3=\boldsymbol{\alpha}_3-\frac{[\boldsymbol{\beta}_1,\boldsymbol{\alpha}_3]}{[\boldsymbol{\beta}_1,\boldsymbol{\beta}_1]}\boldsymbol{\beta}_1-\frac{[\boldsymbol{\beta}_2,\boldsymbol{\alpha}_3]}{[\boldsymbol{\beta}_2,\boldsymbol{\beta}_2]}\boldsymbol{\beta}_2=(3,5,1,-1)-\frac{8}{4}(1,1,1,1)-\frac{-14}{14}(0,-2,-1,3)=$$
$(1,1,-2,0)$.

再单位化,得规范正交向量如下

$$\boldsymbol{e}_1=\frac{\boldsymbol{\beta}_1}{\|\boldsymbol{\beta}_1\|}=\frac{1}{2}(1,1,1,1)=\left(\frac{1}{2},\frac{1}{2},\frac{1}{2},\frac{1}{2}\right),$$

$$\boldsymbol{e}_2=\frac{\boldsymbol{\beta}_2}{\|\boldsymbol{\beta}_2\|}=\frac{1}{\sqrt{14}}(0,-2,-1,3)=\left(0,\frac{-2}{\sqrt{14}},\frac{-1}{\sqrt{14}},\frac{3}{\sqrt{14}}\right),$$

$$\boldsymbol{e}_3=\frac{\boldsymbol{\beta}_3}{\|\boldsymbol{\beta}_3\|}=\frac{1}{\sqrt{6}}(1,1,-2,0)=\left(\frac{1}{\sqrt{6}},\frac{1}{\sqrt{6}},\frac{-2}{\sqrt{6}},0\right).$$

【例 4-8】 已知三维向量空间中两个向量 $\boldsymbol{\alpha}_1=\begin{bmatrix}1\\1\\1\end{bmatrix},\boldsymbol{\alpha}_2=\begin{bmatrix}1\\-2\\1\end{bmatrix}$正交,试求 $\boldsymbol{\alpha}_3$ 使 $\boldsymbol{\alpha}_1,\boldsymbol{\alpha}_2,\boldsymbol{\alpha}_3$ 构成三维空间的一个正交基.

解 设 $\boldsymbol{\alpha}_3=(x_1,x_2,x_3)^{\mathrm{T}}\neq 0$,且分别与 $\boldsymbol{\alpha}_1,\boldsymbol{\alpha}_2$ 正交. 则$[\boldsymbol{\alpha}_1,\boldsymbol{\alpha}_3]=[\boldsymbol{\alpha}_2,\boldsymbol{\alpha}_3]=0$,

即
$$\begin{cases}[\boldsymbol{\alpha}_1,\boldsymbol{\alpha}_3]=x_1+x_2+x_3=0\\ [\boldsymbol{\alpha}_2,\boldsymbol{\alpha}_3]=x_1-2x_2+x_3=0\end{cases},$$

解之得
$$x_1=-x_3,x_2=0.$$

令 $x_3=1\Longrightarrow\boldsymbol{\alpha}_3=\begin{bmatrix}x_1\\x_2\\x_3\end{bmatrix}=\begin{bmatrix}-1\\0\\1\end{bmatrix}$.

由上可知 $\boldsymbol{\alpha}_1,\boldsymbol{\alpha}_2,\boldsymbol{\alpha}_3$，构成三维空间的一个正交基.

【例 4-9】 判别下列矩形是否为正交阵.

$$(1)\begin{bmatrix}1&-1/2&1/3\\-1/2&1&1/2\\1/3&1/2&-1\end{bmatrix};(2)\begin{bmatrix}1/9&-8/9&-4/9\\-8/9&1/9&-4/9\\-4/4&-4/4&7/9\end{bmatrix}$$

解 (1) 考察矩阵的第一列和第二列，

因为 $1\times\left(-\frac{1}{2}\right)+\left(-\frac{1}{2}\right)\times1+\frac{1}{3}\times\frac{1}{2}\neq0$，所以它不是正交矩阵；

(2) 由正交矩阵的定义，

因为 $\begin{bmatrix}1/9&-8/9&-4/9\\-8/9&1/9&-4/9\\-4/9&-4/9&7/9\end{bmatrix}\begin{bmatrix}1/9&-8/9&-4/9\\-8/9&1/9&-4/9\\-4/9&-4/9&7/9\end{bmatrix}^{\mathrm{T}}=\begin{bmatrix}1&0&0\\0&1&0\\0&0&1\end{bmatrix}$，

所以它是正交矩阵.

【例 4-10】 求矩阵 $\boldsymbol{A}=\begin{bmatrix}3&1\\5&-1\end{bmatrix}$ 的特征值和特征向量.

解 矩阵 $\boldsymbol{A}$ 的特征方程为

$$|\lambda\boldsymbol{E}-\boldsymbol{A}|=\begin{vmatrix}\lambda-3&-1\\-5&\lambda+1\end{vmatrix}=0\Longrightarrow(\lambda-4)(\lambda+2)=0,$$

所以 $\lambda_1=4,\lambda_2=-2$ 是矩阵 $\boldsymbol{A}$ 的两个不同的特征值.

以 $\lambda_1=4$ 代入与特征方程对应的齐次线性方程组，得

$$\begin{cases}x_1-x_2=0\\-5x_1+5x_2=0\end{cases}\Longrightarrow\text{基础解系是}\begin{bmatrix}1\\1\end{bmatrix},$$

故 $k_1\begin{bmatrix}1\\1\end{bmatrix}(k_1\neq0)$ 是矩阵 $\boldsymbol{A}$ 对应于 $\lambda_1=4$ 的全部特征向量.

以 $\lambda_2=-2$ 代入与特征方程对应的齐次线性方程组，得

$$\begin{cases}-5x_1-x_2=0\\-5x_1-x_2=0\end{cases}\Longrightarrow\text{基础解系是}\begin{bmatrix}1\\-5\end{bmatrix},$$

故 $k_2\begin{bmatrix}1\\-5\end{bmatrix}(k_2\neq0)$ 是矩阵 $\boldsymbol{A}$ 对应于 $\lambda_1=-2$ 的全部特征向量.

【例 4-11】 设 $\boldsymbol{A}=\begin{bmatrix}-2&1&1\\0&2&0\\-4&1&3\end{bmatrix}$，求 $\boldsymbol{A}$ 的特征值与特征向量.

解 $|\lambda\boldsymbol{E}-\boldsymbol{A}|=\begin{vmatrix}\lambda+2&-1&-1\\0&\lambda-2&0\\4&-1&\lambda-3\end{vmatrix}=(\lambda+1)(\lambda-2)^2\Longrightarrow$

特征值 $\lambda_1=-1,\lambda_2=\lambda_2=2$.

当 $\lambda_1=-1$ 时，解方程 $(-\boldsymbol{A}-\boldsymbol{E})x=0$.

由 $-A-E=\begin{bmatrix}1 & -1 & -1\\0 & -3 & 0\\4 & -1 & -4\end{bmatrix}\longrightarrow\begin{bmatrix}1 & 0 & -1\\0 & 1 & 0\\0 & 0 & 0\end{bmatrix}\Longrightarrow$基础解系 $\boldsymbol{p}_1=\begin{bmatrix}1\\0\\1\end{bmatrix}$,

故对应于 $\lambda_1=-1$ 的全体特征向量为 $k_1\boldsymbol{p}_1(k_1\neq 0)$.

当 $\lambda_2=\lambda_2=2$ 时,解方程$(2\boldsymbol{A}-\boldsymbol{E})\boldsymbol{x}=0$.

由 $2\boldsymbol{E}-\boldsymbol{A}=\begin{bmatrix}4 & -1 & -1\\0 & 0 & 0\\4 & -1 & -1\end{bmatrix}\longrightarrow\begin{bmatrix}4 & -1 & -1\\0 & 0 & 0\\0 & 0 & 0\end{bmatrix}$

$\Longrightarrow$得基础解系 $\boldsymbol{p}_2=\begin{bmatrix}1\\4\\0\end{bmatrix},\boldsymbol{p}_2=\begin{bmatrix}1\\0\\4\end{bmatrix}$,

故对应于 $\lambda_2=\lambda_2=2$ 的全部特征向量为:

$$k_2\boldsymbol{p}_2+k_3\boldsymbol{p}_3(k_2,k_3\text{ 不同时为 }0).$$

【例 4-12】 求 n 阶数量矩阵 $\boldsymbol{A}=\begin{bmatrix}a & 0 & \cdots & 0\\0 & a & \cdots & 0\\\vdots & \vdots & & \vdots\\0 & 0 & \cdots & a\end{bmatrix}$的特征值与特征向量.

解 $|\lambda\boldsymbol{E}-\boldsymbol{A}|=\begin{vmatrix}\lambda-a & 0 & \cdots & 0\\0 & \lambda-a & \cdots & 0\\\vdots & \vdots & & \vdots\\0 & 0 & \cdots & \lambda-a\end{vmatrix}=(\lambda-a)^n=0$,

故 $\boldsymbol{A}$ 的特征值为 $\lambda_1=\lambda_2=\cdots=\lambda_n=a$.

把 $\lambda=a$ 代入$(\lambda\boldsymbol{E}-\boldsymbol{A})\boldsymbol{x}=0$ 得 $0\cdot x_1=0,0\cdot x_2=0,\cdots,0\cdot x_n=0$. 这个方程组的系数矩阵是零矩阵,所以任意 n 个线性无关的向量都是它的基础解系,取单位向量组

$$\boldsymbol{\varepsilon}_1=\begin{bmatrix}1\\0\\\vdots\\0\end{bmatrix},\boldsymbol{\varepsilon}_n=\begin{bmatrix}0\\1\\\vdots\\0\end{bmatrix},\cdots,\boldsymbol{\varepsilon}_n=\begin{bmatrix}0\\0\\\vdots\\1\end{bmatrix}$$

作为基础解系,于是,$\boldsymbol{A}$ 的全部特征向量为

$$c_1\boldsymbol{\varepsilon}_1+c_2\boldsymbol{\varepsilon}_2+\cdots+c_n\boldsymbol{\varepsilon}_n(c_1,c_2,\cdots,c_n\text{ 不全为零}).$$

【例 4-13】 试求上三角阵 $\boldsymbol{A}$ 的特征值:$\boldsymbol{A}=\begin{bmatrix}a_{11} & a_{12} & \cdots & a_{1n}\\0 & a_{22} & \cdots & a_{2n}\\\vdots & \vdots & & \vdots\\0 & 0 & \cdots & a_{nn}\end{bmatrix}$

解 $|\lambda\boldsymbol{E}-\boldsymbol{A}|=\begin{vmatrix}\lambda-a_{11} & -a_{12} & \cdots & -a_{1m}\\0 & \lambda-a_{22} & \cdots & -a_{2n}\\\vdots & \vdots & & \vdots\\0 & 0 & \cdots & \lambda-a_{nn}\end{vmatrix}$,

这是一个上三角行列式,因此,

$$|\lambda E-A|=(\lambda-a_{11})(\lambda-a_{22})\cdots(\lambda-a_{nn}).$$

因此 A 的特征值等于 $a_{11},a_{22},\cdots,a_{nn}$.

【例 4-14】 令 $A=\begin{bmatrix}1&1\\0&1\end{bmatrix}$,$B=\begin{bmatrix}1&2\\2&1\end{bmatrix}$,则 $A+B=\begin{bmatrix}2&3\\2&2\end{bmatrix}$,$AB=\begin{bmatrix}3&3\\2&1\end{bmatrix}$. 不难看出 1 是 A 的一个特征值,-1 是 B 的一个特征值,但 $1+(-1)$ 不是 $A+B$ 的特征值,因为 $A+B$ 的特征值是 $2+\sqrt{6}$,$2-\sqrt{6}$. 又 AB 的特征值是 $2+\sqrt{7}$,$2-\sqrt{7}$. 因此 $1\times(-1)=-1$ 也不是 AB 的特征值.

【例 4-15】 试证:n 阶矩阵 A 是奇异矩阵的充分必要条件是 A 有一个特征值为零.

证 必要性:若 A 是奇异矩阵,则 $|A|=0$. 于是

$$|0E-A|=|-A|=(-1)^n|A|=0,$$

即 0 是 A 的一个特征值.

充分性:设 A 有一个特征值为 0,对应的特征向量为 p,由特征值的定义,有

$$Ap=0p=0(p\neq 0),$$

所以齐次线性方程组 $Ax=0$,有非零解 p.

由此可知 $|A|=0$,即 A 为奇异矩阵.

注:此例也可以叙述为:n 阶矩阵 A 可逆⇔它的任一特征值不为零.

【例 4-16】 设 λ 是方阵 A 的特征值，证明：

(1)λ^2 是 A^2 的特征值； (2)当 A 可逆时,$\dfrac{1}{\lambda}$是 A^{-1} 的特征值.

证 因 λ 是 A 的特征值,故有 $p\neq 0$ 使 $Ap=\lambda p$,有 $Ap=\lambda A^{-1}p$,因 $p\neq 0$,知 $\lambda\neq 0$,故 $A^{-1}p=\dfrac{1}{\lambda}p$,即$\dfrac{1}{\lambda}$是 A^{-1} 的特征值. 证毕.

注:易进一步证明:若 λ 是 A 的特征值，则 λ^k 是 A^k 的特征值,$\varphi(\lambda)$ 是 $\varphi(A)$ 的特征值,其中 $\varphi(x)=a_0x^n+a_1x^{n-1}+\cdots+a_{n-1}x+a_n$,特别地，设特征多项式 $f(\lambda)=|\lambda E-A|$,则 $f(\lambda)$ 是 $f(A)$ 的特征值，且

$$A^n-(a_{11}+a_{22}+\cdots+a_{nn})A^{n-1}+\cdots+(-1)^n|A|E=0.$$

【例 4-17】 设 3 阶矩阵 A 的特征值为 $1,-1,2$，求 $|A^*+3A-2E|$.

解 因 A 的特征值全不为 0,知 A 可逆,故 $A^*=|A|A^{-1}$. 而 $|A|=\lambda_1\lambda_2\lambda_3=-2$,所以

$$A^*+3A-2E=-2A^{-1}+3A-2E.$$

把上式记作 $\varphi(A)$,有 $\varphi(\lambda)=-\dfrac{2}{\lambda}+3\lambda-2$,故 $\varphi(A)$ 的特征值为

$$\varphi(1)=-1,\varphi(-1)=-3,\varphi(2)=3.$$

于是

$$|A^*+3A-2E|=(-1)\cdot(-3)\cdot 3=9.$$

【例 4-18】 求 3 阶矩阵 $A=\begin{bmatrix}1&-1&1\\1&3&-1\\1&1&1\end{bmatrix}$的特征值以及相应的线性无关的特征向量组.

解 A 的特征多项式为

$$|\lambda\boldsymbol{E}-\boldsymbol{A}|=\begin{vmatrix}\lambda-1 & 1 & -1\\ -1 & \lambda-3 & 1\\ -1 & -1 & \lambda-1\end{vmatrix}=\lambda^3-5\lambda^2+8\lambda-4=(\lambda-2)^2(\lambda-1).$$

这个多项式的根为 $\lambda_1=1,\lambda_2=\lambda_3=2$，

因此 $\boldsymbol{A}$ 的特征值等于 1,2,2. 接下来求特征向量：

对 $\lambda=1$，将 $\lambda=1$ 代入 $(\lambda\boldsymbol{E}-\boldsymbol{A})\boldsymbol{x}=0$，得

$$(\boldsymbol{E}-\boldsymbol{A})x=\begin{bmatrix}0 & 1 & -1\\ -1 & -2 & 1\\ -1 & -1 & 0\end{bmatrix}\begin{bmatrix}x_1\\ x_2\\ x_3\end{bmatrix}=\begin{bmatrix}0\\ 0\\ 0\end{bmatrix}. \tag{1}$$

容易算出这个方程组的系数矩阵的秩等于 2，因此齐次线性方程组(1)的基础解系只有一个线性无关的向量，不难求出为

$$\boldsymbol{\eta}_1=(-1,1,1)^{\mathrm{T}}.$$

对 $\lambda_2=\lambda_3=2$，将 $\lambda=2$ 代入可得齐次方程组：

$$\begin{bmatrix}1 & 1 & -1\\ -1 & -1 & 1\\ -1 & -1 & 1\end{bmatrix}\begin{bmatrix}x_1\\ x_2\\ x_3\end{bmatrix}=\begin{bmatrix}0\\ 0\\ 0\end{bmatrix}.$$

求出这个齐次线性方程组的基础解系为

$$\boldsymbol{\eta}_2=(1,1,0)^{\mathrm{T}},\boldsymbol{\eta}_3=(0,1,1)^{\mathrm{T}}. \tag{2}$$

因此 $\boldsymbol{A}$ 的相应于特征值 1 的线性无关的特征向量有 1 个，而相应于特征值 2 的线性无关的特征向量有 2 个，于是 $\boldsymbol{A}$ 的线性无关的特征向量有 3 个，正好等于 $\boldsymbol{A}$ 的阶数 3.

【例 4-19】 设 λ_1 和 λ_2 是矩阵 $\boldsymbol{A}$ 的两个不同的特征值，对应的特征向量依次为 $\boldsymbol{p}_1$ 和 $\boldsymbol{p}_2$，证明 $\boldsymbol{p}_1+\boldsymbol{p}_2$ 不是 $\boldsymbol{A}$ 的特征向量.

证 按题设，有 $\boldsymbol{A}\boldsymbol{p}_1=\lambda_1\boldsymbol{p}_1,\boldsymbol{A}\boldsymbol{p}_2=\lambda_2\boldsymbol{p}_2$，故 $\boldsymbol{A}(\boldsymbol{p}_1+\boldsymbol{p}_2)=\lambda_1\boldsymbol{p}_1+\lambda_2\boldsymbol{p}_2$.

用反证法，设 $\boldsymbol{p}_1+\boldsymbol{p}_2$ 是 $\boldsymbol{A}$ 的特征向量，则应存在数 λ，使

$$\boldsymbol{A}(\boldsymbol{p}_1+\boldsymbol{p}_2)=\lambda(\boldsymbol{p}_1+\boldsymbol{p}_2),$$

于是 $\lambda(\boldsymbol{p}_1+\boldsymbol{p}_2)=\lambda_1\boldsymbol{p}_1+\lambda_2\boldsymbol{p}_2$，即 $(\lambda_1-\lambda)\boldsymbol{p}_1+(\lambda_2-\lambda)\boldsymbol{p}_2=0$.

因 $\lambda_1\neq\lambda_2$，由本节定理知 $\boldsymbol{p}_1,\boldsymbol{p}_2$ 线性无关，故由上式得

$$\lambda_1-\lambda=\lambda_2-\lambda=0,$$

即 $\lambda_1=\lambda_2$，与题设矛盾.

因此 $\boldsymbol{p}_1+\boldsymbol{p}_2$ 不是 $\boldsymbol{A}$ 的特征向量.

【例 4-20】 正交矩阵的实特征值的绝对值为 1.

证 设 $\boldsymbol{A}$ 为正交矩阵，$\boldsymbol{p}$ 是方阵 $\boldsymbol{A}$ 的对应于特征值 λ 的特征向量，则 $\boldsymbol{A}\boldsymbol{p}=\lambda\boldsymbol{p}$.

因
$$(\boldsymbol{A}\boldsymbol{p})^{\mathrm{T}}\boldsymbol{A}\boldsymbol{p}=\boldsymbol{p}^{\mathrm{T}}\boldsymbol{A}^{\mathrm{T}}\boldsymbol{A}\boldsymbol{p}^{\mathrm{T}}=\boldsymbol{p}^{\mathrm{T}}\boldsymbol{p}=\|\boldsymbol{p}\|^2, \tag{1}$$

$$(\boldsymbol{A}\boldsymbol{p})^{\mathrm{T}}\boldsymbol{A}\boldsymbol{p}=(\lambda\boldsymbol{p})^{\mathrm{T}}(\lambda\boldsymbol{p})=\lambda^2\boldsymbol{p}^{\mathrm{T}}\boldsymbol{p}=\lambda^2\|\boldsymbol{p}\|^2, \tag{2}$$

又 $\boldsymbol{p}\neq0$，所以 $\|\boldsymbol{p}\|>0$，式(1)－式(2)得 $\lambda^2=1$，即 $|\lambda|=1$.

注：$\boldsymbol{A}$ 的特征值 λ 是特征方程 $|\lambda\boldsymbol{E}-\boldsymbol{A}|=0$ 的根，也是 $|\boldsymbol{A}-\lambda\boldsymbol{E}|=0$ 的根. $\boldsymbol{A}$ 的对应特征值 λ 的特征向量是齐次方程组 $(\lambda\boldsymbol{E}-\boldsymbol{A})\boldsymbol{X}=0$ 的非零解，也是 $(\boldsymbol{A}-\lambda\boldsymbol{E})\boldsymbol{X}=0$ 的非零解.

【例 4-21】 设有矩阵 $\boldsymbol{A}=\begin{bmatrix}3 & 1\\ 5 & -1\end{bmatrix},\boldsymbol{B}=\begin{bmatrix}4 & 0\\ 0 & -2\end{bmatrix}$，试验证存在可逆矩阵 $\boldsymbol{P}=\begin{bmatrix}1 & 1\\ 1 & -5\end{bmatrix}$，

使得 $\boldsymbol{A}$ 与 $\boldsymbol{B}$ 相似.

证　易见 $\boldsymbol{P}$ 可逆,且 $\boldsymbol{P}^{-1}=\begin{bmatrix}5/6 & 1/6\\ 1/6 & -1/6\end{bmatrix}$,由

$$\boldsymbol{P}^{-1}\boldsymbol{AP}=\begin{bmatrix}5/6 & 1/6\\ 1/6 & -1/6\end{bmatrix}\begin{bmatrix}3 & 1\\ 5 & -1\end{bmatrix}\begin{bmatrix}1 & 1\\ 1 & -5\end{bmatrix}=\begin{bmatrix}4 & 0\\ 0 & -2\end{bmatrix}=\boldsymbol{B},$$

故 $\boldsymbol{A}$ 与 $\boldsymbol{B}$ 相似.

【例 4-22】　$\boldsymbol{A}=\begin{bmatrix}1 & 0\\ 0 & 1\end{bmatrix}$,$\boldsymbol{B}=\begin{bmatrix}1 & 1\\ 0 & 1\end{bmatrix}$. 问 $\boldsymbol{A}$ 与 $\boldsymbol{B}$ 是否相似?

解　容易算出 $\boldsymbol{A}$ 与 $\boldsymbol{B}$ 的特征多项式均为 $(\lambda-1)^2$. 但可以证明 $\boldsymbol{A}$ 与 $\boldsymbol{B}$ 不相似. 事实上, $\boldsymbol{A}$ 是一个单位阵, 对任意的非异阵 $\boldsymbol{P}$ 有

$$\boldsymbol{P}^{-1}\boldsymbol{AP}=\boldsymbol{P}^{-1}\boldsymbol{EP}=\boldsymbol{P}^{-1}\boldsymbol{P}=\boldsymbol{E}.$$

因此若 $\boldsymbol{B}$ 与 $\boldsymbol{A}$ 相似, $\boldsymbol{B}$ 也必须是单位阵, 而现在 $\boldsymbol{B}$ 不是单位阵. 所以 $\boldsymbol{A}$ 与 $\boldsymbol{B}$ 不相似

【例 4-23】　试对矩阵 $\boldsymbol{A}=\begin{bmatrix}3 & 1\\ 5 & -1\end{bmatrix}$ 验证前述定理 2 的结论.

解　由本章第二节例 1 知,题设矩阵 $\boldsymbol{A}$ 有两个互不相同得特征值 $\lambda_1=4$,$\lambda_2=-2$,其对应特征向量分别为: $\boldsymbol{p}_1=\begin{bmatrix}1\\ 1\end{bmatrix}$,$\boldsymbol{p}_2=\begin{bmatrix}1\\ -5\end{bmatrix}$.

如果取 $\boldsymbol{\Lambda}_1=\begin{bmatrix}4 & 0\\ 0 & -2\end{bmatrix}$,$\boldsymbol{P}=(\boldsymbol{p}_1,\boldsymbol{p}_2)=\begin{bmatrix}1 & 1\\ 1 & -5\end{bmatrix}$,则有 $\boldsymbol{P}^{-1}\boldsymbol{AP}=\boldsymbol{\Lambda}_1$, 即 $\boldsymbol{A}\sim\boldsymbol{\Lambda}_1$.

如果取 $\boldsymbol{\Lambda}_2=\begin{bmatrix}-2 & 0\\ 0 & 4\end{bmatrix}$,$\boldsymbol{P}=(\boldsymbol{p}_2,\boldsymbol{p}_1)=\begin{bmatrix}1 & 1\\ -5 & 1\end{bmatrix}$,则有 $\boldsymbol{P}^{-1}\boldsymbol{AP}=\boldsymbol{\Lambda}_2$,即 $\boldsymbol{A}$ 与 $\boldsymbol{\Lambda}_2$ 相似.

【例 4-24】　试对矩阵 $\boldsymbol{A}=\begin{bmatrix}4 & 6 & 0\\ -3 & -5 & 0\\ -3 & -6 & 1\end{bmatrix}$ 验证定理 2 的结论.

解　由上节课堂练习 2 知,题设矩阵 $\boldsymbol{A}$ 有两个互不相同的特征值 $\lambda_1=-2$,$\lambda_2=\lambda_3=1$. 其对应特征向量分别为: $\boldsymbol{p}_1=\begin{bmatrix}-1\\ 1\\ 1\end{bmatrix}$,$\boldsymbol{p}_2=\begin{bmatrix}-2\\ 1\\ 0\end{bmatrix}$,$\boldsymbol{p}_3\begin{bmatrix}0\\ 0\\ 1\end{bmatrix}$.

容易验证 $\boldsymbol{p}_1,\boldsymbol{p}_2,\boldsymbol{p}_3$ 线性无关.

若取 $\boldsymbol{P}=(\boldsymbol{p}_1,\boldsymbol{p}_2,\boldsymbol{p}_3)=\begin{bmatrix}-1 & -2 & 0\\ 1 & 1 & 0\\ 1 & 0 & 1\end{bmatrix}$,则 $\boldsymbol{P}^{-1}=\begin{bmatrix}1 & 2 & 0\\ -1 & -1 & 0\\ -1 & -2 & 1\end{bmatrix}$

$$\Longrightarrow \boldsymbol{P}^{-1}\boldsymbol{AP}=\begin{bmatrix}-2 & 0 & 0\\ 0 & 1 & 0\\ 0 & 0 & 1\end{bmatrix}.$$

注:本例子说明了 $\boldsymbol{A}$ 的特征值不全互异时,$\boldsymbol{A}$ 也可能化为对角矩阵.

【例 4-25】　判断矩阵 $\boldsymbol{A}=\begin{bmatrix}1 & -2 & 2\\ -2 & -2 & 4\\ 2 & 4 & -2\end{bmatrix}$ 能否化为对角阵.

解 $|A-\lambda E|=\begin{vmatrix}1-\lambda & -2 & 2\\ -2 & -2-\lambda & 4\\ 2 & 4 & -2-\lambda\end{vmatrix}=-(\lambda-2)^2(\lambda+7)=0$

$\Longrightarrow \lambda_1=\lambda_2=2,\lambda_3=-7.$

将 $\lambda_1=\lambda_2=2$ 代入 $(A-\lambda E)x=0$，得方程组

$$\begin{cases}-x_1-2x_2+2x_3=0\\ -2x_1-4x_2+4x_3=0\\ 2x_1+4x_2-4x_3=0\end{cases}\Longrightarrow \text{基础解系 } \boldsymbol{p}_1=\begin{bmatrix}2\\0\\1\end{bmatrix},\boldsymbol{p}_2=\begin{bmatrix}0\\1\\1\end{bmatrix}.$$

同理，对 $\lambda=-7$，由 $(A-\lambda_3E)x=0\Longrightarrow$ 基础解系 $\boldsymbol{p}_3=(1,2,-2)^T$.

由于 $\begin{bmatrix}2 & 0 & 1\\ 0 & 1 & 2\\ 1 & 1 & -2\end{bmatrix}\neq 0$，所以 $\boldsymbol{p}_1,\boldsymbol{p}_2,\boldsymbol{p}_3$ 线性无关. 即 **A** 有 3 个线性无关得特征向量，因而 **A** 可对角化.

【例 4-26】 设 $A=\begin{bmatrix}0 & 0 & 1\\ 1 & 1 & a\\ 1 & 0 & 0\end{bmatrix}$，问：$a$ 为何值时，矩阵 **A** 能对角化？

解 $|\lambda E-A|=\begin{bmatrix}\lambda & 0 & -1\\ -1 & \lambda-1 & -a\\ -1 & 0 & \lambda\end{bmatrix}=(\lambda-1)^2(\lambda+1)\Longrightarrow \lambda_1=-1,\lambda_2=\lambda_3=1.$

对于单根 $\lambda_1=-1$，可求得线性无关的特征向量恰有 1 个，而对应重根 $\lambda_2=\lambda_3=1$，欲使矩阵 **A** 能对角化，应有两个线性无关的特征向量，即方程组 $(E-A)x=0$ 有 2 个线性无关的解，亦即系数矩阵 $E-A$ 的秩 $r(E-A)=1$，

$$E-A=\begin{bmatrix}1 & 0 & 1\\ -1 & 0 & -a\\ -1 & 0 & 1\end{bmatrix}\longrightarrow\begin{bmatrix}1 & 0 & -1\\ 0 & 0 & a+1\\ 0 & 0 & 0\end{bmatrix},$$

由 $r(E-A)=1$，得 $a+1=0$，即 $a=-1$. 因此，当 $a=-1$ 时，矩阵 **A** 能对角化.

【例 4-27】 下列矩阵是约当型矩阵(虚线是为了更清楚地表示分块情况而加上去的)：

(1) $\left[\begin{array}{c|cc}1 & 0 & 0\\ \hline 0 & 2 & 1\\ 0 & 0 & 2\end{array}\right]$；　(2) $\begin{bmatrix}-1 & 1 & 0\\ 0 & -1 & 0\\ 0 & 0 & 4\end{bmatrix}$；　(3) $\left[\begin{array}{cc|cc}\sqrt{2} & 1 & 0 & 0\\ 0 & \sqrt{2} & 0 & 0\\ \hline 0 & 0 & 1 & 1\\ 0 & 0 & 0 & 1\end{array}\right]$；

(4) $\left[\begin{array}{c|c|c|c}1 & 0 & 0 & 0\\ \hline 0 & 2 & 0 & 0\\ \hline 0 & 0 & 3 & 0\\ \hline 0 & 0 & 0 & 4\end{array}\right]$；　(5) $\left[\begin{array}{c|cc|ccc}0 & 0 & 0 & 0 & 0 & 0\\ \hline 0 & 1 & 1 & 0 & 0 & 0\\ 0 & 0 & 1 & 0 & 0 & 0\\ \hline 0 & 0 & 0 & \sqrt{2} & 1 & 0\\ 0 & 0 & 0 & 0 & \sqrt{2} & 1\\ 0 & 0 & 0 & 0 & 0 & \sqrt{2}\end{array}\right]$.

(1)，(2)，(3)是由两个约当块组成的约当形矩阵，其中(1)与(2)都有一个 1 阶的约当块，(3)由两个 2 阶的约当块组成.

(4)是一个对角阵,它可看成是由 4 个 1 阶约当块组成的约当形矩阵. 一般来说,一个 n 阶对角阵可看成为由 n 个 1 阶约当块组成的约当形矩阵. 也就是说对角阵是约当形矩阵的特殊情况.

(5)是由 3 个约当块组成的约当形矩阵,其中左上角的一块是一个零阶矩阵,它也是一个约当块.

【例 4-28】 下列矩阵不是约当型矩阵:

$$(1)\begin{bmatrix}1&0&0\\0&0&1\\0&0&-1\end{bmatrix};\quad (2)\begin{bmatrix}1&1&0\\0&1&1\\0&0&-1\end{bmatrix};\quad (3)\begin{bmatrix}1&0&0\\0&1&-1\\0&0&1\end{bmatrix};\quad (4)\begin{bmatrix}1&1&0&0\\0&1&0&0\\0&0&2&-1\\0&0&0&2\end{bmatrix}.$$

(1)的右下方一块主对角线上元素不相同,故不是约当块.

(2)的主对角线上元素不相同.

(3)的右下方一块主对角线上方的元素是 -1 而不是 1,因此也不是约当块.

(4)的右下方一块主对角线上方的元素是 -1 而不是 1,因此也不是约当块.

【例 4-29】 设矩阵 $\boldsymbol{A}=\begin{bmatrix}-1&1&0\\-4&3&0\\1&0&2\end{bmatrix}$,可求出它的特征值为 2,1,1. 又可用解线性方程组的办法求出 A 的线性无关的特征向量有 2 个:

$$\boldsymbol{\alpha}_1=\begin{bmatrix}1\\1\\0\end{bmatrix},\boldsymbol{\alpha}_2=\begin{bmatrix}1\\2\\1\end{bmatrix}.$$

其中 $\boldsymbol{\alpha}_1$ 是关于特征值 2 的特征向量,$\boldsymbol{\alpha}_2$ 是关于特征值 1 的特征向量. 由于 $\boldsymbol{A}$ 的线性无关的特征向量个数为 2, 小于 $\boldsymbol{A}$ 的阶数, 所以 $\boldsymbol{A}$ 不可能相似于一个对角阵. 但可以证明 $\boldsymbol{A}$ 与下列约当型矩阵 $\boldsymbol{J}$ 相似:

$$J=\begin{bmatrix}2&0&0\\0&1&1\\0&0&1\end{bmatrix}$$

【例 4-30】 设实对称矩阵 $\boldsymbol{A}=\begin{bmatrix}1&-2&0\\-2&2&-2\\0&-2&3\end{bmatrix}$,求正交矩阵 $\boldsymbol{P}$, 使 $\boldsymbol{P}^{-1}\boldsymbol{AP}$ 为对角矩阵.

解 矩阵 $\boldsymbol{A}$ 的特征方程为 $|\lambda\boldsymbol{E}-\boldsymbol{A}|=\begin{vmatrix}\lambda-1&2&0\\2&\lambda-2&2\\0&2&\lambda-3\end{vmatrix}=0$

$\Longrightarrow(\lambda+1)(\lambda-2)(\lambda-5)=0\Longrightarrow\lambda_1=-1,\lambda_2=2,\lambda_3=5.$

当 $\lambda_1=-1$ 时,由 $(-\boldsymbol{E}-\boldsymbol{A})\boldsymbol{x}=0$,得基础解系 $\boldsymbol{p}_1=(2,2,1)^{\mathrm{T}}$

当 $\lambda_2=2$ 时,由 $(2\boldsymbol{E}-\boldsymbol{A})\boldsymbol{x}=0$,得基础解系 $\boldsymbol{p}_2=(2,-1,-2)^{\mathrm{T}}$.

当 $\lambda_3=5$ 时,由 $(5\boldsymbol{E}-\boldsymbol{A})\boldsymbol{x}=0$,得基础解系 $\boldsymbol{p}_3=(1,-2,2)^{\mathrm{T}}$.

不难验证 $\boldsymbol{p}_1,\boldsymbol{p}_2,\boldsymbol{p}_3$ 是正交向量组,把 $\boldsymbol{p}_1,\boldsymbol{p}_2,\boldsymbol{p}_3$ 单位化,得

$$\boldsymbol{\eta}_1=\frac{\boldsymbol{p}_1}{\|\boldsymbol{p}_1\|}=\begin{bmatrix}2/3\\2/3\\1/3\end{bmatrix},\boldsymbol{\eta}_2=\frac{\boldsymbol{p}_2}{\|\boldsymbol{p}_2\|}=\begin{bmatrix}2/3\\-1/3\\-2/3\end{bmatrix},\boldsymbol{\eta}_3=\frac{\boldsymbol{p}_3}{\|\boldsymbol{p}_3\|}=\begin{bmatrix}1/3\\-2/3\\2/3\end{bmatrix}$$

令 $\boldsymbol{P}=(\boldsymbol{\eta}_1,\boldsymbol{\eta}_2,\boldsymbol{\eta}_3)=\begin{bmatrix}2/3&2/3&1/3\\2/3&-1/3&-2/3\\1/3&-2/3&2/3\end{bmatrix}$，则 $\boldsymbol{P}^{-1}\boldsymbol{AP}=\boldsymbol{P}^{\mathrm{T}}\boldsymbol{AP}=\begin{bmatrix}-1&0&0\\0&2&0\\0&0&5\end{bmatrix}$.

【例 4-31】 设有对称矩阵 $\boldsymbol{A}=\begin{bmatrix}4&0&0\\0&3&1\\0&1&3\end{bmatrix}$，试求出正交矩阵 $\boldsymbol{P}$，使 $\boldsymbol{P}^{-1}\boldsymbol{AP}$ 为对角阵.

解 $|\lambda\boldsymbol{E}-\boldsymbol{A}|=\begin{bmatrix}\lambda-4&0&0\\0&\lambda-3&-1\\0&-1&\lambda-3\end{bmatrix}=(\lambda-2)(4-\lambda)^2\Longrightarrow\lambda_1=2,\lambda_2=\lambda_3=4.$

对 λ_1，由 $(2\boldsymbol{E}-\boldsymbol{A})x=0\Longrightarrow$ 基础解系 $\boldsymbol{p}_1=\begin{bmatrix}0\\1\\-1\end{bmatrix}$；

对 $\lambda_2=\lambda_3=4$，由 $(4\boldsymbol{E}-\boldsymbol{A})x=0\Longrightarrow$ 基础解系 $\boldsymbol{p}_2=\begin{bmatrix}1\\0\\0\end{bmatrix}$；$\boldsymbol{p}_3=\begin{bmatrix}0\\1\\1\end{bmatrix}$.

$\boldsymbol{p}_2$ 与 $\boldsymbol{p}_3$ 恰好正交，所以 $\boldsymbol{p}_1,\boldsymbol{p}_2,\boldsymbol{p}_3$ 两两正交. 再将 $\boldsymbol{p}_1,\boldsymbol{p}_2,\boldsymbol{p}_3$ 单位化，令 $\boldsymbol{\eta}_i=\boldsymbol{p}_i/\|\boldsymbol{p}_i\|$，$(i=1,2,3)$

得
$$\boldsymbol{\eta}_1=\begin{bmatrix}0\\1/\sqrt{2}\\-1/\sqrt{2}\end{bmatrix},\boldsymbol{\eta}_2=\begin{bmatrix}1\\0\\0\end{bmatrix},\boldsymbol{\eta}_3=\begin{bmatrix}0\\1/\sqrt{2}\\1/\sqrt{2}\end{bmatrix}.$$

故所求正交矩阵

$$\boldsymbol{P}=(\boldsymbol{\eta}_1,\boldsymbol{\eta}_2,\boldsymbol{\eta}_3)=\begin{bmatrix}0&1&0\\1/\sqrt{2}&0&1/\sqrt{2}\\-1/\sqrt{2}&0&1/\sqrt{2}\end{bmatrix}，且\ \boldsymbol{P}^{-1}\boldsymbol{AP}=\begin{bmatrix}2&0&0\\0&4&0\\0&0&4\end{bmatrix}$$

【例 4-32】 已知 $\boldsymbol{A}=\begin{bmatrix}2&0&0\\0&a&2\\0&2&a\end{bmatrix}$（其中 $a>0$）有一特征值为 1，求正交矩阵 $\boldsymbol{P}$ 使得 $\boldsymbol{P}^{-1}\boldsymbol{AP}$ 为对角矩阵.

解 $\boldsymbol{A}$ 的特征多项式为

$$|\lambda\boldsymbol{E}-\boldsymbol{A}|=\begin{vmatrix}\lambda-2&0&0\\0&\lambda-a&-2\\0&-2&\lambda-a\end{vmatrix}=(\lambda-2)(\lambda-a+2)(\lambda-a-2).$$

由于 $\boldsymbol{A}$ 有特征值 1，故有两种情形：
若 $a-2=1$，则 $a=3$；若 $a+2=1$，则 $a=-1$.
但 $a>0$，所以只能是 $a=3$. 从而得 $\boldsymbol{A}$ 的特征值为 2,1,5.
对 $\lambda_1=2$，由 $(2\boldsymbol{E}-\boldsymbol{A})x=0$，得基础解系 $\boldsymbol{p}_1=(1,0,0)^{\mathrm{T}}$；

对 $\lambda_2=1$，由 $(\boldsymbol{E}-\boldsymbol{A})x=0$，得基础解系 $\boldsymbol{p}_2=(0,1,-1)^{\mathrm{T}}$；

对 $\lambda_3=1$，由 $(5\boldsymbol{E}-\boldsymbol{A})x=0$，得基础解系 $\boldsymbol{p}_3=(1,0,0)^{\mathrm{T}}$.

因实对称矩阵的属于不同特征值的特征向量必相互正交，故特征向量 $\boldsymbol{p}_1,\boldsymbol{p}_2,\boldsymbol{p}_3$ 已是正交向量组，只需单位化：

$$\boldsymbol{\eta}_1=(1,0,0)^{\mathrm{T}};\boldsymbol{\eta}_2=\left(0,\frac{1}{\sqrt{2}},-\frac{1}{\sqrt{2}}\right)^{\mathrm{T}};\boldsymbol{\eta}_3=\left(0,\frac{1}{\sqrt{2}},\frac{1}{\sqrt{2}}\right)^{\mathrm{T}}.$$

令 $\boldsymbol{P}=(\boldsymbol{\eta}_1,\boldsymbol{\eta}_2,\boldsymbol{\eta}_3)=\begin{bmatrix}1&0&0\\0&1/\sqrt{2}&1/\sqrt{2}\\0&-1/\sqrt{2}&1/\sqrt{2}\end{bmatrix}$，则 $\boldsymbol{P}^{-1}\boldsymbol{AP}=\begin{bmatrix}2&0&0\\0&1&0\\0&0&5\end{bmatrix}$

【例 4-33】 设 $\boldsymbol{A}=\begin{bmatrix}2&-1\\-1&2\end{bmatrix}$，求 $\boldsymbol{A}^n$

解　因 $\boldsymbol{A}$ 对称，故 $\boldsymbol{A}$ 可对角化，即有可逆矩阵 $\boldsymbol{P}$ 及对角阵 $\boldsymbol{\Lambda}$，使 $\boldsymbol{P}^{-1}\boldsymbol{AP}=\boldsymbol{\Lambda}$. 于是

$$\boldsymbol{A}=\boldsymbol{P\Lambda P}^{-1}\Longrightarrow\boldsymbol{A}^n=\boldsymbol{P\Lambda}^n\boldsymbol{P}^{-1}.$$

由 $|\boldsymbol{A}-\lambda\boldsymbol{E}|=\begin{vmatrix}2-\lambda&-1\\-1&2-\lambda\end{vmatrix}=\lambda^2-4\lambda+3=(\lambda-1)(\lambda-3)$，得 $\boldsymbol{A}$ 的特征值 $\lambda_1=1,\lambda_2=3$. 于是

$$\boldsymbol{\Lambda}=\begin{bmatrix}1&0\\0&3\end{bmatrix},\boldsymbol{\Lambda}^n=\begin{bmatrix}1&0\\0&3^n\end{bmatrix}.$$

对应 $\lambda_1=1$，由 $(\boldsymbol{A}-\boldsymbol{E})x=0$，解得对应特征向量 $\boldsymbol{P}_1=\begin{bmatrix}1\\1\end{bmatrix}$；

对应 $\lambda_3=3$，由 $(\boldsymbol{A}-3\boldsymbol{E})x=0$，解得对应特征向量 $\boldsymbol{P}_2=\begin{bmatrix}1\\-1\end{bmatrix}$.

令 $\boldsymbol{P}=(\boldsymbol{p}_1,\boldsymbol{p}_2)=\begin{bmatrix}1&1\\1&-1\end{bmatrix}$，求出 $\boldsymbol{P}^{-1}=\frac{1}{2}\begin{bmatrix}1&1\\1&-1\end{bmatrix}$. 于是

$$\boldsymbol{A}^n=\boldsymbol{P\Lambda}^n\boldsymbol{P}^{-1}=\frac{1}{2}\begin{bmatrix}1&1\\1&-1\end{bmatrix}\begin{bmatrix}1&0\\0&3^n\end{bmatrix}\begin{bmatrix}1&1\\1&-1\end{bmatrix}=\frac{1}{2}\begin{bmatrix}1+3^n&1-3^n\\1-3^n&1+3^n\end{bmatrix}.$$

4.2　同步训练

习题 4.1

1. 已知实对称矩阵 $\boldsymbol{A}=\begin{bmatrix}1&-2&2\\-2&-2&4\\2&4&-2\end{bmatrix}$，求正交矩阵 $\boldsymbol{Q}$，使 $\boldsymbol{Q}^{-1}\boldsymbol{AQ}=\boldsymbol{\Lambda}$，$\boldsymbol{\Lambda}$ 为对角矩阵.

2. 设方阵 $\boldsymbol{A}$ 有特征值 $\lambda_1=1,\lambda_2=-2$，$x_1=(1,1,-1)^{\mathrm{T}}$ 和 $x_2=(1,2,1)^{\mathrm{T}}$ 分别是对应的特征向量，试将 $\boldsymbol{\beta}=(3,4,-1)^{\mathrm{T}}$ 表示成 x_1,x_2 的线性组合，并求 $\boldsymbol{A\beta}$.

3. 若 $\boldsymbol{A}$ 是正交阵，证明：$\boldsymbol{A}$ 可逆且 $\boldsymbol{A}^{-1}$ 也是正交矩阵.

4. 设三阶方阵 $\boldsymbol{A}$ 的特征值为 $\lambda_1=1,\lambda_2=2,\lambda_3=3$，对应的特征向量依次为

$$\boldsymbol{\alpha}_1=\begin{bmatrix}1\\1\\1\end{bmatrix},\boldsymbol{\alpha}_2=\begin{bmatrix}1\\2\\4\end{bmatrix},\boldsymbol{\alpha}_3=\begin{bmatrix}1\\3\\9\end{bmatrix}，又向量\ \boldsymbol{\beta}=\begin{bmatrix}1\\1\\3\end{bmatrix}.$$

(1)将 $\boldsymbol{\beta}$ 用 $\boldsymbol{\alpha}_1,\boldsymbol{\alpha}_2,\boldsymbol{\alpha}_3$ 线性表示；

(2)求 $\boldsymbol{A}^n\boldsymbol{\beta}$($n$ 为正整数).

习题 4.2

1. 试将线性无关的向量组正交化：

$$\boldsymbol{\alpha}_1=(1,1,1,1)^{\mathrm{T}},\boldsymbol{\alpha}_2=(3,3,-1,-1)^{\mathrm{T}},\boldsymbol{\alpha}_3=(-2,0,6,8)^{T}.$$

2. 已知 $\boldsymbol{\alpha}_1=\begin{bmatrix}1\\1\\1\end{bmatrix}$,求一组非零向量 $\boldsymbol{\alpha}_2\boldsymbol{\alpha}_3$,使 $\boldsymbol{\alpha}_1,\boldsymbol{\alpha}_2,\boldsymbol{\alpha}_3$ 两两正交.

3. 求矩阵 $\boldsymbol{A}=\begin{bmatrix}3&-1\\-1&3\end{bmatrix}$的特征值和特征向量.

4. 求矩阵 $\boldsymbol{A}=\begin{bmatrix}4&6&0\\-3&-5&0\\-3&-6&1\end{bmatrix}$的特征值与特征向量.

5. 判断矩阵 $\boldsymbol{A}=\begin{bmatrix}-2&1&-2\\-5&3&-3\\1&0&2\end{bmatrix}$能否化为对角阵.

6. 判断下列两矩阵 $\boldsymbol{A},\boldsymbol{B}$ 是否相似.

$$\boldsymbol{A}=\begin{bmatrix}1&1&\cdots&1\\1&1&\cdots&1\\\vdots&\vdots&&\vdots\\1&1&\cdots&1\end{bmatrix},\boldsymbol{B}=\begin{bmatrix}n&0&\cdots&0\\1&0&\cdots&0\\\vdots&\vdots&&\vdots\\1&0&\cdots&0\end{bmatrix}$$

7. 设实对称矩阵 $\boldsymbol{A}=\begin{bmatrix}2&-2&0\\-2&1&-2\\0&-2&0\end{bmatrix}$,试求出正交矩阵 $\boldsymbol{P}$，使 $\boldsymbol{P}^{-1}\boldsymbol{AP}$ 为对角阵.

8. 设 n 阶实对称矩阵 $\boldsymbol{A}$ 满足 $\boldsymbol{A}^2=\boldsymbol{A}$,且 $\boldsymbol{A}$ 的秩为 r，试求行列式 $|2\boldsymbol{E}-\boldsymbol{A}|$ 的值.

习题 4.3

一、填空题(每空 3 分,共 18 分).

1. 设三阶矩阵 $\boldsymbol{A}$ 的特征值为 $-1,1,2$,则 $\boldsymbol{A}^{-1}$ 的特征值为(　　　);$\boldsymbol{A}*$ 的特征值为(　　　);($3\boldsymbol{E}+\boldsymbol{A}$)的特征值为(　　　).

2. 设三阶矩阵 $\boldsymbol{A}=0$,则 $\boldsymbol{A}$ 的全部特征向量为(　　　).

3. 若 $\boldsymbol{A}$ 相似于 $\boldsymbol{E}$,则 $\boldsymbol{A}=$(　　　).

4. 设三阶实对称矩阵 $\boldsymbol{A}$ 的特征值是 $1,2,3$,矩阵 $\boldsymbol{A}$ 的属于特征值 $1,2$ 的特征向量分别是 $\boldsymbol{\alpha}_1=(-1,-1,1)^{\mathrm{T}},\boldsymbol{\alpha}_2=(-1,-2,-1)^{\mathrm{T}}$,则 $\boldsymbol{A}$ 的属于特征值 3 的特征向量是(　　　).

二、选择题(每小题 3 分,共 12 分).

1. 设 $\boldsymbol{A}=\begin{bmatrix}3&-1&1\\2&0&1\\1&-1&2\end{bmatrix}$,则向量 $\boldsymbol{\alpha}=$(　　)是 $\boldsymbol{A}$ 的属于特征值 $\lambda=2$ 的一个特征向量.

(A)$(1,0,1)^T$；　　(B)$(1,0,-1)^T$；

(C)$(1,1,0)^T$；　　(D)$(0,1,1)^T$

2.矩阵 $\boldsymbol{A}=\begin{bmatrix}0&0&0\\0&3&0\\0&0&3\end{bmatrix}$与矩阵(　　)相似.

(A)$\begin{bmatrix}0&0&3\\0&3&0\\0&0&0\end{bmatrix}$；(B)$\begin{bmatrix}0&1&0\\0&3&1\\0&0&3\end{bmatrix}$；(C)$\begin{bmatrix}3&0&0\\0&0&0\\0&0&3\end{bmatrix}$；(D)$\begin{bmatrix}0&0&0\\1&3&0\\0&1&3\end{bmatrix}$

3.下述结论正确的有(　　)，其中 $\boldsymbol{A}$ 为 n 阶矩阵.

(A)方程$(\lambda_0\boldsymbol{E}-\boldsymbol{A})\boldsymbol{x}=0$ 的每一个解向量都是对应于特征值 λ_0 的特征向量

(B)若 $\boldsymbol{\alpha}_1,\boldsymbol{\alpha}_2$ 为方程$(\lambda_0\boldsymbol{E}-\boldsymbol{A})\boldsymbol{x}=0$ 的一个基础解系，则 $C_1\boldsymbol{\alpha}_1+C_2\boldsymbol{\alpha}_2$($C_1,C_2$ 为非零常数)是 $\boldsymbol{A}$ 的属于特征值 λ_0 的全部的特征向量

(C)$\boldsymbol{A}$ 与 $\boldsymbol{A}^T$ 有相同的特征值和相同的特征向量

(D)$\boldsymbol{A}$ 与 $\boldsymbol{A}^T$ 有相同的特征多项式

4.设 $\boldsymbol{A}=\begin{pmatrix}0&0&1\\x&1&y\\1&0&0\end{pmatrix}$有 3 个线性无关的特征向量，则 x 和 y 应满足条件(　　).

(A)$x=y$；　(B)$x=-y$；　(C)$x=2y$；　(D)$y=2x$.

三、计算题(每小题 15 分，共 45 分).

1.(15 分)求正交矩阵 $\boldsymbol{Q}$，使 $\boldsymbol{Q}^{-1}\boldsymbol{A}\boldsymbol{Q}$ 为对角矩阵，其中，$\boldsymbol{A}=\begin{bmatrix}1&-1&-1&-1\\-1&1&-1&-1\\-1&-1&1&-1\\-1&-1&-1&1\end{bmatrix}$.

2.(共 15 分)设三阶实对称矩阵 $\boldsymbol{A}$ 的秩为 2，$\lambda_1=\lambda_2=6$ 是 $\boldsymbol{A}$ 的二重特征值.若 $\boldsymbol{\alpha}_1=(1,1,0)^T$，$\boldsymbol{\alpha}_2=(2,1,1)^T$，都是 $\boldsymbol{A}$ 的属于特征值 6 的特征向量.

(1)(7 分)求 $\boldsymbol{A}$ 的另一特征值和对应的特征向量.

(2)(8 分)求矩阵 $\boldsymbol{A}$.

3.(共 15 分)设三阶实对称矩阵 $\boldsymbol{A}$ 的各行元素之和均为 3，向量 $\boldsymbol{\alpha}_1=(-1,2,-1)^T$，$\boldsymbol{\alpha}_2=(0,-1,1)^T$ 是齐次线性方程组 $\boldsymbol{AX}=0$ 的两个解.

(1)(7 分)求 $\boldsymbol{A}$ 的特征值与特征向量；

(2)(8 分)求正交矩阵 $\boldsymbol{Q}$ 和对角矩阵 $\boldsymbol{\Lambda}$，使 $\boldsymbol{Q}^T\boldsymbol{A}\boldsymbol{Q}=\boldsymbol{\Lambda}$；

四、证明题(共 25 分).

1.(10 分)设 $\boldsymbol{A}$ 是 n 阶正交矩阵，且$|\boldsymbol{A}|=-1$，则-1 是 A 的一个特征值.

2.(15 分)设 λ_1,λ_2 是矩阵 $\boldsymbol{A}$ 的两个不同的特征值，对应的特征向量分别为，$\boldsymbol{\alpha}_1,\boldsymbol{\alpha}_2$，则 $\boldsymbol{\alpha}_1$，$\boldsymbol{A}(\boldsymbol{\alpha}_1+\boldsymbol{\alpha}_2)$线性无关的充分必要条件是：$\lambda_2\neq0$.

第5章　二　次　型

5.1　典型例题

【例 5-1】

(1)$f(x,y)=x^2+3xy+y^2$ 是一个含有两个变量的实二次型.

(2)$f(x,y,z)=3x^2+2xy+2\sqrt{2}xz-y^2-4yz+5z^2$ 是一个含有 3 个变量的实二次型.

(3)$f(x_1,x_2,x_3,x_4)=x_1^2+x_2^2+x_3^2-x_4^2$ 是一个含 4 个变量的实二次型.

(4)$f(x_1,x_2,x_3,x_4)=x_1x_2+2x_1x_3-4x_1x_4+3x_2x_4$ 是一个含有 4 个变量的实二次型.

(5)$f(x,y)=x^2+xy-y^2+5x+1$ 不是一个实二次型，因为它含有一次项 $5x$ 及常数项 1.

(6)$f(x_1,x_2,x_3)=x_1^3+x_1x_2+x_1x_3$ 不是一个实二次型，因为它含有 3 次项 x_1^3.

(7)$f(x,y)=x^2+\mathrm{i}y^2(\mathrm{i}=\sqrt{-1})$不是一个实二次型，因为 i 是虚数，但它是一个复二次型.

【例 5-2】　写出下列实二次型相应的对称阵.

(1)$f(x,y)=x^2+3xy+y^2=x^2+\frac{3}{2}xy+\frac{3}{2}xy+y^2$，其矩阵为

$$\begin{bmatrix}1 & 3/2\\ 3/2 & 1\end{bmatrix}.$$

(2)
$$\begin{aligned}f(x,y,z)&=3x^2+2xy+\sqrt{2}xz-y^2-4yz+5z^2\\&=3x^2+xy+\frac{\sqrt{2}}{2}xz+xy-y^2-2xy+\frac{\sqrt{2}}{2}xz-2yz+5z^2,\end{aligned}$$

相应的实对称阵为$\begin{bmatrix}3 & 1 & \sqrt{2}/2\\ 1 & -1 & -2\\ \sqrt{2}/2 & -2 & 5\end{bmatrix}$

(3)$f(x_1,x_2,x_3,x_4)=x_1^2+x_2^2+x_3^2-x_4^2$，相应的实对称阵是一个对角阵：

$$\begin{bmatrix}1 & 0 & 0 & 0\\ 0 & 1 & 0 & 0\\ 0 & 0 & 1 & 0\\ 0 & 0 & 0 & -1\end{bmatrix}.$$

(4)$f(x_1,x_2,x_3,x_4)=x_1x_2+2x_1x_3-4x_1x_4+3x_2x_4$ 相应的对称阵为

$$\begin{bmatrix}0 & 1/2 & 1 & -2\\ 1/2 & 0 & 0 & 3/2\\ 1 & 0 & 0 & 0\\ -2 & 3/2 & 0 & 0\end{bmatrix}$$

【例 5-3】 设有实对称矩阵 $\boldsymbol{A}=\begin{bmatrix}-1 & 1 & 0\\ 1 & 0 & -1/2\\ 0 & -1/2 & \sqrt{2}\end{bmatrix}$,求 $\boldsymbol{A}$ 对应的实二次型.

解　$\boldsymbol{A}$ 是三阶阵,故有 3 个变量,则实二次型为

$$f(x_1,x_2,x_3)=(x_1,x_2,x_3)\begin{bmatrix}-1 & 1 & 0\\ 1 & 0 & -1/2\\ 0 & -1/2 & \sqrt{2}\end{bmatrix}\begin{bmatrix}x_1\\ x_2\\ x_3\end{bmatrix}=-x_1^2+2x_1x_2-x_2x_3+\sqrt{2}x_3^2.$$

【例 5-4】 二次型 $x_1x_2+x_1x_3+2x_2^2-3x_2x_3$ 的矩阵

$$\boldsymbol{A}=\begin{bmatrix}0 & 1/2 & 1/2\\ 1/2 & 2 & -3/2\\ 1/2 & -3/2 & 0\end{bmatrix};$$

反之,对称矩阵 $A=\begin{bmatrix}0 & 1/2 & 1/2\\ 1/2 & 2 & -3/2\\ 1/2 & -3/2 & 0\end{bmatrix}$所对应的二次型是

$$\boldsymbol{x}^{\mathrm{T}}\boldsymbol{A}\boldsymbol{x}=(x_1,x_2,x_3)\begin{bmatrix}0 & 1/2 & 1/2\\ 1/2 & 2 & -3/2\\ 1/2 & -3/2 & 0\end{bmatrix}\begin{bmatrix}x_1\\ x_2\\ x_3\end{bmatrix}=x_1x_2+x_1x_3+2x_2^2-3x_2x_3.$$

【例 5-5】 求二次型 $f(x_1,x_2,x_3)=x_1^2-4x_1x_2+2x_1x_3-2x_2^2+6x_3^2$ 的秩.

解　先求二次型的矩阵.

$$f(x_1,x_2,x_3)=x_1^2-2x_1x_2+x_1x_3-2x_2x_1-2x_2^2+0x_2x_3+x_3x_1+0x_3x_2+6x_3^2,$$

所以 $\boldsymbol{A}=\begin{bmatrix}1 & -2 & 1\\ -2 & -2 & 0\\ 1 & 0 & 6\end{bmatrix}$,对 $\boldsymbol{A}$ 作初等变换

$$\boldsymbol{A}\longrightarrow\begin{bmatrix}1 & -2 & 1\\ 0 & -6 & 2\\ 0 & 2 & 5\end{bmatrix}\longrightarrow\begin{bmatrix}1 & -2 & 1\\ 0 & 2 & 5\\ 0 & 0 & 17\end{bmatrix},$$

即 $r(\boldsymbol{A})=3$,所以二次型的秩为 3.

【例 5-6】 设二次型 $f(x_1,x_2,x_3)=2x_1x_2-4x_1x_3+10x_2x_3$,且

$$\begin{cases}x_1=y_1-y_2-5y_3\\ x_2=y_1+y_2+2y_3.\\ x_3=y_3\end{cases}\tag{1}$$

求经过上述线性变换后新的二次型.

解　因 $f(x_1x_2x_3)$相对应的矩阵 $\boldsymbol{A}=\begin{bmatrix}0 & 1 & -2\\ 1 & 0 & 5\\ -2 & 5 & 0\end{bmatrix}$.

而变换(1)所决定的变换矩阵 $\boldsymbol{C}=\begin{bmatrix}1 & -1 & -5\\ 1 & 1 & 2\\ 0 & 0 & 1\end{bmatrix}$,

$$C^{\mathrm{T}}AC=\begin{bmatrix}1&1&0\\-1&1&0\\-5&2&1\end{bmatrix}\begin{bmatrix}0&1&-2\\1&0&5\\-2&5&0\end{bmatrix}\begin{bmatrix}1&-1&-5\\1&1&2\\0&0&1\end{bmatrix}=\begin{bmatrix}2&0&0\\0&-2&0\\0&0&20\end{bmatrix}.$$

于是新的二次型为 $2y_1^2-2y_2^2+20y_3^2$.

【例 5-7】 将 $x_1^2+2x_1x_2+2x_1x_3+2x_2^2+4x_2x_3+x_3^2$ 化为标准型.

解 因标准型是平方项的代数和,可利用配方法解之.

$$\begin{aligned}&x_1^2+2x_1x_2+2x_1x_3+2x_2^2+4x_2x_3+x_3^2\\&=x_1^2+2x_1(x_2+x_3)+(x_2+x_3)^2-(x_2+x_3)^2+2x_2^2+4x_2x_3+x_3^2\\&=(x_1+x_2+x_3)^2+x_2^2+2x_2x_3\\&=(x_1+x_2+x_3)^2+(x_2+x_3)^2-x_3^2.\end{aligned}\tag{1}$$

令 $\begin{cases}y_1=x_1+x_2+x_3\\y_2=x_2+x_2\\y_3=x_3\end{cases}$,即 $\begin{cases}x_1=y_1-y_2\\x_2=y_2-y_3\\x_3=y_3\end{cases}$

其线性变换矩阵的行列式 $|\boldsymbol{C}|=\begin{vmatrix}1&-1&0\\0&1&1\\0&0&1\end{vmatrix}=1\neq0$,代入(1)式得二次型的标准型 $y_1^2+y_2^2-y_3^2$,该二次型的矩阵为 $\boldsymbol{B}=\begin{bmatrix}1&0&0\\0&1&0\\0&0&-1\end{bmatrix}$,而原二次型的矩阵为

$$\boldsymbol{A}=\begin{bmatrix}1&1&1\\1&2&2\\1&2&1\end{bmatrix},\text{线性替换的矩阵 }\boldsymbol{C}=\begin{bmatrix}1&-1&0\\0&1&-1\\0&0&1\end{bmatrix},$$

易验证 $\boldsymbol{C}^{\mathrm{T}}AC=B=\begin{bmatrix}1&0&0\\0&1&0\\0&0&-1\end{bmatrix}$是对角矩阵,且 $\boldsymbol{y}^{\mathrm{T}}\boldsymbol{By}=y_1^2+y_2^2-y_3^2$.

可见,要把二次型化为标准型,关键在于求出一个非奇异矩阵 $\boldsymbol{C}$,使得 $\boldsymbol{C}^{\mathrm{T}}$ 是对角矩阵.

【例 5-8】 用配方法化二次型为标准型

化二次型 $f=x_1^2+2x_2^2+5x_3^2+2x_1x_2+2x_1x_3+6x_2x_3$ 为标准型,并求所用的变换矩阵.

解 $f=x_1^2+2x_2^2+5x_3^2+2x_1x_2+2x_1x_3+6x_2x_3$

$=x_1^2+2x_1x_2+2x_1x_3+2x_2^2+5x_3^2+6x_2x_3$

$=(x_1+x_2+x_3)^2-x_2^2-x_3^2-2x_2x_3+2x_2^2+5x_3^2+6x_2x_3$

$=(x_1+x_2+x_3)^2+x_2^2+4x_3^2+4x_2x_3$

$=(x_1+x_2+x_3)^2+(x_2+2x_3)^2.$

令 $\begin{cases}y_1=x_1+x_2+x_3\\y_2=x_2+2x_3\\y_3=x_3\end{cases}\Longrightarrow\begin{cases}x_1=y_1-y_2+y_3\\x_2=y_2-2y_3\\x_3=y_3\end{cases}.$

$$\begin{bmatrix}x_1\\x_2\\x_3\end{bmatrix}=\begin{bmatrix}1&-1&1\\0&1&-2\\0&0&1\end{bmatrix}\begin{bmatrix}y_1\\y_2\\y_3\end{bmatrix}$$

所以 $f=x_1^2+2x_2^2+5x_3^2+2x_1x_2+2x_1x_3+6x_2x_3=y_1^2+y_2^2$.

所用变换矩阵为 $\boldsymbol{C}=\begin{bmatrix}1 & -1 & 1\\ 0 & 1 & -2\\ 0 & 0 & 1\end{bmatrix}(|\boldsymbol{C}|=1\neq 0)$.

【例 5-9】 化二次型 $f=2x_1x_2+2x_1x_3-6x_2x_3$ 成标准型，并求所用的变换矩阵.

解 由于所给二次型中无平方项，所以

令 $\begin{cases}x_1=y_1+y_2\\ x_2=y_1-y_2\\ x_3=y_3\end{cases}$，即 $\begin{bmatrix}x_1\\ x_2\\ x_3\end{bmatrix}=\begin{bmatrix}1 & 1 & 0\\ 1 & -1 & 0\\ 0 & 0 & 1\end{bmatrix}\begin{bmatrix}y_1\\ y_2\\ y_3\end{bmatrix}$.

代入原二次型得 $f=2y_1^2-2y_2^2-4y_1y_3+8y_2y_3$. 再配方得 $f=2(y_1-y_3)^2-2(y_2-2y_3)+6y_3^2$.

令 $\begin{cases}z_1=y_1-y_3\\ z_2=y_2-2y_3\\ z_3=y_3\end{cases}$ ➡ $\begin{cases}y_1=z_1+z_3\\ y_2=z_2+2z_3\\ y_3=z_3\end{cases}$，

即 $\begin{bmatrix}y_1\\ y_2\\ y_3\end{bmatrix}=\begin{bmatrix}1 & 0 & 1\\ 0 & 1 & 2\\ 0 & 0 & 1\end{bmatrix}\begin{bmatrix}z_1\\ z_2\\ z_3\end{bmatrix}$.

代入原二次型得标准型 $f=2z_1^2-2z_2^2+6z_3^2$. 所用变换矩阵为

$$C=\begin{bmatrix}1 & 1 & 0\\ 1 & -1 & 0\\ 0 & 0 & 1\end{bmatrix}\begin{bmatrix}1 & 0 & 1\\ 0 & 1 & 2\\ 0 & 0 & 1\end{bmatrix}=\begin{bmatrix}1 & 1 & 3\\ 1 & -1 & -1\\ 0 & 0 & 1\end{bmatrix}(|\boldsymbol{C}|=-2\neq 0).$$

【例 5-10】 用配方法将下列二次型化为标准型.

$$f(x_1,x_2,x_3,x_4)=2x_1x_2-x_1x_3+x_1x_4-x_2x_3+x_2x_4-2x_3x_4.$$

解 因缺少了 $x_i^2(i=1,2,3,4)$ 项，无法配方.

但可作如下变换：$\begin{cases}x_1=y_1+y_2\\ x_2=y_1-y_2\\ x_3=y_3\\ x_4=y_4\end{cases}$ (1)

代入原二次型得关 y_i 于的二次型：

$$f=2y_1^2-2y_2^2-2y_1y_3+2y_1y_4-2y_3y_4.$$

这时 y_1^2 项的系数不为零，故可以进行配方了：

$$\begin{aligned}f&=(2y_1^2-2y_1y_3+2y_1y_4)-2y_2^2-2y_3y_4\\ &=2\left(\left(y_1-\frac{1}{2}y_3+\frac{1}{2}y_4\right)^2-\frac{1}{4}y_3^2-\frac{1}{4}y_4^2+\frac{1}{2}y_3y_4\right)-2y_2^2-2y_3y_4\\ &=2\left(y_1-\frac{1}{2}y_3+\frac{1}{2}y_4\right)^2-2y_2^2-\frac{1}{2}y_3^2-y_3y_4-\frac{1}{2}y_4^2\\ &=2\left(y_1-\frac{1}{2}y_3+\frac{1}{2}y_4\right)^2-2y_2^2-\frac{1}{2}(y_3+y_4)^2.\end{aligned}$$

令$\begin{cases} z_1=y_1-\dfrac{1}{2}y_3+\dfrac{1}{2}y_4 \\ z_2=y_2 \\ z_3=y_3+y_4 \\ z_4=y_4 \end{cases}$, (2)

故标准型为 $2z_1^2-2z_2^2-\dfrac{1}{2}z_3^2$. 为求变换阵 $\boldsymbol{C}$,由(2)

解出:y_i:$\begin{cases} y_1=z_1+\dfrac{1}{2}z_3-z_4 \\ y_2=z_2 \\ y_3=z_3-z_4 \\ y_4=z_4 \end{cases} \xrightarrow{\text{代入(1)}} \begin{cases} x_1=z_1+z_2+\dfrac{1}{3}z_3-z_4 \\ x_2=z_1-z_2+\dfrac{1}{2}z_3-z_4 \\ x_3=z_3-z_4 \\ x_4=z_4 \end{cases}$

于是 $\boldsymbol{C}=\begin{bmatrix} 1 & 1 & 1/2 & -1 \\ 1 & -1 & 1/2 & -1 \\ 0 & 0 & 1 & -1 \\ 0 & 0 & 0 & 1 \end{bmatrix}$,所用线性变换为 $\boldsymbol{x}=\boldsymbol{Cz}$.

【例 5-11】 用初等变换化二次为标准型.

设 $\boldsymbol{A}=\begin{bmatrix} 1 & 1 & 1 \\ 1 & 2 & 2 \\ 1 & 2 & 1 \end{bmatrix}$,求非异矩阵 $\boldsymbol{C}$, 使 $\boldsymbol{C}^{\mathrm{T}}\boldsymbol{AC}$ 为对角矩阵.

解 $$\begin{pmatrix} \boldsymbol{A} \\ \boldsymbol{E} \end{pmatrix}=\begin{bmatrix} 1 & 1 & 1 \\ 1 & 2 & 2 \\ 1 & 2 & 1 \\ 1 & 0 & 0 \\ 0 & 1 & 0 \\ 0 & 0 & 1 \end{bmatrix} \longrightarrow \begin{bmatrix} 1 & 0 & 0 \\ 1 & 1 & 1 \\ 1 & 1 & 0 \\ 1 & -1 & -1 \\ 0 & 1 & 0 \\ 0 & 0 & 1 \end{bmatrix} \longrightarrow \begin{bmatrix} 1 & 0 & 0 \\ 0 & 1 & 1 \\ 0 & 1 & 0 \\ 1 & -1 & -1 \\ 0 & 1 & 0 \\ 0 & 0 & 1 \end{bmatrix} \longrightarrow \begin{bmatrix} 1 & 0 & 0 \\ 0 & 1 & 0 \\ 0 & 0 & -1 \\ 1 & -1 & 0 \\ 0 & 1 & -1 \\ 0 & 0 & 1 \end{bmatrix},$$

因此 $\boldsymbol{C}=\begin{bmatrix} 1 & -1 & 0 \\ 0 & 1 & -1 \\ 0 & 0 & 1 \end{bmatrix}$,$\boldsymbol{C}^{\mathrm{T}}\boldsymbol{AC}=\begin{bmatrix} 1 & 0 & 0 \\ 0 & 1 & 0 \\ 0 & 0 & -1 \end{bmatrix}$.

【例 5-12】 求一可逆线性变换化 $2x_1x_2+2x_1x_3-4x_2x_3$ 为标准型.

解 此二次型对应的矩阵为 $\boldsymbol{A}=\begin{bmatrix} 0 & 1 & 1 \\ 1 & 0 & -2 \\ 1 & -2 & 0 \end{bmatrix}$

$$\begin{pmatrix} \boldsymbol{A} \\ \boldsymbol{E} \end{pmatrix}=\begin{bmatrix} 0 & 1 & 1 \\ 1 & 0 & -2 \\ 1 & -2 & 0 \\ 1 & 0 & 0 \\ 0 & 1 & 0 \\ 0 & 0 & 1 \end{bmatrix} \xrightarrow{\boldsymbol{C}_1+\boldsymbol{C}_2} \begin{bmatrix} 1 & 1 & 1 \\ 1 & 0 & -2 \\ -1 & -2 & 0 \\ 1 & 0 & 0 \\ 1 & 1 & 0 \\ 0 & 0 & 1 \end{bmatrix} \xrightarrow{r_1+r_2} \begin{bmatrix} 2 & 1 & 1 \\ 1 & 0 & -2 \\ -1 & -2 & 0 \\ 1 & 0 & 0 \\ 1 & 1 & 0 \\ 0 & 0 & 1 \end{bmatrix} \longrightarrow$$

$$\begin{bmatrix}2&0&0\\1&-1/2&-3/2\\-1&-3/2&-1/2\\-1&-1/2&1/2\\1&1/2&1/2\\0&0&1\end{bmatrix}\longrightarrow\begin{bmatrix}2&0&0\\0&-1/2&-3/2\\0&-3/2&-1/2\\1&-1/2&1/2\\1&1/2&1/2\\0&0&1\end{bmatrix}\longrightarrow\begin{bmatrix}2&0&0\\0&-1/2&0\\0&-3/2&4\\1&-1/2&2\\1&1/2&-1\\0&0&1\end{bmatrix}\longrightarrow\begin{bmatrix}2&0&0\\0&-1/2&0\\0&0&4\\1&-1/2&2\\1&1/2&-1\\0&0&1\end{bmatrix}$$

所以 $\boldsymbol{C}=\begin{bmatrix}1&-1/2&2\\1&1/2&-1\\0&0&1\end{bmatrix}$，$|\boldsymbol{C}|=1\neq 0$. 令 $\begin{cases}x_1=z_1-(1/2)z_2+2z_3\\x_2=z_1+(1/2)z_2-z_3\\x_3=z_3\end{cases}$，

代入原二次型可得标准型 $2z_1^2-(1/2)z_2^2+4z_3^2$.

【例 5-13】 用正交变换化二次型为标准型.

将二次型 $f=17x_1^2+14x_2^2+14x_3^2-4x_1x_2-4x_1x_3-8x_2x_3$ 通过正交变换 $\boldsymbol{x}=\boldsymbol{PY}$，化成标准型.

解 (1) 写出二次型矩阵：$\boldsymbol{A}=\begin{bmatrix}17&-2&-2\\-2&14&-4\\-2&-4&14\end{bmatrix}$.

(2)求其特征值：由

$$|\lambda\boldsymbol{E}-\boldsymbol{A}|=\begin{bmatrix}\lambda-17&2&2\\2&\lambda-14&4\\2&4&\lambda-14\end{bmatrix}=(\lambda-18)^2(\lambda-9)\ \Longrightarrow\ \lambda_1=9,\lambda_2=\lambda_3=18.$$

(3)求特征向量：

将 $\lambda_1=9$ 代入 $(\lambda\boldsymbol{E}-\boldsymbol{A})\boldsymbol{x}=0$，得基础解系 $\xi_1=(1/2,1,1)^{\mathrm{T}}$.

将 $\lambda_2=\lambda_3=18$ 代入 $(\lambda\boldsymbol{E}-\boldsymbol{A})\boldsymbol{x}=0$，得基础解系 $\boldsymbol{\xi}_2=(-2,1,0)^{\mathrm{T}}$，$\boldsymbol{\xi}_3=(-2,0,1)^{\mathrm{T}}$.

(4)将特征向量正交化

取 $\boldsymbol{\alpha}_1=\boldsymbol{\xi}_1$，$\boldsymbol{\alpha}_2=\boldsymbol{\xi}_2$，$\boldsymbol{\alpha}_3=\boldsymbol{\xi}_3-\dfrac{[\boldsymbol{\alpha}_2,\boldsymbol{\xi}_3]}{[\boldsymbol{\alpha}_2,\boldsymbol{\alpha}_2]}\boldsymbol{\alpha}_2$，得正交向量组

$$\boldsymbol{\alpha}_1=(1/2,1,1)^{\mathrm{T}},\boldsymbol{\alpha}_2=(-2,1,0)^{\mathrm{T}},\boldsymbol{\alpha}_3=(-2/5,-4/5,1)^{\mathrm{T}}.$$

将其单位化得

$$\boldsymbol{\eta}_1=\begin{bmatrix}1/3\\2/3\\2/3\end{bmatrix},\boldsymbol{\eta}_2=\begin{bmatrix}-2/\sqrt{5}\\1/\sqrt{5}\\0\end{bmatrix},\boldsymbol{\eta}_3=\begin{bmatrix}-2/\sqrt{45}\\-4/\sqrt{45}\\5/\sqrt{45}\end{bmatrix}.$$

作正交矩阵：$\boldsymbol{P}=\begin{bmatrix}1/3&-2/\sqrt{5}&-2/\sqrt{45}\\2/3&1/\sqrt{5}&-4/\sqrt{45}\\2/3&0&5/\sqrt{45}\end{bmatrix}$

(5) 故所求正交变换为 $\begin{bmatrix}x_1\\x_2\\x_3\end{bmatrix}=\begin{bmatrix}1/3&-2/\sqrt{5}&-2/\sqrt{45}\\2/3&1/\sqrt{5}&-4/\sqrt{45}\\2/3&0&5/\sqrt{45}\end{bmatrix}\begin{bmatrix}y_1\\y_1\\y_3\end{bmatrix}$，

在此变换下原二次型化为标准型：$f=9y_1^2+18y_2^2+18y_3^2$.

【例 5-14】 设 $f=2x_1x_2+2x_1x_3-2x_1x_4-2x_2x_3+2x_2x_4+2x_3x_4$，求一个正交变换 $\boldsymbol{x}=\boldsymbol{PY}$ 把该二次型化为标准型.

解 二次型的矩阵为 $\boldsymbol{A}=\begin{bmatrix}0&1&1&-1\\1&0&-1&1\\1&-1&0&1\\-1&1&1&0\end{bmatrix}$，

其特征多项式为

$$|\boldsymbol{A}-\lambda\boldsymbol{E}|=\begin{vmatrix}-\lambda&1&1&-1\\1&-\lambda&-1&1\\1&-1&-\lambda&1\\-1&1&1&-\lambda\end{vmatrix}=(-\lambda+1)\begin{vmatrix}1&1&1&-1\\1&-\lambda&-1&1\\1&-1&-\lambda&1\\1&1&1&-\lambda\end{vmatrix}$$

$$=(-\lambda+1)\begin{vmatrix}1&1&1&-1\\0&-\lambda-1&-2&2\\0&-2&-\lambda-1&2\\0&0&0&-\lambda+1\end{vmatrix}=(-\lambda+1)^2\begin{vmatrix}-\lambda-1&-2\\-2&-\lambda-1\end{vmatrix}$$

$$=(-\lambda+1)^2(\lambda^2+2\lambda-3)=(\lambda+3)(\lambda-1)^3.$$

故 $\boldsymbol{A}$ 的特征值 $\lambda_1=-3,\lambda_2-\lambda_3=\lambda_4=1$

当 $\lambda_1=-3$ 时，解方程 $(\boldsymbol{A}+3\boldsymbol{E})\boldsymbol{x}=0$，得基础解系 $\xi_1=\begin{bmatrix}1\\-1\\-1\\1\end{bmatrix}$，

当 $\lambda_1=\lambda_3=\lambda_4=1$ 时，解方程 $(\boldsymbol{A}-\boldsymbol{E})\boldsymbol{x}=0$，

可得正交的基础解系 $\boldsymbol{\xi}_2=\begin{bmatrix}1\\1\\0\\0\end{bmatrix},\boldsymbol{\xi}_3=\begin{bmatrix}0\\0\\1\\1\end{bmatrix},\boldsymbol{\xi}_4=\begin{bmatrix}1\\-1\\1\\-1\end{bmatrix}$.

单位化得

$$\boldsymbol{P}_1=\frac{1}{2}\begin{bmatrix}1\\-1\\-1\\1\end{bmatrix},\boldsymbol{P}_2=\begin{bmatrix}1/\sqrt{2}\\1/\sqrt{2}\\0\\0\end{bmatrix},\boldsymbol{P}_3=\begin{bmatrix}0\\0\\1/\sqrt{2}\\1/\sqrt{2}\end{bmatrix},\boldsymbol{P}_4=\begin{bmatrix}1/2\\-1/2\\1/2\\-1/2\end{bmatrix}.$$

于是所求正交变换为

$$\begin{bmatrix}x_1\\x_2\\x_3\\x_4\end{bmatrix}=\begin{bmatrix}1/2&1/\sqrt{2}&0&1/2\\-1/2&1/\sqrt{2}&0&-1/2\\-1/2&0&1/\sqrt{2}&1/2\\1/2&0&1/\sqrt{2}&-1/2\end{bmatrix}\begin{bmatrix}y_1\\y_2\\y_3\\y_4\end{bmatrix}.$$

在此变换下原二次型化为标准型 $f=-3y_1^2+y_2^2+y_3^2+y_4^2$.

【例 5-15】 将标准型 $2y_1^2-2y_2^2-\frac{1}{2}y_3^2$ 规范化.

解　$2y_1^2-2y_2^2-\frac{1}{2}y_3^2=(\sqrt{2}y_1)^2-(\sqrt{2y_2})^2-\left(\frac{1}{\sqrt{2}}y_3\right)^2$,

做如下变换：$\begin{cases}w_1=\sqrt{2}y_1\\ w_2=\sqrt{2}y_2\\ w_3=\frac{1}{\sqrt{2}}y_3\end{cases}$,

则原二次型就变为 $w_1^2-w_2^2-w_3^2$,是一个规范标准型.

【例 5-16】　化二次型 $f=2x_1x_2+2x_1x_3-6x_2x_3$ 为规范形，并求其正惯性指数.

解　由例 3 知,f 经线性变换$\begin{cases}x_1=z_1+z_2+3z_3\\ x_2=z_1-z_2-z_3\\ x_3=y_3\end{cases}$,

化为标准型 $f=2z_1^2-2z_2^2+6z_3^2$.

令$\begin{cases}w_1=\sqrt{2}z_1\\ w_3=\sqrt{2}z_2\\ w_2=\sqrt{6}z_3\end{cases}$,即$\begin{cases}z_1=\frac{1}{\sqrt{2}}w_1\\ z_2=\frac{1}{\sqrt{2}}w_3\\ z_3=\frac{1}{\sqrt{6}w_2}\end{cases}$,

就把 f 化成规范形 $f=w_1^2+w_2^2-w_3^2$,且 f 的正惯性指数为 2.

【例 5-17】　当 λ 取何值时，二次型 $f(x_1,x_2,x_3)$为正定.

$$f(x_1,x_2,x_3)=x_1^2+2x_1x_2+4x_1x_3+2x_2^2+6x_2x_3+\lambda x_3^2.$$

解　题设二次型的矩阵 $\boldsymbol{A}=\begin{bmatrix}1&1&2\\1&2&3\\2&3&\lambda\end{bmatrix}$,

因为$|\boldsymbol{A}_1|=1>0$,$|\boldsymbol{A}_2|=\begin{vmatrix}1&1\\1&2\end{vmatrix}=1>0$,$|\boldsymbol{A}_3|=|\boldsymbol{A}|=\lambda-5>0$,

所以 $\lambda>5$ 时,$f(x_1,x_2,x_3)$为正定.

【例 5-18】　判别二次型 $f(x,y,z)$为负定.

$$f(x,y,z)=-5x^2-6y^2-4z^2+4xy+4xz.$$

解　题设二次型的矩阵 $\boldsymbol{A}=\begin{bmatrix}-5&2&2\\2&-6&0\\2&0&-4\end{bmatrix}$,

因为$|\boldsymbol{A}_1|=-5<0$,$|\boldsymbol{A}_2|=\begin{vmatrix}-5&2\\2&-6\end{vmatrix}=26>0$,$|\boldsymbol{A}_3|=|\boldsymbol{A}|=-80<0$,

所以 $f(x_1,x_2,x_3)$为负定.

【例 5-19】　证明：如果 $\boldsymbol{A}$ 为正定矩阵，则 $\boldsymbol{A}^{-1}$ 也是正定矩阵.

证　$\boldsymbol{A}$ 正定,则存在非奇异矩阵 $\boldsymbol{C}$,使 $\boldsymbol{C}^{\mathrm{T}}\boldsymbol{A}\boldsymbol{C}=\boldsymbol{E}_n$,两边取逆得:$\boldsymbol{C}^{-1}\boldsymbol{A}^{-1}(\boldsymbol{C}^{\mathrm{T}})^{-1}=\boldsymbol{E}_n$.

又因为$(\boldsymbol{C}^{\mathrm{T}})^{-1}=(\boldsymbol{C}^{-1})^{\mathrm{T}}$,$((\boldsymbol{C}^{-1})^{\mathrm{T}})^{\mathrm{T}}=\boldsymbol{C}^{-1}$,因此$((\boldsymbol{C}^{-1})^{\mathrm{T}})^{\mathrm{T}}\boldsymbol{A}^{-1}(C^{-1})^{\mathrm{T}}=\boldsymbol{E}_n$,$|(\boldsymbol{C}^{-1})^{\mathrm{T}}|=|\boldsymbol{C}|^{-1}\neq0$,

故 $\boldsymbol{A}^{-1}$ 与 $\boldsymbol{E}_n$ 合同,即 $\boldsymbol{A}^{-1}$ 中正定矩阵.

5.2 同步训练

习题 5.1

一、判断题.

1. 若实对称矩阵 $\boldsymbol{A}$ 的特征值全大于零,则二次型 $f=\boldsymbol{x}^{\mathrm{T}}\boldsymbol{A}\boldsymbol{x}$ 是正定的. (　　)

2. 若有非零向量 $\boldsymbol{x}$ 使得 $\boldsymbol{x}^{\mathrm{T}}\boldsymbol{A}\boldsymbol{x}>0$,则 $\boldsymbol{A}$ 为正定矩阵. (　　)

3. 二次型 $f=2x_1^2+x_3^2$ 是正定的. (　　)

4. $\boldsymbol{A}$ 正定,则 $\boldsymbol{A}$ 的行列式 $|\boldsymbol{A}|>0$. (　　)

5. 实对称矩阵 $\boldsymbol{A}$ 与 $\boldsymbol{B}$ 合同,则必相似. (　　)

二、选择题.

1. n 阶实对称矩阵 $\boldsymbol{A}$ 正定的充要条件是(　　).

(A)对于任意非零实数 $x_1,x_2,\cdots,x_n$,有 $(x_1,x_2,\cdots,x_n)\boldsymbol{A}(x_1,x_2,\cdots,x_n)^{\mathrm{T}}>0$

(B) $|\boldsymbol{A}|>0$

(C) $\boldsymbol{A}$ 的各阶顺序主子式全大于 0

(D) $\boldsymbol{A}$ 的特征值非负

2. 设 λ 是正交矩阵 $\boldsymbol{A}$ 的一个实特征值,则(　　).

(A) $\lambda^2=1$　　(B) $\lambda=1$　　(C) $\lambda=-1$　　(D) $\lambda=0$

3. 设 $\boldsymbol{A}$ 为正定矩阵,则(　　)

(A) $|\boldsymbol{E}+\boldsymbol{A}|<1$　　(B) $|\boldsymbol{E}+\boldsymbol{A}|>1$

(C) $|\boldsymbol{E}+\boldsymbol{A}|>0$　　(D) $|\boldsymbol{E}+\boldsymbol{A}|=1$

4. $\boldsymbol{A}$ 与 $\boldsymbol{B}$ 均为 n 阶正定矩阵,实数 $a,b>0$,则 $a\boldsymbol{A}+b\boldsymbol{B}$ 为(　　).

(A)正定矩阵　　(B)半正定矩阵　　(C)不定矩阵　　(D)负定矩阵

5. 二次型 $f=2x_1^2-3x_3^2+2x_1x_2-4x_2x_3$ 的矩阵是 (　　)

(A) $\begin{bmatrix}2&2&0\\2&0&-4\\0&-4&-3\end{bmatrix}$ (B) $\begin{bmatrix}2&1&0\\1&0&-2\\0&-2&-3\end{bmatrix}$ (C) $\begin{bmatrix}2&1&0\\1&0&-2\\0&-2&3\end{bmatrix}$ (D) $\begin{bmatrix}2&1&0\\1&0&2\\0&2&3\end{bmatrix}$

三、用配方法化下列二次型成标准型,并求所用的变换矩阵.

1. $f=x_1^2-4x_1x_2+2x_1x_3+x_2^2+2x_2x_3-2x_3^2$;

2. $f=x_1x_2+x_1x_3+3x_2x_3$.

四、判断二次型 $f(x_1,x_2,\cdots,x_n)=2\sum\limits_{i=1}^{n}x_i^2+2\sum\limits_{1\leqslant i\leqslant j\leqslant n}x_ix_j$ 的正定性.

五、用正交变换化二次曲面方程 $2x_1^2+x_2^2-4x_1x_2-4x_2x_3=1$ 为标准型,并指出它表示何种二次曲面.

六、证明题.

1. 设 $\boldsymbol{A}$ 为 n 阶实方阵,且 $|\boldsymbol{A}|\neq 0$,证明:$\boldsymbol{A}^{\mathrm{T}}\boldsymbol{A}$ 为正定矩阵;

2. 设 $\boldsymbol{A}=(a_{ij})_{n\times n}$ 为正定矩阵,则 $a_{ii}>0$;

3. 设 $\boldsymbol{A}$ 为正定矩阵,$\boldsymbol{E}$ 为 n 阶单位矩阵,证明:$|\boldsymbol{A}+\boldsymbol{E}|>1$.

习题 5.2

一、填空题(每小题 3 分,共 18 分).

1. 二次型 $f(x_1,x_2,x_3,x_4)=x_1^2+2x_2^2+3x_3^2+4x_1x_2+2x_2x_3$ 的矩阵是________.

2. 矩阵 $A=\begin{bmatrix}1&2&4\\2&2&-1\\4&-1&3\end{bmatrix}$ 对应的二次型是________.

3. 当________时, 实二次型 $f(x_1,x_2,x_3)=x_1^2+x_2^2+5x_3^2+2tx_1x_2-2x_1x_3+4x_2x_3$ 是正定的.

4. 设 n 阶实对称矩阵 $\boldsymbol{A}$ 的特征值分别为 1, 2, …, n, 则当 t ________时, $tE-A$ 是正定的.

5. 二次型 $f=x^2-y^2+z^2+2xy$ 可记作 $f=(x\quad y\quad z)\boldsymbol{A}\begin{bmatrix}x\\y\\z\end{bmatrix}$, 其中对称矩阵 $\boldsymbol{A}=$________.

6. 设二次型 $f=2x^2+y^2+3z^2+2axy+2xz$, 则当 a 满足条件________时, f 正定.

二、单选题(每小题 3 分,共 24 分).

1. 二次型 $f=x_1^2+x_2^2-x_3^2+x_4^2$ 的正惯性指数为(　　).

(A)1　　(B)2　　(C)3　　(D)4

2. 二次型 $f=2x_1x_2+x_1x_3-x_2x_3$ 的秩为(　　)

(A)0　　(B)1　　(C)2　　(D)3

3. 若矩阵 $\boldsymbol{A}$ 与 $\boldsymbol{B}$ 合同,则它们有相同的(　　).

(A)特征根　　(B) 秩　　(C) 逆　　(D) 行列式

4. 设 $\boldsymbol{A},\boldsymbol{B}$ 均为 n 阶方阵, $x=(x_1,x_2,\cdots\cdots,x_n)^{\mathrm{T}}$, 且 $\boldsymbol{x}^{\mathrm{T}}\boldsymbol{A}\boldsymbol{x}=x^{\mathrm{T}}\boldsymbol{B}\boldsymbol{x}$, 当(　　)时, $\boldsymbol{A}=\boldsymbol{B}$.

(A)$R(\boldsymbol{A})=R(\boldsymbol{B})$　　(B)$\boldsymbol{A}^{\mathrm{T}}=\boldsymbol{A}$

(C)$\boldsymbol{B}^{\mathrm{T}}=\boldsymbol{B}$　　(D)$\boldsymbol{A}^{\mathrm{T}}=A$ 且 $\boldsymbol{B}^{\mathrm{T}}=\boldsymbol{B}$

5. 下列矩阵为正定的是(　　).

(A)$\begin{bmatrix}1&2&0\\2&3&0\\0&0&2\end{bmatrix}$　　(B)$\begin{bmatrix}1&2&0\\2&4&0\\0&0&2\end{bmatrix}$　　(C)$\begin{bmatrix}1&-2&0\\-2&5&0\\0&0&-2\end{bmatrix}$　　(D)$\begin{bmatrix}2&0&0\\0&1&2\\0&2&5\end{bmatrix}$

6. 设 $\boldsymbol{A},\boldsymbol{B}$ 均为 n 阶正定矩阵, 则(　　)是正定矩阵.

(A)$\boldsymbol{A}^*+\boldsymbol{B}^*$　　(B)$\boldsymbol{A}^*-\boldsymbol{B}^*$　　(C)$\boldsymbol{A}^*\boldsymbol{B}^*$　　(D)$k_1\boldsymbol{A}^*+k_2\boldsymbol{B}^*$

7. 设 $\boldsymbol{A},\boldsymbol{B}$ 为同阶可逆矩阵,则(　　).

(A)$\boldsymbol{AB}=\boldsymbol{BA}$　　(B) 存在可逆矩阵 $\boldsymbol{P}$,使 $\boldsymbol{P}^{-1}\boldsymbol{AP}=\boldsymbol{B}$

(C)存在可逆矩阵 $\boldsymbol{C}$,使 $\boldsymbol{C}^{\mathrm{T}}\boldsymbol{AC}=\boldsymbol{B}$　　(D)存在可逆矩阵 $\boldsymbol{P}$ 和 $\boldsymbol{Q}$,使 $\boldsymbol{PAQ}=\boldsymbol{B}$

8. 设 $\boldsymbol{A}=\begin{bmatrix}1&1&1&1\\1&1&1&1\\1&1&1&1\\1&1&1&1\end{bmatrix}$, $\boldsymbol{B}=\begin{bmatrix}4&0&0&0\\0&0&0&0\\0&0&0&0\\0&0&0&0\end{bmatrix}$, 则 $\boldsymbol{A}$ 与 $\boldsymbol{B}$(　　).

(A) 合同且相似　　(B) 合同但不相似

(C) 不合同但相似　　(D) 不合同也不相似

三、计算(每小题 8 分,共 16 分).

1. 已知二次型 $f(x_1,x_2,x_3)=2x_1^2+x_2^2+x_3^2+2x_1x_2+tx_2x_3$ 的秩为 2,求 t 的值;

2. 求下列二次型 $f(x_1,x_2,x_3)=x_1x_2+2x_1x_3-4x_2x_3$ 的矩阵 $\boldsymbol{A}$,并求二次型的秩.

四、用配方法化下列二次型成标准型,并写出所用变换的矩阵.(每小题 10 分,共 20 分)

1. $f(x_1,x_2,x_3)=x_1x_2+x_1x_3+x_2x_3$;

2. $f=x_1^2-4x_1x_2+2x_1x_3+x_2^2+2x_2x_3-2x_3^2$.

五、设对称矩阵 $\boldsymbol{A}$ 为正定矩阵,证明:存在可逆矩阵 $\boldsymbol{U}$,使 $\boldsymbol{A}=\boldsymbol{U}^{\mathrm{T}}\boldsymbol{U}$.(本题 8 分)

六、设二次型 $f=2x_1^2+ax_3^2+2x_2x_3$,由正交变换 $\boldsymbol{X}=\boldsymbol{U}\boldsymbol{Y}$ 可化为标准型 $f=2x_1^2+bx_2^2-x_3^2$.(本题 14 分)

1. 给出 $f=2x_1^2+ax_3^2+2x_2x_3$ 所对应的对称阵;

2. 求 a,b;

3. 求正交矩阵 $\boldsymbol{U}$.

模拟试题(一)

一、单项选择题(本大题共 5 小题,每题 3 分,共 15 分;每小题的四个选项中只有一个是符合题目要求的,请将其代码填写在答题卡上.多选、错选或未选均不得分)

1. 如果 $D=\begin{vmatrix} a_{11} & a_{12} & a_{13} \\ a_{21} & a_{22} & a_{23} \\ a_{31} & a_{32} & a_{33} \end{vmatrix}=1, D_1=\begin{vmatrix} 4a_{11} & a_{13} & 2a_{11}-3a_{12} \\ 4a_{21} & a_{23} & 2a_{21}-3a_{22} \\ 4a_{31} & a_{33} & 2a_{31}-3a_{32} \end{vmatrix}$,则 D_1(　　).

(A)8　　(B) -12　　(C) 12　　(D) -24

2. 对任意 n 阶可逆方阵 $\boldsymbol{A}$,下列等式一定成立的有(　　)个.

$(2\boldsymbol{A})^{\mathrm{T}}=2\boldsymbol{A}^{\mathrm{T}}, (2\boldsymbol{A})^{-1}=2\boldsymbol{A}^{-1}, (\boldsymbol{A}^{\mathrm{T}})^{-1}=(\boldsymbol{A}^{-1})^{\mathrm{T}}, ((\boldsymbol{A}^{\mathrm{T}})^{\mathrm{T}})^{-1}=((\boldsymbol{A}^{-1})^{-1})^{\mathrm{T}}$

(A)1　　(B) 2　　(C)3　　(D) 4

3. 设 $\boldsymbol{A}$ 为 n 阶方阵,$\boldsymbol{A}$ 的秩 $R(\boldsymbol{A})<n-1$,则 $\boldsymbol{A}$ 的伴随矩阵 $\boldsymbol{A}^*$ 的秩为(　　).

(A) 0　　(B) 1

(C) $n-1$　　(D) n

4. 在向量组 $\boldsymbol{\alpha}_1,\boldsymbol{\alpha}_2,\boldsymbol{\alpha}_3,\boldsymbol{\alpha}_4$ 中,如果 $\boldsymbol{\alpha}_1,\boldsymbol{\alpha}_2,\boldsymbol{\alpha}_3$ 线性相关,则必有(　　).

(A) $\boldsymbol{\alpha}_1,\boldsymbol{\alpha}_2$ 线性无关　　(B) $\boldsymbol{\alpha}_1,\boldsymbol{\alpha}_2$ 线性相关

(C) $\boldsymbol{\alpha}_1,\boldsymbol{\alpha}_2,\boldsymbol{\alpha}_3,\boldsymbol{\alpha}_4$ 线性无关　　(D) $\boldsymbol{\alpha}_1,\boldsymbol{\alpha}_2,\boldsymbol{\alpha}_3,\boldsymbol{\alpha}_4$ 线性相关

5. 设 n 阶方阵 $\boldsymbol{A},\boldsymbol{B}$,如果(　　),则 $\boldsymbol{A},\boldsymbol{B}$ 相似.

(A) $|\boldsymbol{A}|=|\boldsymbol{B}|$

(B) $R(\boldsymbol{A})=R(\boldsymbol{B})$

(C) $\boldsymbol{A},\boldsymbol{B}$ 合同

(D) $\boldsymbol{A},\boldsymbol{B}$ 有相同的特征值且 n 个特征值各不相同

二、填空题.(本大题共 5 小题,每题 3 分,共 15 分;请在答题卡上填上正确答案,错填、不填均不得分)

1. 已知四阶行列式 D 的第三列元素依次是 $1,3,0,-2$,第一列元素对应的余子式的值依次是 $8,k,7,-10$,则 $k=$________.

2. 若 $\boldsymbol{\alpha}=\begin{bmatrix}1\\2\\3\end{bmatrix}, \boldsymbol{\beta}=\begin{bmatrix}2\\-1\\1\end{bmatrix}, \boldsymbol{A}=\boldsymbol{\alpha}^{\mathrm{T}}\boldsymbol{\beta}$,则 $\boldsymbol{A}^2=$________.

3. 已知向量组 $\boldsymbol{\alpha}_1=(1,1,1),\boldsymbol{\alpha}_2=(1,2,1),\boldsymbol{\alpha}_3=(1,1,t)$ 线性相关,则 $t=$________.

4. 已知四阶矩阵 $\boldsymbol{A}$ 与 $\boldsymbol{B}$ 相似,矩阵 $\boldsymbol{A}$ 的四个特征值为 $\frac{1}{2},\frac{1}{3},\frac{1}{4},\frac{1}{5}$,则 $|\boldsymbol{B}^{-1}-\boldsymbol{E}|=$________.

5. 若实对称矩阵 $\boldsymbol{A}$ 是正定的,则其行列式的值必________.

三、判断题(本大题共 5 小题,每小题 2 分,共 10 分;正确的命题画"√",错误的命题画"×",在答题卡上填写,错填、不填均不得分)

1. 若$n(n\geqslant 2)$阶三角形行列式主对角线上有一个元素为零,则行列式的值必为零.(　　)

2. 设$\boldsymbol{A},\boldsymbol{B}$是两个$n$阶方阵,若$\boldsymbol{AB}=0$则必有$\boldsymbol{A}=0$或$\boldsymbol{B}=0$.(　　)

3. 初等矩阵的逆矩阵仍是初等矩阵.(　　)

4. 若齐次线性方程组$\boldsymbol{Ax}=0$有两个不同的解向量$\boldsymbol{\xi}_1,\boldsymbol{\xi}_2$,则该方程组的通解为$c_1\boldsymbol{\xi}_1+c_2\boldsymbol{\xi}_2$($c_1,c_2$为任意常数).(　　)

5. 如果$\boldsymbol{p}_1,\boldsymbol{p}_2,\cdots,\boldsymbol{p}_s$是方阵$\boldsymbol{A}$对应于特征值$\lambda$的特征向量,$k_1,k_2,\cdots,k_s$是任意实数,则$k_1\boldsymbol{p}_1+k_2\boldsymbol{p}_2+\cdots+k_s\boldsymbol{p}_s$也是$\boldsymbol{A}$对应于特征值$\lambda$的特征向量.(　　)

四、计算题(本大题共3小题,每小题10分,共30分;要求写出主要步骤及结果)

1. 已知$\boldsymbol{AB}=\boldsymbol{A}+2\boldsymbol{B}$,其中$\boldsymbol{A}=\begin{bmatrix}0&3&3\\1&1&0\\-1&2&3\end{bmatrix}$,求矩阵$\boldsymbol{B}$.

2. 线性方程组$\begin{cases}x_1-x_2-x_3+x_4=0\\x_1-x_2+x_3-3x_4=2\\x_1-x_2-2x_3+3x_4=-1\end{cases}$是否有解?若有解,用其导出组的基础解系表示通解.

3. 已知向量组$\boldsymbol{\alpha}_1=(1,1,2,-4)^{\mathrm{T}},\boldsymbol{\alpha}_2=(2,-3,3,1)^{\mathrm{T}},\boldsymbol{\alpha}_3=(1,1,2,0)^{\mathrm{T}},\boldsymbol{\alpha}_4=(4,-6,6,2)^{\mathrm{T}}$.求:

(1)该向量组的秩,并判定它的线性相关性;

(2)求出它的一个最大线性无关组,并把其余向量用最大线性无关组线性表示.

五、解答题(本大题共2小题,每小题10分,共20分;要求写出主要步骤及结果)

1. 设三阶实对称矩阵$\boldsymbol{A}$的三个特征值为1,2,3,$\boldsymbol{A}$的对应于1,2的特征向量依次为$\boldsymbol{p}_1=\begin{bmatrix}-1\\-1\\1\end{bmatrix},\boldsymbol{p}_2=\begin{bmatrix}1\\-2\\-1\end{bmatrix}$,求:

(1)$\boldsymbol{A}$的对应于3的全部特征向量;

(2)矩阵$\boldsymbol{A}$.

2. 用配方法化二次型$x_1x_2+x_1x_3+2x_2x_3$为标准型,写出相应的满秩变换矩阵,并求出该二次型的正惯性指数.

六、证明题(本大题10分;要求写出主要步骤及结果)

设n阶矩阵$\boldsymbol{A}$的n个特征值为$\lambda_1,\lambda_2,\cdots,\lambda_n$,它们互不相等,对应的特征向量为$\boldsymbol{\alpha}_1,\boldsymbol{\alpha}_2,\cdots,\boldsymbol{\alpha}_n$,且$\boldsymbol{\beta}=\boldsymbol{\alpha}_1+\boldsymbol{\alpha}_2+\cdots+\boldsymbol{\alpha}_n$,证明向量组$\boldsymbol{\beta},\boldsymbol{A\beta},\boldsymbol{A}^2\boldsymbol{\beta},\cdots\boldsymbol{A}^{n-1}\boldsymbol{\beta}$线性无关.

模拟试题(二)

一、填空题(本大题共 7 道小题,每题 3 分,共 21 分)

1. 已知 $\begin{vmatrix} x & y & z \\ 3 & 0 & 2 \\ 1 & 1 & 1 \end{vmatrix}=1$,则 $\begin{vmatrix} x & y & z \\ 3x+3 & 3y & 3z+2 \\ x+2 & y+2 & z+2 \end{vmatrix}=$________.

2. 设 $\boldsymbol{A}=\begin{bmatrix} 1 \\ 2 \\ 3 \end{bmatrix}$,则 $\boldsymbol{A}\boldsymbol{A}^{\mathrm{T}}=$________.

3. 设 $m\times n$ 矩阵 $\boldsymbol{A}$,且 $\boldsymbol{R}(\boldsymbol{A})=r$,$D$ 为 $\boldsymbol{A}$ 的一个 $r+1$ 阶子式,则 $\boldsymbol{D}=$________.

4. 设 $\boldsymbol{A}$ 为 n 阶方阵,且 $|\boldsymbol{A}|=2$,则 $\left|\left(-\dfrac{1}{3\boldsymbol{A}}\right)^{-1}+\boldsymbol{A}^{*}\right|$________.

5. 已知四阶方阵 $\boldsymbol{A}=(\boldsymbol{\alpha}_1,\boldsymbol{\alpha}_2,\boldsymbol{\alpha}_3,\boldsymbol{\alpha}_4)$,向量组 $\boldsymbol{\alpha}_1,\boldsymbol{\alpha}_2,\boldsymbol{\alpha}_3$ 线性无关,且 $\boldsymbol{\alpha}_4=2\boldsymbol{\alpha}_1-\boldsymbol{\alpha}_2$,则方程组 $\boldsymbol{A}\boldsymbol{x}=0$ 的通解为________.

6. 设向量组 $\alpha_1=\begin{bmatrix} 1 \\ 1 \\ 1 \end{bmatrix}$,$\alpha_2=\begin{bmatrix} 0 \\ 1 \\ 1 \end{bmatrix}$,$\alpha_3=\begin{bmatrix} 1 \\ 2 \\ k \end{bmatrix}$线性相关,则 $k=$________.

7. 任意的二次型都存在________的对称矩阵 $\boldsymbol{A}$.

二、选择题(本大题共 5 道小题,每题 3 分,共 15 分)

1. 齐次方程组 $\boldsymbol{A}_{m\times n}\boldsymbol{x}=0$ 只有零解的充分必要条件是 $\boldsymbol{A}_{m\times n}$ 的秩(　　).

(A)$R(\boldsymbol{A}_{m\times n})=m$;　　(B)$R(\boldsymbol{A}_{m\times n})=n$;

(C)$n\neq R(\boldsymbol{A}_{m\times n})=m$;　　(D)$m\neq R(\boldsymbol{A}_{m\times n})=n$.

2. 二次型 $f=2x_1^2-3x_2^2+2x_1x_2-4x_2x_3$ 的矩阵是(　　).

(A)$\begin{bmatrix} 2 & 2 & 0 \\ 2 & 0 & -4 \\ 0 & -4 & -3 \end{bmatrix}$ (B)$\begin{bmatrix} 2 & 1 & 0 \\ 1 & 0 & -2 \\ 0 & -2 & 3 \end{bmatrix}$ (C)$\begin{bmatrix} 2 & 1 & 0 \\ 1 & -3 & -2 \\ 0 & -2 & 0 \end{bmatrix}$ (D)$\begin{bmatrix} 2 & 1 & 0 \\ 1 & 0 & 2 \\ 0 & 2 & 3 \end{bmatrix}$

3. 对任意 n 阶方阵 $\boldsymbol{A}$,$\boldsymbol{B}$ 总有(　　)

(A)$\boldsymbol{AB}=\boldsymbol{BA}$　　(B)$|\boldsymbol{AB}|=|\boldsymbol{BA}|$　　(C) $(\boldsymbol{AB})^{\mathrm{T}}=\boldsymbol{A}^{\mathrm{T}}\boldsymbol{B}^{\mathrm{T}}$　　(D) $(\boldsymbol{AB})^2=\boldsymbol{A}^2\boldsymbol{B}^2$

4. n 阶矩阵 $\boldsymbol{A}$ 与 $\boldsymbol{B}$ 相似,$\boldsymbol{E}$ 为单位矩阵,则(　　).

(A)$\boldsymbol{A}-\lambda\boldsymbol{E}=\boldsymbol{B}-\lambda\boldsymbol{E}$　　(B)$\boldsymbol{A}$ 与 $\boldsymbol{B}$ 都相似于一个对角矩阵

(C)$\boldsymbol{A}$ 与 $\boldsymbol{B}$ 有相同的特征向量　　(D)$|\boldsymbol{A}-\lambda\boldsymbol{E}|=|\boldsymbol{B}-\lambda\boldsymbol{E}|$

5. 已知 4 阶方阵 $\boldsymbol{A}$,其第三列元素分别为 1,3,−2,2,它们的余子式的值分别为 3,−2,1,1 则行列式 $|\boldsymbol{A}|$(　　)

(A)5　　(B)−5　　(C)−3　　(D)3

三、判断题(本大题共 4 道小题,每题 2 分,共 8 分)

1. $\begin{vmatrix} 0 & 0 & \cdots & 0 & \lambda_1 \\ 0 & 0 & \cdots & \lambda_2 & 0 \\ \vdots & \vdots & & \vdots & \vdots \\ \lambda_6 & 0 & \cdots & 0 & 0 \end{vmatrix} = \lambda_1\lambda_2\cdots\lambda_6$.　（　　）

2. 若齐次线性方程组 $\boldsymbol{Ax}=0$ 中方程的个数少于未知量的个数，则齐次线性方程组 $\boldsymbol{Ax}=0$ 一定有非零解.　（　　）

3. 两个初等矩阵的乘积仍为初等矩阵.　（　　）

4. 若 λ 是 n 阶方阵 $\boldsymbol{A}$ 的特征值，则 $\lambda^2+2\lambda$ 是 $\boldsymbol{A}^2+2\boldsymbol{A}$ 的特征值.　（　　）

四、计算题（本大题共 2 小题，每题 8 分，共 16 分）

1. 计算行列式 $D=\begin{vmatrix} 4 & 1 & -2 & -3 \\ -2 & -3 & 6 & 4 \\ 3 & -4 & 5 & 2 \\ 5 & 2 & 3 & 7 \end{vmatrix}$ 的值.

2. 设 $\boldsymbol{A}=\begin{bmatrix} 1 & 0 & 1 \\ 0 & 2 & 0 \\ 1 & 0 & 1 \end{bmatrix}$，矩阵 $\boldsymbol{X}$ 满足方程，$\boldsymbol{AX}+\boldsymbol{E}=\boldsymbol{A}^2+\boldsymbol{X}$，求矩阵 $\boldsymbol{X}$.

五、判别下列二次型的正定性（本大题 8 分）

$$f(x_1,x_2,x_3)=-2x_1^2-6x_2^2-4x_3^2+2x_1x_2+2x_1x_3.$$

六、解答题（本大题共 3 小题，每题 9 分，共 27 分）

1. 设线性方程组

$$\begin{cases} x_1+x_3=2 \\ x_1+2x_2-x_3=0 \\ 2x_1+x_2-ax_3=b \end{cases},$$

讨论当 a,b 为何值时，方程组无解，有唯一解，有无穷多解.

2. 求向量组 $\boldsymbol{a}_1=(2,1,1,1)$，$\boldsymbol{a}_2=(-1,1,7,10)$，$\boldsymbol{a}_3=(3,1,-1,-2)$，$\boldsymbol{a}_4=(8,5,9,11)$的一个极大线性无关组，并将其余向量用此极大线性无关组线性表示.

3. 设矩阵 $\boldsymbol{A}=\begin{bmatrix} 1 & 0 & 0 \\ 0 & 2 & 3 \\ 0 & 3 & 2 \end{bmatrix}$，求一个正交矩阵 $\boldsymbol{P}$，使得 $\boldsymbol{P}^{-1}\boldsymbol{AP}=\boldsymbol{\Lambda}$.

七、证明题（共 5 分）

已知 $\boldsymbol{A}_{m\times n}=(\boldsymbol{\alpha}_1,\boldsymbol{\alpha}_2,\cdots,\boldsymbol{\alpha}_n)$，且方程组 $\boldsymbol{A}_{m\times n}\boldsymbol{x}=0$ 有形如 $\boldsymbol{x}=(0,x_2,\cdots,x_n)^{\mathrm{T}}$ 的非零解. 证明向量组 $\boldsymbol{\alpha}_2,\cdots,\boldsymbol{\alpha}_n$ 线性相关.

习题答案

1.2 同步训练

习题 1.1

1.(1)$\tau(1\ 2\ 3\ 4)=0$　　(2)$\tau(4\ 1\ 3\ 2)=4$

(3)$\tau(3\ 4\ 1\ 2)=4$　　(4)$\tau(2\ 4\ 1\ 3)=3$

(5)$\tau(1\ 3\cdots 2n-1\ 2\ 4\cdots 2n)=\dfrac{n(n-1)}{2}$　　(6)$\tau(1\ 3\cdots 2n-1\ 2n\ 2n-2\cdots 2)=n(n-1)$

2.含有 $a_{11}a_{23}$ 的项有

$(-1)^{\tau(1\ 3\ 2\ 4)}a_{11}a_{23}a_{32}a_{44}=-a_{11}a_{23}a_{32}a_{44}$

$(-1)^{\tau(1\ 3\ 4\ 2)}a_{11}a_{23}a_{34}a_{42}=a_{11}a_{23}a_{34}a_{42}$

3.(1) $\begin{vmatrix}4&1&2&4\\1&2&0&2\\10&5&2&0\\0&1&1&7\end{vmatrix}=\begin{vmatrix}4&-1&2&-10\\1&2&0&2\\10&3&2&-14\\0&0&1&0\end{vmatrix}=\begin{vmatrix}9&9&2&-10\\0&0&0&2\\17&17&2&-14\\0&0&1&0\end{vmatrix}=0$

(2) $\begin{vmatrix}2&1&4&1\\3&-3&2&1\\1&2&3&2\\5&0&6&2\end{vmatrix}=\begin{vmatrix}2&1&4&1\\9&0&14&4\\-3&0&-5&0\\5&0&6&2\end{vmatrix}=-\begin{vmatrix}9&14&4\\-3&-5&0\\5&6&2\end{vmatrix}=\begin{vmatrix}-1&2&0\\3&5&0\\5&6&2\end{vmatrix}=$

$2\begin{vmatrix}-1&2\\3&5\end{vmatrix}=-22$

(3) $\begin{vmatrix}-ab&ac&ae\\bd&-cd&de\\bf&cf&-ef\end{vmatrix}=adf\begin{vmatrix}-b&c&e\\b&-c&e\\b&c&-e\end{vmatrix}=adf\begin{vmatrix}-b&c&e\\0&0&2e\\0&2c&0\end{vmatrix}=4abcdef$

(4) $\begin{vmatrix}a&1&0&0\\-1&b&1&0\\0&-1&c&1\\0&0&-1&d\end{vmatrix}=a\begin{vmatrix}b&1&0\\-1&c&1\\0&-1&d\end{vmatrix}-\begin{vmatrix}-1&1&0\\0&c&1\\0&-1&d\end{vmatrix}=$

$a\left(b\begin{vmatrix}c&1\\-1&d\end{vmatrix}-\begin{vmatrix}-1&1\\0&d\end{vmatrix}\right)+(cd+1)=(ab+1)(cd+1)+ad$

4.证明：

(1)左边 $=\begin{vmatrix}a^2&ab&b^2\\2a&a+b&2b\\1&1&1\end{vmatrix}=\begin{vmatrix}a^2&ab-a^2&b^2-a^2\\2a&b-a&2b-2a\\1&0&0\end{vmatrix}=\begin{vmatrix}ab-a^2&b-a^2\\b-a&2b-2a\end{vmatrix}$

$$= (b-a)^2 \begin{vmatrix} a & b+a \\ 1 & 2 \end{vmatrix} = (a-b)^3 = \text{右边}$$

(2)左边 $= \begin{vmatrix} ax & ay+bz & a\delta+bx \\ ay & a\delta+bx & ax+by \\ a\delta & ax+by & ay+b\delta \end{vmatrix} + \begin{vmatrix} by & ay+b\delta & a\delta+bx \\ b\delta & a\delta+bx & ax+by \\ bx & ax+by & ay+b\delta \end{vmatrix}$

$$= a\begin{vmatrix} x & ay & \delta \\ y & a\delta & x \\ \delta & ax & y \end{vmatrix} + b^2 \begin{vmatrix} y & \delta & a\delta+bx \\ \delta & x & ax+by \\ x & y & ay+b\delta \end{vmatrix}$$

$$= (a^2+b^3)\begin{vmatrix} x & y & \delta \\ y & \delta & x \\ \delta & x & y \end{vmatrix} = \text{右}$$

(3)左边 $= \begin{vmatrix} a^2 & 2a+1 & 4a+4 & 6a+9 \\ b^2 & 2b+1 & 4b+4 & 6b+9 \\ c^2 & 2c+1 & 4c+4 & 6c+9 \\ d^2 & 2d+1 & 4d+4 & 6d+9 \end{vmatrix} = 2\begin{vmatrix} a^2 & a & 4a+4 & 6a+9 \\ b^2 & b & 4b+4 & 6b+9 \\ c^2 & c & 4c+4 & 6c+9 \\ d^2 & d & 4d+4 & 6d+9 \end{vmatrix} +$

$$\begin{vmatrix} a^2 & 1 & 4a+4 & 6a+9 \\ b^2 & 1 & 4b+4 & 6b+9 \\ c^2 & 1 & 4c+4 & 6c+9 \\ d^2 & 1 & 4d+4 & 6d+9 \end{vmatrix} = 2\begin{vmatrix} a^2 & a & 4 & 9 \\ b^2 & b & 4 & 9 \\ c^2 & c & 4 & 9 \\ d^2 & d & 4 & 9 \end{vmatrix} + \begin{vmatrix} a^2 & 1 & 4a & 6a \\ b^2 & 1 & 4b & 6b \\ c^2 & 1 & 4c & 6c \\ d^2 & 1 & 4d & 6d \end{vmatrix} = 0$$

(4)参看本书例 18

(5)数字归纳法

$n=2 \qquad D_2 = \begin{vmatrix} x & -1 \\ a_2 & x+a_1 \end{vmatrix} = x^2+a_1x+a_2$

从规律上看猜想并假设 $n=k$ 时，有 $D_k = x^k+a_1x^{k-1}+a_2x^{k-2}+\cdots+a_{k-1}x+a_k$

则当 $n=k+1$ 时，将 D_{k+1} 按第 1 列展开，有

$D_{k+1} = xD_k+a_{k+1} = x(x^k+a_1x^{k-1}+\cdots+a_k)+a_{k+1} = x^{k+1}+a_1x^k+\cdots+a_kx+a_{k+1}$ 成立

故猜想正确.

5. (1) $D_n = \begin{vmatrix} a & \cdots & 1 \\ \vdots & & \vdots \\ 1 & \cdots & a \end{vmatrix} = a\begin{vmatrix} a & 0 & \cdots & 0 \\ 0 & a & \cdots & 0 \\ \vdots & \vdots & & \vdots \\ 0 & 0 & \cdots & a \end{vmatrix} + (-1)^{1+n}\begin{vmatrix} 0 & 0 & \cdots & 0 & 1 \\ a & 0 & \cdots & 0 & 0 \\ 0 & a & \cdots & 0 & 0 \\ \vdots & \vdots & & \vdots & \\ 0 & 0 & \cdots & a & 0 \end{vmatrix}$

$$= a^n + (-1)^{1+n}(-1)^{n-1}\begin{vmatrix} a & 0 & \cdots & 0 & 0 \\ 0 & a & \cdots & 0 & 0 \\ \vdots & \vdots & & \vdots & \vdots \\ 0 & 0 & \cdots & a & 0 \\ 0 & 0 & \cdots & 0 & 1 \end{vmatrix}$$

$= a^n + a^{n-1}$

(2)参看本章例 19

$$(3)D_{n+1}=(-1)^{n-1+n-2+\cdots+1}\begin{vmatrix}1 & 1 & \cdots & 1\\ a & a-1 & \cdots & a-n\\ \vdots & \vdots & & \vdots\\ a^n & (a-1)^n & \cdots & (a-n)^n\end{vmatrix}=(-1)^{\frac{n(n-1)}{2}}\prod_{n\geq i\geq j\geq 1}(j-i)$$

$$(4)D_{2n}=a_n\begin{vmatrix}a_{n-1} & & & & & 0\\ & \ddots & & & \iddots & \\ & & a_1 & b_1 & & \\ & & c_1 & d_1 & & \\ & \iddots & & & \ddots & \\ c_{n-1} & & & & & d_n\end{vmatrix}+b_n(-1)^{1+n}\begin{vmatrix}0 & a_{n-1} & & & & b_{n-1}\\ & & & & \iddots & \\ & & a_1 & b_1 & & \\ & & c_1 & d_1 & & \\ & \iddots & & & \ddots & \\ c_n & & & & & d_{n-1}\end{vmatrix}$$

$$=a_nd_nD_{2n-2}-b_nc_nD_{2n-2}=(a_nd_n-b_nc_n)D_{2n-2}$$

$$=(a_nd_n-b_nc_n)(a_{n-1}d_{n-1}-b_{n-1}c_{n-1})D_{2(n-2)}=\cdots$$

$$=(a_nd_n-c_nb_n)\cdots(a_2d_2-b_2c_2)D_2$$

$$=(a_nd_n-c_nb_n)\cdots(a_1d_1-b_1c_1)$$

$$=\prod_{1\leq i\leq n}(a_id_i-b_ic_i)$$

$$(5)D_n=\det(a_{ij})=\det(|i-j|)=\begin{vmatrix}0 & 1 & 2 & \cdots & n-1\\ 1 & 0 & 1 & \cdots & n-2\\ 2 & 1 & 0 & \cdots & n-3\\ \vdots & \vdots & \vdots & & \vdots\\ n-1 & n-2 & n-3 & \cdots & 0\end{vmatrix}=$$

$$\begin{vmatrix}-1 & 1 & 1 & \cdots & 1 & 1\\ -1 & -1 & 1 & \cdots & 1 & 1\\ -1 & -1 & -1 & \cdots & 1 & 1\\ \vdots & \vdots & \vdots & & & \\ -1 & -1 & -1 & \cdots & -1 & 1\\ n-1 & n-2 & n-3 & \cdots & 1 & 0\end{vmatrix}=\begin{vmatrix}0 & 2 & 2 & \cdots & 2 & 1\\ 0 & 0 & 2 & \cdots & 2 & 1\\ 0 & 0 & 0 & \cdots & 2 & 1\\ \vdots & \vdots & \vdots & & \vdots & \vdots\\ 0 & 0 & 0 & \cdots & 0 & 1\\ n-1 & n-2 & n-3 & \cdots & 1 & 0\end{vmatrix}=$$

$$(n-1)(-1)^{n+1}\begin{vmatrix}2 & 2 & \cdots & 2 & 1\\ 0 & 2 & \cdots & 2 & 1\\ \vdots & \vdots & & & \\ 0 & 0 & \cdots & 0 & 1\end{vmatrix}=(-1)^{n+1}(n-1)2^{n-2}$$

$$(6)D_n=\begin{vmatrix}1 & 1 & 1 & \cdots & 1 & 1\\ 0 & 1+a_1 & 1 & \cdots & 1 & 1\\ 0 & 1 & 1+a_2 & \cdots & 1 & 1\\ \vdots & \vdots & \vdots & & \vdots & \vdots\\ 0 & 1 & 1 & & 1 & 1+a_n\end{vmatrix}=\begin{vmatrix}1 & 1 & 1 & \cdots & 1 & 1\\ -1 & a_1 & 0 & \cdots & 0 & 0\\ -1 & 0 & a_2 & \cdots & 0 & 0\\ \vdots & \vdots & \vdots & & \vdots & \vdots\\ -1 & 0 & 0 & \cdots & 0 & a_n\end{vmatrix}$$

$$=\begin{vmatrix} 1+\sum_{i=1}^{n}\frac{1}{a_i} & 1 & 1 & \cdots & 1 & 1 \\ 0 & a_1 & 0 & \cdots & 0 & 0 \\ 0 & 0 & a_2 & \cdots & 0 & 0 \\ \vdots & \vdots & \vdots & & \vdots & \vdots \\ 0 & 0 & 0 & \cdots & 0 & a_n \end{vmatrix} = a_1 a_2 a_n\left(1+\sum_{i=1}^{n}\frac{1}{a_i}\right)$$

6.(1)系数行列式 $D=\begin{vmatrix} 1 & 1 & 1 & 1 \\ 1 & 2 & -1 & 4 \\ 2 & -3 & -1 & -5 \\ 3 & 1 & 2 & 11 \end{vmatrix}=-142$

$$D_1=\begin{vmatrix} 5 & 1 & 1 & 1 \\ -2 & 2 & -1 & 4 \\ -2 & -3 & -1 & -5 \\ 0 & 1 & 2 & 11 \end{vmatrix}=-142 \qquad D_2=\begin{vmatrix} 1 & 5 & 1 & 1 \\ 1 & -2 & -1 & 4 \\ 2 & -2 & -1 & -5 \\ 3 & 0 & 2 & 11 \end{vmatrix}=-284$$

$$D_3=\begin{vmatrix} 1 & 1 & 5 & 1 \\ 1 & 2 & -2 & 4 \\ 2 & -3 & -2 & -5 \\ 3 & 1 & 0 & 11 \end{vmatrix}=-426 \qquad D_4=\begin{vmatrix} 1 & 1 & 1 & 5 \\ 1 & 2 & -1 & -2 \\ 2 & -3 & -1 & -2 \\ 3 & 1 & 2 & 0 \end{vmatrix}=142$$

$\therefore x_1=\dfrac{D_1}{D}=1 \qquad x_2=\dfrac{D_2}{D}=2 \qquad x_3=\dfrac{D_3}{D}=3 \qquad x_4=\dfrac{D_4}{D}=-1$

(2)系数行列式

$$D_5=\begin{vmatrix} 5 & 6 & 0 & 0 & 0 \\ 1 & 5 & 6 & 0 & 0 \\ 0 & 1 & 5 & 6 & 0 \\ 0 & 0 & 1 & 5 & 6 \\ 0 & 0 & 0 & 1 & 5 \end{vmatrix}=5D_4-\begin{vmatrix} 5 & 6 & 0 & 0 \\ 1 & 5 & 6 & 0 \\ 0 & 1 & 5 & 0 \\ 0 & 0 & 1 & 6 \end{vmatrix}=5D_4-6D_3=5(5D_3-6D_2)-6D_3$$

$=19D_3-30D_2-65D_2-114D_1=65\times 19-114\times 5=665$

同理可得 $D_1=1507 \qquad D_2=-1145 \qquad D_3=703 \qquad D_4=-395 \qquad D_5=212$

$x_1=\dfrac{1507}{665}, x_2=-\dfrac{1145}{665}, x_3=\dfrac{703}{605}, x_4=-\dfrac{395}{665}, x_5=\dfrac{212}{665}$

7.系数行列式

$$D=\begin{vmatrix} \lambda & 1 & 1 \\ 1 & \mu & 1 \\ \lambda & 2\mu & 1 \end{vmatrix}=\begin{vmatrix} \lambda & 1 & 1 \\ 1-\lambda & \mu-1 & 0 \\ \lambda-1 & \mu & 0 \end{vmatrix}=\begin{vmatrix} 1-\lambda & \mu-1 \\ \lambda-1 & \mu \end{vmatrix}=(\lambda-1)\begin{vmatrix} -1 & \mu-1 \\ 1 & \mu \end{vmatrix}$$

$=(\lambda-1)(1-2\mu)$

当 $D=0$ 时,方程组有非零解,此时,$\lambda=1, M=\dfrac{1}{2}$

8.参看本章例 4

习题 1.2

一、选择题

1.D 2.B 3.D 4.CD

二、填空题

1.12256000 2.5 3.0 0 4.0

三、计算题

$$1.\begin{vmatrix}5&0&4&2\\1&-1&2&1\\4&1&2&0\\1&1&1&1\end{vmatrix}=\begin{vmatrix}0&-5&-1&-3\\0&-2&1&0\\0&-3&-2&-4\\1&1&1&1\end{vmatrix}=\begin{vmatrix}-5&-1&-3\\-2&1&0\\-3&-2&-4\end{vmatrix}=\begin{vmatrix}5&1&3\\-7&0&-3\\7&0&2\end{vmatrix}=$$

$$-\begin{vmatrix}-7&-3\\7&2\end{vmatrix}=-7$$

$$2.\begin{vmatrix}1&1&\cdots&1\\2&2^2&\cdots&2^n\\3&3^2&\cdots&3^n\\\vdots&\vdots&&\vdots\\n&n^2&\cdots&n^n\end{vmatrix}=\begin{vmatrix}1&2&3&\cdots&n\\1^2&2^2&3^2&\cdots&n^2\\1^3&2^3&3^3&\cdots&n^3\\\vdots&\vdots&\vdots&&\vdots\\1^n&2^n&3^n&\cdots&n^n\end{vmatrix}=n!\begin{vmatrix}1&1&1&\cdots&1\\1&2&3&\cdots&n\\1&2^2&3^2&\cdots&n^2\\\vdots&\vdots&\vdots&&\vdots\\1&2^{n-1}&3^{n-1}&\cdots&n^{n-1}\end{vmatrix}$$

$$=n!\pi_{n\geq i\geq j\geq 1}(i-j)$$

3.参看练习题一 5.(6)

$$4.D_n=\begin{vmatrix}1+x_1y_1&2+x_1y_2&\cdots&n+x_1y_n\\1+x_2y_1&2+x_2y_2&\cdots&n+x_2y_n\\\vdots&\vdots&&\vdots\\1+x_ny_1&2+x_ny_2&\cdots&n+x_ny_n\end{vmatrix}=\begin{vmatrix}1&2+x_1y_2&\cdots&n+x_1y_n\\1&2+x_2y_2&\cdots&n+x_2y_n\\\vdots&\vdots&&\vdots\\1&2+x_ny_2&\cdots&n+x_ny_n\end{vmatrix}+$$

$$y_1\begin{vmatrix}x_1&2+x_1y_2&\cdots&n+x_1y_n\\x_2&2+x_2y_2&\cdots&n+x_2y_n\\\vdots&\vdots&&\vdots\\x_n&2+x_ny_2&\cdots&n+x_ny_n\end{vmatrix}=\begin{vmatrix}1&x_1y_2&\cdots&x_1y_n\\1&x_2y_2&\cdots&x_2y_n\\\vdots&\vdots&&\vdots\\1&x_ny_2&\cdots&x_ny_n\end{vmatrix}+$$

$$y_1\begin{vmatrix}x_1&2&\cdots&n\\x_2&2&\cdots&n\\\vdots&\vdots&&\vdots\\x_n&2&\cdots&n\end{vmatrix}=0$$

四、证明题

参看本章练习题一 4(5)

习题 1.3

一、填空题

1.$(-1)^n a$ 2.-1 3.0 4.$-2008!$

二、选择题

1. C　2. D　3. A　4. B　5. A

三、计算题

1. $D=\begin{vmatrix}5&2&3&1\\0&1&-1&1\\7&-1&0&1\\8&1&1&1\end{vmatrix}=\begin{vmatrix}5&5&0&4\\0&1&-1&1\\7&-1&0&1\\8&2&0&2\end{vmatrix}=\begin{vmatrix}5&5&4\\7&-1&1\\8&2&2\end{vmatrix}=\begin{vmatrix}-23&9&0\\7&-1&1\\-6&4&0\end{vmatrix}=$

$\begin{vmatrix}23&9\\6&4\end{vmatrix}=38$

2. 参看本章练习题一 5(3)

2.2　同步训练

习题 2.1

一、选择题

1. D　2. D　3. B　4. C

二、填空题

1. −32　2. −3　3. 4

三、计算题

1. 解：$|\boldsymbol{A}|=2$　$\therefore \boldsymbol{A}$ 可逆

$$[\boldsymbol{A}\quad \boldsymbol{E}]=\begin{bmatrix}1&0&1&1&0&0\\2&1&0&0&1&0\\-3&2&-5&0&0&1\end{bmatrix}\to\begin{bmatrix}1&0&1&1&0&0\\0&1&-2&-2&1&0\\0&2&-2&3&0&1\end{bmatrix}\to$$

$$\begin{bmatrix}1&0&1&1&0&0\\0&1&-2&-2&1&0\\0&0&2&7&-2&1\end{bmatrix}\to\begin{bmatrix}1&0&0&-\frac{5}{2}&1&-\frac{1}{2}\\0&1&0&5&-1&1\\0&0&1&\frac{7}{2}&-1&\frac{1}{2}\end{bmatrix}$$

$$\therefore \boldsymbol{A}^{-1}=\begin{bmatrix}-\frac{5}{2}&1&-\frac{1}{2}\\5&-1&1\\\frac{7}{2}&-1&\frac{1}{2}\end{bmatrix}$$

2. 解：$|\boldsymbol{A}|=\begin{vmatrix}1&1&0\\0&1&1\\1&1&1\end{vmatrix}=1\neq 0$　$\therefore \boldsymbol{A}$ 可逆　$\boldsymbol{A}^{-1}=\dfrac{1}{|\boldsymbol{A}|}\boldsymbol{A}^*=\boldsymbol{A}^*$

$|\boldsymbol{C}|=|\boldsymbol{A}[(\boldsymbol{A}^{-1})^2+\boldsymbol{A}^*\boldsymbol{B}\boldsymbol{A}^{-1}]\boldsymbol{A}|=|\boldsymbol{A}|\,|(\boldsymbol{A}^{-1})^2+\boldsymbol{A}^*\boldsymbol{B}\boldsymbol{A}^{-1}|\,|\boldsymbol{A}|=|(\boldsymbol{A}^{-1})^2+\boldsymbol{A}^*\boldsymbol{B}\boldsymbol{A}^{-1}|$

$=|(\boldsymbol{A}^{-1})^2+\boldsymbol{A}^{-1}\boldsymbol{B}\boldsymbol{A}^{-1}|$

$=|\boldsymbol{A}^{-1}(\boldsymbol{E}+\boldsymbol{B})\boldsymbol{A}^{-1}|=|\boldsymbol{A}^{-1}|\,|\boldsymbol{E}+\boldsymbol{B}|\,|\boldsymbol{A}^{-1}|=|\boldsymbol{E}+\boldsymbol{B}|$

$$=\begin{vmatrix}2&2&3\\4&6&6\\7&8&10\end{vmatrix}=\begin{vmatrix}2&2&3\\0&2&0\\7&8&10\end{vmatrix}=2\begin{vmatrix}2&3\\7&10\end{vmatrix}=-2$$

3.解:由矩阵方程 $\boldsymbol{AB}+\boldsymbol{A}+2\boldsymbol{B}$ 得 $(\boldsymbol{A}-2\boldsymbol{E})\boldsymbol{B}=\boldsymbol{A}$

$$\because |\boldsymbol{A}-2\boldsymbol{E}|=\begin{vmatrix}2&2&3\\1&-1&0\\-1&2&1\end{vmatrix}=-4\neq 0 \qquad \therefore \boldsymbol{A}-2\boldsymbol{E}\text{ 可逆,故 }\boldsymbol{B}=(1-2\boldsymbol{E})^{-1}\boldsymbol{A}$$

$$[\boldsymbol{A}-2\boldsymbol{E}\ \boldsymbol{A}]=\begin{bmatrix}2&2&3&4&2&3\\1&-1&0&1&1&0\\-1&2&1&-1&2&3\end{bmatrix}\to\begin{bmatrix}1&-1&0&1&1&0\\0&4&3&2&0&3\\0&1&1&0&3&3\end{bmatrix}\to$$

$$\begin{bmatrix}1&-1&0&1&1&0\\0&1&1&0&3&3\\0&0&-1&2&-12&-9\end{bmatrix}\to\begin{bmatrix}1&-1&0&1&1&0\\0&1&0&2&-9&-6\\0&0&1&-2&12&9\end{bmatrix}\to$$

$$\begin{bmatrix}1&0&0&3&-8&-6\\0&1&0&2&-9&-6\\0&0&1&-2&12&9\end{bmatrix}$$

$$\therefore \boldsymbol{B}=\begin{bmatrix}3&-8&-6\\2&-9&-6\\-2&12&9\end{bmatrix}$$

习题 2.2

一、选择题

1.A 2.B 3.C 4.A 5.D 6.B 7.D 8.D

二、填空题

1.-6 2.$(-1)^n\dfrac{1}{2}$ 3.3 4.$\begin{bmatrix}0&-5&2\\0&3&-1\\\frac{1}{2}&0&0\end{bmatrix}$

5.$\begin{bmatrix}6&0&0\\0&6&0\\0&0&6\end{bmatrix}$ 6.-24 7.$\begin{bmatrix}0&1&0&0\\1&0&0&0\\0&0&2&-1\\0&0&-1&1\end{bmatrix}$ 8.$\dfrac{1}{1-n}$

三、计算题

1.解:$\boldsymbol{A}=\begin{bmatrix}1&-1&1&2\\3&\lambda&-1&2\\5&3&\mu&6\end{bmatrix}\to\begin{bmatrix}1&-1&1&2\\0&\lambda+3&-4&-4\\0&8&\mu-5&-4\end{bmatrix}\to\begin{bmatrix}1&-1&1&2\\0&\lambda+3&-4&-4\\0&5-\lambda&\mu-5&0\end{bmatrix}$

$\because \boldsymbol{R}(\boldsymbol{A})=2$

$\therefore \begin{cases}5-\lambda=0\\\mu-1=0\end{cases}$ $\qquad\lambda=5,\mu=1.$

2. 解：$|\boldsymbol{A}|=\begin{vmatrix}5&0&0\\0&1&2\\0&3&7\end{vmatrix}=5\neq 0$ $\quad$ $\boldsymbol{A}$ 可逆.

∴由方程 $\boldsymbol{XA}=\boldsymbol{B}$ 得 $\boldsymbol{X}=\boldsymbol{BA}^{-1}$

$$\begin{bmatrix}\boldsymbol{A}\\\boldsymbol{B}\end{bmatrix}=\begin{bmatrix}5&0&0\\0&1&2\\0&3&7\\10&0&1\\20&2&1\end{bmatrix}\rightarrow\begin{bmatrix}1&0&0\\0&1&0\\0&3&1\\2&-3&1\\4&11&-3\end{bmatrix}\qquad\therefore \boldsymbol{X}=\begin{bmatrix}2&-3&1\\4&11&-3\end{bmatrix}$$

3. 解：$\boldsymbol{AP}=\boldsymbol{P}\Lambda$ $\quad |\boldsymbol{P}|=\begin{vmatrix}1&1&1\\1&0&-2\\1&-1&1\end{vmatrix}=-6\neq 0$ $\quad$ $\boldsymbol{P}$ 可逆 $\quad$ $\because \boldsymbol{A}=\boldsymbol{P}\wedge\boldsymbol{P}^{-1}$

$$\boldsymbol{A}^5=(\boldsymbol{P}\Lambda\boldsymbol{P}^{-1})^5=\boldsymbol{P}\Lambda\boldsymbol{P}^{-1}\boldsymbol{P}\Lambda\boldsymbol{P}^{-1}\boldsymbol{P}\Lambda\boldsymbol{P}^{-1}\boldsymbol{P}\Lambda\boldsymbol{P}^{-1}\boldsymbol{P}\Lambda\boldsymbol{P}^{-1}=\boldsymbol{P}\Lambda^5\boldsymbol{P}^{-1}$$

$$[\boldsymbol{P}\quad\boldsymbol{E}]=\begin{bmatrix}1&1&1&1&0&0\\1&0&-2&0&1&0\\1&-1&1&0&0&1\end{bmatrix}\rightarrow\begin{bmatrix}1&1&1&1&0&0\\0&-1&-3&-1&1&0\\0&-2&0&-1&0&1\end{bmatrix}$$

$$\rightarrow\begin{bmatrix}1&1&1&1&0&0\\0&1&0&\frac{1}{2}&0&-\frac{1}{2}\\0&0&3&\frac{1}{2}&-1&\frac{1}{2}\end{bmatrix}\rightarrow\begin{bmatrix}1&0&0&\frac{1}{3}&\frac{1}{3}&\frac{1}{3}\\0&1&0&\frac{1}{2}&0&-\frac{1}{2}\\0&0&1&\frac{1}{6}&-\frac{1}{3}&\frac{1}{6}\end{bmatrix}$$

$$\therefore \boldsymbol{P}^{-1}=\begin{bmatrix}\frac{1}{3}&\frac{1}{3}&\frac{1}{3}\\\frac{1}{2}&0&-\frac{1}{2}\\\frac{1}{6}&-\frac{1}{3}&\frac{1}{6}\end{bmatrix}$$

$$\therefore \boldsymbol{A}^5=\boldsymbol{P}\Lambda^5\boldsymbol{P}^{-1}=\begin{bmatrix}1&1&1\\1&0&-2\\1&-1&1\end{bmatrix}\begin{bmatrix}-1&&\\&1&\\&&-1\end{bmatrix}\begin{bmatrix}\frac{1}{3}&\frac{1}{3}&\frac{1}{3}\\\frac{1}{2}&0&-\frac{1}{2}\\\frac{1}{6}&-\frac{1}{3}&\frac{1}{6}\end{bmatrix}$$

$$=\begin{bmatrix}0&0&-1\\0&-1&0\\-1&0&0\end{bmatrix}$$

4. 解：$|\boldsymbol{A}^*|=\begin{vmatrix}1&0&0&0\\0&1&0&0\\1&0&1&0\\0&-3&0&8\end{vmatrix}=\begin{vmatrix}1&0&0&0\\0&1&0&0\\0&0&1&0\\0&0&0&8\end{vmatrix}=8$

$\because |\boldsymbol{A}^*|=|\boldsymbol{A}|^3$ $\quad \therefore |\boldsymbol{A}|=2$

$\therefore \boldsymbol{A}$ 可逆　　$\boldsymbol{A}^{-1}=\frac{1}{2}\boldsymbol{A}^*$

由 $\boldsymbol{ABA}^{-1}=\boldsymbol{BA}^{-1}+3\boldsymbol{E}$　得　$\boldsymbol{B}=\boldsymbol{A}^{-1}\boldsymbol{B}+3\boldsymbol{E}$　$(\boldsymbol{E}-\boldsymbol{A}^{-1})\boldsymbol{B}=3\boldsymbol{E}$　故 $\boldsymbol{B}=3(\boldsymbol{E}-\boldsymbol{A}^{-1})^{-1}$

$$\because \boldsymbol{E}-\boldsymbol{A}^{-1}=\boldsymbol{E}-\frac{1}{2}\boldsymbol{A}^*=\begin{bmatrix}1&0&0&0\\0&1&0&0\\0&0&1&0\\0&0&0&1\end{bmatrix}-\frac{1}{2}\begin{bmatrix}1&0&0&0\\0&1&0&0\\1&0&1&0\\0&-3&0&8\end{bmatrix}=\begin{bmatrix}\frac{1}{2}&0&0&0\\0&\frac{1}{2}&0&0\\-\frac{1}{2}&0&\frac{1}{2}&0\\0&\frac{3}{2}&0&-3\end{bmatrix}$$

$$(\boldsymbol{E}-\boldsymbol{A}^{-1}\quad \boldsymbol{E})=\begin{bmatrix}\frac{1}{2}&0&0&0&1&0&0&0\\0&\frac{1}{2}&0&0&0&1&0&0\\-\frac{1}{2}&0&\frac{1}{2}&0&0&0&1&0\\0&\frac{3}{2}&0&-3&0&0&0&1\end{bmatrix}\rightarrow\begin{bmatrix}1&0&0&0&2&0&0&0\\0&1&0&0&0&2&0&0\\0&0&1&0&2&0&2&0\\0&0&0&1&0&1&0&-\frac{1}{3}\end{bmatrix}$$

$$\therefore (\boldsymbol{E}-\boldsymbol{A}^{-1})^{-1}=\begin{bmatrix}2&0&0&0\\0&2&0&0\\2&0&2&0\\0&1&0&-\frac{1}{3}\end{bmatrix}$$

$$\therefore \boldsymbol{B}=3(\boldsymbol{E}-\boldsymbol{A}^{-1})^{-1}=\begin{bmatrix}6&0&0&0\\0&6&0&0\\6&0&6&0\\0&3&0&-1\end{bmatrix}$$

四、证明题

1. 证明：由 $A^2-2\boldsymbol{A}-4\boldsymbol{E}=0$　$\boldsymbol{A}^2-2\boldsymbol{A}=4\boldsymbol{E}$　$\boldsymbol{A}\cdot\frac{1}{4}(\boldsymbol{A}-2\boldsymbol{E})=\boldsymbol{E}$

　得 $\boldsymbol{A}^{-1}=\frac{1}{4}(\boldsymbol{A}-2\boldsymbol{E})$

2. 证明：由 $\boldsymbol{AB}=0$ 得 $|\boldsymbol{AB}|=|\boldsymbol{A}||\boldsymbol{B}|=0$，若 $|\boldsymbol{A}|\neq 0$，则 $\boldsymbol{A}$ 可逆，$\boldsymbol{A}^{-1}\boldsymbol{AB}=\boldsymbol{A}^{-1}0=0$

　故 $\boldsymbol{B}=0$，与已知矛盾.

　$\therefore |\boldsymbol{A}|=0$，即 $\boldsymbol{R}(\boldsymbol{A})<\boldsymbol{n}$.

3.2　同步训练

习题 3.1

一、判断题

√　√　×　√　×　√　√　×　√

二、证明：

由 $k_1(\boldsymbol{\alpha}+\boldsymbol{\beta})+k_2(\boldsymbol{\beta}+\boldsymbol{\gamma})+k_3(\boldsymbol{\gamma}+2)=0$

得$(k_1+k_3)\alpha+(k_1+k_2)\beta+(k_2+k_3)\gamma=0$

∵$\boldsymbol{\alpha}$、$\boldsymbol{\beta}$、$\boldsymbol{\gamma}$ 线性无关

$$\therefore \begin{cases} k_1+k_3=0 \\ k_1+k_2=0 \\ k_2+k_3=0 \end{cases} \qquad \begin{cases} k_1=0 \\ k_2=0 \\ k_3=0 \end{cases}$$

故 $\boldsymbol{\alpha}+\boldsymbol{\beta},\boldsymbol{\beta}+\boldsymbol{\gamma},\boldsymbol{\gamma}+\boldsymbol{\alpha}$ 线性无关.

三、证：

∵$\boldsymbol{\alpha}_1,\boldsymbol{\alpha}_2,\cdots,\boldsymbol{\alpha}_n$能由单位向量组 $\boldsymbol{e}_1,\boldsymbol{e}_2,\cdots,\boldsymbol{e}_n$线性表示

单位向量组 $e_1,e_2,\cdots,e_n$ 可以由 $\boldsymbol{\alpha}_1,\boldsymbol{\alpha}_2,\cdots,\boldsymbol{\alpha}_n$ 与向量组 $e_1,e_2,\cdots,e_n$ 等价，故 $\boldsymbol{R}(\boldsymbol{\alpha}_1,\boldsymbol{\alpha}_2,\cdots,\boldsymbol{\alpha}_n)=\boldsymbol{R}(e_1,e_2,\cdots,e_n)=n$　所以 $\boldsymbol{\alpha}_1,\boldsymbol{\alpha}_2,\cdots,\boldsymbol{\alpha}_n$线性无关.

四、证：

必要性：$\boldsymbol{\alpha}_1,\boldsymbol{\alpha}_2,\cdots,\boldsymbol{\alpha}_n$线性无关，$\boldsymbol{\alpha}_1,\boldsymbol{\alpha}_2,\cdots,\boldsymbol{\alpha}_n,\boldsymbol{\alpha}$ 线性相关（$n+1$ 个 n 维向量必线性相关）.

所以 $\boldsymbol{\alpha}$ 可由 $\boldsymbol{\alpha}_1,\boldsymbol{\alpha}_2,\cdots,\boldsymbol{\alpha}_n$线性表示，且表示法唯一.

充分性：又 $\boldsymbol{\alpha}_1,\boldsymbol{\alpha}_2,\cdots,\boldsymbol{\alpha}_n$ 能由 $e_1,e_2,\cdots,e_n$线性表示，所以向量组 $\boldsymbol{\alpha}_1,\boldsymbol{\alpha}_2,\cdots,\boldsymbol{\alpha}_n$与向量组 $e_1,e_2,\cdots,e_n$ 等价，故 $\boldsymbol{R}(\boldsymbol{\alpha}_1,\boldsymbol{\alpha}_2,\cdots,\boldsymbol{\alpha}_n)=\boldsymbol{R}(e_1,e_2,\cdots,e_n)=n$，所以 $\boldsymbol{\alpha}_1,\boldsymbol{\alpha}_2,\cdots,\boldsymbol{\alpha}_n$ 线性无关.

五、$\boldsymbol{A}=(\boldsymbol{\alpha}_1,\boldsymbol{\alpha}_2,\boldsymbol{\alpha}_3,\boldsymbol{\alpha}_4,\boldsymbol{\alpha}_5)=\begin{bmatrix} 1 & 1 & 0 & 1 & 2 \\ 1 & 2 & 1 & 3 & 6 \\ 0 & 1 & 1 & 2 & 4 \\ 0 & -1 & -1 & 1 & -1 \end{bmatrix} \to \begin{bmatrix} 1 & 1 & 0 & 1 & 2 \\ 0 & 1 & 1 & 2 & 4 \\ 0 & 0 & 0 & 1 & 1 \\ 0 & 0 & 0 & 0 & 0 \end{bmatrix} \to$

$\begin{bmatrix} 1 & 1 & 0 & 0 & 1 \\ 0 & 1 & 1 & 0 & 2 \\ 0 & 0 & 0 & 1 & 1 \\ 0 & 0 & 0 & 0 & 0 \end{bmatrix}$ 向量组的秩为 3，$\boldsymbol{\alpha}_1,\boldsymbol{\alpha}_3,\boldsymbol{\alpha}_4$ 为一个最大无关组，$\boldsymbol{\alpha}_2=\boldsymbol{\alpha}_1+\boldsymbol{\alpha}_3$　$\boldsymbol{\alpha}_5=\boldsymbol{\alpha}_1+2\boldsymbol{\alpha}_2+\boldsymbol{\alpha}_4$

六、$\widetilde{\boldsymbol{A}}=(\boldsymbol{A}\quad \boldsymbol{b})=\begin{bmatrix} 1 & 0 & 2 & -1 \\ -1 & 1 & -3 & 2 \\ 2 & -1 & 5 & 0 \end{bmatrix} \to \begin{bmatrix} 1 & 0 & 2 & -1 \\ 0 & 1 & -1 & 1 \\ 0 & 0 & 0 & 3 \end{bmatrix}$

∴系数矩阵的秩 $\boldsymbol{R}(\boldsymbol{A})=2$，增广矩阵的秩 $\boldsymbol{R}(\widetilde{\boldsymbol{A}})=3$，方程无解.

七、1. $A=\begin{bmatrix}1&1&-1&-1\\1&2&2&3\\2&3&1&2\end{bmatrix}\to\begin{bmatrix}1&1&-1&-1\\0&1&3&4\\0&0&0&0\end{bmatrix}\to\begin{bmatrix}1&0&-4&-5\\0&1&3&4\\0&0&0&0\end{bmatrix}$

$\begin{cases}x_1=4x_3+5x_4\\x_2=-3x_3-4x_4\end{cases}$ 令 $\begin{pmatrix}x_3\\x_4\end{pmatrix}=\begin{pmatrix}1\\0\end{pmatrix},\begin{pmatrix}0\\1\end{pmatrix}$ 则 $\begin{pmatrix}x_1\\x_2\end{pmatrix}=\begin{pmatrix}4\\-3\end{pmatrix},\begin{pmatrix}5\\-4\end{pmatrix}$ 得基础解系

$\boldsymbol{\xi}_1=\begin{pmatrix}4\\-3\\1\\0\end{pmatrix},\boldsymbol{\xi}_2=\begin{pmatrix}5\\-4\\0\\1\end{pmatrix}$ 从而通解 $\begin{pmatrix}x_1\\x_2\\x_3\\x_4\end{pmatrix}=C_1\begin{pmatrix}4\\-3\\1\\0\end{pmatrix}+C_2\begin{pmatrix}5\\-4\\0\\1\end{pmatrix}\quad(C_1,C_2\in R)$

2. 系数矩阵

$$\boldsymbol{A}=\begin{bmatrix}1&1&5&-1\\1&1&-2&3\\3&-1&8&1\\1&3&-9&7\end{bmatrix}\to\begin{bmatrix}1&-1&5&-1\\0&2&-7&4\\0&2&-7&4\\0&4&-14&8\end{bmatrix}\to\begin{bmatrix}1&-1&5&-1\\0&2&-7&4\\0&0&0&0\\0&0&0&0\end{bmatrix}\to$$

$\begin{bmatrix}1&0&\frac{3}{2}&1\\0&1&-\frac{7}{2}&2\\0&0&0&0\\0&0&0&0\end{bmatrix}$ $\begin{cases}x_1=-\frac{3}{2}x_3-x_4\\x_2=\frac{7}{2}x_3-2x_4\end{cases}$ 令 $\begin{pmatrix}x_3\\x_4\end{pmatrix}=\begin{pmatrix}1\\0\end{pmatrix},\begin{pmatrix}0\\1\end{pmatrix}$ 则 $\begin{pmatrix}x_1\\x_2\end{pmatrix}=\begin{pmatrix}-\frac{3}{2}\\\frac{7}{2}\end{pmatrix},$

$\begin{pmatrix}-1\\-2\end{pmatrix}$ 得基础解系 $\boldsymbol{\xi}_1=\begin{pmatrix}-\frac{3}{2}\\\frac{7}{2}\\1\\0\end{pmatrix},\boldsymbol{\xi}_2=\begin{pmatrix}-1\\-2\\0\\1\end{pmatrix}$ 从而通解：$\begin{pmatrix}x_1\\x_2\\x_3\\x_4\end{pmatrix}=C_1\begin{pmatrix}-\frac{3}{2}\\\frac{7}{2}\\1\\0\end{pmatrix}+C_2\begin{pmatrix}-1\\-2\\0\\1\end{pmatrix}$

$(C_1,C_2\in R)$

八、1. 增广矩阵

$$\widetilde{\boldsymbol{A}}=\begin{bmatrix}2&7&3&1&6\\3&5&2&2&4\\9&4&1&7&2\end{bmatrix}\to\begin{bmatrix}1&-2&-1&1&-2\\0&11&5&-1&10\\0&0&0&0&0\end{bmatrix}\to\begin{bmatrix}1&0&-\frac{1}{11}&\frac{9}{11}&-\frac{2}{11}\\0&1&\frac{5}{11}&-\frac{1}{11}&\frac{10}{11}\\0&0&0&0&0\end{bmatrix}$$

由 $\boldsymbol{R}(\boldsymbol{A})=\boldsymbol{R}(\widetilde{\boldsymbol{A}})=2<4$，方程组有无穷多解，原方程等价于方程组

$$\begin{cases}x_1=-\frac{2}{11}+\frac{1}{11}x_3-\frac{9}{11}x_4\\x_2=\frac{10}{11}-\frac{5}{11}x_3+\frac{1}{11}x_4\end{cases}$$

令 $\begin{pmatrix}x_3\\x_4\end{pmatrix}=\begin{pmatrix}1\\0\end{pmatrix},\begin{pmatrix}0\\1\end{pmatrix}$ 分列代入等价方程组对应的齐次方程组中求得基础解系

$$\boldsymbol{\xi}_1=\begin{pmatrix}+\frac{1}{11}\\-\frac{5}{11}\\1\\0\end{pmatrix}\qquad \boldsymbol{\xi}_2=\begin{pmatrix}-\frac{9}{11}\\\frac{1}{11}\\0\\1\end{pmatrix}$$

求特解,令 $x_3=x_4=0$,得 $x_1=-\frac{2}{11}$,$x_2=\frac{10}{11}$ 故所求通解为

$$\boldsymbol{x}=C_1\begin{pmatrix}+\frac{1}{11}\\-\frac{5}{11}\\1\\0\end{pmatrix}+C_2\begin{pmatrix}-\frac{9}{11}\\-\frac{1}{11}\\0\\1\end{pmatrix}+\begin{pmatrix}-\frac{2}{11}\\\frac{10}{11}\\0\\0\end{pmatrix}\qquad (C_1,C_2\in\mathbf{R})$$

2. $\widetilde{\boldsymbol{A}}=\begin{bmatrix}1&1&1&1&1&7\\3&2&1&1&-3&-2\\0&1&2&2&6&23\\5&4&3&3&-1&12\end{bmatrix}\rightarrow\begin{bmatrix}1&1&1&1&1&7\\0&-1&-2&-2&6&-23\\0&1&2&2&6&23\\0&-1&-2&-2&-6&-23\end{bmatrix}\rightarrow$

$\begin{bmatrix}1&0&-1&-1&-5&-16\\0&1&2&2&6&23\\0&0&0&0&0&0\\0&0&0&0&0&0\end{bmatrix}$ $\boldsymbol{R}(\boldsymbol{A})=\boldsymbol{R}(\widetilde{\boldsymbol{A}})=2<5$,方程组有无穷多解,原方程等价于方程组 $\begin{cases}x_1=-16+x_3+x_4+5x_5\\x_2=23-2x_3-2x_4-6x_5\end{cases}$

令 $\begin{pmatrix}x_3\\x_4\\x_5\end{pmatrix}=\begin{pmatrix}1\\0\\0\end{pmatrix},\begin{pmatrix}0\\1\\0\end{pmatrix},\begin{pmatrix}0\\0\\1\end{pmatrix}$ 分别代入等价方程组对应的齐次方程组中求得基础解系

$$\boldsymbol{\xi}_1=\begin{pmatrix}1\\-2\\1\\0\\0\end{pmatrix}\qquad \boldsymbol{\xi}_2=\begin{pmatrix}1\\-2\\0\\1\\0\end{pmatrix}\qquad \boldsymbol{\xi}_3=\begin{pmatrix}5\\-6\\0\\0\\1\end{pmatrix}$$

求特解,令 $x_3=x_4=x_5=0$,得 $x_1=-16\quad x_2=23$,故通解

$$\boldsymbol{x}=C_1\begin{pmatrix}1\\-2\\1\\0\\0\end{pmatrix}+C_2\begin{pmatrix}1\\-2\\0\\1\\0\end{pmatrix}+C_3\begin{pmatrix}5\\-6\\0\\0\\1\end{pmatrix}+\begin{pmatrix}-16\\23\\0\\0\\0\end{pmatrix}\qquad C_1,C_2,C_3\text{为任意常数}.$$

习题 3.2

一、填空题

1. 2　2. 相关　3. $\begin{pmatrix}1\\1\\1\end{pmatrix}$　4. $\boldsymbol{R}(\boldsymbol{A})=\boldsymbol{R}(\boldsymbol{A}\quad \boldsymbol{b})$　5. -2　6. $\begin{pmatrix}1\\1\\1\end{pmatrix}$

7. $k_1\begin{pmatrix}-1\\1\\0\\0\\0\\0\end{pmatrix}+k_2\begin{pmatrix}-1\\0\\1\\0\\0\\0\end{pmatrix}+k_3\begin{pmatrix}0\\0\\0\\-1\\1\\0\end{pmatrix}+k_4\begin{pmatrix}0\\0\\0\\1\\0\\1\end{pmatrix}+\begin{pmatrix}1\\0\\0\\0\\0\\0\end{pmatrix}$　8. 1

二、选择题

1. D　2. D　3. D　4. B　5. D

三、$\boldsymbol{A}=(\boldsymbol{\alpha}_1,\boldsymbol{\alpha}_2,\boldsymbol{\alpha}_3,\alpha_4)=\begin{bmatrix}1+a & 2 & 3 & 4\\1 & 2+a & 3 & 4\\1 & 2 & 3+a & 4\\1 & 2 & 3 & 4+a\end{bmatrix}\to\begin{bmatrix}1+a & 2 & 3 & 4\\-a & a & 0 & 0\\-a & 0 & a & 0\\-a & 0 & 0 & a\end{bmatrix}\to$

$\begin{bmatrix}1+a & 2 & 3 & 4\\-a & a & 0 & 0\\0 & -a & a & 0\\0 & 0 & -a & a\end{bmatrix}$　①由 $a=0$ 时　上式 $\to\begin{bmatrix}1 & 2 & 3 & 4\\0 & 0 & 0 & 0\\0 & 0 & 0 & 0\\0 & 0 & 0 & 0\end{bmatrix}$　极大无关组为

$\boldsymbol{\alpha}$，$\boldsymbol{\alpha}_2=2\boldsymbol{\alpha}_1$　$\boldsymbol{\alpha}_3=3\boldsymbol{\alpha}_1$　$\boldsymbol{\alpha}_4=4\boldsymbol{\alpha}_1$

②当 $a\neq-10$ 时，线性相关，$\begin{bmatrix}-1 & 1 & 0 & 0\\0 & -1 & 1 & 0\\0 & 0 & -1 & 1\\0 & 0 & 0 & 0\end{bmatrix}\to\begin{bmatrix}1 & 0 & 0 & -1\\0 & 0 & 0 & -1\\0 & 0 & -1 & 1\\0 & 0 & 0 & 0\end{bmatrix}$

极大无关组为 $\boldsymbol{\alpha}_1,\boldsymbol{\alpha}_2,\boldsymbol{\alpha}_3$　$\boldsymbol{A}_4=-\boldsymbol{\alpha}_1-\boldsymbol{\alpha}_2-\boldsymbol{\alpha}_3$

四、$\boldsymbol{A}=\begin{bmatrix}1 & 1 & -2\\2 & -1 & \lambda\\3 & 1 & -1\end{bmatrix}\to\begin{bmatrix}1 & 1 & -2\\0 & -2 & 5\\0 & 0 & \frac{7}{2}-\lambda\end{bmatrix}$

当 $\lambda=\frac{7}{2}$ 时，方程有无穷多解　$\to\begin{bmatrix}1 & 1 & -2\\0 & 1 & -\frac{5}{2}\\0 & 0 & 0\end{bmatrix}\to\begin{bmatrix}1 & 0 & \frac{1}{2}\\0 & 1 & -\frac{5}{2}\\0 & 0 & 0\end{bmatrix}$

基础解系 $\xi=\begin{pmatrix}\frac{-1}{2}\\ \frac{5}{2}\\ 1\end{pmatrix}$ 此时方程所有的解 $\boldsymbol{x}=k\begin{pmatrix}-\frac{1}{2}\\ \frac{5}{2}\\ 1\end{pmatrix}$ k 为常数，则 $|\boldsymbol{B}|=0$

五、若 $k_1(\boldsymbol{\alpha}_1+\boldsymbol{\beta})+k_2(\boldsymbol{\alpha}_2+\boldsymbol{\beta})+\cdots+k_s(\boldsymbol{\alpha}_s+\boldsymbol{\beta})=0$

$k_1\boldsymbol{\alpha}_1+k_2\boldsymbol{\alpha}_2+\cdots+(k_1+k_2+\cdots+k_s)\boldsymbol{\beta}=0$

$\because$ $\boldsymbol{\alpha}_1,\boldsymbol{\alpha}_2,\cdots,\boldsymbol{\alpha}_s,\boldsymbol{\beta}$ 线性无关　$\therefore$ $k_1=0,k_2=0,\cdots,k_1+k_2+\cdots+k_s=0$

即 $k_1=k_2=\cdots=k_s=0$，所以 $\boldsymbol{\alpha}_1+\boldsymbol{\beta},\boldsymbol{\alpha}_2+\boldsymbol{\beta},\cdots,\boldsymbol{\alpha}_s+\boldsymbol{\beta}$ 线性无关.

六、$\widetilde{\boldsymbol{A}}=\begin{bmatrix}1&0&1&2\\1&-2&1&0\\2&1&-a&b\end{bmatrix}\to\begin{bmatrix}1&0&1&2\\0&2&-2&-2\\0&1&-a-2&b-4\end{bmatrix}\to\begin{bmatrix}1&0&1&2\\0&1&-1&-1\\0&0&-a-1&b-3\end{bmatrix}$

当 $\boldsymbol{R}(\mathbf{A})\neq\boldsymbol{R}(\widetilde{\mathbf{A}})$ 时方程无解，此时 $-a-1=0,a=-1$.

当 $\boldsymbol{R}(\mathbf{A})=\boldsymbol{R}(\widetilde{\mathbf{A}})=3$ 时方程有唯一解，此时 $-a-1\neq0$，即 $a\neq-1$.

当 $\boldsymbol{R}(\mathbf{A})=\boldsymbol{R}(\widetilde{\mathbf{A}})=2<3$ 时方程有无穷多解，此时 $\begin{cases}-a-1=0\\b-3=0\end{cases}$ 故 $\begin{cases}a=-1\\b=3\end{cases}$.

七、

$\widetilde{\boldsymbol{A}}=\begin{bmatrix}2&1&-1&1&1\\4&2&-2&1&2\\2&1&-1&-1&1\end{bmatrix}\to\begin{bmatrix}2&1&-1&1&1\\0&0&0&-1&0\\0&0&0&-2&0\end{bmatrix}\to\begin{bmatrix}1&\frac{1}{2}&-\frac{1}{2}&0&\frac{1}{2}\\0&0&0&1&0\\0&0&0&0&0\end{bmatrix}$

$\boldsymbol{R}(\widetilde{\mathbf{A}})=\boldsymbol{R}(\mathbf{A})=2<4$，方程组有无穷多解，原方程等价于方程组

$$\begin{cases}x_1=\frac{1}{2}-\frac{1}{2}x_2+\frac{1}{2}x_3\\x_4=0\end{cases}$$

令 $\begin{pmatrix}x_2\\x_3\end{pmatrix}=\begin{pmatrix}1\\0\end{pmatrix}$，$\begin{pmatrix}0\\1\end{pmatrix}$ 分别代入等价方程组对应的齐次方程组中得基础解系

$$\boldsymbol{\xi}_1=\begin{pmatrix}-\frac{1}{2}\\1\\0\\0\end{pmatrix}\quad\boldsymbol{\xi}_2=\begin{pmatrix}\frac{1}{2}\\0\\1\\0\end{pmatrix}$$

令 $x_2=x_3=0$　得 $x_1=\frac{1}{2}$　故通解

$$\boldsymbol{x}=k_1\begin{pmatrix}-\frac{1}{2}\\1\\0\\0\end{pmatrix}+k_2\begin{pmatrix}\frac{1}{2}\\0\\1\\0\end{pmatrix}+\begin{pmatrix}\frac{1}{2}\\0\\0\\0\end{pmatrix}\qquad k_1,k_2\text{为任意常数.}$$

八、

$$\tilde{A}\begin{bmatrix}2&1&-1&1&1\\1&-1&1&1&2\\7&2&-2&4&a\\7&-1&1&5&b\end{bmatrix}\to\begin{bmatrix}1&-1&1&1&2\\0&3&-3&-1&-3\\0&9&-9&-3&a-14\\0&6&-6&-2&b-14\end{bmatrix}\to\begin{bmatrix}1&-1&1&1&2\\0&3&-3&-1&-3\\0&0&0&0&a-5\\0&0&0&0&b-8\end{bmatrix}$$

方程有解，则 $\boldsymbol{R}(\boldsymbol{A})=\boldsymbol{R}(\tilde{\boldsymbol{A}})$，故 $a=5,b=8$ 时有解，

$$此时\ \tilde{A}\to\begin{bmatrix}1&-1&1&1&2\\0&1&-1&-\frac{1}{3}&-1\\0&0&0&0&0\\0&0&0&0&0\end{bmatrix}\to\begin{bmatrix}1&0&0&\frac{2}{3}&1\\0&1&-1&-\frac{1}{3}&-1\\0&0&0&0&0\\0&0&0&0&0\end{bmatrix}$$

$\therefore\begin{cases}x_1=1-\frac{2}{3}x_4\\x_2=-1+x_3+\frac{1}{3}x_4\end{cases}$　令 $\begin{pmatrix}x_3\\x_4\end{pmatrix}=\begin{pmatrix}1\\0\end{pmatrix},\begin{pmatrix}0\\1\end{pmatrix}$ 分别代入对应的齐次方程组中得基础解系

$\boldsymbol{\xi}_1=\begin{pmatrix}0\\1\\1\\0\end{pmatrix},\boldsymbol{\xi}_2=\begin{pmatrix}-\frac{2}{3}\\\frac{1}{3}\\0\\1\end{pmatrix}$　求特解，令 $x_3=x_4=0$，得 $x_1=1,x_2=-1$，故通解

$$\boldsymbol{x}=k_1\begin{pmatrix}0\\1\\1\\0\end{pmatrix}+k_2\begin{pmatrix}-\frac{2}{3}\\\frac{1}{3}\\0\\1\end{pmatrix}+\begin{pmatrix}1\\-1\\0\\0\end{pmatrix}\qquad k_1,k_2\ 为任意常数.$$

习题 3.3

一、判断题

×　×　×　√　×

二、填空题

1. $\boldsymbol{\alpha}_1,\boldsymbol{\alpha}_2,\boldsymbol{\alpha}_3$　2. 不共线　3. 2

四、(1) $\boldsymbol{A}=(\boldsymbol{\alpha}_1,\boldsymbol{\alpha}_2,\boldsymbol{\alpha}_3,\boldsymbol{\alpha}_4,\boldsymbol{\alpha}_5)$

$$=\begin{bmatrix}1&-2&-1&0&2\\-2&4&2&6&-6\\2&-1&0&2&3\\3&3&3&3&4\end{bmatrix}\to\begin{bmatrix}1&-2&-1&0&2\\0&0&0&6&-2\\0&3&2&2&-1\\0&9&6&3&-2\end{bmatrix}\to\begin{bmatrix}1&-2&-1&0&2\\0&3&2&2&-2\\0&0&0&3&-1\\0&0&0&0&0\end{bmatrix}$$

$\therefore \boldsymbol{R}(\boldsymbol{A})=3$

(2) $\boldsymbol{\alpha}_1,\boldsymbol{\alpha}_2,\boldsymbol{\alpha}_4$ 为 $\boldsymbol{A}$ 的一个最大线性无关组.

五、$(\boldsymbol{\alpha}_1,\boldsymbol{\alpha}_2,\boldsymbol{\alpha}_3,\boldsymbol{\alpha}_4)=\begin{bmatrix}2&1&2&3\\4&1&3&5\\2&0&1&2\end{bmatrix}\to\begin{bmatrix}2&1&2&3\\0&-1&-1&-1\\0&-1&-1&-1\end{bmatrix}\to\begin{bmatrix}2&1&2&3\\0&1&1&1\\0&0&0&0\end{bmatrix}$ 秩为 2，

$\boldsymbol{\alpha}_1,\boldsymbol{\alpha}_2$ 为一个极大无关组，进一步作初等行变换得 $(\boldsymbol{\alpha}_1,\boldsymbol{\alpha}_2,\boldsymbol{\alpha}_3,\boldsymbol{\alpha}_4)\to\begin{bmatrix}1&0&\frac{1}{2}&1\\0&1&1&1\\0&0&0&0\end{bmatrix}$

$\therefore\boldsymbol{\alpha}_3=\frac{1}{2}\boldsymbol{\alpha}_1+\boldsymbol{\alpha}_2\quad\boldsymbol{\alpha}_4=\boldsymbol{\alpha}_1+\boldsymbol{\alpha}_4.$

4.2　同步训练

习题 4.1

1. 由 $|\boldsymbol{A}-\lambda\boldsymbol{E}|=\begin{vmatrix}1-\lambda&-2&2\\-2&-2-\lambda&4\\2&4&-2-\lambda\end{vmatrix}=-(\lambda-2)^2(\lambda+7)$ 得 $\lambda_1=-7,\lambda_2=\lambda_3=2$ 为矩阵 $\boldsymbol{A}$ 的特征值. 当 $\lambda_1=-7$ 时，由 $(\boldsymbol{A}+7\boldsymbol{E})x=0$ 得特征向量 $\boldsymbol{\xi}_1=\begin{pmatrix}-\frac{1}{2}\\-1\\1\end{pmatrix}$ 当 $\lambda_2=\lambda_3=2$ 时，由 $(\boldsymbol{A}-2\boldsymbol{E})\boldsymbol{x}=0$ 得特征向量 $\boldsymbol{\xi}_2=\begin{pmatrix}2\\1\\0\end{pmatrix}$，$\xi_3=\begin{pmatrix}-2\\0\\1\end{pmatrix}$ 由实对称矩阵对应于不同特征值的特征向量正交，只对 $\boldsymbol{\xi}_2,\boldsymbol{\xi}_3$ 按斯密特正交化得 $\boldsymbol{Q}_2=\boldsymbol{\xi}_2=\begin{pmatrix}2\\1\\0\end{pmatrix}$ $\boldsymbol{Q}_3=\xi_3-\frac{[\boldsymbol{Q}_3,\boldsymbol{Q}_2]}{[\boldsymbol{Q}_2,\boldsymbol{Q}_2]}\boldsymbol{Q}_2=\begin{pmatrix}-\frac{2}{5}\\\frac{4}{5}\\1\end{pmatrix}$ 令 $\boldsymbol{Q}_1=\boldsymbol{\xi}_1=\begin{pmatrix}-\frac{1}{2}\\-1\\1\end{pmatrix}$ 将 $\boldsymbol{Q}_1,\boldsymbol{Q}_2,\boldsymbol{Q}_3$ 再单化得 $\boldsymbol{\eta}_1=\begin{pmatrix}-\frac{1}{3}\\-\frac{2}{3}\\\frac{2}{3}\end{pmatrix}$　$\boldsymbol{\eta}_2=\begin{pmatrix}\frac{2}{\sqrt{5}}\\\frac{1}{\sqrt{5}}\\0\end{pmatrix}$

$\boldsymbol{\eta}_3=\begin{pmatrix}-\frac{2}{3\sqrt{5}}\\\frac{4}{3\sqrt{5}}\\\frac{\sqrt{5}}{3}\end{pmatrix}$

令 $Q=(\eta_1,\eta_2,\eta_3)=\begin{pmatrix}-\frac{1}{3} & \frac{2}{\sqrt{5}} & -\frac{2}{3\sqrt{5}}\\ \frac{2}{3} & \frac{1}{\sqrt{5}} & \frac{4}{3\sqrt{5}}\\ \frac{2}{3} & 0 & \frac{\sqrt{5}}{3}\end{pmatrix}$　Q 为正交矩阵　得 $Q^{-1}AQ=\begin{bmatrix}-7 & & \\ & 2 & \\ & & 2\end{bmatrix}$

2. $(x_1\quad x_2\quad \beta)=\begin{bmatrix}1 & 1 & 3\\ 1 & 2 & 4\\ -1 & 1 & -1\end{bmatrix}\to\begin{bmatrix}1 & 1 & 3\\ 0 & 1 & 1\\ 0 & 0 & 0\end{bmatrix}\to\begin{bmatrix}1 & 0 & 2\\ 0 & 1 & 1\\ 0 & 0 & 0\end{bmatrix}$　故 $\beta=2x_1+x_2$

$\therefore A\beta=A(2x_1+x_2)=2Ax_1+Ax_2$　由 $\lambda_1=1,\lambda_2=-2$ 是 A 的特征值，则 $Ax_1=\lambda_1x_1,Ax_2=\lambda_2x_2$

故 $A\beta=2\lambda_1x_1+\lambda_2x_2=2x_1-2x_2=2\begin{pmatrix}1\\1\\-1\end{pmatrix}-2\begin{pmatrix}1\\2\\1\end{pmatrix}=\begin{pmatrix}0\\-2\\-4\end{pmatrix}$

3. 证明：A 是正交阵，则 $AA^T=A^TA=E$　$|A|^2=1$　$|A|\neq 0$　$\therefore A$ 可逆.

由 $(A^TA)^{-1}=A^{-1}(A^T)^{-1}=(A^{-1})(A^{-1})^T=E$　$\therefore A-1$ 也是正交矩阵.

4. (1) $(\alpha_1,\alpha_2,\alpha_3,\beta)$

$$=\begin{bmatrix}1 & 1 & 1 & 1\\ 1 & 2 & 3 & 1\\ 1 & 4 & 9 & 3\end{bmatrix}\to\begin{bmatrix}1 & 1 & 1 & 1\\ 0 & 1 & 2 & 0\\ 0 & 3 & 8 & 2\end{bmatrix}\to\begin{bmatrix}1 & 1 & 1 & 1\\ 0 & 1 & 2 & 0\\ 0 & 0 & 1 & 1\end{bmatrix}\to\begin{bmatrix}1 & 0 & 0 & 2\\ 0 & 1 & 0 & -2\\ 0 & 0 & 1 & 1\end{bmatrix}$$

故 $\beta=2\alpha_1-2\alpha_2+\alpha_3$

(2) $A^n\beta=A^n(2\alpha_1-2\alpha_2+\alpha_3)=2A^n\alpha_1-2A^n\alpha_2+A^n\alpha_3$

$\because \lambda_1=1,\lambda_2=2,\lambda_3=3$ 是 A 的特征值，故 $A\alpha_1=\lambda_1\alpha_1$　$A\alpha_2=\lambda_2\alpha_2$　$A\alpha_3=\lambda_3\alpha_3$

$\therefore$ 上式 $A^n\beta=2\lambda_1^n\alpha_1-2\lambda_2^n\alpha_2+\lambda_3^n\alpha_3$

$$=2\begin{pmatrix}1\\1\\1\end{pmatrix}-2^{n+1}\begin{pmatrix}1\\2\\4\end{pmatrix}+3^n\begin{pmatrix}2-2^{n+1}+3^n\\ 2-2^{n+2}+3^{n+1}\\ 2-2^{n+3}+3^{n+3}\end{pmatrix}$$

习题 4.2

1. 令 $\beta_1=\alpha_1=\begin{pmatrix}1\\1\\1\\1\end{pmatrix}$　$\beta_2=\alpha_2-\frac{[\alpha_2,\beta_1]}{[\beta_1,\beta_1]}\beta_1=\begin{pmatrix}3\\3\\-1\\-1\end{pmatrix}-\frac{4}{4}\begin{pmatrix}1\\1\\1\\1\end{pmatrix}=\begin{pmatrix}2\\2\\-2\\-2\end{pmatrix}$

$$\beta_3=\alpha_3-\frac{[\alpha_3,\beta_2]}{[\beta_2,\beta_2]}\beta_2-\frac{[0_3,\beta_1]}{[\beta_1,\beta_1]}\beta_1=\begin{pmatrix}-2\\0\\6\\8\end{pmatrix}+2\begin{pmatrix}2\\2\\-2\\-2\end{pmatrix}-3\begin{pmatrix}1\\1\\1\\1\end{pmatrix}=\begin{pmatrix}-1\\1\\-1\\1\end{pmatrix}$$

2. 行禁止 $\alpha_2=\begin{pmatrix}-1\\0\\1\end{pmatrix}$ 与 $\alpha_1=\begin{pmatrix}1\\1\\1\end{pmatrix}$ 正交，设 $\alpha_3=\begin{pmatrix}x_1\\x_2\\x_3\end{pmatrix}$ 与 α_1,α_2 正交，则

$\begin{cases}-x_1+x_3=0\\ x_1+x_2+x_3=0\end{cases}$ 得基础解系 $\begin{pmatrix}1\\-2\\1\end{pmatrix}$ 取 $\boldsymbol{\alpha}_3=\begin{pmatrix}1\\-2\\1\end{pmatrix}$ 即为所求.

3. $|\boldsymbol{A}-\lambda\boldsymbol{E}|=\begin{vmatrix}3-\lambda & -1\\ -1 & 3-\lambda\end{vmatrix}=(\lambda-2)(\lambda-4)$，故特征值为 $\lambda_1=2,\lambda_2=4$

当 $\lambda_1=2$ 时，由 $(\boldsymbol{A}-2\boldsymbol{E})\boldsymbol{x}=0$ 得基础解系 $\boldsymbol{\xi}_1=\begin{pmatrix}1\\1\end{pmatrix}$，故 $k_1\boldsymbol{\xi}_1(k_1\neq 0)$ 是对应于 $\lambda=2$ 的全部特征向量.

当 $\lambda_2=4$ 时，由 $(\boldsymbol{A}-4\boldsymbol{E})\boldsymbol{x}=0$ 得基础解系 $\boldsymbol{\xi}_2=\begin{pmatrix}-1\\1\end{pmatrix}$，故 $k_2\boldsymbol{\xi}_2(k_2\neq 0)$ 是对应于 $\lambda=4$ 的全部特征向量.

4. $|\boldsymbol{A}-\lambda\boldsymbol{E}|=\begin{vmatrix}4-\lambda & 6 & 0\\ -3 & -5-\lambda & 0\\ -3 & -6 & 1-\lambda\end{vmatrix}=-(\lambda+2)(\lambda-1)^2$ 故特征值为 $\lambda_1=-2,\lambda_2=1$

当 $\lambda_1=-2$ 时，由 $(\boldsymbol{A}+2\boldsymbol{E})\boldsymbol{x}=0$ 得基础解系 $\boldsymbol{\xi}_1=\begin{pmatrix}-1\\1\\1\end{pmatrix}$，故 $k_1\boldsymbol{\xi}_1(k_1\neq 0)$ 是对应于 $\lambda=-2$ 的全部特征向量. 当 $a_1=1$ 时，由 $(\boldsymbol{A}-\boldsymbol{E})\boldsymbol{x}=0$ 得基础解系 $\boldsymbol{\xi}_2=\begin{pmatrix}-2\\1\\0\end{pmatrix}$，$\boldsymbol{\xi}_3=\begin{pmatrix}0\\0\\1\end{pmatrix}$，故 $k_2\boldsymbol{\xi}_2+k_3\boldsymbol{\xi}_3$（$k_2$ k_3 不全为 0）是对应于 $\lambda=1$ 的全部特征向量.

5. 由 $|\boldsymbol{A}-\lambda\boldsymbol{E}|=\begin{vmatrix}-2-\lambda & 1 & -2\\ -5 & 3-\lambda & -3\\ 1 & 0 & 2-\lambda\end{vmatrix}=-(\lambda-1)^3$，故特征值 $\lambda=1$（三重特征值）.

当 $\lambda=1$ 时，由 $(\boldsymbol{A}-\boldsymbol{E})\boldsymbol{x}=0$ 得基础解系 $\boldsymbol{\xi}=\begin{pmatrix}-1\\1\\1\end{pmatrix}$，故 $k\boldsymbol{\xi}(k\neq 0)$ 是对应 $\lambda=1$ 的全部特征向量，根据实对称矩阵的对角化定理可知，$\boldsymbol{A}$ 不存在 3 个线性无关的特征向量，故 $\boldsymbol{A}$ 不可对角化.

6. 由

$$|\boldsymbol{A}-\lambda\boldsymbol{E}|=\begin{vmatrix}1-\lambda & 1 & 1 & \cdots & 1\\ 1 & 1-\lambda & 1 & \cdots & 1\\ \vdots & \vdots & \vdots & & \vdots\\ 1 & 1 & 1 & \cdots & 1-\lambda\end{vmatrix}=(n-\lambda)\begin{vmatrix}1 & 1 & 1 & \cdots & 1\\ 1 & 1-\lambda & 1 & \cdots & 1\\ \vdots & \vdots & \vdots & & \vdots\\ 1 & 1 & 1 & \cdots & 1-\lambda\end{vmatrix}=$$

$(n-\lambda)(-\lambda)^{n-1}$ 故 $\boldsymbol{A}$ 的特征值为 n，0（$n-1$ 重）. 当 $\lambda=n$ 时，由 $(\boldsymbol{A}-n\boldsymbol{E})\boldsymbol{x}=0$

$$A-nE=\begin{bmatrix}1-n & 1 & 1 & \cdots & 1\\ 1 & 1-n & 1 & \cdots & 1\\ \vdots & \vdots & \vdots & & \vdots\\ 1 & 1 & 1 & \cdots & 1-n\end{bmatrix}\to\begin{bmatrix}1 & 0 & \cdots & 0 & -1\\ 0 & 1 & \cdots & 0 & -1\\ \vdots & & & & \\ 0 & 0 & \cdots & 1 & -1\\ 0 & 0 & \cdots & 0 & 0\end{bmatrix}$$ 得特征向量 $\boldsymbol{\alpha}_1=\begin{pmatrix}1\\1\\ \vdots\\1\end{pmatrix}$ 当 $\lambda=0$ 时，由 $\boldsymbol{Ax}=0$

$$A=\begin{bmatrix}1 & 1 & 1 & \cdots & 1\\ 1 & 1 & 1 & \cdots & 1\\ \vdots & \vdots & \vdots & & \vdots\\ 1 & 1 & 1 & \cdots & 1\end{bmatrix}\to\begin{bmatrix}1 & 1 & 1 & \cdots & 1\\ 0 & 0 & 0 & \cdots & 0\\ \vdots & \vdots & \vdots & & \vdots\\ 0 & 0 & 0 & \cdots & 0\end{bmatrix}$$ 得特征向量 $\boldsymbol{\alpha}_2=\begin{pmatrix}1\\-1\\0\\ \vdots\\0\end{pmatrix}$，$\boldsymbol{\alpha}_3=\begin{pmatrix}1\\0\\-1\\ \vdots\\0\end{pmatrix}\cdots\boldsymbol{\alpha}_n=\begin{pmatrix}1\\0\\0\\ \vdots\\-1\end{pmatrix}$ 邻：$(\boldsymbol{\alpha}_1,\boldsymbol{\alpha}_2,\cdots,\boldsymbol{\alpha}_n)$ 则 $\boldsymbol{P}^{-1}\boldsymbol{AP}=\begin{bmatrix}n & & & \\ & 0 & & \\ & & \ddots & \\ & & & 0\end{bmatrix}$ 同理 $|\boldsymbol{B}-\lambda\boldsymbol{E}|=$ $(-\lambda)^{n-1}(n-\lambda)$ $\boldsymbol{B}$ 的特征值也为 $\boldsymbol{n}$，$0(n-1$ 重$)$. 当 $\lambda=n$ 时，由 $(\boldsymbol{B}-n\boldsymbol{E})x=0$ $\boldsymbol{B}-$

$$n\boldsymbol{E}=\begin{bmatrix}0 & 0 & \cdots & 0\\ 1 & -n & \cdots & 0\\ 1 & 0 & \cdots & 0\\ \vdots & \vdots & & \vdots\\ 1 & 0 & \cdots & -n\end{bmatrix}\to\begin{bmatrix}1 & 0 & 0 & \cdots & -n\\ 0 & 1 & 0 & \cdots & 1\\ \vdots & \vdots & \vdots & & \\ 0 & 0 & 0 & \cdots & 1\end{bmatrix}$$ 得特征向量 $\boldsymbol{\beta}_1=\begin{pmatrix}n\\1\\ \vdots\\1\end{pmatrix}$

当 $\lambda=0$ 时，由 $\boldsymbol{Bx}=0$ $\boldsymbol{B}=\begin{bmatrix}n & 0 & \cdots & 0\\ 1 & 0 & \cdots & 0\\ \vdots & \vdots & & \\ 1 & 0 & \cdots & 0\end{bmatrix}\to\begin{bmatrix}1 & 0 & \cdots & 0\\ 0 & 0 & \cdots & 0\\ \vdots & \vdots & & \vdots\\ 0 & 0 & \cdots & 0\end{bmatrix}$ 得特征向量 $\boldsymbol{\beta}_2=$

$\begin{pmatrix}0\\1\\0\\ \vdots\\0\end{pmatrix}\boldsymbol{\beta}_2=\begin{pmatrix}0\\0\\1\\ \vdots\\0\end{pmatrix}\cdots\boldsymbol{\beta}_n=\begin{pmatrix}0\\0\\ \vdots\\1\end{pmatrix}$ 令 $\boldsymbol{Q}=(\boldsymbol{\beta}_1,\boldsymbol{\beta}_2,\cdots,\boldsymbol{\beta}_n)$ 则 $\boldsymbol{Q}^{-1}\boldsymbol{BQ}=\begin{bmatrix}n & & & \\ & 0 & & \\ & & \ddots & \\ & & & 0\end{bmatrix}$

$\therefore \boldsymbol{P}^{-1}\boldsymbol{AP}=\boldsymbol{Q}^{-1}\boldsymbol{BQ}$ 故 $\boldsymbol{B}=\boldsymbol{QP}^{-1}\boldsymbol{APQ}^{-1}=(\boldsymbol{PQ}^{-1})^{-1}\boldsymbol{A}(\boldsymbol{PQ}^{-1})$ $\therefore \boldsymbol{A}$ 与 $\boldsymbol{B}$ 相似.

7. 由 $|\boldsymbol{A}-\lambda\boldsymbol{E}|=\begin{vmatrix}2-\lambda & -2 & 0\\ -2 & 1-\lambda & -2\\ 0 & -2 & -\lambda\end{vmatrix}=(\lambda-1)(\lambda-4)(\lambda+2)$ 故特征值为 $\lambda_1=1,\lambda_2=4,\lambda_3=-2$

当 $\lambda=1$ 时，由 $(\boldsymbol{A}-\boldsymbol{E})\boldsymbol{x}=0$　$\boldsymbol{A}-\boldsymbol{E}=\begin{bmatrix}1&-2&0\\-2&0&-2\\0&-2&-1\end{bmatrix}\rightarrow\begin{bmatrix}1&0&1\\0&1&\frac{1}{2}\\0&0&0\end{bmatrix}$ 得一特征向量 $\boldsymbol{\xi}_1=\begin{pmatrix}-1\\-\frac{1}{2}\\1\end{pmatrix}$ 当 $\lambda=4$ 时，由 $(\boldsymbol{A}-4\boldsymbol{E})\boldsymbol{x}=0$　$\boldsymbol{A}-4\boldsymbol{E}=\begin{bmatrix}-2&-2&0\\-2&-3&-2\\0&-2&-4\end{bmatrix}\rightarrow$ $\begin{bmatrix}1&0&-2\\0&1&2\\0&0&0\end{bmatrix}$ 得一特征向量 $\boldsymbol{\xi}_2=\begin{pmatrix}2\\-2\\1\end{pmatrix}$ 当 $\lambda=-2$ 时，由 $(\boldsymbol{A}+4\boldsymbol{E})\boldsymbol{x}=0$　$\boldsymbol{A}+2\boldsymbol{E}=$ $\begin{bmatrix}4&-2&0\\-2&3&-2\\0&-2&2\end{bmatrix}\rightarrow\begin{bmatrix}1&0&-\frac{1}{2}\\0&1&-1\\0&0&0\end{bmatrix}$ 得一特征向量 $\boldsymbol{\xi}_3=\begin{pmatrix}-\frac{1}{2}\\1\\1\end{pmatrix}$

由实对称矩阵不同特征值的特征向量正交，故将 $\boldsymbol{\xi}_1,\boldsymbol{\xi}_2,0_3$ 单位化.

$$\boldsymbol{\eta}_1=\frac{\boldsymbol{\xi}_1}{\|\boldsymbol{\xi}_1\|}=\begin{pmatrix}-\frac{2}{3}\\-\frac{1}{2}\\1\end{pmatrix}\qquad\boldsymbol{\eta}_2=\frac{\boldsymbol{\xi}_2}{\|\boldsymbol{\xi}_2\|}=\begin{pmatrix}\frac{2}{3}\\-\frac{2}{3}\\\frac{1}{3}\end{pmatrix}\qquad\boldsymbol{\eta}_3=\frac{\boldsymbol{\xi}_3}{\|\boldsymbol{\xi}_3\|}=\begin{pmatrix}\frac{1}{3}\\\frac{2}{3}\\\frac{1}{3}\end{pmatrix}$$

令 $\boldsymbol{P}=\begin{bmatrix}-\frac{2}{3}&\frac{2}{3}&\frac{1}{3}\\-\frac{1}{2}&-\frac{2}{3}&\frac{2}{3}\\1&\frac{1}{2}&\frac{1}{2}\end{bmatrix}$，则 $\boldsymbol{P}$ 为正交矩阵，$\boldsymbol{P}^{-1}\boldsymbol{A}\boldsymbol{P}=\begin{bmatrix}1&&\\&4&\\&&-2\end{bmatrix}$.

8. 由 $\boldsymbol{A}^2=\boldsymbol{A}$　得对于 $\boldsymbol{\alpha}\neq 0$　$\boldsymbol{A}^2\boldsymbol{\alpha}=\boldsymbol{A}\boldsymbol{\alpha}$　设 λ 为 $\boldsymbol{A}$ 的特征值，$\boldsymbol{\alpha}$ 为 λ 对应的特征向量，则 $\lambda^2\boldsymbol{\alpha}=\lambda\boldsymbol{\alpha}$　故 $\lambda=0$ 或 $\lambda=1$. 由 $\boldsymbol{A}$ 的秩为 γ，故 $\lambda=0$ 为 $n-\gamma$ 重特征值，则 $\lambda=1$ 为 γ 重特征值. $\therefore 2\boldsymbol{E}-\boldsymbol{A}$ 的特征值为 $2(n-\gamma$ 重$)$，$1(\gamma$ 重$)$ $\therefore$ $|2\boldsymbol{E}-\boldsymbol{A}|=2^{n-r}\cdot 1^r=2^{n-r}$.

习题 4.3

一、填空题

1. $-1,1,\frac{1}{2}\ \frac{1}{2},-\frac{1}{2},-1$ 2,4,5　2. 0　3. $\boldsymbol{E}$　4. $(1\quad 0\quad 1)^{\mathrm{T}}$

二、选择题

1. C　2. C　3. D　4. B

三、计算机

1. 由 $|\boldsymbol{A}-\lambda\boldsymbol{E}|=\begin{vmatrix}1-\lambda&-1&-1&-1\\-1&1-\lambda&-1&-1\\-1&-1&1-\lambda&-1\\-1&-1&-1&+1-\lambda\end{vmatrix}=(\lambda+2)(\lambda-2)^3$　故特征值为 $\lambda=$

$-2,\lambda=2$（三重）　当 $\lambda=-2$ 时，由 $(\boldsymbol{A}+2\boldsymbol{E})\boldsymbol{x}=0$　得特征向量 $\boldsymbol{\alpha}_1=\begin{pmatrix}-1\\1\\1\\1\end{pmatrix}$

当 $\lambda=2$ 时，由 $(\boldsymbol{A}-2\boldsymbol{E})\boldsymbol{x}=0$　得特征向量 $\boldsymbol{\alpha}_2=\begin{pmatrix}1\\1\\0\\0\end{pmatrix}\boldsymbol{\alpha}_3=\begin{pmatrix}1\\0\\1\\0\end{pmatrix}\boldsymbol{\alpha}_4=\begin{pmatrix}1\\0\\0\\1\end{pmatrix}$

实对称矩阵不同特征值的特征向量正交，故用施密特正交化法将 $\boldsymbol{\alpha}_2,\boldsymbol{\alpha}_3,\boldsymbol{\alpha}_4$ 正交化.

取 $\boldsymbol{\eta}_2=\boldsymbol{\alpha}_2=\begin{pmatrix}1\\1\\0\\1\end{pmatrix}$　$\boldsymbol{\eta}_3=\boldsymbol{\alpha}_3=\dfrac{[\boldsymbol{\alpha}_3,\eta_2]}{[\boldsymbol{\eta}_2,\boldsymbol{\eta}_2]}\boldsymbol{\eta}_2=\begin{pmatrix}\frac{1}{2}\\-\frac{1}{2}\\1\\0\end{pmatrix}$

$$\boldsymbol{\eta}_4=\boldsymbol{\alpha}_4-\frac{[\boldsymbol{\alpha}_4,\boldsymbol{\eta}_3]}{[\boldsymbol{\eta}_3,\boldsymbol{\eta}_3]}\boldsymbol{\eta}_3-\frac{[\boldsymbol{\alpha}_4,\boldsymbol{\eta}_2]}{[\boldsymbol{\eta}_2,\boldsymbol{\eta}_2]}\boldsymbol{\eta}_2=\begin{pmatrix}\frac{1}{3}\\-\frac{1}{3}\\-\frac{1}{3}\\1\end{pmatrix}$$

单位化 $\boldsymbol{\xi}_2=\dfrac{\boldsymbol{\eta}_2}{\|\boldsymbol{\eta}_2\|}=\begin{pmatrix}\frac{1}{\sqrt{2}}\\\frac{1}{\sqrt{2}}\\0\\0\end{pmatrix}$　$\boldsymbol{\xi}_3=\begin{pmatrix}\frac{1}{\sqrt{6}}\\-\frac{1}{\sqrt{6}}\\\frac{2}{\sqrt{6}}\\0\end{pmatrix}$　$\boldsymbol{\xi}_4=\begin{pmatrix}\frac{\sqrt{3}}{6}\\-\frac{\sqrt{3}}{6}\\-\frac{\sqrt{3}}{6}\\\frac{\sqrt{3}}{2}\end{pmatrix}$　$\boldsymbol{\xi}_1=\dfrac{\boldsymbol{\alpha}_1}{\|\boldsymbol{\alpha}_1\|}=\begin{pmatrix}-\frac{1}{2}\\\frac{1}{2}\\\frac{1}{2}\\\frac{1}{2}\end{pmatrix}$

令 $\boldsymbol{P}=(\boldsymbol{\xi}_1,\boldsymbol{\xi}_2,\boldsymbol{\xi}_3)=\begin{bmatrix}\frac{-1}{2}&\frac{1}{\sqrt{2}}&\frac{1}{\sqrt{6}}&\frac{\sqrt{3}}{6}\\\frac{1}{2}&\frac{1}{\sqrt{2}}&-\frac{1}{\sqrt{6}}&-\frac{\sqrt{3}}{6}\\\frac{1}{2}&0&\frac{2}{\sqrt{6}}&-\frac{\sqrt{3}}{6}\\\frac{1}{2}&0&0&\sqrt{3}\end{bmatrix}$ 为正矩阵，$\boldsymbol{P}^{-1}\boldsymbol{A}\boldsymbol{P}=\begin{bmatrix}-2&&&\\&2&&\\&&2&\\&&&2\end{bmatrix}$

2.(1)$\boldsymbol{A}$ 的秩为 2，故 $|\boldsymbol{A}|=|\boldsymbol{A}-\boldsymbol{O}\boldsymbol{E}|=0$　$\therefore \boldsymbol{O}$ 是矩阵 $\boldsymbol{A}$ 的特征值.

根据实际对称矩阵不同特征值的特征向量正交，设 $\boldsymbol{\alpha}_3=(x_1,x_2,x_3)^{\mathrm{T}}$.

则 $\begin{cases}\boldsymbol{\alpha}_1^{\mathrm{T}}\boldsymbol{\alpha}_3 = x_1 + x_2 = 0 \\ \boldsymbol{\alpha}_2^{\mathrm{T}}\alpha_3 = 2x_1 + x_2 + x_3 = 0\end{cases}$ $\therefore$可取 $\boldsymbol{\alpha}_3 = \begin{pmatrix}-1\\1\\1\end{pmatrix}$

$\therefore \boldsymbol{A}$ 的另一特征值为 0,对应的特征向量为 $k\begin{pmatrix}-1\\1\\1\end{pmatrix}, k \neq 0$.

(2)令 $\boldsymbol{P} = (\boldsymbol{\alpha}_1, \boldsymbol{\alpha}_2, \boldsymbol{\alpha}_3) = \begin{bmatrix}1 & 2 & -1\\1 & 1 & 1\\0 & 1 & 1\end{bmatrix}$ 则 $\boldsymbol{P}^{-1}\boldsymbol{A}\boldsymbol{P} = \boldsymbol{\Lambda} = \begin{bmatrix}6 & & \\ & 6 & \\ & & 0\end{bmatrix}$

$$\therefore \boldsymbol{A} = \boldsymbol{P}\boldsymbol{\Lambda}\boldsymbol{P}^{-1} = \begin{bmatrix}1 & 2 & -1\\1 & 1 & 1\\0 & 1 & 1\end{bmatrix}\begin{bmatrix}6 & & \\ & 6 & \\ & & 0\end{bmatrix}\begin{bmatrix}1 & 2 & -1\\1 & 1 & 1\\0 & 1 & 1\end{bmatrix}^{-1} = \begin{bmatrix}4 & 2 & 2\\2 & 4 & -2\\2 & -2 & 4\end{bmatrix}$$

3.(1)由题设条件 $\boldsymbol{A}\boldsymbol{\alpha}_1 = 0, \boldsymbol{A}\boldsymbol{\alpha}_2 = 0$ 即 $\boldsymbol{A}\boldsymbol{\alpha}_1 = 0 \cdot \boldsymbol{\alpha}_1 (\boldsymbol{\alpha}_1 \neq 0)$ $\boldsymbol{A}\boldsymbol{\alpha}_2 = 0 \cdot \boldsymbol{\alpha}_2 (\boldsymbol{\alpha}_2 \neq 0)$

$\therefore \boldsymbol{A}$ 有二重特征值 $\lambda_1 = \lambda_2 = 0$,对应的特征向量为 $\boldsymbol{\alpha}_1, \boldsymbol{\alpha}_2$,且 $\boldsymbol{\alpha}_1, \boldsymbol{\alpha}_2$ 线性无关,所以对应于 $\lambda = 0$ 的全部特征向量为 $C_1\boldsymbol{\alpha}_1 + C_2\boldsymbol{\alpha}_2$.

又各行元素之和等于 3,所以 $\boldsymbol{A}\begin{pmatrix}1\\1\\1\end{pmatrix} = \begin{pmatrix}3\\3\\3\end{pmatrix} = 3\begin{pmatrix}1\\1\\1\end{pmatrix}$,由此可知,$\boldsymbol{A}$ 有特征值 $\lambda_3 = 3$,对应的特征向量 $\boldsymbol{\alpha}_3 = \begin{pmatrix}1\\1\\1\end{pmatrix}$,所以对应于 $\lambda = 3$ 的全部特征向量为 $C_3\boldsymbol{\alpha}3$ $(C_3 \neq 0)$.

(2)将 $\boldsymbol{\alpha}_1, \boldsymbol{\alpha}_2$ 正交化 $\boldsymbol{\beta}_1 = \boldsymbol{\alpha}_1, \boldsymbol{\beta}_2 = \boldsymbol{\alpha}_2 - \dfrac{[\boldsymbol{\beta}_1, \boldsymbol{\alpha}_2]}{[\boldsymbol{\beta}_1, \boldsymbol{\beta}_1]}\boldsymbol{\beta}_1 = \begin{pmatrix}-\frac{1}{2}\\0\\\frac{1}{2}\end{pmatrix}$

再单位化 $\boldsymbol{\eta}_1 = \dfrac{\boldsymbol{\beta}_1}{\|\boldsymbol{\beta}_1\|} = \left(-\dfrac{1}{\sqrt{6}}, \dfrac{2}{\sqrt{6}}, -\dfrac{1}{\sqrt{6}}\right)^{\mathrm{T}}$

$\boldsymbol{\eta}_2 = \left(-\dfrac{1}{\sqrt{2}}, 0, \dfrac{1}{\sqrt{2}}\right)^{\mathrm{T}}$

$\boldsymbol{\eta}_3 = \left(\dfrac{1}{\sqrt{3}}, \dfrac{1}{\sqrt{3}}, \dfrac{1}{\sqrt{3}}\right)^{\mathrm{T}}$

令 $\boldsymbol{Q} = (\boldsymbol{\eta}_1, \boldsymbol{\eta}_2, \boldsymbol{\eta}_3) = \begin{bmatrix}-\frac{1}{\sqrt{6}} & -\frac{1}{\sqrt{2}} & \frac{1}{\sqrt{3}}\\ \frac{2}{\sqrt{6}} & 0 & \frac{1}{\sqrt{3}}\\ -\frac{1}{\sqrt{6}} & \frac{1}{\sqrt{2}} & \frac{1}{\sqrt{3}}\end{bmatrix}$ $\boldsymbol{Q}$ 正交矩阵,$\boldsymbol{Q}^{-1}\boldsymbol{A}\boldsymbol{Q} = \begin{bmatrix}0 & & \\ & 0 & \\ & & 3\end{bmatrix}$.

四、证明:

1. $\boldsymbol{A}$ 为正交矩阵,$\boldsymbol{A}^{\mathrm{T}}\boldsymbol{A} = \boldsymbol{E}$ 又 $\because |\boldsymbol{A}| = -1$,故 $|\boldsymbol{A}| = |\boldsymbol{A}^{\mathrm{T}}| = -1$

$\therefore |-\boldsymbol{E}-\boldsymbol{A}| = |-\boldsymbol{A}^{\mathrm{T}}\boldsymbol{A}-\boldsymbol{A}| = |-(\boldsymbol{A}^{\mathrm{T}}+\boldsymbol{E})\boldsymbol{A}| = |\boldsymbol{A}|\cdot|(-\boldsymbol{A}-\boldsymbol{E})^{\mathrm{T}}| = |\boldsymbol{A}||-\boldsymbol{E}-\boldsymbol{A}| = -|-\boldsymbol{E}-\boldsymbol{A}|$　$\therefore 2|-\boldsymbol{E}-\boldsymbol{A}|=0$　故-1是$\boldsymbol{A}$的一个特征值.

2. 证明：由题设知　$\boldsymbol{A}\boldsymbol{\alpha}_1=\lambda_1\boldsymbol{\alpha}_1, \boldsymbol{A}\boldsymbol{\alpha}_2=\lambda_2\boldsymbol{\alpha}_2$，且$\boldsymbol{\alpha}_1,\boldsymbol{\alpha}_2$线性无关.

$\boldsymbol{\alpha}_1$，$\boldsymbol{A}(\boldsymbol{\alpha}_1+\boldsymbol{\alpha}_2)$线性无关的充分必要条件是$k_1\boldsymbol{\alpha}_1+k_2\boldsymbol{A}(\boldsymbol{\alpha}_1+\boldsymbol{\alpha}_2)=0$仅有零解$k_1=0,k_2=0$.

$k_1\boldsymbol{\alpha}_1+k_2\boldsymbol{A}(\boldsymbol{\alpha}_1+\boldsymbol{\alpha}_2)=k_1\boldsymbol{\alpha}_1+k_2\lambda_1\boldsymbol{\alpha}_1+k_2\lambda_2\boldsymbol{\alpha}_2=(k_1+k_2\lambda_1)\boldsymbol{\alpha}_1+k_2\lambda_2\boldsymbol{\alpha}_2=0$

由$\boldsymbol{\alpha}_1,\boldsymbol{\alpha}_2$结性无关得$\begin{cases}k_1+k_2\lambda_1=0\\k_2\lambda_2=0\end{cases}$仅有零角等价于系数行列式$\begin{vmatrix}1&\lambda_1\\0&\lambda_2\end{vmatrix}\neq 0$，即

$\lambda_2\neq 0$.

5.2　同步训练

习题 5.1

一、判断题

1. √　2. ×　3. ×　4. √　5. ×

二、选择题

1. C　2. A　3. B　4. A　5. B

三、用配方法化下列二次型成标准型，并求所用的变换矩阵

1. 用配方法

$$\begin{aligned}f&=x_1^2-4x_1x_2+2x_1x_3+x_2^2+2x_2x_3-2x_3^2\\&=x_1^2-(4x_2-2x_3)x_1+x_2^2+2x_2x_3-2x_3^2\\&=(^x_1-2x_2+x_3)2-(^2x_2-x_3)2+x_2^2+2x_2x_3-2x_3^2\\&=(^x_1-2x_2+x_3)2-3x_2^2-3x_3^2+6x_2x_3=(^x_1-2x_2+x_3)2-3(^x_2-x_3)2\end{aligned}$$

令$\begin{cases}y_1=x_1-2x_2+x_3\\y_2=x_2-x_3\\y_3=x_3\end{cases}$，即$\begin{cases}x_1=y_1+2y_2+y_3\\x_2=y_2+y_3\\x_3=y_3\end{cases}$　亦即$\begin{bmatrix}x_1\\x_2\\x_3\end{bmatrix}=\begin{bmatrix}1&2&1\\0&1&1\\0&0&1\end{bmatrix}\begin{bmatrix}y_1\\y_2\\y_3\end{bmatrix}$，所用

变换矩阵$C=\begin{bmatrix}1&2&1\\0&1&1\\0&0&1\end{bmatrix}$，代入原二次型可得标准型$f=y_1^2-3y_2^2$.

2. 用配方法

在f中不含平方项。由于含有x_1x_2乘积项，故令

$\begin{cases}x_1=y_1+y_2\\x_2=y_1-y_2\\x_3=y_3\end{cases}$，即$\begin{bmatrix}x_1\\x_2\\x_3\end{bmatrix}=\begin{bmatrix}1&1&0\\1&-1&0\\0&0&1\end{bmatrix}\begin{bmatrix}y_1\\y_2\\y_3\end{bmatrix}$，代入可得

$$f=y_1^2-y_2^2+4y_1y_3-2y_2y_3,$$

再配方可得

$$f=(y_1+2y_3)^2-(y_2+y_3)^2-3y_3^2.$$

令 $\begin{cases} z_1 = y_1 + 2y_3 \\ z_2 = y_2 + y_3 \\ z_3 = y_3 \end{cases}$，即 $\begin{cases} y_1 = z_1 - 2z_3 \\ y_2 = z_2 - z_3 \\ y_3 = z_3 \end{cases}$，亦即 $\begin{bmatrix} y_1 \\ y_2 \\ y_3 \end{bmatrix} = \begin{bmatrix} 1 & 0 & -2 \\ 0 & 1 & -1 \\ 0 & 0 & 1 \end{bmatrix}\begin{bmatrix} z_1 \\ z_2 \\ z_3 \end{bmatrix}$

就把 f 化成标准型 $f = z_1^2 - z_2^2 - 3z_3^2$，所用变换矩阵为

$C = \begin{bmatrix} 1 & 1 & 0 \\ 1 & -1 & 0 \\ 0 & 0 & 1 \end{bmatrix}\begin{bmatrix} 1 & 0 & -2 \\ 0 & 1 & -1 \\ 0 & 0 & 1 \end{bmatrix} = \begin{bmatrix} 1 & 1 & -3 \\ 1 & -1 & -1 \\ 0 & 0 & 1 \end{bmatrix}$ $(|C| = -1 \neq 0)$，所用线性变换为 $x = Cz$.

四、题设二次型的矩阵 $\boldsymbol{A} = \begin{bmatrix} 2 & 1 & 1 & \cdots & 1 \\ 1 & 2 & 1 & \cdots & 1 \\ 1 & 1 & 2 & \cdots & 1 \\ \vdots & \vdots & \vdots & \vdots & \vdots \\ 1 & 1 & 1 & \cdots & 2 \end{bmatrix}$，因为 $|\boldsymbol{A}_n| = \begin{vmatrix} 2 & 1 & 1 & \cdots & 1 \\ 1 & 2 & 1 & \cdots & 1 \\ 1 & 1 & 2 & \cdots & 1 \\ \vdots & \vdots & \vdots & \ddots & \vdots \\ 1 & 1 & 1 & \cdots & 2 \end{vmatrix} =$

$(n+1)\begin{vmatrix} 1 & 1 & 1 & \cdots & 1 \\ 0 & 1 & 0 & \cdots & 0 \\ 0 & 0 & 1 & \cdots & 0 \\ \vdots & \vdots & \vdots & \ddots & \vdots \\ 0 & 0 & 0 & \cdots & 1 \end{vmatrix} = n+1$，对于任意的 $n > 0$，都有 $\boldsymbol{A}_n > 0$ 所以二次型 $f(x_1, x_2, \cdots, x_n)$ 是正定的。

五、设 $f = 2x_1^2 + x_2^2 - 4x_1x_2 - 4x_2x_3$ 则二次型 f 的矩阵为 $\boldsymbol{A} = \begin{bmatrix} 2 & -2 & 0 \\ -2 & 1 & -2 \\ 0 & -2 & 0 \end{bmatrix}$，

矩阵 $\boldsymbol{A}$ 的特征方程为 $|\boldsymbol{A} - \lambda\boldsymbol{E}| = \begin{vmatrix} 2-\lambda & -2 & 0 \\ -2 & 1-\lambda & -2 \\ 0 & -2 & -\lambda \end{vmatrix} = -(\lambda-4)(\lambda+2)(\lambda-1) = 0$

$\boldsymbol{A}$ 的特征值为 $\lambda_1 = 4, \lambda_2 = -2, \lambda_3 = 1$.

当 $\lambda_1 = 4$ 时，由 $(\boldsymbol{A} - 4\boldsymbol{E})x = 0$，得基础解系 $\boldsymbol{p}_1 = (2\quad -2\quad 1)^{\mathrm{T}}$；

当 $\lambda_2 = -2$ 时，由 $(\boldsymbol{A} + 2\boldsymbol{E})x = 0$，得基础解系 $\boldsymbol{p}_2 = (1\quad 2\quad 2)^{\mathrm{T}}$；

当 $\lambda_3 = 1$ 时，由 $(\boldsymbol{A} - \boldsymbol{E})x = 0$，得基础解系 $\boldsymbol{p}_3 = (2\quad 1\quad -2)^{\mathrm{T}}$.

不难验证 $\boldsymbol{p}_1, \boldsymbol{p}_2, \boldsymbol{p}_3$ 是正交向量组。把 $\boldsymbol{p}_1, \boldsymbol{p}_2, \boldsymbol{p}_3$ 单位化，得

$$\boldsymbol{\eta}_1 = \frac{\boldsymbol{p}_1}{\|\boldsymbol{p}_1\|} = \begin{bmatrix} \frac{2}{3} \\ -\frac{2}{3} \\ \frac{1}{3} \end{bmatrix}, \boldsymbol{\eta}_2 = \frac{\boldsymbol{p}_2}{\|\boldsymbol{p}_2\|} = \begin{bmatrix} \frac{1}{3} \\ \frac{2}{3} \\ \frac{2}{3} \end{bmatrix}, \boldsymbol{\eta}_3 = \frac{\boldsymbol{p}_3}{\|\boldsymbol{p}_3\|} = \begin{bmatrix} \frac{2}{3} \\ \frac{1}{3} \\ -\frac{2}{3} \end{bmatrix}.$$

令 $P=(\boldsymbol{\eta}_1,\boldsymbol{\eta}_2,\boldsymbol{\eta}_3)=\begin{bmatrix}\frac{2}{3} & \frac{1}{3} & \frac{2}{3}\\ -\frac{2}{3} & \frac{2}{3} & \frac{1}{3}\\ \frac{1}{3} & \frac{2}{3} & -\frac{2}{3}\end{bmatrix}$，

则经正交变换 $x=Py$ 后，二次型化为标准型 $f=4y_1^2-2y_2^2+y_3^2$. 所以当 $f(x_1,x_2,x_3)=1$ 时，表示单叶双曲面。

六、证明题

1. 因为 $(\boldsymbol{A}^{\mathrm{T}}\boldsymbol{A})^{\mathrm{T}}=\boldsymbol{A}^{\mathrm{T}}\boldsymbol{A}$ ，所以 $\boldsymbol{A}^{\mathrm{T}}\boldsymbol{A}$ 为实对称矩阵。又 $f(x)=x^{\mathrm{T}}\boldsymbol{A}^{\mathrm{T}}\boldsymbol{A}x=(\boldsymbol{A}x)^{\mathrm{T}}\boldsymbol{A}x=\|\boldsymbol{A}x\|^2>0$　故 $\boldsymbol{A}^{\mathrm{T}}\boldsymbol{A}$ 为正定矩阵。
2. 取 $x=\varepsilon_i=(0,\ \cdots,\ 0,\ 1,\ 0,\ \cdots,\ 0)^{\mathrm{T}}$ ，因为 A 为正定矩阵，则
 $f(x)=x^{\mathrm{T}}\boldsymbol{A}x=a_{ii}>0\quad(i=1,2,\cdots,n)$.
3. 设 λ 为 $\boldsymbol{A}$ 的特征值，即存在 $x\neq 0$ ，使得 $\boldsymbol{A}x=\lambda x$. 由 $(\boldsymbol{A}+\boldsymbol{E})x=(\lambda+1)x$ 知 $\boldsymbol{A}+\boldsymbol{E}$ 的特征值为 $\lambda+1$.
 设 $\boldsymbol{A}$ 的 n 个特征值为 $\lambda_1,\lambda_2,\cdots\lambda_n,(\lambda_i>0,i=1,\cdots,n)$ ，则 $\boldsymbol{A}+\boldsymbol{E}$ 的 n 个特征值为 $\lambda_1+1,\lambda_2+1,\cdots\lambda_n+1,(\lambda_i+1>1,i=1,\cdots,n)$ ，故 $|\boldsymbol{A}+\boldsymbol{E}|=(\lambda_1+1)(\lambda_2+1)\cdots(\lambda_n+1)>1$.

习题 5. 2

一、填空题

1. $\begin{bmatrix}1 & 2 & 0\\ 2 & 2 & 1\\ 0 & 1 & 3\end{bmatrix}$　2. $x_1^2+2x_2^2+3x_3^2+4x_1x_2+8x_1x_3-2x_2x_3$　3. $t\in\left(-1,-\frac{4}{5}\right)\cup(0,1)$

4. $t>n$　5. $\begin{bmatrix}1 & 1 & 0\\ 1 & -1 & 0\\ 0 & 0 & 1\end{bmatrix}$　6. $-\sqrt{\frac{5}{3}}<a<\sqrt{\frac{5}{3}}$

二、单选题

1. C　2. D　3. B　4. D　5. D　6. A　7. D　8. C

三、计算

1. 二次型 f 的矩阵为 $\boldsymbol{A}=\begin{bmatrix}2 & 1 & 0\\ 1 & 1 & \frac{t}{2}\\ 0 & \frac{t}{2} & 1\end{bmatrix}$，二次型的秩为 2，则矩阵的秩为 2，故 $|A|=0$.

 又 $|\boldsymbol{A}|=1-\frac{t^2}{2}=0$ ，故 $t=\pm\sqrt{2}$.

2. 二次型 f 的矩阵为 $\boldsymbol{A}=\begin{bmatrix}0 & \frac{1}{2} & 1\\ \frac{1}{2} & 0 & -2\\ 1 & -2 & 0\end{bmatrix}$，因为二次型的秩等于矩阵的秩，故

$$|\boldsymbol{A}|=\begin{vmatrix}0&\frac{1}{2}&1\\\frac{1}{2}&0&-2\\1&-2&0\end{vmatrix}=\begin{vmatrix}0&\frac{1}{2}&1\\\frac{1}{2}&0&-2\\0&-2&4\end{vmatrix}=-\begin{vmatrix}\frac{1}{2}&0&-2\\0&\frac{1}{2}&1\\0&0&8\end{vmatrix}=-2\neq 0$$

所以二次型的秩为 3.

四、用配方法化下列二次型成标准型,并写出所用变换的矩阵.

1. 用配方法

在 f 中不含平方项。由于含有 x_1x_2 乘积项,故令

$$\begin{cases}x_1=y_1+y_2\\x_2=y_1-y_2\\x_3=y_3\end{cases},\text{即}\begin{bmatrix}x_1\\x_2\\x_3\end{bmatrix}=\begin{bmatrix}1&1&0\\1&-1&0\\0&0&1\end{bmatrix}\begin{bmatrix}y_1\\y_2\\y_3\end{bmatrix},\text{代入可得 } f=y_1^2-y_2^2+2y_1y_3,$$

再配方可得 $f=(y_1+y_3)^2-y_2{}^2-y_3^2$.

$$\text{令}\begin{cases}z_1=y_1+y_3\\z_2=y_2\\z_3=y_3\end{cases},\text{即}\begin{cases}y_1=z_1-z_3\\y_2=z_2\\y_3=z_3\end{cases},\text{亦即}\begin{bmatrix}y_1\\y_2\\y_3\end{bmatrix}=\begin{bmatrix}1&0&-1\\0&1&0\\0&0&1\end{bmatrix}\begin{bmatrix}z_1\\z_2\\z_3\end{bmatrix}$$

就把 f 化成标准型 $f=z_1^2-z_2^2-z_3^2$,所用变换矩阵为

$$\boldsymbol{C}=\begin{bmatrix}1&1&0\\1&-1&0\\0&0&1\end{bmatrix}\begin{bmatrix}1&0&-1\\0&1&0\\0&0&1\end{bmatrix}=\begin{bmatrix}1&1&-1\\1&-1&-1\\0&0&1\end{bmatrix}\quad(|\boldsymbol{C}|=-1\neq 0)$$

,所用线性变换为 $x=\boldsymbol{C}z$.

2. 用配方法

$f=x_1^2-4x_1x_2+2x_1x_3+x_2^2+2x_2x_3-2x_3^2$

$=x_1^2-(4x_2-2x_3)x_1+x_2^2+2x_2x_3-2x_3^2=(x_1-2x_2+x_3)2-(2x_2-x_3)2+x_2^2+2x_2x_3-2x_3^2$

$=(x_1-2x_2+x_3)2-3x_2^2-3x_3^2+6x_2x_3=(x_1-2x_2+x_3)2-3(x_2-x_3)2$

$$\text{令}\begin{cases}y_1=x_1-2x_2+x_3\\y_2=x_2-x_3\\y_3=x_3\end{cases},\text{即}\begin{cases}x_1=y_1+2y_2+y_3\\x_2=y_2+y_3\\x_3=y_3\end{cases}\text{亦即}\begin{bmatrix}x_1\\x_2\\x_3\end{bmatrix}=\begin{bmatrix}1&2&1\\0&1&1\\0&0&1\end{bmatrix}\begin{bmatrix}y_1\\y_2\\y_3\end{bmatrix},\text{所用}$$

变换矩阵 $C=\begin{bmatrix}1&2&1\\0&1&1\\0&0&1\end{bmatrix}$,代入原二次型可得标准型 $f=y_1^2-3y_2^2$.

五、证明:$\boldsymbol{A}$ 正定,则矩阵 $\boldsymbol{A}$ 满秩,且其特征值全为正。

不妨设 $\lambda_1,\lambda_2,\cdots\lambda_n,(\lambda_i>0,i=1,\cdots,n)$ 为其特征值,故存在一个正交矩阵 $\boldsymbol{P}$,使

$$\boldsymbol{P}^{\mathrm{T}}\boldsymbol{A}\boldsymbol{P}=\boldsymbol{\Lambda}=\begin{bmatrix}\lambda_1&&&\\&\lambda_2&&\\&&\ddots&\\&&&\lambda_n\end{bmatrix}=\begin{bmatrix}\sqrt{\lambda_1}&&&\\&\sqrt{\lambda_2}&&\\&&\ddots&\\&&&\sqrt{\lambda_n}\end{bmatrix}\times\begin{bmatrix}\sqrt{\lambda_1}&&&\\&\sqrt{\lambda_2}&&\\&&\ddots&\\&&&\sqrt{\lambda_n}\end{bmatrix}$$

记 $Q=\begin{bmatrix}\sqrt{\lambda_1} & & & \\ & \sqrt{\lambda_2} & & \\ & & \ddots & \\ & & & \sqrt{\lambda_n}\end{bmatrix}$，因 P 为正定矩阵，则 P 可逆，$P^{-1}=P^{\mathrm{T}}$，所以 $A=$

$PQQ^{\mathrm{T}}P^{\mathrm{T}}=PQ(PQ)^{\mathrm{T}}$，令 $(PQ)^{\mathrm{T}}=U$，U 可逆，则 $A=U^{\mathrm{T}}U$.

六、1. 二次型对应的矩阵 $A=\begin{bmatrix}2 & 0 & 0\\ 0 & 0 & 1\\ 0 & 1 & a\end{bmatrix}$.

2. 因为二次型由正交变换化为二次型 $f=2x_1^2+bx_2^2-x_3^2$，故 $2,b,-1$ 是 A 的特征值.

又因 $|A-\lambda E|=\begin{vmatrix}2-\lambda & 0 & 0\\ 0 & -\lambda & 1\\ 0 & 1 & a-\lambda\end{vmatrix}=(2-\lambda)(\lambda^2-a\lambda-1)=0$，

将 -1 代入可得 $3\times(1+a-1)=0$，所以 $a=0$. 因 $|A|=2\times b\times(-1)=-2$，故 $b=1$.

3. 由上题可知 A 的特征值为 $\lambda_1=2,\lambda_2=-1,\lambda_3=1$.

当 $\lambda_1=2$ 时，由 $(A-2E)x=0$，得基础解系 $p_1=(1\ \ 0\ \ 0)^{\mathrm{T}}$；

当 $\lambda_2=-1$ 时，由 $(A+E)x=0$，得基础解系 $p_2=(0\ \ -1\ \ 1)^{\mathrm{T}}$；

当 $\lambda_3=1$ 时，由 $(A-E)x=0$，得基础解系 $p_3=(0\ \ 1\ \ 1)^{\mathrm{T}}$.

不难验证 p_1,p_2,p_3 是正交向量组。把 p_1,p_2,p_3 单位化，得

$$\eta_1=\frac{p_1}{\|p_1\|}=\begin{bmatrix}1\\0\\0\end{bmatrix},\ \eta_2=\frac{p_2}{\|p_2\|}=\begin{bmatrix}0\\-\frac{1}{\sqrt2}\\\frac{1}{\sqrt2}\end{bmatrix},\ \eta_3=\frac{p_3}{\|p_3\|}=\begin{bmatrix}0\\\frac{1}{\sqrt2}\\\frac{1}{\sqrt2}\end{bmatrix}.$$

故所求正交矩阵 $U=(\eta_1,\eta_2,\eta_3)=\begin{bmatrix}1 & 0 & 0\\ 0 & -\frac{1}{\sqrt2} & \frac{1}{\sqrt2}\\ 0 & \frac{1}{\sqrt2} & \frac{1}{\sqrt2}\end{bmatrix}$.

模拟试题(一)

一、1. C　2. B　3. A　4. D　5. D

二、1. −4　2. 9　3. 1　4. 24　5. 大于零

三、√，×，√，×，×

四、1. $B=\begin{bmatrix}0 & 3 & 3\\ -1 & 2 & 3\\ 1 & 1 & 0\end{bmatrix}$

2. 原方程组有无穷多解；原方程组对应的齐次方程组 $AX=0$ 的基础解系为：

$$x_1=(1\quad 1\quad 0\quad 0)^{\mathrm{T}},x_2=(1\quad 0\quad 2\quad 1)^{\mathrm{T}},$$

所以原方程组的通解为：$\boldsymbol{x}=(1,0,1,0)^{\mathrm{T}}+k_1x_1+k_2x_2$，其中 k_1,k_2 为任意常数.

3. 该向量组的秩等于 3，它是线性相关的，它的一个最大无关组为 $\alpha_1,\alpha_2,\alpha_3$，且 $\alpha_4=2\alpha_2$.

五、1. (1) $\boldsymbol{A}$ 的对应于特征值 3 的全部特征向量为 $c\boldsymbol{p}_3=c\begin{bmatrix}1\\0\\1\end{bmatrix}$（$c$ 为任意实数）.

(2) $A=\dfrac{1}{6}\begin{bmatrix}13&-2&5\\-2&10&2\\5&2&13\end{bmatrix}$.

2. $f=z_1^2-z_2^2-z_3^2$，所用满秩变换矩阵为 $\boldsymbol{C}=\begin{bmatrix}1&1&-1\\1&-1&-1\\0&0&1\end{bmatrix}$，其正惯性指数为 1.

六、略.

模拟试题(二)

一、1. 2　2. $\begin{bmatrix}1&2&3\\2&4&6\\3&6&9\end{bmatrix}$　3. 0

4. $\dfrac{1}{2}(-1)^n$　5. $k(2,-1,0,-1)^{\mathrm{T}}$　6. 2　7. 唯一

二、1. B　2. C　3. B　4. D　5. A

三、×，√，×，√

四、1. 310；　2. $\boldsymbol{X}=\begin{bmatrix}2&0&1\\0&3&0\\1&0&2\end{bmatrix}$.

五、f 为负定.

六、1. 当 $a=-1$ 且 $b\neq3$ 时，方程组无解；当 $a\neq-1$ 时，方程组有唯一解；当 $a=-1$ 且 $b=3$ 时，方程组有无穷多解.

2. $\boldsymbol{a}_1,\boldsymbol{a}_2$，是向量组 $\boldsymbol{a}_1,\boldsymbol{a}_2,\boldsymbol{a}_3,\boldsymbol{a}_4$ 的一个极大线性无关组，且 $\boldsymbol{a}_3=\dfrac{4}{3}\boldsymbol{a}_1-\dfrac{1}{3}\boldsymbol{a}_2$，$\boldsymbol{a}_4=\dfrac{13}{3}\boldsymbol{a}_1+\dfrac{2}{3}\boldsymbol{a}_2$

3. 正交矩阵 $\boldsymbol{P}=\begin{bmatrix}0&1&0\\\frac{1}{\sqrt2}&0&\frac{1}{\sqrt2}\\\frac{1}{\sqrt2}&0&-\frac{1}{\sqrt2}\end{bmatrix}$，$\boldsymbol{P}^{-1}\boldsymbol{A}\boldsymbol{P}=\begin{bmatrix}5&&\\&1&\\&&-1\end{bmatrix}$.

七、证明略

第三篇

概　率　论

第 1 章　随机事件与概率

1.1　典型例题

【例 1-1】　设 A、B 为任意两个事件，化简下式

$$(A\cup B)(\bar{A}\cup B)(\bar{A}\cup\bar{B})(A\cup\bar{B})$$

分析　考虑到所需化简之式的特点，利用事件积对和的分配律：$AB\cup C=(A\cup C)(B\cup C)$ 即可.

解　利用事件积对和的分配律所给之式化为

$$(A\bar{A}\cup B)(\bar{A}A\cup\bar{B})=(\varnothing\cup B)(\varnothing\cup\bar{B})=B\bar{B}=\varnothing.$$

【例 1-2】　设 A、B 为两事件，

(1)若 $AB=A\cup B$，则 A 与 B 应满足什么关系；

(2)若 $AB=\bar{A}\bar{B}$，则 A 与 B 应满足什么关系.

分析　要充分利用事件的关系与运算的一些性质和常用的关系式.

解　(1)由 $AB=A\cup B=\bar{A}B\cup A\bar{B}\cup AB$ 知，$\bar{A}B\subset AB$

又 $\bar{A}B$、$A\bar{B}$、AB 互不相容，从而有，$\bar{A}B=(\bar{A}B)(\bar{A}B)\subset(\bar{A}B)(AB)=\varnothing$

故 $\bar{A}B=\varnothing$，从而有 $B\subset A$；

仿上述推导可得 $A\bar{B}=\varnothing$，从而有 $A\subset B$；

于是得 $A=B$.

(2)由 $AB=\bar{A}\bar{B}=\overline{A\cup B}$，有

$$\varnothing=(A\cup B)(\overline{A\cup B})=(A\cup B)AB=AB,$$

$$S=(A\cup B)\cup(\overline{A\cup B})=(A\cup B)\cup AB=A\cup B.$$

上述两式表明 A 与 B 是互为对立事件，即，$A=\bar{B}$.

【例 1-3】　一射手向目标射击 3 发子弹，A_i 表示第 i 发子弹打中目标（$i=1,2,3$）. 试用 A_1、A_2、A_3 及其运算表示下列事件：

(1)B_1：3 发子弹都打中了目标；

(2)B_2：3 发子弹至少有 1 发打中了目标；

(3)B_3：3 发子弹至少有 1 发未打中目标；

(4)B_4：3 发子弹至少有 2 发打中了目标；

(5)B_5：3 发子弹恰有 1 发打中了目标；

(6)B_6：3 发子弹至多有 1 发打中了目标；

解　(1)$B_1=A_1A_2A_3$；(2)$B_2=A_1\cup A_2\cup A_3$；

(3)$B_3=\bar{A}_1\cup\bar{A}_2\cup\bar{A}_3$；又 $\bar{B}_3=B_1$，故 $B_3=\overline{A_1A_2A_3}$；

(4)$B_4=A_1A_2\cup A_1A_3\cup A_2A_3$；

(5)$B_5=A_1\bar{A}_2\bar{A}_3\cup\bar{A}_1A_2\bar{A}_3\cup\bar{A}_1\bar{A}_2A_3$；或 $B_5=B_2-B_4=(A_1\cup A_2\cup A_3)-(A_1A_2\cup A_1A_3\cup A_2A_3)$；

(6) $B_6=\bar{A}_1\bar{A}_2\bar{A}_3\cup A_1\bar{A}_2\bar{A}_3\cup\bar{A}_1A_2\bar{A}_3\cup\bar{A}_1\bar{A}_2A_3$；由 $\bar{B}_6=B_4$ 知，$B_6=\overline{A_1A_2\cup A_1A_3\cup A_2A_3}$；或 B_6：至少有 2 发未中，故 $B_6=\bar{A}_1\bar{A}_2\cup\bar{A}_1\bar{A}_3\cup\bar{A}_2\bar{A}_3$.

【例 1-4】 袋中有 n 只黑球和 n 只白球，从袋中随机地不放回地将球一只只全部摸出来. 试求下列事件的概率：

(1)A_1：两种颜色的球恰好相间被摸出；

(2)A_2：任意两只黑球都不相继被摸出；

(3)A_3：n 只黑球连续被摸出；

(4)A_4：第 k 次摸球时第 1 次摸到黑球($1\leqslant k\leqslant n+1$)；

(5)A_5：第 k 次摸球时第 1 次摸到黑球且第 $2n$ 次摸到白球($1\leqslant k\leqslant n$)；

(6)A_6：第 k 次摸球时第 2 次摸到黑球($2\leqslant k\leqslant n+2$).

分析 这是一个用古典概率解决的问题. 首先要选择适合解决这个问题的试验和样本空间，其次要正确算出基本事件总数和诸有关事件的有利场合数.

解 把 n 只黑球和 n 只白球都编上不同的号码. 将摸出的 $2n$ 只球依次放在排成一直线的 $2n$ 个位置上，就是试验的一个可能的结果，即为一个基本事件. 由此可知基本事件总数为 $(2n)!$. 这些基本事件发生是等可能的.

(1)A_1 的有利场合数可如下计算：在第 1、3、…、$2n-1$ 个位置上分别放黑球，有 $n!$ 种放法；在第 2、4、…、$2n$ 个位置上分别放白球，也有 $n!$ 种放法. 这样黑、白球恰好相间的放法为 $n!\times n!$ 种. 还有在第 1、3、…、$2n-1$ 个位置上分别放白球，在第 2、4、…、$2n$ 个位置上分别放黑球，这样黑、白球恰好相间的放法也为 $n!\times n!$ 种. 故 A_1 的有利场合数为 $2\times n!\times n!$.

于是所求概率为 $P(A_1)=\dfrac{2\times n!\times n!}{(2n)!}=\dfrac{2}{C_{2n}^n}$.

(2)A_2 的有利场合数可如下计算：n 只白球任意放在 n 个位置上有 $n!$ 种放法. 对于每一种这样的放法，认为每两只相邻的白球之间各有一空隙，再加第一只白球之前和第 n 只白球之后，认为共有 $n+1$ 个空隙. 从这 $n+1$ 个空隙中任取 n 个放置 n 只黑球有 A_{n+1}^n 种放法. 故 A_2 的有利场合数为 $n!\times A_{n+1}^n$.

于是所求概率为 $P(A_2)=\dfrac{n!\times A_{n+1}^n}{(2n)!}=\dfrac{n+1}{C_{2n}^n}$.

(3)A_3 的有利场合数可如下计算：将 n 只黑球看成为“一只球”，与 n 只白球合起来共有 $n+1$只，将它们任意放置为一列有$(n+1)!$ 种放法. 对于每一种这样的放法 n 只黑球又可以任意放置为一列有 $n!$ 种放法. 故 A_3 的有利场合数为$(n+1)!\times n!$.

于是所求概率为 $P(A_3)=\dfrac{(n+1)!\times n!}{(2n)!}=\dfrac{n+1}{C_{2n}^n}$.

(4)A_4 的有利场合数可如下计算：从 n 只白球中摸出 $k-1$ 只放在前 $k-1$ 个位置上有 A_n^{k-1} 种放法，从 n 只黑球中摸出 1 只放在第 k 个位置上有 A_n^1 种放法，再将剩下的$(2n-k)$个球摸出放在剩下的$(2n-k)$个位置上有$(2n-k)!$ 种放法. 故 A_4 的有利场合数为 $A_n^{k-1}\times A_n^1\times$

$(2n-k)!$.

于是所求概率为 $P(A_4)=\dfrac{A_n^{k-1}\times A_n^1\times(2n-k)!}{(2n)!}=\dfrac{A_n^{k-1}\times A_n^1}{A_{2n}^k}$.

(5)注意到第 $2n$ 次要摸白球,因此要从 n 只白球中摸出 1 只放在第 $2n$ 个位置上,再考虑从 $n-1$ 只白球中摸出 $k-1$ 只放在前 $k-1$ 个位置上.仿(4)可得 A_5 的有利场合数为 $A_{n-1}^{k-1}\times A_n^1\times[2n-(k+1)]!\times A_n^1$.

于是所求概率为 $P(A_5)=\dfrac{A_{n-1}^{k-1}\times A_n^1\times[2n-(k+1)]!\times A_n^1}{(2n)!}=\dfrac{A_n^k A_n^1}{A_{2n}^{k+1}}$.

(6)注意到前 $k-1$ 次摸到 $k-2$ 只白球和 1 只黑球,放在前 $k-1$ 个位置上有 $C_n^{k-2}\times C_n^1\times(k-1)!$ 种放法,第 k 次摸到 1 只黑球放在第 k 个位置上有 A_{n-1}^1 种放法.仿(4)可得 A_6 的有利场合数为 $C_n^{k-2}\times C_n^1\times(k-1)!\times A_{n-1}^1\times(2n-k)!$.

$$\begin{aligned}\text{于是所求概率为 } P(A_6)&=\frac{C_n^{k-2}\times C_n^1\times(k-1)!\times A_{n-1}^1\times(2n-k)!}{(2n)!}\\&=\frac{C_n^{k-2}\times C_n^1\times(k-1)!\times A_{n-1}^1}{A_{2n}^k}.\end{aligned}$$

【例 1-5】 有 r 个人,每个都以 $\dfrac{1}{n}$ 的概率分配到 n 个房间中的任意一间(每间房容纳人数不限,$r\leqslant n$).试求下列事件的概率.

(1)A_1:某指定的 r 个房间各有 1 人;

(2)A_2:恰有 r 个房间各有 1 人;

(3)A_3:某指定的一个房间恰有 i 个人($0\leqslant i\leqslant r$);

(4)A_4:恰好有一个房间有 2 个人,其余的每个房间不多于 1 个人;

(5)A_5:恰好有两个房间有人;

(6)A_6:某指定的一个房间中不多于 2 个人;

(7)A_7:至少有一个房间多于 1 个人.

解 把 r 个人分配到 n 个房间的一种分法就是试验的一个可能的结果,即为一个基本事件.由此可知基本事件总数为 n^r.这些基本事件发生是等可能的.

(1)A_1 的有利场合数可如下计算:第 1 个人可分配到指定的 r 个房间中的任意一间,有 r 种分法;第 2 个人可分配到指定的 r 个房间中剩下的 $r-1$ 个房间中的任意一间,有 $r-1$ 种分法;…,等等.故 A_1 的有利场合数为 $r!$.

于是所求概率为 $P(A_1)=\dfrac{r!}{n^r}$.

(2)A_2 的有利场合数可如下计算:第 1 个人可分配到 n 个房间中的任意一间有 n 种分法;第 2 个人可分配到剩下的 $n-1$ 个房间中的任意一间有 $n-1$ 种分法…….故 A_2 的有利场合数为 A_n^r.

由于 A_2 也可等价地叙述为:n 个房间中任意的 r 个房间各有 1 人.注意到 A_2 与 A_1 的区别,故 A_2 的有利场合数也可表示为 $C_n^r\times r!=A_n^r$.

于是所求概率为 $P(A_2)=\dfrac{A_n^r}{n^r}$.

(3)A_3 的有利场合数可如下计算:先从 r 个人中任取 i 个人共有 C_r^i 种取法;对于每一种这样取出的 i 个人将他们分配到某指定的那个房间有 1 种分法;再把剩下的$(r-i)$个人任意分配

到 $n-1$ 个房间去有 $(n-1)^{r-i}$ 种分法. 故 A_3 的有利场合数为 $C_r^i\times 1\times(n-1)^{r-i}=C_r^i(n-1)^{r-i}$.

于是所求概率为 $P(A_3)=\dfrac{C_r^i(n-1)^{r-i}}{n^r}$.

(4) A_4 的有利场合数可如下计算：先从 n 个房间中任取一间有 C_n^1 种取法；再从 r 个人中任取 2 个人有 C_r^2 种取法；对于每一种这样取出的 2 个人分配到任取出的那一间房中去有 1 种分法；最后将剩下的 $(r-2)$ 个人分配到 $n-1$ 个房间中去且每间最多 1 人，由 A_2 的有利场合数的计算可知有 A_{n-1}^{r-2} 种分法. 故 A_4 的有利场合数为 $C_n^1C_r^2A_{n-1}^{r-2}$.

于是所求概率为 $P(A_4)=\dfrac{C_n^1C_r^2A_{n-1}^{r-2}}{n^r}$.

(5) A_5 的有利场合数可如下计算：从 n 个房间中任取两间有 C_n^2 种取法；对于每一种这样的取法将 r 个人分配到这两间房的分法为 2^r 种，但这里面包含了有一个房间空（即 r 个人都分配到一个房间）的 2 种分法，要使这两间房都有人应去掉这 2 种分法. 故 A_5 的有利场合数为 $C_n^2(2^r-2)$.

于是所求概率为 $P(A_5)=\dfrac{C_n^2(2^r-2)}{n^r}$.

(6) 设 B_i 为某指定房间恰有 i 个人 $(i=0,1,2)$，则 $A_6=B_0\cup B_1\cup B_2$ 且 B_0、B_1、B_2 互不相容. 由概率的有限可加性和本题的(3)知，所求概率为

$$P(A_6)=\sum_{i=0}^{2}P(B_i)=\frac{1}{n^r}[(n-1)^r+C_r^1(n-1)^{r-1}+C_r^2(n-1)^{r-2}].$$

(7) 由 $\bar{A}_7=A_2$ 知，所求概率为

$$P(A_7)=1-P(A_2)=1-\frac{A_n^r}{n^r}.$$

【例 1-6】 甲、乙二人进行一种游戏，规则如下：每掷一次（均匀的）硬币，正面朝上时甲得 1 分乙得 0 分；反面朝上时甲得 0 分乙得 1 分；直到谁先得到规定的分数为赢，赢者获奖品. 当游戏进行到甲还差 2 分、乙还差 3 分就分别达到规定的分数时，因故游戏停止. 问此时如何分奖品给甲、乙才算公平.

分析 为了确保公平，设想把游戏进行到能分出输赢为止. 在所得到的各种可能结果中看甲赢和乙赢的有利场合数各是多少，按甲、乙所赢的概率之比分奖品是公平的.

解 为了能分出输赢还要掷硬币 $2+3-1=4$ 次（少于 4 次，有些情形分不出输赢），所有可能结果即基本事件总数为 $2^4=16$，这些基本事件发生是等可能的.

甲赢即正面朝上至少 2 次，甲赢的有利场合数为 $C_4^2+C_4^3+C_4^4=11$，故 $P(\text{甲赢})=\dfrac{11}{16}$.

乙赢即反面朝上至少 3 次，乙赢的有利场合数为 $C_4^3+C_4^4=5$，故 $P(\text{乙赢})=\dfrac{5}{16}$.

按 11 : 5 分奖品，对甲、乙二人是公平的.

注：此题是历史上有名的得分问题，也称分赌注问题. 上述解法是应用古典概率解决实际问题的一个典型例子.

【例 1-7】 n 双不同的鞋子共 $2n$ 只，随机地把它们分成 n 个两只鞋，求这 n 个两只鞋恰好为 n 双鞋（事件 A）的概率.

解　法 1 将 $2n$ 只鞋由左至右排在一条直线的 $2n$ 个位置上，每一个这样的排法就是试

验的一个可能的结果,即为一个基本事件.故基本事件总数为$(2n)!$.这些基本事件发生是等可能的.

A的有利场合数可如下计算:第一个位置上的鞋可从$2n$只鞋中任取1只有$2n$种取法,第二个位置上的鞋只能与第一个位置上的那只鞋配对才行只有1种取法;第三个位置上的鞋可从$(2n-2)$只鞋中任取1只有$(2n-2)$种取法,第四个位置上的鞋只能与第三个位置上的那只鞋配对才行只有1种取法…….由此可知,奇数号位置上的鞋依次有$2n$、$(2n-2)$、…、2种取法,偶数号位置上的鞋都只有1种取法.故A的有利场合数为$2n\times(2n-2)\times\cdots\times2=(2n)!!$.

于是所求概率为$P(A)=\frac{(2n)!!}{(2n)!}=\frac{2^n\times n!}{(2n)!}$.

法2　设A_i为第i个两只鞋恰成一双鞋$(i=1,2,\cdots,n)$,则有

$$A=\bigcap_{i=1}^{n}A_i.$$

第一个两只鞋恰成一双的概率可如下计算:第一个两只鞋可以$2n$只鞋中任取2只有C_{2n}^2种取法;A_1的有利场合数是,从n只左脚的鞋中任取1只有C_n^1种取法,再取1只与已取的左脚的鞋配对的右脚的鞋只有1种取法;故所求的概率为$P(A_1)=\frac{C_n^1}{C_{2n}^2}$.

在第一个两只鞋为一双的条件下,第二个两只鞋也为一双的概率可如下计算:第二个两只鞋可从$(2n-2)$只鞋中任取2只有C_{2n-2}^2种取法;第二个两只鞋为一双,即从$n-1$只左脚的鞋中任取1只有C_{n-1}^1种取法,再取1只与已取的左脚的鞋配对的右脚的鞋只有1种取法;故所求的概率为$P(A_2|A_1)=\frac{C_{n-1}^1}{C_{2n-2}^2}$.

依此类推可知:$P(A_3|A_1A_2)=\frac{C_{n-2}^1}{C_{2n-4}^2},\cdots,P(A_n|A_1A_2\cdots A_{n-1})=\frac{C_1^1}{C_2^2}$.

由n个事件的乘法公式知,所求的概率为

$$\begin{aligned}P(A)&=P\Big(\bigcap_{i=1}^{n}A_i\Big)=P(A_1)P(A_2|A_1)\cdots P(A_n|A_1A_2\cdots A_{n-1})\\&=\frac{C_n^1}{C_{2n}^2}\times\frac{C_{n-1}^1}{C_{2n-2}^2}\times\cdots\times\frac{C_1^1}{C_2^2}=\frac{2^n\times n!}{(2n)!}.\end{aligned}$$

【例1-8】　从0至9这10个数字中任取4个数字由左至右排成一列,问能排成四位数的偶数(事件A)的概率是多少.

分析　把一个事件表示为容易求出概率的一些事件的运算,这是求事件概率的一个重要的方法.

解　从0至9这10个数字中任取4个数字由左至右排成一列,每一个这样的排列就是试验的一个可能的结果,即一个基本事件.故基本事件总数为A_{10}^4.这些基本事件发生是等可能的.

法1　设A_1为千位数字为奇数的四位数的偶数,A_2为千位数字为偶数的四位数的偶数.

则$A=A_1\cup A_2,A_1\cap A_2=\varnothing$.

A_1的有利场合数可如下计算:从5个奇数中任取1个放在千位有C_5^1种取法;从5个偶数中任取1个放在个位有C_5^1种取法;再从剩下的8个数字中任取2个一个放在百位一个放在十位有A_8^2种取法;故A_1的有利场合数为$C_5^1A_8^2C_5^1$.

注意到千位上的数字不能是0,仿上面的讨论可得A_2的有利场合数为$C_4^1A_8^2C_4^1$.

于是 $P(A)=P(A_1\cup A_2)=P(A_1)+P(A_2)$

$$=\frac{1}{A_{10}^4}[C_5^1A_8^2C_5^1+C_4^1A_8^2C_4^1]=\frac{41}{90}.$$

法 2 设 B_1:任取 4 个数字由左至右排成一列且个位数字为偶数，

B_2:任取 4 个数字由左至右排成一列且个位数字为偶数千位数字为 0.

则 $A=B_1-B_2,B_1\supset B_2$.

仿法 1 中的讨论可知:B_1 的有利场合数为 $A_9^3C_5^1$,B_2 的有利场合数为 $C_1^1A_8^2C_4^1$.

于是 $P(A)=P(B_1-B_2)=P(B_1)-P(B_2)=\frac{1}{A_{10}^4}[A_9^3C_5^1-A_8^2C_4^1]=\frac{41}{90}$.

【例 1-9】 掷一枚均匀的骰子 n 次,求出现的点数之积能被 10 整除的概率.

解 仿典型例题 5 知,基本事件总数为 6^n.这些基本事件发生是等可能的.

设A:掷骰子 n 次出现点数之积能被 10 整除,

B:掷骰子 n 次至少出现一次 5 点,

C:掷骰子 n 次至少出现一次偶数点.

则 $A=BC$,从而有 $\overline{A}=\overline{BC}=\overline{B}\cup\overline{C}$.

又 $\overline{B}$:掷骰子 n 次不出现 5 点,即出现 1、2、3、4、6 点,

$\overline{C}$:掷骰子 n 次不出现偶数点,即出现 1、3、5 点,

$\overline{B}\overline{C}$:掷骰子 n 次不出现 5 点又不出现偶数点,即出现 1、3 点.

由上述讨论易知:$\overline{B}$ 的有利场合数为 5^n,$\overline{C}$ 的有利场合数为 3^n,$\overline{B}\overline{C}$ 的有利场合数为 2^n.

于是所求概率为

$$\begin{aligned}P(A)=P(BC)&=1-P(\overline{BC})=1-P(\overline{B}\cup\overline{C})\\&=1-[P(\overline{B})+P(\overline{C})-P(\overline{B}\overline{C})]\\&=1-\frac{1}{6^n}[5^n+3^n-2^n].\end{aligned}$$

现在介绍组合计数中常用的一个公式.

将 n 个不同的对象分成k 组,第一组为 r_1 个,第二组为 r_2 个,…,第 k 组为 r_k 个($r_1+r_2+\cdots+r_k=n$),则不同的分法为

$$\frac{n!}{r_1!\ r_2!\ \cdots r_k!}. \tag{1.33}$$

式(1.33)可如下证明:先从 n 个对象中任取 r_1 个为第一组,从剩下的$(n-r_1)$个中任取 r_2 为第二组,…,最后从剩下的 $n-r_1-r_2-\cdots-r_{k-1}=r_k$ 个中任取 r_k 个为第k 组,由组合的概念知所有不同的分法为

$$\begin{aligned}&C_n^{r_1}\times C_{n-r_1}^{r_2}\times\cdots\times C_{n-r_1-r_2-\cdots-r_{k-1}}^{r_k}\\&=\frac{n!}{r_1!\ (n-r_1)!}\times\frac{(n-r_1)!}{r_2!\ (n-r_1-r_2)!}\times\cdots\times\frac{(n-r_1-r_2-\cdots-r_{k-1})!}{r_k!\ (n-r_1-r_2-\cdots-r_k)!}\\&=\frac{n!}{r_1!\ r_2!\ \cdots r_k!}\end{aligned}$$

下面的典型例题 10 要用到式(1.33).

【例 1-10】 将含有 3 名优秀生的 15 名学生随机地分成三个 5 人小组.求下列事件的

概率.

(1)A:每个小组各有 1 名优秀生;

(2)B:3 名优秀生分到一个小组;

(3)C:3 名优秀生有 2 名分到一个小组,另一名分到另一个小组.

解 由式(1.33)知,15 名学生随机地分成三个 5 人小组所有不同的分法为$\frac{15!}{5!\,5!\,5!}$,这就是基本事件总数.这些基本事件发生是等可能的.

(1)A 的有利场合数可如下计算:将 3 名优秀生分到三个小组每组 1 人的分法总数为 3!;12 名其他学生分成三个 4 人组的所有分法为$\frac{12!}{4!\,4!\,4!}$.故 A 的有利场合数为 $3!\times\frac{12!}{4!\,4!\,4!}$.于是所求概率为

$$P(A)=\frac{3!\times 12!}{4!\,4!\,4!}\bigg/\frac{15!}{5!\,5!\,5!}=\frac{25}{91}.$$

(2)B 的有利场合数可如下计算:将 12 名其他学生分成 2 个人、5 个人、5 个人的三个组的所有分法为$\frac{12!}{2!\,5!\,5!}+\frac{12!}{5!\,2!\,5!}+\frac{12!}{5!\,5!\,2!}$(第一项表示第一组为 2 人,第二、三组各 5 人;第二项表示第二组为 2 人,第一、三组各 5 人;第三项表示第三组为 2 人,第一、二组各 5 人.)哪一组为 2 人,3 名优秀生就分到这个组,只有 1 种分法.故 B 的有利场合数为$\frac{12!}{2!\,5!\,5!}\times 3$.于是所求概率为

$$P(B)=\frac{12!\times 3}{2!\,5!\,5!}\bigg/\frac{15!}{5!\,5!\,5!}=\frac{6}{91}.$$

(3)C 的有利场合数可如下计算:将 12 名其他学生分成 3 个人、4 个人、5 个人的三个组(考虑到组的序号)的所有分法为$\frac{12!}{3!\,4!\,5!}\times 3!$,将 3 名优秀生分成 2 个人、1 个人的二个组有 C_3^2 种分法,对于每一种这样的分法将 2 名优秀生分到 3 个人的那个组,将另 1 名优秀生分到 4 个人的那个组,只有 1 种分法.故 C 的有利场合数为$\frac{12!}{3!\,4!\,5!}\times 3!\times C_3^2$.于是所求概率为

$$P(C)=\frac{12!\times 3!\times C_3^2}{3!\,4!\,5!}\bigg/\frac{15!}{5!\,5!\,5!}=\frac{60}{91}.$$

【例 1-11】 某楼一层有 3 部电梯,今有 5 人要乘电梯.假定每个人选择哪部电梯是随机的.求这 3 部电梯每部都有人的概率.

解 仿典型例题 5 知,基本事件总数为 3^5.这些基本事件发生是等可能的.

设 A:3 部电梯每部都有人.

法 1 再设 A_1:3 部电梯中一部有 3 人,另两部各有 1 人,

A_2:3 部电梯中一部有 1 人,另两部各有 2 人.

则 $A=A_1\cup A_2$,且 $A_1A_2=\varnothing$.

A_1 的有利场合数可如下计算:将 5 个人分成 3 个人、1 个人、1 个人的三个组(考虑到组的序号)的所有分法为$\frac{5!}{3!\,1!\,1!}\times 3$,约定第 i 组的人进入第 i 部电梯($i=1,2,3$),这样对分好的三个组进入 3 部电部的方法只有 1 种.故 A_1 的有利场合数为$\frac{5!}{3!\,1!\,1!}\times 3$.

同理可得 A_2 的有利场合数为 $\frac{5!}{1!\,2!\,2!}\times 3$.

于是所求概率为

$$P(A)=P(A_1\cup A_2)=P(A_1)+P(A_2)$$
$$=\frac{1}{3^5}\left(\frac{5!}{3!\,1!\,1!}\times 3+\frac{5!}{1!\,2!\,2!}\times 3\right)=\frac{50}{81}.$$

法 2　再设 B:3 部电梯中至少有 1 部无人,

B_i:3 部电梯中第 i 部无人,($i=1,2,3$).

则 $B=\bigcup_{i=1}^{3}B_i$,B_1、B_2、B_3 不互不相容.

故 $P(B)=P\left(\bigcup_{i=1}^{3}B_i\right)=\sum_{i=1}^{3}P(B_i)-\sum_{1\leqslant i<j\leqslant 3}P(B_iB_j)+P(B_1B_2B_3)$.

仿典型例题 9 知

$$P(B_i)=\frac{(3-1)^5}{3^5}=\left(\frac{2}{3}\right)^5,i=1,2,3.$$

$$P(B_iB_j)=\frac{(3-2)^5}{3^5}=\left(\frac{1}{3}\right)^5,1\leqslant i<j\leqslant 3.$$

$$P(B_1B_2B_3)=0.$$

又 $A=\bar{B}$,于是所求概率为

$$P(A)=P(\bar{B})=1-P(B)=1-\left(\frac{2}{3}\right)^5\times 3+\left(\frac{1}{3}\right)^5\times 3=\frac{50}{81}.$$

注:当电梯为 m 部乘电梯的人数为 $n(n\geqslant m)$时,仍可用法 2 求此题的解.

【例 1-12】　袋中有 4 个球分别编有号码 1、2、3、4. 从袋中随机地取球每次取 1 个(取后不放回),共取 4 次. 求 4 次取球中至少有一次取得的球的号码恰与取球的次数相同的概率.

解　把 4 个编号的球随机地一一取出依次放在一直线的 4 个位置上就是试验的一个可能结果,即基本事件. 由此可知基本事件总数为 4!. 这些基本事件发生是等可能的.

设 A:4 次取球中至少有一次取得的球的号码恰与取球的次数相同.

法 1　再设 B:4 次取球中每次取得的球的号码与取球的次数都不相同.

B 的有利场合可分三种情况分别计算:当第一次取 2 号球时,有 3 个基本事件②③④①、②④①③、②①④③属于 B(②③④①表示第一次取 2 号球,第二次取 3 号球,第三次取 4 号球,第四次取 1 号球,其余类推);同理,当第一次取 3 号球和第一次取 4 号球时,都各有 3 个基本事件属于 B. 故 B 的有利场合数为 3×3.

又 $A=\bar{B}$,于是所求概率为

$$P(A)=P(\bar{B})=1-P(B)=1-\frac{3\times 3}{4!}=\frac{5}{8}.$$

法 2　再设 B_i:4 次取球中恰有 i 次取得的球的号码与取球的次数相同($i=1,2,3,4$).

则 B_1、B_2、B_3、B_4 互不相容且 $B_3=\varnothing$,

又 $A=\bigcup_{i=1}^{4}B_i$

B_1 的有利场合可分四种情况分别计算:当第一次取 1 号球时,有 2 个基本事件①③④②、①④②③属于 B_1;同理,当第二次取 2 号球、第三次取 3 号球和第四次取 4 号球时,都各有 2

个基本事件属于 B_1. 故 B_1 的有利场合数为 2×4.

B_2 的有利场合数可如下计算:4 次取球中恰有 2 次球的号码与取球的次数相同有 C_4^2 种可能,其余 2 次球的号码必须与取球的次数不同这只有 1 种可能. 故 B_2 的有利场合数为 $C_4^2=6$.

$B_3=\varnothing$,故 B_3 的有利场合数为 0.

显然,B_4 的有利场合数为 1.

于是所求概率为

$$P(A)=P\Big(\bigcup_{i=1}^{4}B_i\Big)=\sum_{i=1}^{4}P(B_i)=\frac{1}{4!}(2\times4+6+0+1)=\frac{5}{8}.$$

法 3　再设 A_i:第 i 次取球时恰好取到 i 号球($i=1,2,3,4$),则

$$A=\bigcup_{i=1}^{4}A_i.$$

于是 $P(A)=P\Big(\bigcup_{i=1}^{4}A_i\Big)$

$$=\sum_{i=1}^{4}P(A_i)-\sum_{1\leqslant i<j\leqslant4}P(A_iA_j)+\sum_{1\leqslant i<j<k\leqslant4}P(A_iA_jA_k)-P(A_1A_2A_3A_4).$$

又 $P(A_i)=\dfrac{1\times3!}{4!}=\dfrac{1}{4}$,$(i=1,2,3,4)$.

$P(A_iA_j)=P(A_i)P(A_j|A_i)=\dfrac{1}{4}\times\dfrac{1\times2!}{3!}=\dfrac{1}{4}\times\dfrac{1}{3}$.　$(1\leqslant i<j\leqslant4)$

$P(A_iA_jA_k)=P(A_i)P(A_j|A_i)P(A_k|A_iA_j)=\dfrac{1}{4}\times\dfrac{1}{3}\times\dfrac{1}{2!}$.　$(1\leqslant i<j<k\leqslant4)$

$P(A_1A_2A_3A_4)=\dfrac{1}{4!}$.

综合上述结果,所求概率为

$$P(A)=P\Big(\bigcup_{i=1}^{4}A_i\Big)=C_4^1\times\frac{1}{4}-C_4^2\times\frac{1}{4}\times\frac{1}{3}+C_4^3\times\frac{1}{4}\times\frac{1}{3}\times\frac{1}{2}-\frac{1}{4!}.$$

$$=1-\frac{1}{2!}+\frac{1}{3!}-\frac{1}{4!}.$$

注:当球的个数 $n>4$ 时,仍可用法 3 求此题的解.

小结　求事件的古典概率应注意两点.

①选择适合解决该问题的试验与样本空间,正确算出基本事件总数、有关事件的有利场合数,避免重复计算或漏算. 请参看典型例题中的 4 题、5 题、10 题和问题与思考中的 3 题.

②利用事件之间的关系与运算,把所求概率的事件表示为容易求出其概率的一些事件的运算,再利用概率的性质计算出所求的概率. 请参看典型例题中的 8 题、9 题、11 题和 12 题.

【例 1-13】　一个袋子装有 n 个球,分别标有号码 1、2、…、n. 今从袋中有放回地取 k 次球,每次取 1 个. 求所取的 k 个球的号码最大者为 $m(1\leqslant m\leqslant n)$的概率.

分析　将"所取的 k 个球的号码最大者为 m"这个事件表示为易求出概率的一些事件的运算,是求解此题的关键.

解　仿典型例题 5 知,基本事件总数为 n^k,这些基本事件发生是等可能的.

法 1　设 A:所取的 k 个球的号码最大者为 m,

B_i:所取的 k 个球中恰有 i 个号码为 m,其余的号码都小于 m,$i=1,2,\cdots,k$,

则 $A=\bigcup_{i=1}^{k}B_i$,且 B_1、B_2、$\cdots$、B_k 互不相容.

又 B_i 的有利场合数可如下计算:在 k 次取球中任意选择 i 次有 C_k^i 种可能,这 i 次取球的号码都为 m 只有 1 种可能,剩下的 $(k-i)$ 次取球,球的号码可在 1 至 $(m-1)$ 中任取,有 $(m-1)^{k-i}$ 种可能.故 B_i 的有利场合数为 $C_k^i\times1\times(m-1)^{k-i}$.

于是所求概率为

$$P(A)=P\left(\bigcup_{i=1}^{k}B_i\right)=\sum_{i=1}^{k}P(B_i)=\frac{1}{n^k}\sum_{i=1}^{k}C_k^i(m-1)^{k-i}$$
$$=\frac{1}{n^k}\left[\sum_{i=0}^{k}C_k^i(m-1)^{k-i}-C_k^0(m-1)^k\right]$$
$$=\frac{1}{n^k}[m^k-(m-1)^k].$$

法 2　再设 A_i:所取的 k 个球的号码都不超过 i,$i=m-1$、m,

则 $A=A_m-A_{m-1}$,且 $A_m\supset A_{m-1}$.

仿法 1 知 $P(A_m)=\dfrac{m^k}{n^k}$,$P(A_{m-1})=\dfrac{(m-1)^k}{n^k}$.

于是所求概率为

$$P(A)=P(A_m-A_{m-1})=P(A_m)-P(A_{m-1})$$
$$=\frac{1}{n^k}[m^k-(m-1)^k].$$

【例 1-14】　10 件产品中有 4 件不合格,从中任取 2 件.已知所取的 2 件中有 1 件是不合格品,求另 1 件也是不合格品的概率.

分析　此题是求条件概率.关键是正确理解“已知所取的 2 件中有 1 件是不合格品”这句话的含义,这句话等价于“已知所取的 2 件中至少有 1 件是不合格品”.

解　设 B:所取的 2 件中有 1 件是不合格品,即所取的 2 件中至少有 1 件是不合格品,

A:所取的 2 件中另 1 件也是不合格品,即所取的 2 件都是不合格品.

由古典概率知:

$$P(A)=\frac{C_4^2}{C_{10}^2}=\frac{2}{15},P(B)=1-P(\bar{B})=1-\frac{C_6^2}{C_{10}^2}=\frac{2}{3}.$$

又 $B\supset A$,于是所求概率为

$$P(A|B)=\frac{P(AB)}{P(B)}=\frac{P(A)}{P(B)}=\frac{1}{5}.$$

【例 1-15】　一次掷 10 颗骰子,已知至少出现了一个 1 点,求至少出现两个 1 点的概率.

解　设 A:掷 10 颗骰子至少出现一个 1 点,

B:掷 10 颗骰子至少出现两个 1 点,

C:掷 10 颗骰子恰好出现一个 1 点,

则 $B=A-C$,且 $A\supset B$,$A\supset C$.

由古典概率知:$P(A)=1-P(\bar{A})=1-\dfrac{5^{10}}{6^{10}}$,$P(C)=\dfrac{10\times5^9}{6^{10}}$.

又 $P(B)=P(A)-P(C)$,于是所求概率为

$$P(B|A)=\frac{P(AB)}{P(A)}=\frac{P(B)}{P(A)}=\frac{1-\frac{5^{10}}{6^{10}}-\frac{10\times 5^9}{6^{10}}}{1-\frac{5^{10}}{6^{10}}}=\frac{6^{10}-3\times 5^{10}}{6^{10}-5^{10}}.$$

【例 1-16】 袋中有白球、黑球各一个，每次从袋中摸出一球不放回，再放入一个白球，求第 n 次摸球时摸到白球的概率.

解　设 A_i:第 i 次摸球时摸到白球，$i=1、2、\cdots、n$，则所求概率为 $P(A_n)$.

依题意知，$\bar{A}_n$:第 n 次摸到黑球，即前$(n-1)$次摸到的都是白球，第 n 次摸到黑球，即

$$\bar{A}_n=A_1A_2\cdots A_{n-1}\bar{A}_n.$$

由概率的性质和乘法公式得

$$\begin{aligned}P(A_n)&=1-P(\bar{A}_n)=1-P(A_1A_2\cdots A_{n-1}\bar{A}_n)\\&=1-P(A_1)P(A_2|A_1)\cdots P(A_{n-1}|A_1A_2\cdots A_{n-2})P(\bar{A}|A_1A_2\cdots A_{n-1})\\&=1-\left(\frac{1}{2}\right)^{n-1}\times\frac{1}{2}=1-\left(\frac{1}{2}\right)^{n}.\end{aligned}$$

【例 1-17】 已知 $P(A)=a,P(B)=b,P(B|\bar{A})=c$，且 $a<1,b<1$. 求 $P(A\cup B)$、$P(A|\bar{B})$.

分析　考虑到题目所给的条件，用关系式 $A\cup B=A\cup\bar{A}B$ 求 $P(A\cup B)$较简便.

解:由 $A\cup B=A\cup\bar{A}B$ 且 A、$\bar{A}B$ 互不相容，得

$$\begin{aligned}P(A\cup B)&=P(A)+P(\bar{A}B)=P(A)+P(\bar{A})P(B|\bar{A})\\&=a+(1-a)c.\end{aligned}$$

又 $P(\bar{A}|\bar{B})=\dfrac{P(\bar{A}\bar{B})}{P(\bar{B})}=\dfrac{P(\bar{A})P(\bar{B}|\bar{A})}{P(\bar{B})}=\dfrac{(1-a)(1-c)}{1-b}$，

于是，
$$P(A|\bar{B})=1-P(\bar{A}|\bar{B})=1-\frac{(1-a)(1-c)}{1-b}.$$

或由 $A\bar{B}=(A\cup B)-B$ 且 $A\cup B\supset B$，有

$$\begin{aligned}P(A|\bar{B})&=\frac{P(A\bar{B})}{P(\bar{B})}=\frac{P(A\cup B)-P(B)}{P(\bar{B})}=\frac{a+(1-a)c-b}{1-b}\\&=1-\frac{(1-a)(1-c)}{1-b}.\end{aligned}$$

【例 1-18】 盒中有 12 个乒乓球，其中 9 个是没有用过的. 第一次比赛时从盒中任取 3 个球，都用过后仍放入盒内；第二次比赛时再从盒中任取 3 个球. 求第二次比赛时所取得的 3 个球都是没有用过的概率.

分析　这是一道较典型的用全概率公式求解的题目. 在解题中用到了两个组合公式进行计算上的化简.

解　设 A:第二次比赛时任取的 3 个球都是没有用过的，

B_i:第一次比赛时任取的 3 个球中恰有 i 个是没有用过的，$i=0、1、2、3$，

则 B_0、B_1、B_2、B_3 为一完备事件组.

由古典概率知：

$$P(B_i)=\frac{C_9^iC_3^{3-i}}{C_{12}^3},P(A|B_i)=\frac{C_{9-i}^3}{C_{12}^3},$$

于是由全概率公式，得

$$P(A)=\sum_{i=0}^{3}P(B_i)P(A|B_i)=\frac{1}{(C_{12}^{3})^2}\sum_{i=0}^{3}C_9^iC_3^{3-i}C_{9-i}^3$$

$$=\frac{C_9^3}{(C_{12}^3)^2}\sum_{i=0}^{3}C_6^iC_3^{3-i}=\frac{(C_9^3)^2}{(C_{12}^3)^2}=\left(\frac{21}{55}\right)^2\approx 0.146.$$

在上述推导中，用到了两个组合公式：

$$C_9^iC_{9-i}^3=C_9^3C_6^i;$$

$$\sum_{i=0}^{3}C_6^iC_3^{3-i}=C_9^3.$$

【例 1-19】 设昆虫产 n 个卵的概率为 $p_n=\frac{\lambda^n e^{-\lambda}}{n!}$，$n=0$、1、…，其中常数 $\lambda>0$. 又设一个虫卵能孵化为昆虫的概率为 $p(0<p<1)$，且卵的孵化是相互独立的. 求此昆虫的下一代为 m 条的概率.

解　设 A：此昆虫的下一代为 m 条，

B_n：此昆虫产 n 个卵，$n=0$、1、2、…

则 B_0、B_1、B_2、…为一完备事件组，且

$$P(B_n)=\frac{\lambda^n e^{-\lambda}}{n!},n=0、1、2、\cdots$$

由伯努利概型和题目的实际意义知，

$$P(A|B_n)=\begin{cases}C_n^mP^m(1-p)^{n-m}, & n\geqslant m\\ 0, & n<m\end{cases}$$

于是由全概率公式，得

$$P(A)=\sum_{n=0}^{\infty}P(B_n)P(A|B_n)=\sum_{n=m}^{\infty}\frac{\lambda^n e^{-\lambda}}{n!}C_n^mP^m(1-p)^{n-m}$$

$$=\sum_{n=m}^{\infty}\frac{\lambda^n e^{-\lambda}}{n!}\cdot\frac{n!}{m!\,(n-m)!}\cdot p^m(1-p)^{n-m}$$

$$=\frac{(\lambda p)^m}{m!}e^{-\lambda}\cdot\sum_{n=m}^{\infty}\frac{[\lambda(1-p)]^{n-m}}{(n-m)!}$$

$$=\frac{(\lambda p)^m}{m!}e^{-\lambda}\cdot e^{\lambda(1-p)}=\frac{(\lambda p)^m}{m!}e^{-\lambda p}.$$

【例 1-20】 甲、乙二人分别独立地掷一枚均匀的硬币，其中甲掷 $n+1$ 次，乙掷 n 次. 求“甲掷出正面的次数大于乙掷出正面的次数”这一事件的概率.

解　法 1　引入记号

$甲_{正}$、$甲_{反}$：分别为在 $n+1$ 次投掷中甲掷出正面、反面的次数，

$乙_{正}$、$乙_{反}$：分别为在 n 次投掷中乙掷出正面、反面的次数，

$甲'_{正}$、$甲'_{反}$：分别为在 n 次投掷中甲掷出正面、反面的次数.

设 $A=\{甲_{正}>乙_{正}\}$，

$B_1=\{甲'_{正}>乙_{正}\}$，$B_2=\{甲'_{正}<乙_{正}\}$，$B_3=\{甲'_{正}=乙_{正}\}$，则 B_1、B_2、B_3 为一完备事件组.

再设 $P(B_1)=p$，根据对称性知 $P(B_2)=P(B_1)=p$，于是 $P(B_3)=1-2p$.

又 $P(A|B_1)=1, P(A|B_2)=0, P(A|B_3)=\frac{1}{2}$,

于是由全概率公式,得

$$P(A)=\sum_{i=1}^{3}P(B_i)P(A|B_i)=p+0+(1-2p)\times\frac{1}{2}=\frac{1}{2}.$$

法 2　沿用法 1 中的记号,所求概率为

$$P(A)=P\{甲_{正}>乙_{正}\}$$

又 $\overline{\{甲_{正}>乙_{正}\}}=\{甲_{正}\leqslant乙_{正}\}=\{甲_{反}>乙_{反}\}$

上式最后一步可由下列方程组得出:

$$\begin{cases}甲_{正}+甲_{反}=n+1\\乙_{正}+乙_{反}=n\end{cases}$$

因为硬币是均匀的,由正、反面的对称性有

$$P\{甲_{正}>乙_{正}\}=P\{甲_{反}>乙_{反}\},$$

所以

$$P\{甲_{正}>乙_{正}\}=1-P\,\overline{\{甲_{正}>乙_{正}\}}$$

于是 $P\{甲_{正}>乙_{正}\}=\frac{1}{2}$.

小结　由上述三个典型例题的解题过程,我们可以归纳出用全概率公式求解的题目的共同点.一般而言,如果一个题目具备以下三条:

①此题是求一个事件(设为 A)的概率;

②由题目所给出的条件能找出 A 发生的各种"可能的原因"或"可能的前提条件"所构成的诸事件(可能是有限多个,设为 B_1、B_2、…、B_n;也可能是可列无穷多个,设为 B_1、B_2、…)为一完备事件组;

③由题目所给出的条件能求出 $P(B_i)$ 以及 $P(A|B_i)$.

那么这个题目就可以用全概率公式来求解.

【例 1-21】　有一台半自动机床生产某产品.已知在机床安装正确且不论前 k 个产品是否合格的条件下,第 $k+1$ 个产品合格的概率都是 0.90;在机床安装不正确且不论前 k 个产品是否合格的条件下,第 $k+1$ 个产品合格的概率都是 $0.30(k=0、1、2、\cdots)$.又知机床安装正确的概率为 0.75.

若已知生产的第一个产品是合格品,求此时机床安装正确的概率;继续生产又连续得到 2 个合格品,求此时机床安装正确的概率.

解　设 A:机床安装正确,

B_{k+1}:第 $k+1$ 个产品合格,$k=0、1、2、\cdots$

则 A 与 $\bar{A}$ 为一完备事件组.

依题意有:$P(A)=0.75, P(\bar{A})=0.25$,

$P(B_{k+1}|AC_1C_2\cdots C_k)=0.90$,$P(B_{k+1}|\bar{A}C_1C_2\cdots C_k)=0.30$,其中 C_i 为 B_1 或 $\bar{B}_i$,$i=1$、2、…、k,且 $P(B_1|A)=0.90, P(B_1|\bar{A})=0.30$.

所求为 $P(A|B_1)$ 和 $P(A|B_1B_2B_3)$.

由 Bayes 公式，得

$$P(A|B_1)=\frac{P(A)P(B_1|A)}{P(A)P(B_1|A)+P(\bar{A})P(B_1|\bar{A})}=\frac{0.75\times0.90}{0.75\times0.90+0.25\times0.30}=0.90.$$

而 $P(A|B_1B_2B_3)=\dfrac{P(AB_1B_2B_3)}{P(B_1B_2B_3)}=\dfrac{P(AB_1B_2B_3)}{P(AB_1B_2B_3)+P(\bar{A}B_1B_2B_3)}$.

由乘法公式，得

$P(AB_1B_2B_3)=P(A)P(B_1|A)P(B_2|AB_1)P(B_3|AB_1B_2)=0.75\times(0.90)^3$,

$P(\bar{A}B_1B_2B_3)=P(\bar{A})P(B_1|\bar{A})P(B_2|\bar{A}B_1)P(B_3|\bar{A}B_1B2)=0.25\times(0.30)^3$，于是

$$P(A|B_1B_2B_3)=\frac{0.75\times(0.90)^3}{0.75\times(0.90)^3+0.25\times(0.30)^3}=\frac{81}{82}=0.987\ 8.$$

【例 1-22】 统计资料表明：在双胞胎中第 i 个婴儿为男孩的概率为 $0.51(i=1,2)$，同性双胞胎比异性双胞胎多一倍. 在已知一双胞胎第一个婴儿是男孩的条件下，求第二个也是男孩的条件概率.

解 设 A_i：双胞胎中第 i 个婴儿为男孩，$(i=1,2)$

依题意知：$P(A_i)=0.51, i=1,2$

$$P(A_1A_2)+P(A_1\bar{A}_2)+P(\bar{A}_1A_2)+P(\bar{A}_1\bar{A}_2)=1,$$

$$P(A_1A_2)+P(\bar{A}_1\bar{A}_2)=2[P(A_1\bar{A}_2)+P(\bar{A}_1A_2)],$$

从而得，$P(A_1A_2)+P(\bar{A}_1\bar{A}_2)=\dfrac{2}{3}$.

又 $P(\bar{A}_1\bar{A}_2)=P(\overline{A_1\cup A_2})=1-P(A_1\cup A_2)=1-P(A_1)-P(A_2)+P(A_1A_2)$,

于是有，$P(A_1A_2)=\dfrac{1}{2}\left[\dfrac{2}{3}-1+P(A_1)+P(A_2)\right]=\dfrac{103}{300}$.

所以所求条件概率为

$$P(A_2|A_1)=\frac{P(A_1A_2)}{P(A_1)}=\frac{103}{300}\times\frac{100}{51}=\frac{103}{153}.$$

【例 1-23】 三个人相互独立地破译一密码. 如果只有两人参加破译，三种可能的组合破译的概率分别为 $\dfrac{1}{2}$、$\dfrac{7}{15}$ 和 $\dfrac{2}{5}$. 求三人参加能破译的概率.

解 设 A、B、C 分别为甲、乙、丙破译密码. 依题意知：A、B、C 相互独立，且

$$\frac{1}{2}=P(A\cup B)=1-P(\bar{A})P(\bar{B}),$$

$$\frac{7}{15}=P(A\cup C)=1-P(\bar{A})P(\bar{C}),$$

$$\frac{2}{5}=P(B\cup C)=1-P(\bar{B})P(\bar{C}),$$

由上述三式可得：$P(\bar{A})P(\bar{B})P(\bar{C})=\dfrac{2}{5}$,

于是所求概率为

$$P(A\cup B\cup C)=1-P(\bar{A})P(\bar{B})P(\bar{C})=\frac{3}{5}.$$

【例 1-24】 甲、乙、丙三人进行比赛，每次比赛只有两人参加没有平局，比赛的胜者与未

上场者进行下一次比赛,依次循环直至有一人连续胜 2 次比赛为止,则此人获得比赛的冠军.假定每次比赛双方取胜的概率都是$\frac{1}{2}$.今规定甲、乙二人先进行比赛,求甲、乙、丙三人各获得冠军的概率.

分析 先将甲夺冠的可列无穷多种互不相容的情形列举出前几种,找出其规律.

设 A:甲夺冠,

A_i、B_j、C_k 分别为甲在第 i 次、乙在第 i 次、丙在第 k 次比赛中获胜.

依题意则有

$A=A_1A_2\cup B_1C_2A_3A_4\cup A_1C_2B_3A_4A_5\cup B_1C_2A_3B_4C_5A_6A_7\cup\cdots$

上述甲夺冠的可列无穷多种互不相容的情形中的每一种都有下述四个特点:

1°任一字母左右两边的字母(如果有的话)是不相同的;

2°除最后两个字母外,任意相邻的两个字母(如果有的话)是不相同的;

3°字母总的个数(即甲夺冠所经过的比赛次数)不小于 2;

4°字母总的个数不等于 $3k(k=1、2、\cdots)$.

上述特点 1°、2°、3°由题意易知.对于特点 4°,我们注意到上述甲夺冠的可列无穷多种互不相容的情形又可分为两类:

第一类,从第一次比赛算起三次相继的比赛为一组,则每组中的第一次比赛是甲获胜,有这样若干组,最后是甲连续胜两次比赛.在这一类中,字母总的个数为 $3r+2(r=0、1、2、\cdots)$.

第二类,第一、二次比赛分别是乙、丙获胜,从第三次比赛算起三次相继的比赛为一组,则每组中的第一次比赛是甲获胜,有这样若干组,最后是甲连续胜两次比赛.在这一类中,字母总的个数为 $2+3r+2=3(r+1)+1(r=0、1、2、\cdots)$.

综上所述,可见甲夺冠的可列无穷多种互不相容的情形中的每一种字母总的个数都不等于 $3k$.

经过这样的分析,求出甲夺冠的概率就不难了,进而可求出乙、丙夺冠的概率.

解 沿用上述分析中所引入的记号,依题意有:A_i、B_j、C_k 相互独立,且 $P(A_i)=P(B_j)=P(C_k)=\frac{1}{2}$,于是

$$P(A)=P(A_1A_2)+P(B_1C_2A_3A_4)+P(A_1C_2B_3A_4A_5)+\cdots$$
$$=\sum_{n=2}^{\infty}\left(\frac{1}{2}\right)^n-\sum_{m=1}^{\infty}\left(\frac{1}{2}\right)^{3m}=\frac{1}{2}-\frac{1}{7}=\frac{5}{14}.$$

由于甲、乙是对称的,甲、乙夺冠的概率是相等的,故 $P(B)=\frac{5}{14}$.

又甲、乙、丙均不夺冠可表示为

$$A_1C_2B_3A_4C_5B_6\cdots\cup B_1C_2A_3B_4C_5A_6\cdots$$

可见甲、乙丙均不夺冠的概率为零,又甲、乙、丙夺冠是互不相容的,且它们的概率之和为 1,于是

$$P(C)=1-P(A)-P(B)=\frac{2}{7}.$$

【例 1-25】 甲、乙二人独立地各掷一枚均匀的硬币 n 次.求甲、乙二人掷出的正面次数相等的概率.

解 设 A:甲、乙掷出的正面次数相等.

A_i、B_i 分别为甲、乙掷出 i 次正面($i=0$、1、2…、n),则 $A=\bigcup_{i=0}^{n}A_iB_i$

依题意知,A_i、B_i 相互独立,$P(A_i)=P(B_i)=C_n^i\left(\frac{1}{2}\right)^n$,且 $A_iB_i\cap A_jB_j=\varnothing(i\neq j)$,于是

$$P(A)=\sum_{i=0}^{n}P(A_iB_i)=\sum_{i=0}^{n}P(A_i)P(B_i)=\left(\frac{1}{2}\right)^{2n}\sum_{i=0}^{n}C_n^iC_n^i$$
$$=\left(\frac{1}{2}\right)^{2n}\sum_{i=0}^{n}C_n^iC_n^{n-i}=\left(\frac{1}{2}\right)^{2n}C_{2n}^n.$$

【例 1-26】 试验 E 是同时掷两枚均匀的骰子 1 次,将 E 在相同的条件下独立地重复地进行下去.求两枚骰子点数之和为 5 的结果出现在它们点数之和为 7 的结果之前的概率.

分析 解决此例题的关键是,用易算出其概率的一些事件及其运算表示"点数之和为 5 的结果出现在点数之和为 7 的结果之前".

解 引入事件

A_n:前$(n-1)$次试验中没出现点数之和为 5 或为 7 的结果,而在第 n 次试验时出现点数之和为 5 的结果.$n=1,2,\cdots$

特别地,A_1:第一次试验时出现点数之和为 5 的结果.

设 A 为所求概率之事件.

于是,有

$A=\bigcup_{n=1}^{\infty}A_n$,且 A_1、A_2、…互不相容,

$$P(A)=\sum_{n=1}^{\infty}P(A_n).$$

为了求 $P(A_n)$,需分析一下 A_n 的结构.为此,再引入事件

B_{ij}:第 i 次试验时出现点数之和为 j,$i=1,2,\cdots,j=2,3\cdots,12$.

则有 $A_n=B_{1j_1}B_{2j_2}\cdots B_{n-1j_{n-1}}B_{n5}$,

其中 $j_l\neq5$ 或 $7,l=1,2,\cdots,n-1$.

又 $Bl_{jl}=\overline{B_{l5}\cup B_{l7}}$,$B_{15}\cap B_{17}=\varnothing,l=1,2,\cdots,n-1$

由古典概率知:$P(B_{l5})=\frac{4}{36}$,$P(B_{l7})=\frac{6}{36}$.

故 $P(Bl_{jl})=P(\overline{B_{l5}\cup B_{l7}})=1-P(B_{l5}\cup B_{l7})$

$$=1-P(B_{l5})-P(B_{l7})=\frac{13}{18}.$$

由试验的独立性知:

$$P(A_n)=\prod_{l=1}^{n-1}P(Bl_{jl})P(B_{n5})=\left(\frac{13}{18}\right)^{n-1}\cdot\frac{1}{9}.$$

综上所述,有

$$P(A)=\sum_{n=1}^{\infty}P(A_n)=\frac{1}{9}\sum_{n=1}^{\infty}\left(\frac{13}{18}\right)^{n-1}=\frac{2}{5}.$$

【例 1-27】 袋中有 M 只白球和 N 只黑球,每次从袋中随机地不放回地摸出一球之后再

放入一黑球，这样继续下去，问第 k 次摸球时摸到黑球的概率是多少？

解　设 A_i：第 i 次摸到黑球，$i=1,2,\cdots$

令 $p_i=P(A_i)$，由全概率公式得：

$$P(A_{i+1})=P(A_i)P(A_{i+1}|A_i)+P(\bar{A}_i)P(A_{i+1}|\bar{A}_i). \tag{1}$$

由于不放回地摸出一球后总放入一黑球，故有

$$P(A_i)=P(A_{i+1}|A_i). \tag{2}$$

$$P(A_{i+1}|\bar{A}_i)-P(A_{i+1}|A_i)=\frac{1}{M+N}. \tag{3}$$

将(2)代入(3)得

$$P(A_{i+1}|\bar{A}_i)=p_i+\frac{1}{M+N}. \tag{4}$$

将(2)、(4)代入(1)得

$$p_{i+1}=\left(1-\frac{1}{M+N}\right)p_i+\frac{1}{M+N}. \tag{5}$$

又

$$p_1=\frac{N}{M+N}$$

于是得(一阶)差分方程

$$\begin{cases}p_{i+1}=Ap_i+B,\\ p_1=C.\end{cases} \tag{6}$$

其中 $A+B=1,B=\dfrac{1}{M+N},C=\dfrac{N}{M+N}.$

用递推的方法解(6)得

$$\begin{aligned}p_{i+1}&=Ap_i+B=A(Ap_{i-1}+B)+B=\cdots\\&=A^ip_1+(A^{i-1}+A^{i-2}+\cdots+1)B\\&=A^ip_1+\frac{A^i-1}{A-1}B\\&=A^ip_1-A^i+1=1-\left(1-\frac{1}{M+N}\right)^i\cdot\frac{M}{M+N},i=1,2,\cdots\end{aligned}$$

于是第 k 次摸球时摸到黑球的概率为 $p_k=1-(1-\dfrac{1}{M+N})^k\cdot\dfrac{M}{M+N}.$

【例 1-28】　选择题，在每小题给出的四个选项中，只有一个是符合题目要求的，把所选项前的字母填在题后的方括号内.

(1)设 A、B 为两个事件，若 $P(\bar{A}\bar{B})=0$，则

(A)$\bar{A}$ 与 $\bar{B}$ 互不相容　　(B)$A\cup B$ 是必然事件

(C)$A\cup B$ 未必是必然事件　　(D)$P(\bar{A})=0$ 或 $P(\bar{B})=0$　　〔　　〕

(2)设 A、B 为两个事件，若 $P(A)\cdot P(B)>0$ 且 $AB=\varnothing$，则

(A)$\bar{A}$ 与 $\bar{B}$ 互不相容　　(B)$\bar{A}$ 与 $\bar{B}$ 相容

(C)A 与 B 相互独立　　(D)$P(A-B)=P(A)$　　〔　　〕

(3)设 A、B 为两个事件，若 $P(A)>0,0<P(B)<1$，且 $P(B|A)=1$，则

(A)$P(A|\bar{B})=0$　　(B)$P(A|B)=1$　　(C)$AB\supset A$　　(D)$B\supset A$　　〔　　〕

(4)设 A、B、C 为三个事件，若它们相互独立且 $0<P(A)<1,0<P(C)<1$，则下列四对事件中不相互独立的是：

(A)$\overline{A\cup B}$与 C　　(B)$\overline{AC}$ 与 $\overline{C}$　　(C)$\overline{AB}$与 C　　(D)$\overline{A-B}$与 $\overline{C}$　　〔　　〕

解 (1)∵$\overline{A}\overline{B}=\overline{A\cup B}=\varnothing$，即 $A\cup B=S$. ∴选项(A)、(B)是等价的. 从而它们都不能入选.

又 $\overline{A}\overline{B}\subset\overline{A}$，$\overline{A}\overline{B}\subset\overline{B}$，若 $P(\overline{A})=0$ 或 $P(\overline{B})=0$，则有 $P(\overline{A}\overline{B})=0$. 但是，反之不然. 举例如下.

设一几何概型的样本空间 $S=[0.1]$ 令 $\overline{A}=\left[0,\frac{1}{2}\right]$，$\overline{B}=\left[\frac{1}{2},1\right]$则有 $P(\overline{A}\overline{B})=P\left(\left\{\frac{1}{2}\right\}\right)=0$，但是 $P(\overline{A})=\frac{1}{2}\neq 0$，$P(\overline{B})=\frac{1}{2}\neq 0$. 从而不能选(D). 故(1)应选(C).

(2)若 $AB=\varnothing$ 且 $A\cup B\neq S$，则 $\overline{A}\overline{B}=\overline{A\cup B}\neq\varnothing$；

若 $AB\neq\varnothing$ 且 $A\cup B=S$ 则 $\overline{A}\overline{B}=\overline{A\cup B}=\varnothing$.

这表明(A)、(B)都不能入选.

由本章的问题与思考的第 6 题的命题 1 知，在 $P(A)\cdot P(B)>0$ 的条件下，若 $AB=\varnothing$，则 A 与 B 必不相互独立. 从而不能选(C). 故(2)应选(D).

实际上，若 $AB=\varnothing$，即 $A\subset\overline{B}$. 于是 $P(A-B)=P(A\overline{B})=P(A)$.

(3)∵“$AB\supset A$”⇔“$B\supset A$”. ∴选项(C)、(D)是等价的. 从而它们都不能入选.

虽然，若 $AB\supset A$ 或 $B\supset A$ 且 $P(A)>0$，则有 $P(B|A)=1$. 但是，反之不然. 举例如下.

设一几何概型的样本空间 $S=[0,1]$，令 $A=\left[0,\frac{1}{2}\right)$，$B=\left(0,\frac{3}{4}\right]$，则有 $AB=\left(0,\frac{1}{2}\right)$，$P(AB)=\frac{1}{2}$，$P(A)=\frac{1}{2}$. 于是，$P(B|A)=\frac{P(AB)}{P(A)}=1$，但是 $AB\not\supset A$，$B\not\supset A$. 从而(C)、(D)不能入选. 又 $P(B)=\frac{3}{4}$，于是 $P(A|B)=\frac{P(AB)}{P(B)}=\frac{2}{3}\neq 1$. 这表明(B)也不能入选. 故(3)应选(A).

实际上，$P(A|\overline{B})=\frac{P(A)P(\overline{B}|A)}{P(\overline{B})}=\frac{P(A)}{P(\overline{B})}\times[1-P(B|A)]=0$.

(4)由 A、B、C 相互独立，易证$\overline{A\cup B}=\overline{A}\overline{B}$ 与 C、AB 与 C(从而$\overline{AB}$与 C)、$A-B=A\overline{B}$与 C(从而$\overline{A-B}$与 $\overline{C}$)相互独立. 于是(A)、(C)、(D)都不能入选. 故(4)应选(B).

实际上，用反证法可知(4)应选(B). 设$\overline{AC}$与 $\overline{C}$ 相互独立，则 AC 与 C 相互独立，即 $P(ACC)=P(AC)P(C)$，亦即 $P(AC)=P(AC)P(C)$. 由于 $0<P(A)<1$，$0<P(C)<1$，由 A 与 C 相互独立知，$P(AC)>0$. 于是 $P(C)=1$. 这与 $0<P(C)<1$ 矛盾。故$\overline{AC}$与 $\overline{C}$ 不相互独立.

【例 1-29】 设 A、B、C 为三个事件，满足条件：$P(AB)=P(A)P(B)$，$C\supset AB$，$\overline{C}\supset\overline{A}\overline{B}$. 证明：

$$P(AC)\geqslant P(A)P(C).$$

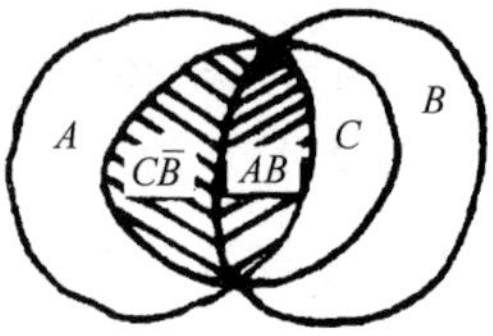

图 1-2

证 由 $\overline{C}\supset\overline{A}\overline{B}$ 知 $C\subset A\cup B$，又 $C\supset AB$，可得 A、B、C 三事件之间的关系如图 1-2 所示.

从而有 $AC=AB\cup C\overline{B}$，且 AB 与 $C\overline{B}$ 互不相容，于是

$$P(AC)=P(AB)+P(C\overline{B})\geqslant P(A)P(B)+P(A)P(C\overline{B})$$

$$=P(A)[P(B)+P(C\overline{B})]\geqslant P(A)[P(CB)+P(C\overline{B})]$$

$=P(A)P(C)$.

【例 1-30】 设 A、B 为两个事件，证明：

$$|P(AB)-P(A)P(B)|\leqslant\frac{1}{4}.$$

证 用求极值的方法易证；对任意事件 B 都有，$0\leqslant P(B)P(\bar{B})\leqslant\frac{1}{4}$.

由 $P(A)=P(AB)+P(A\bar{B})$，可知

$|P(AB)-P(A)P(B)|=|P(AB)-P(AB)P(B)-P(A\bar{B})P(B)|=|P(AB)P(\bar{B})-P(A\bar{B})P(B)|$ ……(*)

又 $0\leqslant P(AB)P(\bar{B})\leqslant P(B)P(\bar{B})\leqslant\frac{1}{4}$,

$0\leqslant P(A\bar{B})P(B)\leqslant P(\bar{B})P(B)\leqslant\frac{1}{4}$,

这表明(*)式是 $\left[0,\frac{1}{4}\right]$ 中的两个实数的差，当然不会大于 $\left[0,\frac{1}{4}\right]$ 这个区间的长度即 $\frac{1}{4}$ 了. 于是

$$|P(AB)-P(A)P(B)|\leqslant\frac{1}{4}.$$

1.2　同步训练

1. 设 A、B、C 为三个事件，且满足

$$\overline{(C\cup A)}\cup\overline{(C\cup\bar{A})}=B,$$

试用 A、B 及其运算来表示 C

2. 指出下列各式成立的条件.

(1) $(A\cup B)-A=B$；(2) $A\cup B=\bar{A}$.

3. 设 A_1、A_2、…、A_n 为 n 个事件，试把

$$A_1\cup A_2\cup\cdots\cdots\cup A_n,$$

表示为 n 个互不相容的事件之和.

4. 对一批产品进行检验，从中随机地不放回地取 3 次，每次取 1 个产品. 设 A_i 为第 i 次取到合格品 $(i=1,2,3)$. 试用 A_1、A_2、A_3 及其运算表示下列事件：

(1) 3 次都取到了合格品；

(2) 3 次中至少有 1 次取到了合格品；

(3) 3 次中恰有 2 次取到了合格品；

(4) 3 次中至多有 1 次取到了合格品

5. 从 0、1、2、…、9 这 10 个数字中，随机地取出 2 个数字，求其和大于 10 的概率.

6. 考虑一元二次方程 $x^2+Bx+C=0$，其中 B、C 分别是将一枚均匀的骰子(色子)接连掷两次先后出现的点数. 求该方程有实根的概率 p 和有重根的概率 q.

7. 在 $a+b$ 个产品中有 a 个次品和 b 个正品，每次从中随机地不放回地抽取 1 个产品. 试求下列事件的概率：

(1)前 k 次抽到的产品中恰有 1 个正品($k\leqslant a+1$)；

(2)第 k 次抽取时首次抽到正品($k\leqslant a+1$)；

(3)最后 1 次抽到的是正品；

(4)在将 $a+b$ 个产品都抽取出来的过程中，a 个次品被连续地抽出.

8. 将 n 本书随机地分给甲、乙二人，求甲、乙每人至少得到 1 本书的概率.

9. 将 C、C、E、E、I、N、S 这 7 个字母随机地排成一行，求恰好排成 $SCIENCE$ 的概率 p.

10. 将 3 个编号的球随机地放入 4 个编号的盒中，假设每个盒容纳球的个数不限，试求下列事件的概率：

(1)每盒最多有 1 个球；(2)每盒最多有 2 个球.

11. 6 个小孩将他们的左手两两拉在一起，然后再将右手两两拉在一起，求他们恰好拉成一个圈的概率.

12. 设有 mn 个球，其中 1 个是黑球，1 个是白球，其余全是红球. 把这 mn 个球随机地放入 m 个袋中，每袋放 n 个球. 求黑球与白球恰好在同一袋中的概率.

13. 一小城镇有机动车 2 万辆，牌照号码从 00001 至 20000. 在此城镇随机地遇到一机动车，求该车牌照号码有数字 8 的概率.

14. 一小区居民订阅报纸的统计数据如下：订甲种报的占 40%，订乙种报的占 25%，同时订上述两种报的占 15%. 求下列事件的概率：

(1)只订甲报的； (2)只订一种报的； (3)至少订一种报的； (4)两种报都不订的.

15. 在一均匀对称的四面体的四个面上，分别涂上红、黄、蓝、白四种颜色。现将四面体抛掷 3 次，试求“在 3 次抛掷中都是红色面或黄色面不着地”这一事件的概率.

16. 袋中有编号为 1、2、…、n($n\geqslant 2$)的 n 个球，今从袋中随机地有放回地抽 r 次，每次抽 1 个球. 求下列事件的概率：

(1)1 号球不被抽到； (2)1 号球和 2 号球都被抽到.

17. 从一副扑克牌(四种花色，每种花色 13 张)中，随机地有放回地取 6 张. 求在这 6 张牌中，四种花色每种至少有 1 张的概率.

18. 甲、乙两人进行乒乓球单打比赛. 甲发球成功后，乙回球失误的概率为 0.3. 若乙回球成功，甲回球失误的概率为 0.4，若甲回球成功，乙再次回球失误的概率为 0.5. 试求，在这几个回合中乙输掉 1 分的概率.

19. 甲、乙二人轮流对同一目标进行射击，甲命中的概率为 p_1($0<p_1<1$)，乙命中的概率为 p_2($O<p_2<1$). 规定谁先命中目标谁获胜，令甲先射击. 求甲、乙二人获胜的概率各是多少.

20. 某电子元件有 3 箱，每箱都装 50 个元件，三箱中的一等品分别为 45 个、40 个和 35 个. 今随机地任选一箱，再从这一箱中随机地不放回地先后取出 2 个元件.

(1)求先取出的元件是一等品的概率；

(2)求所取出的 2 个元件都是一等品的概率；

(3)在已知后取出的元件是非一等品的条件下，求先取出的元件是一等品的(条件)概率.

21. 已知 36 个乒乓球中有 4 个已经用过，把它们随机地分成了 3 盒，每盒 12 个. 今从这 3 盒中随机地任取 1 盒，求这一盒乒乓球都是没有用过的概率.

22. 某店有 4 位售货员，假设每位售货员是否用秤是相互独立的，且每位售货员平均在 1 小时内只有 15 分钟用秤. 如果要求当售货员用秤时，因秤不够而影响售货的概率小于 10%，那么该店应配置几台秤.

23. 袋中有 n 个白球、m 个黑球和 l 个红球，今每次从袋中随机地不放回取出 1 球，这样取下去. 求白球取出在黑球之前的概率.

24. 袋中装有 2 只白球和 1 只黑球，每次从袋中随机地摸出 1 球不放回，再放入一黑球，这样继续下去. 试求第 k 次摸出黑球的概率.

第2章　随机变量及其分布

2.1　典型例题

【例 2-1】　甲、乙二人轮流射击，直到靶子被击中为止，二人的命中率分别为 p_1, p_2，今甲先射击. 求二人射击次数的分布律.

分析　设靶子被击中时，甲、乙二人射击的次数分别为 X, Y. 此题的关键是，搞清楚事件 $\{X=k\}, \{Y=k\}(k\geqslant 1)$ 的含义. 它们都可以表示为两个较复杂一些的互不相容的事件的并再有，0 是 Y 的一个可能值.

解　设靶子被击中时，甲、乙二人射击的次数分别为 X, Y. 则由题意知：

$P(X=k)=P$(前 $k-1$ 次甲、乙均未击中，第 k 次甲击中或第 k 次甲不中而乙击中)

$=P$(前 $k-1$ 次甲、乙均未击中，第 k 次甲击中)

$+P$(前 $k-1$ 次甲、乙均未中，第 k 次甲不中而乙击中)

$$=(1-p_1)^{k-1}(1-p_2)^{k-1}p_1+(1-p_1)^k(1-p_2)^{k-1}p_2$$

$$=(1-p_1)^{k-1}(1-p_2)^{k-1}(p_1+p_2-p_1p_2).\ (k\geqslant 1)$$

$P(Y=k)=P$(前 k 次甲、乙均未击中第 $k+1$ 次甲击中或前 $k-1$ 次甲、乙均未击中第 k 次甲不中而乙击中)

$=P$(前 k 次甲、乙均未击中第 $k+1$ 次甲击中)

$+P$(前 $k-1$ 次甲、乙均未击中第 k 次甲不中而乙击中)

$$=(1-p_1)^k(1-p_2)^k p_1+(1-p_1)^k(1-p_2)^{k-1}p_2$$

$$=(1-p_1)^k(1-p_2)^{k-1}(p_1+p_2-p_1p_2).\ (k\geqslant 1)$$

$P(Y=0)=P$(甲第一次就击中)$=p_1$.

注：易产生的问题是，由于少考虑了一种情况，导致 X, Y 服从几何分布的错误.

【例 2-2】　在事件 A 发生的概率为 p 的 Bernoulli 试验中，若以 ξ 记第 r 次 A 发生时的试验次数，求 ξ 的分布.

解　$P(\xi=k)=P\{$前 $k-1$ 次试验中 A 恰好出现了 $r-1$ 次而第 k 次试验 A 发生$\}$

$$=C_{k-1}^{r-1}p^{r-1}(1-p)^{k-r}\cdot p$$

$$=C_{k-1}^{r-1}p^r(1-p)^{k-r}.\ (k=r, r+1, \cdots)$$

上面第二个等号成立是由于试验的独立性而得的.

此分布称为 Pascal 分布.

小结　通过上面两个例题可见，求离散型随机变量的分布律时，首先应该搞清随机变量取可能值时所表示的随机事件，然后确定其分布列. 为验证所求分布是否正确，通常可计算一下所求得的“分布列”之和是否为 1，若不为 1，则结果一定是错误的.

【例 2-3】　设某人有两盒火柴，每盒有 N 根火柴，每次使用时任取一盒从中取 1 根，求 A

=｛发现某盒已空，而另一盒还剩 r 根｝的概率.

解 设 B=｛取到某盒｝，则每次试验有两种可能结果 B 与 $\bar{B}$，且

$P(B)=P(\bar{B})=\frac{1}{2}$.

$$P(A)=P(\text{第 } N+1 \text{ 次的 } B \text{ 发生出现在第 } 2N-r+1 \text{ 次试验})$$
$$=C_{2N-r}^{N}\left(\frac{1}{2}\right)^{N+1}\left(\frac{1}{2}\right)^{N-r}$$
$$=C_{2N-r}^{N}\left(\frac{1}{2}\right)^{2N-r+1}.$$

此题直接用了上面例2的结论.

【例 2-4】 设某质点只能位于 x 轴上的整数点，在 $t=0$ 时刻，它位于原点，此后每隔单位时间，由于受到一个外力的随机作用，它分别以概率 p 及 $q=1-p$ 向右或向左移动一个单位，求 $t=n$ 时，该质点位于 k 位置的概率.

解 令 S_n 为质点在 $t=n$ 时刻的位置，于是欲使 $S_n=k$，必须且只须在前 n 次游动中向右移动的次数比向左移动的次数多 k 次(这里 k 也可以是负的整数)，以 x 记质点在前 n 次游动中向右移动的次数，以 y 记向左移动的次数，由以上分析知：

$$\begin{cases} x+y=n; \\ x-y=k. \end{cases}$$

即 $x=\frac{n+k}{2}$，因 x 为整数，因此 k 必须与 n 具有相同的奇偶性.

事件｛$S_n=k$｝发生相当于要求在前 n 次游动中有 $\frac{n+k}{2}$ 次向右，$\frac{n-k}{2}$ 次向左，利用二项分布即得：

$$P(S_n=k)=\begin{cases} C_n^{\frac{n+k}{2}}\cdot p^{\frac{n+k}{2}}\cdot q^{\frac{n-k}{2}}, & n\geqslant|k| \text{ 且 } n \text{ 与 } k \text{ 的奇偶性相同}; \\ 0, & \text{否则}. \end{cases}$$

【例 2-5】 下列函数是否为分布函数，若是，判断它是哪类随机变量的分布函数.

(1) $F(x)=\begin{cases} 0, & x<-2; \\ \frac{1}{2}, & -2\leqslant x<0; \\ 1, & x\geqslant 0. \end{cases}$

(2) $F(x)=\begin{cases} 0, & x<0; \\ \sin x, & 0\leqslant x<\pi; \\ 1, & x\geqslant \pi. \end{cases}$

(3) $F(x)=\begin{cases} 0, & x<0; \\ \sin x, & 0\leqslant x<\frac{\pi}{2}; \\ 1, & x\geqslant \frac{\pi}{2}. \end{cases}$

(4) $F(x)=\begin{cases}0, & x<0;\\ x+\frac{1}{2}, & 0\leqslant x<\frac{1}{2};\\ 1, & x\geqslant\frac{1}{2}.\end{cases}$

解 (1) 易见 $F(x)$ 在 $(-\infty,+\infty)$ 上为单调不减的右连续函数，且有 $F(-\infty)=0$，$F(+\infty)=1$，故 $F(x)$ 为某一随机变量的分布函数，又 $F(x)$ 为阶梯形函数，从而 $F(x)$ 是离散型随机变量的分布函数.

(2) $F(x)$ 在 $(-\infty,+\infty)$ 上不是单调不减函数，故 $F(x)$ 不是分布函数.

(3) $F(x)$ 在 $(-\infty,+\infty)$ 上连续单调不减，且有 $F(-\infty)=0$，$F(+\infty)=1$. 从而 $F(x)$ 为某随机变量的分布函数，又设非负函数.

$$f(x)=\begin{cases}0, & x<0 \text{ 或 } x\geqslant\frac{\pi}{2};\\ \cos x, & 0\leqslant x<\frac{\pi}{2}.\end{cases}$$

则有

$$\int_{-\infty}^{x} f(t)\mathrm{d}t=\begin{cases}0, & x<0;\\ \sin x, & 0\leqslant x<\frac{\pi}{2};\\ 1, & x\geqslant\frac{\pi}{2}.\end{cases}$$

即 $F(x)$ 为连续型随机变量的分布函数.

(4) $F(x)$ 在 $(-\infty,+\infty)$ 上右连续，单调不减，且 $F(-\infty)=0$，$F(+\infty)=1$，故 $F(x)$ 为分布函数. 又 $F(x)$ 不是阶梯形函数，故 $F(x)$ 不是离散型随机变量的分布函数.

注意到 $P(X=0)=F(0)-F(0-0)=\frac{1}{2}\neq 0$. 所以 $F(x)$ 也不是连续型随机变量的分布函数.

注：判断一个函数是否为分布函数，只能用分布函数的三条特征性质，若满足三条特征性质，则此函数是分布函数，否则就不是分布函数.

【例 2-6】 设随机变量 X 的分布函数为

$$F(x)=\begin{cases}0, & x<0;\\ Ax^2, & 0\leqslant x\leqslant 1;\\ 1, & x>1.\end{cases}$$

求(1)A 的值.

(2)X 落在 $\left(-1,\frac{1}{2}\right)$ 及 $\left(\frac{1}{3},2\right)$ 内的概率.

(3)X 的概率密度函数.

解 (1) 由分布函数的右连续性，在 $x=1$ 点处有 $F(1)=A=F(1+0)=1$. 即 $A=1$.

(2)由分布函数的性质知(此处 $F(x)$ 连续)：

$$P\left(X\in\left(-1,\frac{1}{2}\right)\right)=F\left(\frac{1}{2}\right)-F(-1)=\frac{1}{4};$$

$$P\left(X\in\left(\frac{1}{3},2\right)\right)=F(2)-F\left(\frac{1}{3}\right)=1-\left(\frac{1}{3}\right)^2=\frac{8}{9}.$$

(3)由于 $F(x)$ 最多除 $x=1$ 和 0 点外处处可导，且在 $x=0.1$ 处连续，若取

$$f(x)=\begin{cases}0, & x<0 \text{ 或 } x>1; \\ 2x, & 0\leqslant x\leqslant 1.\end{cases}$$

则 $f(x)\geqslant 0$，且对一切 x 有 $F(x)=\int_{-\infty}^{x} f(t)\mathrm{d}t$，从而 $f(x)$ 为随机变量 X 的密度函数.

注：在分布函数中若有待定未知常数一般用分布函数的基本性质来确定，但在本题中若取形式

$$F(x)=\begin{cases}0, & x<0; \\ Ax^2, & 0\leqslant x<1; \\ 1, & x\geqslant 1.\end{cases}$$

则 A 取不大于 1 的任何非负实数时，$F(x)$ 都是分布函数，但当 A 取小于 1 的任何非负实数时，X 不是连续型随机变量，从而不存在密度函数.

【例 2-7】 设随机变量 X 的密度函数为

$$f(x)=\begin{cases}a\cos x, & |x|\leqslant \dfrac{\pi}{2}; \\ 0, & |x|>\dfrac{\pi}{2}.\end{cases}$$

求(1)常数 a.

(2)$P(X\leqslant 0)$，$P\left(\dfrac{\pi}{4}\leqslant X<100\right)$.

(3)X 的分布函数.

解　(1)由密度函数的性质，有

$$1=\int_{-\infty}^{+\infty} f(x)\mathrm{d}x=\int_{-\frac{\pi}{2}}^{\frac{\pi}{2}} a\cos x\mathrm{d}x=2a,$$

故 $a=\dfrac{1}{2}$.

(2)根据密度函数的性质，有

$$P(X\leqslant 0)=\int_{-\infty}^{0} f(x)\mathrm{d}x=\int_{-\infty}^{-\frac{\pi}{2}} 0\mathrm{d}x+\int_{-\frac{\pi}{2}}^{0} \frac{1}{2}\cos x\mathrm{d}x=\frac{1}{2},$$

$$P\left(X\in\left[\frac{\pi}{4},100\right)\right)=\int_{\frac{\pi}{4}}^{100} f(x)\mathrm{d}x=\int_{\frac{\pi}{4}}^{\frac{\pi}{2}} \frac{1}{2}\cos x\mathrm{d}x+\int_{\frac{\pi}{2}}^{100} 0\mathrm{d}x=\frac{1}{2}\left(1-\frac{\sqrt{2}}{2}\right).$$

(3)由分布函数的定义，有

$$F(x)=\int_{-\infty}^{x} f(t)\mathrm{d}t$$

∴当 $x<-\dfrac{\pi}{2}$ 时，

$$F(x)=\int_{-\infty}^{x} 0\mathrm{d}x=0.$$

当 $-\dfrac{\pi}{2}\leqslant x\leqslant\dfrac{\pi}{2}$ 时，

$$F(x)=\int_{-\infty}^{-\frac{\pi}{2}} 0\mathrm{d}x+\int_{-\frac{\pi}{2}}^{x} \frac{1}{2}\cos x\mathrm{d}x=\frac{1}{2}(\sin x+1).$$

当 $x>\frac{\pi}{2}$ 时，

$$F(x)=\int_{-\infty}^{-\frac{\pi}{2}}0\mathrm{d}x+\int_{-\frac{\pi}{2}}^{\frac{\pi}{2}}\frac{1}{2}\cos x\mathrm{d}x+\int_{\frac{\pi}{2}}^{x}0\mathrm{d}x=1.$$

即 $F(x)=\begin{cases}0, & x<-\frac{\pi}{2};\\ \frac{1}{2}(\sin x+1), & -\frac{\pi}{2}\leqslant x\leqslant\frac{\pi}{2};\\ 1, & x>\frac{\pi}{2}.\end{cases}$

注：密度函数为分段函数的随机变量，求其分布函数时，由于积分限是从 $-\infty$ 到 x，故其分布函数表达式也往往是分段函数.

【例 2-8】 设 $X\sim N(2,\sigma^2)$，且 $P(2<X<4)=0.3$，求 $P(X<0)$.

解

因为 $0.3=P(2<X<4)=\Phi\left(\frac{2}{\sigma}\right)-\Phi(0)$，

所以 $\Phi\left(\frac{2}{\sigma}\right)=0.3+0.5=0.8$，

于是 $P(X<0)=P\left(\frac{X-2}{\sigma}<\frac{0-2}{\sigma}\right)=\Phi\left(-\frac{2}{\sigma}\right)=1-\Phi\left(\frac{2}{\sigma}\right)=0.2.$

【例 2-9】 一批鸡蛋，优良品种占 $\frac{2}{3}$，一般品种占 $\frac{1}{3}$，优良品种蛋重(单位:克) $X_1\sim N(55,5^2)$，一般品种蛋重 $X_2\sim N(45,5^2)$.

(1)从中任取一个，求其重量大于 50 g 的概率.

(2)从中任取两个，求它们的重量都小于 50 g 的概率.

解 (1)设 A:任取一蛋其重量大于 50 g.

B_1:任取一蛋为优良品种；

B_2:任取一蛋为一般品种.

则 B_1,B_2 互斥，且 $B_1\cup B_2=S$.

$P(B_1)=\frac{2}{3}$，$\mathrm{P}(B_1)=\frac{1}{3}$；

$P(A|B_1)=P(X_1>50)=1-\Phi\left(\frac{50-55}{5}\right)=0.841\ 3$；

$P(A|B_2)=P(X_2>50)=1-\Phi\left(\frac{50-45}{5}\right)=0.158\ 7$.

由全概率公式得：

$$\begin{aligned}P(A)&=P(B_1)P(A|B_1)+P(B_2)\cdot P(A|B_2)\\&=\frac{2}{3}\times 0.841\ 3+\frac{1}{3}\times 0.158\ 7=0.613\ 8.\end{aligned}$$

(2)从中任取 2 个，每个蛋大于 50 g 的概率 $p=0.613\ 8$，小于 50 g 的概率 $q=1-p=1-0.613\ 8$

设任取 2 个，有 Y 个大于 50 g，则 $Y\sim B(1,p)$.

于是所求概率为：

$P(Y=0)=C_2^0\cdot p^0q^2=(1-0.6138)^2=0.1492.$

【例 2-10】 〔均匀分布的重要地位〕.

设随机变量 X 的分布函数为 $F(x)$，因 $F(x)$ 为单调不减函数，对任意的 $y, 0\leqslant y\leqslant 1$，定义

$$F^{-1}(y)=\inf\{x: F(x)>y\},$$

作为 $F(x)$ 的反函数

令 $Y=F(X)$，则对任意 $x\in[0,1]$，

$P(Y\leqslant X)=P(F(X)\leqslant x)=P(X\leqslant F^{-1}(x))=F(F^{-1}(x))=x.$

即 $Y=F(X)$ 服从〔0,1〕上的均匀分布.

反之，若 $X\sim U[0,1]$，对任意的分布函数 $F(x)$，令

$$Y=F^{-1}(X),$$

$F^{-1}(y)$ 的定义同上.

则 Y 的分布函数

$$\begin{aligned}F_Y(y)&=P(Y\leqslant y)=P(F^{-1}(X)\leqslant y)\\&=P(X\leqslant F(y))=F(y).\end{aligned}$$

即 Y 的分布函数为 $F(x)$.

注　从此题可以得到：任意分布的随机变量都能产生出〔0,1〕上的均匀分布，反之，只要我们有了〔0,1〕上的均匀分布的随机变量，就可以通过以上方法产生分布函数为 $F(x)$ 的随机变量，这个结论在蒙特卡洛(Minte Carlo)方法中具有特别重要的意义.

【例 2-11】 设随机变量 X 的分布函数为 $F(x)$，求下列随机变量的分布函数：

(1) $Y=aX+b$；　　a,b 为常数，且 $a\neq 0$

(2) $Y=e^X$；

(3) $Y=\dfrac{1}{X}$；（加条件 $P(X=0)=0$）

(4) $Y=\sqrt{|X|}$.

解　(1)设 Y 的分布函数为 $F_Y(y)$，则

$$F_Y(y)=P(Y\leqslant y)=P(aX+b\leqslant y).$$

当 $a>0$ 时，上式 $=P\left(X\leqslant\dfrac{y-b}{a}\right)=F\left(\dfrac{y-b}{a}\right)$；

当 $a<0$ 时，上式 $=P\left(X\geqslant\dfrac{y-b}{a}\right)$

$$\begin{aligned}&=1-F\left(\frac{y-b}{a}\right)+P\left(X=\frac{y-b}{a}\right)\\&=1-F\left(\frac{y-b}{a}\right)+F\left(\frac{y-b}{a}\right)-F\left(\frac{y-b}{a}-0\right)\\&=1-F\left(\frac{y-b}{a}-0\right).\end{aligned}$$

于是

$$F_Y(y)=\begin{cases}F\left(\dfrac{y-b}{a}\right), & a>0;\\ 1-F\left(\dfrac{y-b}{a}-0\right), & a<0.\end{cases}$$

(2)$P(Y\leqslant y)=P(e^X\leqslant y)$.

当 $y\leqslant 0$ 时，$P(Y\leqslant y)=0$；

当 $y>0$ 时，$P(Y\leqslant y)=P(X\leqslant \ln y)=F(\ln y)$.

∴Y 的分布函数为

$$F_Y(y)=\begin{cases}F(\ln y), & y>0;\\ 0, & y\leqslant 0.\end{cases}$$

(3)$P(Y\leqslant x)=P\left(\dfrac{1}{X}\leqslant x\right)$

$$=\begin{cases}P\left(\dfrac{1}{X}\leqslant x\right), & x<0;\\ P\left(\dfrac{1}{X}\leqslant 0\right)=P(X\leqslant 0)=F(0), & x=0;\\ P\left(\dfrac{1}{X}\leqslant x\right), & x>0.\end{cases}$$

当 $x<0$ 时，

$$\begin{aligned}P\left(\frac{1}{X}\leqslant x\right)&=P\left(X<0\text{ 且 }X\geqslant\frac{1}{x}\right)\\&=P\left(\frac{1}{x}\leqslant X<0\right)\\&=P\left(X=\frac{1}{x}\right)+P\left(\frac{1}{x}<X\leqslant 0\right)-P(X=0)\\&=F\left(\frac{1}{x}\right)-F\left(\frac{1}{x}-0\right)+F(0)-F\left(\frac{1}{x}\right)\\&=F(0)-F\left(\frac{1}{x}-0\right).\end{aligned}$$

当 $x>0$ 时，

$$\begin{aligned}P\left(\frac{1}{X}\leqslant x\right)&=P\left(X<0\text{ 或 }X\geqslant\frac{1}{x}\right)\\&=P(X<0)+P\left(X\geqslant\frac{1}{x}\right)\\&=P(X\leqslant 0)+1-P\left(X\leqslant\frac{1}{x}\right)+P\left(X=\frac{1}{x}\right)\\&=F(0)+1-F\left(\frac{1}{x}\right)+F\left(\frac{1}{x}\right)-F\left(\frac{1}{x}-0\right)\\&=F(0)+1-F\left(\frac{1}{x}-0\right).\end{aligned}$$

故 Y 的分布函数为：

$$F_Y(y)=\begin{cases}F(0)-F\left(\dfrac{1}{y}-0\right), & y<0;\\ F(0), & y=0;\\ F(0)+1-F\left(\dfrac{1}{y}-0\right), & y>0.\end{cases}$$

(4)$P(Y\leqslant x)=P(\sqrt{|X|}\leqslant x)$.

当 $x<0$ 时，$P(\sqrt{|X|}\leqslant x)=0$；

当 $x\geqslant 0$ 时，

$$\begin{aligned}P(\sqrt{|X|}\leqslant x)&=P(|X|\leqslant x^2)\\&=P(-x^2\leqslant X\leqslant x^2)\\&=F(x^2)-F(-x^2)+P(X=-x^2)\\&=F(x^2)-F(-x^2-0).\end{aligned}$$

故 Y 的分布函数为

$$F_Y(y)=\begin{cases}0, & y<0;\\ F(y^2)-F(-y^2-0), & y\geqslant 0.\end{cases}$$

【例 2-12】 已知 $X\sim N(\mu,\sigma^2)$，求 $Y=\max(X,\mu)$ 的分布函数.

解 设 Y 的分布函数为 $F_Y(y)$，即

$$F_Y(y)=P(Y\leqslant y)=P(\max(X,\mu)\leqslant y)$$

由 Y 的表达式知 $y\geqslant\mu$. 故

当 $y<\mu$ 时，$\{Y\leqslant y\}=\varnothing$

当 $y\geqslant\mu$ 时，$\{Y\leqslant y\}=\{\max(X,\mu)\leqslant y\}=\{X\leqslant y\}$.

于是

$$\begin{aligned}F_Y(y)&=\begin{cases}0, & y<\mu;\\ P(X\leqslant y), & y\geqslant\mu.\end{cases}\\&=\begin{cases}0, & y<\mu;\\ \Phi\left(\dfrac{y-\mu}{\sigma}\right), & y\geqslant\mu.\end{cases}\end{aligned}$$

注 这里的 $Y=\max(X,\mu)$ 既不是连续型随机变量，又不是离散型随机变量，是混合型的随机变量.

【例 2-13】 在半径为 R，圆心在原点的圆周上有一动点 $M(X,Y)$，此点与 x 轴正向夹角为 $\theta\,(-\pi\leqslant\theta<\pi)$，设 θ 在 $[-\pi,\pi)$ 上服从均匀分布. 求

(1)该点横坐标 X 的密度函数.

(2)该点到 $(-R,0)$ 的距离 Z 的密度函数.

解 由题意，知 θ 的密度函数为

$$f_\theta(v)=\begin{cases}\dfrac{1}{2\pi}, & -\pi\leqslant v<\pi;\\ 0, & \text{其他}.\end{cases}$$

又 $X=R\cos\theta$ 在 $[-\pi,\pi)$ 上不是单调函数.

当 $x\leqslant -R$ 时，$F_X(x)=P(X\leqslant x)=P(R\cos\theta\leqslant x)=0$；

当 $x>R$ 时，$F_X(x)=1$；

当 $-R<x\leqslant R$ 时，由于

$$\left\{\cos\theta\leqslant\frac{x}{R},\theta\in[-\pi,\pi)\right\}=\left\{|\theta|\geqslant\arccos\left(\frac{x}{R}\right),\theta\in[-\pi,\pi)\right\},$$

故

$$\begin{aligned}F_X(x)&=P\left(\cos\theta\leqslant\frac{x}{R},\theta\in[-\pi,\pi)\right)\\&=P\left(|\theta|\geqslant\arccos\left(\frac{x}{R}\right)\right)\end{aligned}$$

$$=1-P\left(|\theta|<\arccos\left(\frac{x}{R}\right)\right)$$

$$=1-\frac{\arccos\left(\frac{x}{R}\right)}{\pi}.$$

又由于 $F_X(x)$ 处处连续，且当 $x\neq\pm R$ 时可导，故

$$f_X(x)=F'_X(x)=\begin{cases}0, & |x|\geqslant R;\\ \dfrac{1}{\pi\sqrt{R^2-x^2}}, & |x|<R.\end{cases}$$

(2)点 $M(X,Y)$ 到点 $(-R,0)$ 的距离 Z 可表示为随机变量 θ 的函数. 即 $Z=2R\cos\frac{\theta}{2}$，而 θ 的分布已知. $\cos\frac{\theta}{2}>0$. 且

当 $z<0$ 时，$F_Z(z)=P(Z\leqslant z)=0$，

当 $z\geqslant 2R$ 时，$F_Z(z)=P|Z\leqslant z)=P(2R\cos\frac{\theta}{2}\leqslant z)=1.$

当 $0\leqslant z<2R$ 时，类似于(1)有

$$F_Z(z)=P\left(\cos\frac{\theta}{2}\leqslant\frac{z}{2R}\right)$$

$$=P\left(\left|\frac{\theta}{2}\right|\geqslant\arccos\frac{z}{2R}\right)$$

$$=1-\frac{2\arccos\frac{z}{2R}}{\pi}.$$

$$\therefore f_Z(z)=F'_Z(z)=\begin{cases}0, & z\leqslant 0 \text{ 或 } z\geqslant 2R;\\ \dfrac{2}{\pi\sqrt{4R^2-z^2}}, & 0<z<2R.\end{cases}$$

【例 2-14】 已知随机变量 X 的概率密度函数为

$$f(x)=\begin{cases}Ae^{-2(x-B)}, & x\geqslant B;\\ 0, & x<B.\end{cases}$$

其中 A,B 为常数，且 $A>0$. 又知

$P(X\in(0,\ln 2))=\frac{1}{2}$. 求 A,B 的值.

解 由 $\int_{-\infty}^{+\infty}f(x)\mathrm{d}x=1$ 知：

$$\int_B^{+\infty}A\,e^{-2(x-B)}\,\mathrm{d}x=1,$$

令 $t=x-B$，则 $\int_0^{+\infty}Ae^{-2t}\mathrm{d}t=1$，故 $A=2$.

当 $B>0$ 时，就有 $B<\ln 2$，

否则，若 $B>\ln 2$，则 $P(X\in(0,\ln 2))=0\neq\frac{1}{2}$.

与题不符. 故 $\ln 2>B>0$.

此时 $$P(X\in(0,\ln2))=\int_0^B 0\mathrm{d}x+\int_B^{\ln2}2\mathrm{e}^{-2(x-B)}\mathrm{d}x=\frac{1}{2},$$

由此解得 $B=\frac{1}{2}\ln2$.

当 $B<0$ 时,

$$P(X\in(0,\ln2))=\int_0^{\ln2}2\mathrm{e}^{-2(x-B)}\mathrm{d}x=\frac{1}{2},即解得 B=\frac{1}{2}\ln\frac{2}{3}.$$

于是 A,B 有两组解:

$$\begin{cases}A=2;\\B=\frac{1}{2}\ln2.\end{cases}\qquad\begin{cases}A=2;\\B=\frac{1}{2}\ln\frac{2}{3}.\end{cases}$$

【例 2-15】 设随机变量 X 的绝对值不大于 1;又 $P(X=-1)=\frac{1}{8}$,$P(X=1)=\frac{1}{4}$. 在 $\{-1<X<1\}$ 发生的条件下,X 在 $(-1,1)$ 内任一子区间上取值的条件概率与该区间长度成正比,试求:

(1) X 的分布函数 $F(x)$.

(2) X 取负值的概率 $P\{X<0\}$.

解 (1)依题意知 $|X|\leqslant1$. 故

$$\begin{aligned}1&=P\{|X|\leqslant1\}=P\{X=1\}+P\{-1<X<1\}+P\{X=-1\}\\&=\frac{1}{4}+P\{-1<X<1\}+\frac{1}{8}.\end{aligned}$$

于是 $P\{-1<X<+1\}=\frac{5}{8}>0$.

又 $(-1,1)$ 为 $(-1,1)$ 的一个子区间,由题意:

$$\begin{aligned}1&=P\{-1<X<1\mid-1<X<1\}\\&=k[(+1)-(-1)]=2k.\end{aligned}$$

于是 $k=\frac{1}{2}$.

由 $|X|\leqslant1$ 知:当 $x<-1$ 时,$F(x)=0$;

当 $x\geqslant1$ 时,$F(x)=1$.

又 $F(-1)=P\{X\leqslant-1\}=P\{X=-1\}+P\{X<-1\}=\frac{1}{8}$.

下面求当 $-1<x<1$ 时,$F(x)$ 的表达式.

由题意知:

$$P\{-1<X\leqslant x\mid-1<X<1\}=k(x-(-1))=\frac{1}{2}(x+1),$$

于是

$$\begin{aligned}P\{-1<X\leqslant x\}&=P\{-1<X<1\}\cdot P\{-1<X\leqslant x\mid-1<X<1\}\\&=\frac{5}{8}\cdot\frac{(x+1)}{2}=\frac{5(x+1)}{16}.\end{aligned}$$

从而有

$$F(x)=P\{X\leqslant x\}=P\{X\leqslant-1\}+P\{-1<X\leqslant x\}$$

$$=\frac{1}{8}+\frac{5(x+1)}{16}=\frac{5x+7}{16}.$$

上式当 $x=-1$ 时，也成立.综上所述得：

$$F(x)=\begin{cases}0, & x<-1;\\ \frac{5x+7}{16}, & -1\leqslant x<1;\\ 1, & x\geqslant 1.\end{cases}$$

(2)由 $F(x)$ 的表达式知 $x=0$ 是 $F(x)$ 的连续点，由本章(2.6)式知 $P(X=0)=0$，于是

$$P\{X<0\}=P\{X\leqslant 0\}=F(0)=\frac{7}{16}.$$

【例 2-16】 已知随机变量 X 的概率密度为

$$f(x)=\begin{cases}x, & 0\leqslant x\leqslant 1;\\ 2-x, & 1\leqslant x\leqslant 2;\\ 0, & 其他.\end{cases}$$

求 $Y=|X-1|$ 的概率密度.

解 由 X 的密度函数可知：X 只在〔0,2〕上取值，故 $Y=|X-1|$ 只能在〔0,1〕上取值.于是

当 $y<0$ 时，　　$F_Y(y)=P(Y\leqslant y)=0$；

当 $y>1$ 时，　　$F_Y(y)=P(Y\leqslant y)=1$.

下面求当 $0\leqslant y\leqslant 1$ 时 Y 的分布函数.

$$\begin{aligned}F_Y(y)&=P(Y\leqslant y)=P(|X-1|\leqslant y)\\&=P\{-y+1\leqslant X\leqslant y+1\}\end{aligned}$$

当 $0\leqslant y\leqslant 1$ 时，$1\geqslant -y+1\geqslant 0$，$1\leqslant y+1\leqslant 2$.

又 X 是连续型随机变量，故 X 任何单点值的概率为 0.所以

$$\begin{aligned}F_Y(y)&=P\{-y+1\leqslant X\leqslant y+1\}\\&=\int_{-y+1}^{y+1} f(x)\mathrm{d}x\\&=\int_{-y+1}^{1} x\mathrm{d}x+\int_{1}^{y+1}(2-x)\mathrm{d}x\\&=\frac{1}{2}x^2\Big|_{-y+1}^{1}+2x\Big|_{1}^{y+1}-\frac{x^2}{2}\Big|_{1}^{y+1}\\&=-y^2+2y.\end{aligned}$$

所以 Y 的密度函数 $f_Y(y)=\begin{cases}F'_Y(y)=2-2y, & 当\ y\in〔0,1〕;\\ 0, & 当\ y\overline{\in}〔0,1〕\end{cases}$.

【例 2-17】 独立重复做某实验，每次试验成功的概率为 p，又设在 m 次成功中获得满意结果的概率为 $G_m=1-\left(1-\frac{1}{\omega}\right)^m$，其中 $\omega>1$ 为常数.试验不成功就不可能获得满意的结果.求为获得满意结果而进行试验次数的分布列.

分析 设 X 为获得满意结果而进行的试验次数.X 是取正整值的随机变量.此题是求 $P\{X=n\}$.有时直接求 $P\{X=n\}$ 较困难.可利用下式：

$$\{X=n\}=\{X\leqslant n\}-\{X\leqslant n-1\};$$

$$\{X\leqslant n\}\supset\{X\leqslant n-1\}.$$

于是 $$P\{X=n\}=P\{X\leqslant n\}-P\{X\leqslant n-1\}.$$

将求 $\{X=n\}$ 的概率转化为求 $\{X\leqslant n\}$ 的概率，这是求取整数值随机变量的分布列的方法之一.

解　设 X 为获得满意结果而进行的试验次数. 则有

$\{X=n\}$ 表示恰在第 n 次试验时方获得满意结果. 再设 $A_n=\{X\leqslant n\}$，即 A_n 为获得满意结果所进行的试验次数不大于 n. $n=1,2,\cdots$

于是 $A_n\supset A_{n-1}$，令 $A_0=\varnothing$.

又设 Y 为在 n 次试验中试验获得成功的次数，则 $\{Y=i\}$，$i=0,1,2,\cdots,n$ 为完备事件组，且 $P\{Y=i\}=C_n^i p^i(1-p)^{n-i}$.

由已知：$P(A_n|Y=i)=G_i,n\geqslant i$.

由全概率公式：

$$\begin{aligned}P(A_n)&=\sum_{i=0}^{n}P(Y=i)\cdot P(A_n|Y=i)\\&=\sum_{i=0}^{n}C_n^i p^i(1-p)^{n-i}\left(1-\left(1-\frac{1}{\omega}\right)^i\right)\\&=\sum_{i=0}^{n}C_n^i p^i(1-p)^{n-i}-\sum_{i=0}^{n}C_n^i\left(p\left(1-\frac{1}{\omega}\right)\right)^i(1-p)^{n-i}\\&=1-\left(p\left(1-\frac{1}{\omega}\right)+(1-p)\right)^n\\&=1-\left(1-\frac{p}{\omega}\right)^n.\quad n=1,2,\cdots\end{aligned}$$

又 $\{X=n\}=\{X\leqslant n\}-\{X\leqslant n-1\}=A_n-A_{n-1}$

$$\begin{aligned}\therefore P(X=n)&=P(A_n)-P(A_{n-1})\\&=\left(1-\frac{p}{\omega}\right)^{n-1}\cdot\frac{p}{\omega}\quad n=1,2,\cdots\end{aligned}$$

【例 2-18】　若 X 为只取非负整数值的随机变量，满足

$$P(X>k+l|X>k)=P(X>l)$$

其中 k,l 为非负整数. 则称 X 具有无记忆性. 证明：几何分布具有无记忆性；反之若 X 为非负整值离散型随机变量，且具有无记忆性，则 X 必服从几何分布.

证明　若 X 服从几何分布，则

$$P(X=k)=(1-p)^{k-1}p,k=1,2,3,\cdots,0<p<1.$$

于是对任意非负整数 k,l，

$$\begin{aligned}&P(X>k+l|X>k)\\&=\frac{P(X>k+l)}{P(X>k)}=\frac{\sum\limits_{j=k+l+1}^{\infty}p(1-p)^{j-1}}{\sum\limits_{i=k+1}^{\infty}p(1-p)^{i-1}}=(1-p)^l.\end{aligned}$$

而 $$P(X>l)=\sum_{i=l+1}^{\infty}p(1-p)^{i-1}=(1-p)^l.$$

于是 $$P(X>k+l|X>k)=P(X>l).$$

$\therefore X$ 具有无记忆性.

反之，记 $q_k=P(X>k)$，$p_k=P(X=k)$，于是我们有

$$p_{k+1}=q_k-q_{k+1},$$

并且在已知 $X>k$ 的条件下，$X=k+1$ 的条件概率为 p_{k+1}/q_k. 于是由无记忆性可知：

$$\frac{p_{k+1}}{q_k}=P(X=1)\triangleq p;$$

即

$$\frac{q_{k+1}}{q_k}=1-p.$$

注意到 $q_0=1$，则 $q_k=(1-p)^k$. 因此

$$p_k=(1-p)^{k-1}p, k=1,2,\cdots$$

即 X 服从几何分布.

【例 2-19】 若 X 为非负连续型随机变量，满足

$$P(X>s+t\mid X>t)=P(X>s).$$

其中 s,t 为非负数，则称 X 具有无记忆性.

证明若 X 服从参数为 λ 的指数分布，则 X 必具有无记忆性；反之若 X 具有无记忆性且为非负连续型随机变量，则 X 必服从指数分布.

证明 若 X 服从参数为 λ 的指数分布，则 X 的分布函数为

$$F(x)=\begin{cases}1-e^{-\lambda x}, & x\geqslant 0;\\ 0, & x<0.\end{cases}$$

于是

$$P\{X>s+t\mid X>t\}$$
$$=\frac{P\{X>s+t\}}{P\{X>t\}}=\frac{e^{-\lambda(s+t)}}{e^{-\lambda t}}=e^{-\lambda s}.$$

$$P(X>s)=1-F(s)=e^{-\lambda s}.$$

$\therefore P(X>s+t\mid X>t)=P(X>s)$.

即 X 具有无记忆性.

反之，若 X 具有无记忆性，且非负，记其分布函数为 $F(x)$. 并记

$$G(x)=P(X>x).$$

由无记忆性得知：$G(s+t)=G(s)\cdot G(t)$ 对一切 $s\geqslant 0,t\geqslant 0$ 成立.

又 $G(x)=1-F(x)$ 关于 x 单调不增，故由分析中的结果知：

$$G(x)=a^x \quad x\geqslant 0$$

由于 $G(x)$ 为概率，故 $0<a<1$. 于是存在 $\lambda>0$，使 $a=e^{-\lambda}$.

又 $F(x)$ 为非负连续型随机变量的分布函数，故有

$$F(x)=1-G(x)=1-e^{-\lambda x}, \quad x\geqslant 0$$

即 X 服从参数为 λ 的指数分布.

【例 2-20】 设一大型设备在任何长为 t 的时间内发生故障的次数 $N(t)$ 服从参数为 λt 的泊松分布. 求相继再次故障之间的时间间隔 T 的分布函数.

分析 解此题的关键是搞清楚下述等式：当 $t>0$ 时，

$$\{T>t\}=\{N(t)=0\}$$

解 $\because \{T>t\}=\{N(t)=0\}$，

$$\therefore P\{T>t\}=P\{N(t)=0\}=\frac{(\lambda t)^0}{0!}e^{-\lambda t}=e^{-\lambda t}.$$

于是 T 服从参数为 λ 的指数分布.

2.2　同步训练

1. 一批产品,其中有 9 件正品,3 件次品,今逐一取出使用,直到取出合格品为止,求在取得合格品以前已取出次品数的分布列、分布函数.

2. 某自控车床每次生产正品的概率为 $p(0<p<1)$,若出现次品立即进行调整,求在两次调整之间生产的合格品数的分布.

3. 重复独立抛掷一枚硬币,每次出现正面的概率为 $p(0<p<1)$,出现反面的概率为 $q=1-p$. 一直抛到正反面都出现为止,求所需抛掷次数的分布列.

4. 设 X_t 表示 $(0,t)$ 时间内某放射源放射出的粒子数,它服从参数为 λt 的 Poisson 分布,又设每个放射粒子未能被计数器记录的概率为 $p(0<p<1)$,证明在 $(0,t)$ 时间内计数器上记录到的粒子数 Y_t 服从参数为 $(1-p)\lambda t$ 的 Poisson 分布.

5. 设某人打一次电话所需时间 X 服从参数为 $\dfrac{1}{10}$(单位:分钟)的指数分布,当你走进电话室需打电话时,某人恰巧在你前面开始打电话,求以下事件的概率:

(1)你需要等待 10 分钟以上;

(2)你需要等待 10～20 分钟;

(3)你已等了 10 分钟还需要等 10 分钟以上.

6. 对目标进行 5 000 次独立射击,设每次击中的概率为 0.001,求至少有两次命中的概率.

7. 试判别 $f(x)=\dfrac{1}{\pi(1+x^2)}$ 在如下区间上定义是否为密度函数:

(1)$x\in(-\infty,+\infty)$;

(2)$x\in(-\infty,0)$;

(3)$x\in(0,+\infty)$.

8. 设随机变量 X 的分布函数为

$$(1)F(x)=\begin{cases}0, & x<-a;\\ A+B\arcsin\dfrac{x}{a}, & |x|\leqslant a;\\ 1, & x>a.\end{cases}$$

$$(2)F(x)=A+B\arctan\frac{x}{2}.$$

试确定常数 A,B.

9. 已知随机变量 X 的分布函数为:

$$(1)F(x)=\begin{cases}1-(1+x)e^{-x}, & x\geqslant 0;\\ 0, & x<0.\end{cases}$$

$$(2)F(x)=\begin{cases}0, & x\leqslant 0;\\ \sin x, & 0<x\leqslant\dfrac{\pi}{2};\\ 1, & x>\dfrac{\pi}{2}.\end{cases}$$

(3) $F(x)=\begin{cases}1-\dfrac{1}{\left(1-\dfrac{x}{2}\right)^2}, & x\geqslant 0;\\ 0, & x<0.\end{cases}$

求 X 的概率密度函数.

10. 设 $F_1(x),F_2(x)$ 均为分布函数,问

(1) $F_1(x),F_2(x)$ 是否为分布函数?

(2)若 a_1,a_2 为正常数,且 $a_1+a_2=1$, $a_1F_1(x)+a_2F_2(x)$ 是否为分布函数?

(3) $F_1(x)\cdot F_2(x)$ 是否为分布函数呢?

11. 设随机变量 X 的概率密度函数为

(1) $f(x)=\begin{cases}\dfrac{C}{x}\exp\left\{-\dfrac{(\ln x-\mu)^2}{2\sigma^2}\right\}, & x>0;\\ 0, & x\leqslant 0.\end{cases}$

(2) $f(x)=\begin{cases}Cx^{p-1}(1-x)^{q-1}, & 0<x<1;\\ 0, & \text{其他}.\end{cases}$

其中 $p>0,q>0$ 为常数.

(3) $f(x)=C\left(1+\dfrac{x^2}{n}\right)^{-\frac{n+1}{2}}, \quad -\infty<x<+\infty.$

分别求常数 C.

12. 设随机变量 X 的分布密度为:

(1) $f(x)=\begin{cases}x, & 0\leqslant x<1;\\ 2-x, & 1\leqslant x\leqslant 2;\\ 0, & \text{其他}.\end{cases}$ (2) $f(x)=\begin{cases}\dfrac{2}{\pi}\sqrt{1-x^2}, & |x|\leqslant 1;\\ 0, & |x|>1.\end{cases}$

分别求

(1)分布函数 $F(x)$;

(2) $P\left(X\leqslant\dfrac{3}{2}\right),P\left(X>\dfrac{1}{2}\right)$.

13. 设随机变量 X 的分布函数为:

$$F(x)=\begin{cases}0, & x\leqslant 0;\\ \dfrac{x}{2}, & 0\leqslant x<1;\\ \dfrac{2}{3}, & 1\leqslant x<2;\\ \dfrac{3}{4}, & 2\leqslant x<3;\\ 1, & x\geqslant 3.\end{cases}$$

作出 $F(x)$ 的图形并求 $P(X<3),P\left(X=\dfrac{1}{2}\right)$ 及 $P(2\leqslant X<4)$.

14. 设 $X\sim N(60,3^2)$,求分点 x_1,x_2,x_3,x_4 使 X 落在 $(-\infty,x_1),(x_1,x_2),(x_2,x_3),(x_3,x_4),(x_4,+\infty)$ 中的概率之比为 $7:24:38:24:7$.

15. 试证:

若 $P\{X\leqslant x_2\}\geqslant 1-\beta,P\{X\geqslant x_1\}\geqslant 1-\alpha$ 则 $P\{x_1\leqslant X\leqslant x_2\}\geqslant 1-(\alpha+\beta),x_1<x_2$.

16. 已知某类元件使用寿命 T 服从参数 $\lambda=\dfrac{1}{10\,000}$ 的指数分布(单位:小时).

(1)从这类元件中任取一个,求其使用寿命超过 5 000 小时的概率.

(2)某系统独立地使用 10 个这种元件,求在 5 000 小时之内这些元件不必更换的个数 X 的分布律.

17. 某加工过程,若采用甲工艺条件,则完成时间 $X\sim N(40,8^2)$;若采用乙工艺条件,则完成时间 $Y\sim N(50,4^2)$(单位:小时).

(1)若要求在 60 小时内完成,应选何种工艺条件?

(2)若要求在 50 小时内完成,应选何种工艺条件?

18. 设某批零件的长度 $X\sim N(\mu,\sigma^2)$,今从这批零件中任取 5 个,求正好有 2 个长度小于 μ 的概率.

19. 已知 $X\sim N(0,1)$,求

(1)$Y=aX+b$;

(2)$Y=|X|$;

(3)$Y=2X^2+1$.

的概率密度.

20. 设随机变量 X 的分布函数 $F(x)$ 连续且严格单调,求 $Y=F(X)$ 的分布函数.

21. 设某仪器寿命 T(小时)$\sim N(500,50^2)$,求该仪器使用超过 400 小时的概率.并确定一个允许限 t,使仪器寿命在$(500-t,500+t)$之间的概率不小于 0.95.

22. 在编号为 $1,2,\cdots,N$ 的 N 个球中有放回地随机取 n 次,求 n 次抽取中最大号码 U 和最小号码 V 的分布.

23. 设 X 分别为服从 $U\left[-\dfrac{\pi}{2},\dfrac{\pi}{2}\right]$,$U[0,\pi]$,$U[0,2\pi]$ 的随机变量,求 $Y=\sin X$ 的概率密度函数.

24. 选择题:在每个小题的四个选项中,只有一个符合题目要求。

(1)设随机变量 $X\sim N(\mu,\sigma^2)$,当 μ 减小,σ 增大时,概率 $P\{|X-\mu|<\sigma\}$

(A)单调增大;　　(B)单调减小;

(C)保持不变;　　(D)增减不定.

(2)设 $X\sim N(\mu,\sigma_1^2)$,$Y\sim N(\mu,\sigma_2^2)$,$\sigma_1\neq\sigma_2$ 记 $p_1=P(X\leqslant\mu-\sigma_1)$,$p_2=P\{Y\geqslant\mu+\sigma_2\}$,则

(A)对任何实数 μ,均有 $p_1=p_2$;　　(B)对任何实数 μ,均有 $p_1<p_2$;

(C)对任何实数 μ,均有 $p_1>p_2$;　　(D)只对个别的实数 μ,才有 $p_1=p_2$.

25. 设流入某水库的总水量 X(单位:百万立方米)服从$[4,8]$上的均匀分布.但水库最大容量为 7,超过 7 的水要溢出,求水库存水量 Y 的分布函数.

第3章　随机变量的数字特征

3.1　典型例题

【例 3-1】　设随机变量 X 的概率密度为

$$f(x)=a\mathrm{e}^{-\frac{(x-1)^2}{8}}+b\mathrm{e}^{-\frac{(x-2)^2}{2}},\quad -\infty<x<+\infty$$

其中 a、b 为待定常数，且已知 $E(X)=\frac{3}{2}$.

试求常数 a、b 的值.

分析　一般而言，求两个未知数，应该有包括这两个未知数的两个方程.

现在，已知 $E(X)=\frac{3}{2}$，给出了包含 a、b 这两个未知常数的一个方程；另一个方程，由连续型随机变量的密度函数的性质：$\int_{-\infty}^{\infty} f(x)\mathrm{d}x=1$（即本书第二章的式(2.18)）给出.

在联立上述两个方程求解的过程中，我们实际上用到了随机变量分布的核的概念.

下面简单介绍一下这个概念.

设随机变量 X 的概率分布为 $f(x)$（对连续型随机变量 X，$f(x)$ 为其概率密度；对离散型随机变量 X，$f(x)$ 为其分布律），为了突出 $f(x)$ 中与自变量 x 有关的部分，将 $f(x)$ 表示为 $f(x)=Gg(x)$，其中 C 为常数，$g(x)$ 为与 x 有关的部分，则称 $g(x)$ 为 X 的分布 $f(x)$ 的核.

在此题中，$\mathrm{e}^{-\frac{(x-1)^2}{8}}$ 和 $\mathrm{e}^{-\frac{(x-2)^2}{2}}$ 分别是正态分布 $N(1,2^2)$ 和 $N(2,1)$ 的核.

解　$1=\int_{-\infty}^{\infty} f(x)\mathrm{d}x=a\int_{-\infty}^{\infty}\mathrm{e}^{-\frac{(x-1)^2}{8}}\mathrm{d}x+b\int_{-\infty}^{\infty}\mathrm{e}^{-\frac{(x-2)^2}{2}}\mathrm{d}x$

$$=2a\sqrt{2\pi}\int_{-\infty}^{\infty}\frac{1}{\sqrt{2\pi}2}\mathrm{e}^{-\frac{(x-1)^2}{8}}\mathrm{d}x+b\sqrt{2\pi}\int_{-\infty}^{\infty}\frac{1}{\sqrt{2\pi}}\mathrm{e}^{-\frac{(x-2)^2}{2}}\mathrm{d}x$$

$$=\sqrt{2\pi}(2a+b).\qquad\cdots\cdots(1)$$

$$\frac{3}{2}=E(X)=\int_{-\infty}^{\infty}xf(x)\mathrm{d}x$$

$$=2a\sqrt{2\pi}\int_{-\infty}^{\infty}x\frac{1}{\sqrt{2\pi}2}\mathrm{e}^{-\frac{(x-1)^2}{8}}\mathrm{d}x+b\sqrt{2\pi}\int_{-\infty}^{\infty}x\frac{1}{\sqrt{2\pi}}\mathrm{e}^{-\frac{(x-2)^2}{2}}\mathrm{d}x$$

$$=2\sqrt{2\pi}(a+b).\qquad\cdots\cdots(2)$$

联立(1)、(2)，得 $a=\frac{1}{4\sqrt{2\pi}}$，$b=\frac{1}{2\sqrt{2\pi}}$.

【例 3-2】　每次打靶命中的概率都为 $p(0<p<1)$，不中的概率都为 $q=1-p$. 今向靶作独立重复射击，直到打中一次为止. 记停止射击时已消耗的子弹数为 X，求 $E(X)$、$D(X)$.

解　X 服从参数为 p 的几何分布，其分布律为 $P\{X=k\}=q^{k-1}p$，$k=1,2,\cdots$

于是　$E(X)=\sum_{k=1}^{\infty}kq^{k-1}p=p\sum_{k=1}^{\infty}kq^{k-1}$；

$$E(X^2)=\sum_{k=1}^{\infty}k^2q^{k-1}p=p\sum_{k=1}^{\infty}k^2q^{k-1}.$$

由 $\sum_{k=0}^{\infty}q^k=\frac{1}{1-q},|q|<1$，

利用幂级数在其收敛域内可逐项求导，可得

$$\sum_{k=1}^{\infty}kq^{k-1}=\sum_{k=0}^{\infty}(q^k)'_q=\left(\sum_{k=0}^{\infty}q^k\right)_q=\left(\frac{1}{1-q}\right)'_q=\frac{1}{(1-q)^2},$$

对上式两端乘以 q，再对 q 求导，可得

$$\sum_{k=1}^{\infty}k^2q^{k-1}=\frac{1+q}{(1-q)^3}.$$

所以$E(X)=\sum_{k=1}^{\infty}kq^{k-1}p=\frac{1}{(1-q)^2}p=\frac{1}{p}$，

$$E(X^2)=\sum_{k=1}^{\infty}k^2q^{k-1}p=\frac{1+q}{(1-q)^3}p=\frac{1+q}{p^2},$$

从而有 $D(X)=E(X^2)-[E(X)]^2=\frac{q}{p^2}$.

【例 3-3】　设 Y 的分布律为 $P\{Y=k\}=\frac{a^k}{(1+a)^{k+1}},k=0,1\cdots$ 其中 $a>0$ 为已知常数，求 $E(Y)$、$D(Y)$.

分析　将 Y 的分布律改写为 $P\{Y=k\}=q^kp,k=0,1\cdots$，其中 $p=\frac{1}{1+a},q=\frac{a}{1+a}$. 这样仿上一题的作法，可求出 $E(Y)$、$D(Y)$来.

现在介绍此题的另一解法. 观察改写后的 Y 的分布律与服从参数为 $p=\frac{1}{1+a}$的几何分布 X 的分布律 $P\{X=k\}=q^{k-1}p,k=1,2,\cdots$，可见 Y 所取的可能值比 X 多一个 0. 于是，$Y=X-1$. 这样，利用数学期望、方差的性质和上一题的结果，易求出 $E(Y)$、$D(Y)$.

解　引入参数为 p 的几何分布的随机变量 X，其分布律为 $P\{X=k\}=q^{k-1}p,k=1,2,\cdots$，其中 $p=\frac{1}{1+a},q=\frac{a}{1+a}$.

由上一题的结果知：

$$E(X)=\frac{1}{p}=1+a,D(X)=\frac{q}{p^2}=a(1+a),$$

又易见：$Y=X-1$，于是

$$E(Y)=E(X-1)=E(X)-1=a,$$
$$D(Y)=D(X-1)=D(X)=a(1+a).$$

【例 3-4】　袋中有 N 只球，其中白球数为随机变量 X，且 $E(X)=n$. 试求：从该袋中任取一球是白球的概率.

分析　此题是求一个事件的概率，似乎不好下手. 但是，设出 X 的分布律是解决此题的关键一步，也是很自然的一步. 因为只有这样，$E(X)=n$ 这个条件才能被利用. 然后，用全概率公式来求这个事件的概率就是顺理成章的事了.

解 设 X 的分布律为

$$P\{X=k\}=p_k\geqslant 0,k=0,1,\cdots,N$$

依题意知，$E(X)=\sum_{k=0}^{N}kp_k=n$

令A:从袋中任取一球是白球，

$B_k=\{X=k\},k=0,1,\cdots,N$

则 B_0、B_1、…、B_N 为一完备事件组*，又

$$P(B_k)=P\{X=k\}=p_k,P(A|B_k)=\frac{k}{N},$$

由全概率公式，得

$$P(A)=\sum_{k=0}^{N}P(B_k)P(A|B_k)=\frac{1}{N}\sum_{k=0}^{N}kp_k=\frac{n}{N}.$$

【例 3-5】 设 $X\sim B(n,p)$令

$$Y=\begin{cases}1, & X\text{ 取偶数(包括零)};\\ 0, & X\text{ 取奇数}.\end{cases}$$

试求 $E(Y)$、$D(Y)$.

分析 此题的关键是求 X 取偶数的概率.

我们给出两个解法.下面介绍这两个解法的思路.

解法 1 的思路是:把 X 取偶数的概率与 X 取奇数的概率联系起来求解.

具体的思考过程如下：

令 $p_n=P\{X\text{ 取偶数}\}$，$q_n=P\{X\text{ 取奇数}\}$.

显然，$p_n+q_n=1$

如果能再找到一个 p_n 与 q_n 的一次方程就能求出 p_n 来.

利用二项分布的特点，试计算 $p_n-q_n=?$

解法 2 的思路是:X 取偶数的概率即 n 重伯努利试验中有偶数次成功的概率，将它与 n 重伯努利试验的前$(n-1)$次试验(这是一个$(n-1)$重伯努利试验)中有偶数次成功的概率联系起来求解.用解法 1 的记号，解法 2 的思路是把 p_n 与 p_{n-1}联系起来求解.

具体的思考过程如下：

利用全概率公式建立一个 p_n 与 p_{n-1}之间的关系式**，再利用递推的方法，可求出 p_n 来.

解法 1 令

$$p_n=P\{X\text{ 取偶数}\}=P\left\{X=0\text{ 或 }X=2\text{ 或}\cdots X=2\left[\frac{n}{2}\right]\right\}$$

$$=\sum_{k=0}^{\left[\frac{n}{2}\right]}P\{X=2k\}=\sum_{k=0}^{\left[\frac{n}{2}\right]}C_n^{2k}p^{2k}(1-p)^{n-2k};$$

$$q_n=P\{X\text{ 取奇数}\}=P\left\{X=1\text{ 或 }X=3\text{ 或}\cdots X=2\left[\frac{n+1}{2}\right]-1\right\}$$

$$=\sum_{k=1}^{\left[\frac{n+1}{2}\right]}P\{X=2k-1\}=\sum_{k=1}^{\left[\frac{n+1}{2}\right]}C_n^{2k-1}p^{2k-1}(1-p)^{n-(2k-1)};$$

---

* 若对某个 k 有 $P(B_k)=0$，在全概率公式中将不出现 $P(B_k)P(A|B_k)$这一项.

** 这是一个一阶差分方程.

显然有　　$p_n+q_n=1.$

又 $p_n-q_n=\sum\limits_{k=0}^{\left[\frac{n}{2}\right]}C_n^{2k}p^{2k}(1-p)^{n-2k}-\sum\limits_{k=1}^{\left[\frac{n+1}{2}\right]}C_n^{2k-1}p^{2k-1}(1-p)^{n-(2k-1)}$

$$=\sum_{k=0}^{\left[\frac{n}{2}\right]}C_n^{2k}(-p)^{2k}(1-p)^{n-2k}+\sum_{k=1}^{\left[\frac{n+1}{2}\right]}C_n^{2k-1}(-p)^{2k-1}(1-p)^{n-(2k-1)}$$

$$=\sum_{l=0}^{n}C_n^{l}(-p)^{l}(1-p)^{n-l}=(1-2p)^n.$$

将上述两式联立得

$$p_n=P\{X\text{ 取偶数}\}=\frac{1+(1-2p)^n}{2}.$$

又 Y 是参数为 p_n 的 0－1 分布，于是

$$E(Y)=p_n=\frac{1+(1-2p)^n}{2}$$

$$D(Y)=p_nq_n=\frac{1-(1-2p)^{2n}}{4}.$$

解法 2　在 n 重伯努利试验中成功(即事件 A 发生)的次数就是此题中的随机变量 X.

设 B_i：i 重伯努利试验中有偶数次成功，$i=n-1,n,\quad n=2,3,\cdots$

则 B_{n-1}、$\overline{B}_{n-1}$ 为一完备事件组

令　　$P(B_i)=p_i,\quad i=n-1,\quad n$

我们约定，此解法中的 n 重伯努利试验是在 $(n-1)$ 重伯努利试验的基础上，再增加一次伯努利试验(即第 n 次伯努利试验)而得到的.

设 A_n：第 n 次伯努利试验 A 发生，

则有 $P(A_n)=p,P(\overline{A}_n)=1-p$

根据上述约定和条件概率的概念，则有

$$P(B_n|B_{n-1})=P(\overline{A}_n)=1-p,P(B_n|\overline{B}_{n-1})=P(A_n)=p,$$

由全概率公式，得

$$P(B_n)=P(B_{n-1})P(B_n|B_{n-1})+P(\overline{B}_{n-1})P(B_n|\overline{B}_{n-1}),$$

即　$p_n=p_{n-1}(1-p)+(1-p_{n-1})p=p+(1-2p)p_{n-1}.\quad n=2,3,\cdots\qquad (*)_1$

由 $(*)_1$ 式利用递推的方法，可得

$$p_n=p+(1-2p)[p+(1-2p)p_{n-2}]=p+(1-2p)p+(1-2p)^2p_{n-2}$$

$$=p+(1-2p)p+(1-2p)^2p+(1-2p)^3p_{n-3}$$

$$\cdots$$

$$=p+(1-2p)p+(1-2p)^2p+(1-2p)^3p+\cdots+(1-2p)^{n-2}p+$$

$$+(1-2p)^{n-1}p_1.\qquad (*)_2$$

而 p_1 即为一重伯努利试验中有偶数次(即零次)成功的概率，故 $p_1=1-p$.

将 $p_1=1-p$ 代入 $(*)_2$ 式，利用等比级数有限项求和公式，并进行整理化简，则得

$$p_n=\frac{1+(1-2p)^n}{2},$$

又 Y 是参数为 p_n 的 0－1 分布，于是

$$E(Y)=p_n=\frac{1+(1-2p)^n}{2},$$

$$D(Y)=p_n(1-p_n)=\frac{1-(1-2p)^{2n}}{4}.$$

【例 3-6】 设离散型随机变量 X 的分布律为

$$P\{X=2k\}=C\frac{\lambda^{2k}}{(2k)!}\mathrm{e}^{-\lambda},\quad k=0,1,2,\cdots$$

其中 $\lambda>0$ 为已知常数，$C>0$ 为未知常数.

(1) 求常数 C 的值；

(2) 求 $E(X)$、$D(X)$.

解 由 $\mathrm{e}^{\lambda}=\sum\limits_{k=0}^{\infty}\frac{\lambda^k}{k!},\quad \mathrm{e}^{-\lambda}=\sum\limits_{k=0}^{\infty}\frac{(-\lambda)^k}{k!}$

得

c1

$$\frac{\mathrm{e}^{\lambda}+\mathrm{e}^{-\lambda}}{2}=\sum_{k=0}^{\infty}\frac{\lambda^{2k}}{(2k)!},\qquad \frac{\mathrm{e}^{\lambda}-\mathrm{e}^{-\lambda}}{2}=\sum_{k=1}^{\infty}\frac{\lambda^{2k-1}}{(2k-1)!}.$$

(1) $1=\sum\limits_{k=0}^{\infty}P\{X=2k\}=C\mathrm{e}^{-\lambda}\sum\limits_{k=0}^{\infty}\frac{\lambda^{2k}}{(2k)!}=C\frac{1+e^{-2\lambda}}{2}$

于是 $C=\frac{2}{1+\mathrm{e}^{-2\lambda}}$；

(2)
$$\begin{aligned}E(X)&=\sum_{k=0}^{\infty}(2k)P\{X=2k\}=\sum_{k=1}^{\infty}(2k)C\frac{\lambda^{2k}}{(2k)!}\mathrm{e}^{-\lambda}\\&=C\lambda\mathrm{e}^{-\lambda}\sum_{k=1}^{\infty}\frac{\lambda^{2k-1}}{(2k-1)!}=C\lambda\mathrm{e}^{-\lambda}\frac{\mathrm{e}^{\lambda}-e^{-\lambda}}{2}\\&=\lambda\frac{1-\mathrm{e}^{-2\lambda}}{1+\mathrm{e}^{-2\lambda}}.\end{aligned}$$

$$D(X)=E(X^2)-[E(X)]^2;$$

又
$$E(X^2)=E[X(X-1)]+E(X).$$

而
$$\begin{aligned}E[X(X-1)]&=\sum_{k=0}^{\infty}(2k)(2k-1)P\{X=2k\}\\&=\sum_{k=1}^{\infty}(2k)(2k-1)C\frac{\lambda^{2k}}{(2k)!}\mathrm{e}^{-\lambda}=\lambda^2C\mathrm{e}^{-\lambda}\sum_{k=1}^{\infty}\frac{\lambda^{2k-2}}{(2k-2)!}\\&=\lambda^2.\end{aligned}$$

于是
$$\begin{aligned}D(X)&=E[X(X-1)]+E(X)-[E(X)]^2\\&=\lambda^2+\lambda\frac{1-\mathrm{e}^{-2\lambda}}{1+\mathrm{e}^{-2\lambda}}-\lambda^2\left(\frac{1-\mathrm{e}^{-2\lambda}}{1+\mathrm{e}^{-2\lambda}}\right)^2\\&=\lambda^2\frac{4\mathrm{e}^{-2\lambda}}{(1+\mathrm{e}^{-2\lambda})^2}+\lambda\frac{1-\mathrm{e}^{-2\lambda}}{1+\mathrm{e}^{-2\lambda}}.\end{aligned}$$

【例 3-7】 已知 $X\sim N(0,1)$，$Y\sim N(0,1)$，且 X、Y 相互独立，试求 $E[\max(X,Y)]$.

解法 1 X、Y 都服从 $N(0,1)$，它们的概率密度分别为

$$f_X(x)=\varphi(x)=\frac{1}{\sqrt{2\pi}}\mathrm{e}^{-\frac{x^2}{2}},\quad -\infty<x<+\infty$$

$$f_Y(y)=\varphi(y)=\frac{1}{\sqrt{2\pi}}\mathrm{e}^{-\frac{y^2}{2}},\quad -\infty<y<+\infty$$

又 X、Y 相互独立,故(X,Y)的联合概率密度为

$$f(x,y)=f_X(x)f_Y(y)=\frac{1}{2\pi}\mathrm{e}^{-\frac{x^2+y^2}{2}},\quad -\infty<x,\quad y<+\infty$$

根据二维随机变量的函数的数学期望的定理(见本章式(4.15)),于是

$$\begin{aligned}E[\max(X,Y)]&=\int_{-\infty}^{\infty}\int_{-\infty}^{\infty}\max(x,y)f(x,y)\mathrm{d}x\mathrm{d}y\\&=\iint\limits_{x\geqslant y}xf(x,y)\mathrm{d}x\mathrm{d}y+\iint\limits_{x<y}yf(x,y)\mathrm{d}x\mathrm{d}y\\&=\iint\limits_{x\geqslant y}x\,\frac{1}{2\pi}\mathrm{e}^{-\frac{x^2+y^2}{2}}\mathrm{d}x\mathrm{d}y+\iint\limits_{x<y}y\,\frac{1}{2\pi}e^{-\frac{x^2+y^2}{2}}\mathrm{d}x\mathrm{d}y\\&=\frac{1}{2\pi}\int_{-\infty}^{\infty}\mathrm{e}^{-\frac{y^2}{2}}\left[\int_y^{\infty}x\mathrm{e}^{-\frac{x^2}{2}\mathrm{d}x}\right]\mathrm{d}y+\frac{1}{2\pi}\int_{-\infty}^{\infty}e^{-\frac{x^2}{2}}\left[\int_x^{\infty}y\mathrm{e}^{-\frac{y^2}{2}\mathrm{d}y}\right]\mathrm{d}x\\&=\frac{1}{\pi}\int_{-\infty}^{\infty}\mathrm{e}^{-x^2}\mathrm{d}x.\end{aligned}$$

注意到 e^{-x^2} 是正态分布 $N\left(0,\left(\frac{\sqrt{2}}{2}\right)^2\right)$ 的核(关于随机变量分布的核的概念,可见本章典型例题 1 的分析),从而有

$$\int_{-\infty}^{\infty}\mathrm{e}^{-x^2}\mathrm{d}x=\sqrt{2\pi}\,\frac{\sqrt{2}}{2}\int_{-\infty}^{\infty}\frac{1}{\sqrt{2\pi}\,\frac{\sqrt{2}}{2}}\mathrm{e}^{-x^2}\mathrm{d}x=\sqrt{\pi}.$$

综上所述,得

$$E[\max(X,Y)]=\frac{1}{\sqrt{\pi}}.$$

解法 2 对任意的两个实数 x、y,都有下列恒等式

$$\max(x,y)=\frac{1}{2}(x+y+|x-y|).$$

用几何的方法解释上式是比较直观的:数轴上 x、y 这两点的中点为$\frac{1}{2}(x+y)$,x、y 这两点间的距离的一半为$\frac{1}{2}|x-y|$,x、y 这两点的中点与这两点间的距离的一半之和即为 x、y 中的最大者.

于是 $E[\max(X,Y)]=\frac{1}{2}E(X+Y+|X-Y|)=\frac{1}{2}E(|X-Y|)$.

上式最后一步,是因为 $E(X)=E(Y)=0$.

设 $Z=X-Y$,由于 X、Y 都服从 $N(0,1)$ 且相互独立,所以 $Z\sim N(0,(\sqrt{2})^2)$,其概率密度为

$$f_Z(z)=\frac{1}{\sqrt{2\pi}\sqrt{2}}\mathrm{e}^{-\frac{z^2}{4}},\quad -\infty<z<+\infty$$

从而有

$$E(|X-Y|)=E(|Z|)=\int_{-\infty}^{\infty}|z|f_Z(z)\mathrm{d}z=\int_{-\infty}^{\infty}|z|\frac{1}{2\sqrt{\pi}}\mathrm{e}^{-\frac{z^2}{4}}\mathrm{d}z$$

$$=\frac{1}{\sqrt{\pi}}\int_0^{\infty} z\mathrm{e}^{-\frac{z^2}{4}}\mathrm{d}z=\frac{2}{\sqrt{\pi}}\int_0^{\infty}\mathrm{e}^{-\frac{z^2}{4}}d\left(\frac{z^2}{4}\right)=\frac{2}{\sqrt{\pi}}.$$

综上所述，得

$$E[\max(X,Y)]=\frac{1}{\sqrt{\pi}}.$$

【例 3-8】 已知 $X\sim N(0,1)$，令 $Y_k=\begin{cases}1, X\leqslant k\\0, X>k,\end{cases}$ $(k=1,2)$. 试求 $D(Y_1+Y_2)$. 最后结果可用 $\Phi(k)$，$(k=1,2)$ 及其函数表示，其中 $\Phi(x)$ 为 $N(0,1)$ 的分布函数.

解 $D(Y_1+Y_2)=D(Y_1)+D(Y_2)+2\mathrm{Cov}(Y_1,Y_2)$，

又 $\mathrm{Cov}(Y_1,Y_2)=E(Y_1Y_2)-E(Y_1)E(Y_2)$.

依题意知，Y_1、Y_2 都服从 0－1 分布，从而 Y_1Y_2 也服从 0－1 分布，它们的参数分别为

$$P\{Y_1=1\}=P\{X\leqslant 1\}=\Phi(1);$$

$$P\{Y_2=1\}=P\{X\leqslant 2\}=\Phi(2);$$

$$\begin{aligned}P\{Y_1Y_2=1\}&=P\{Y_1=1,Y_2=1\}=P\{X\leqslant 1,X\leqslant 2\}\\&=P\{X\leqslant 1\}=\Phi(1),\end{aligned}$$

从而有

$$E(Y_k)=\Phi(k), D(Y_k)=\Phi(k)[1-\Phi(k)], k=1,2$$

$$E(Y_1Y_2)=\Phi(1),$$

于是 $D(Y_1+Y_2)=\sum_{k=1}^{2}\{\Phi(k)[1-\Phi(k)]\}+2\Phi(1)[1-\Phi(2)]$.

【例 3-9】 设连续型随机变量 X 的分布函数为 $F(x)$，又 $E(X)$ 存在，试证明

$$E(X)=\int_0^{\infty}[1-F(x)]\mathrm{d}x-\int_{-\infty}^{0}F(x)\mathrm{d}x.$$

证 设 X 的概率密度为 $f(x)$，则

$$F(x)=\int_{-\infty}^{x}f(t)\mathrm{d}t,\quad 1-F(x)=\int_x^{\infty}f(t)\mathrm{d}t$$

于是有

$$\begin{aligned}\int_0^{\infty}[1-F(x)]\mathrm{d}x&=\int_0^{\infty}\left[\int_x^{\infty}f(t)\mathrm{d}t\right]\mathrm{d}x\xlongequal[\text{次序}]{\text{交换积分}}\int_0^{\infty}f(t)\left[\int_0^{t}\mathrm{d}x\right]\mathrm{d}t\\&=\int_0^{\infty}tf(t)\mathrm{d}t=\int_0^{\infty}xf(x)\mathrm{d}x;\end{aligned}$$

$$\begin{aligned}\int_{-\infty}^{0}F(x)\mathrm{d}x&=\int_{-\infty}^{0}\left[\int_{-\infty}^{x}f(t)\mathrm{d}t\right]\mathrm{d}x\xlongequal[\text{次序}]{\text{交换积分}}\int_{-\infty}^{0}f(t)\left[\int_t^{0}\mathrm{d}x\right]\mathrm{d}t\\&=-\int_{-\infty}^{0}tf(t)\mathrm{d}t=-\int_{-\infty}^{0}xf(x)\mathrm{d}x.\end{aligned}$$

又 $E(X)$ 存在，所以

$$\int_0^{\infty}[1-F(x)]\mathrm{d}x-\int_{-\infty}^{0}F(x)\mathrm{d}x=\int_{-\infty}^{\infty}xf(x)\mathrm{d}x=E(X).$$

【例 3-10】 设 Z 的概率密度为 $p(z)$，且当 $z\leqslant 0$ 时，$p(z)=0$，又知 $E(Z)=\mu_1$，$E(Z^2)=\mu_2$.

今有二维随机变量 (X,Y) 的联合概率密度为

$$f(x,y)=\begin{cases}\dfrac{p(x+y)}{x+y}, & x>0,y>0;\\ 0, & \text{其他}.\end{cases}$$

试求 $E(X)$、$E(Y)$ 和 $\mathrm{Cov}(X,Y)$.

解 $E(X)=\int_{-\infty}^{\infty}\int_{-\infty}^{\infty}xf(x,y)\mathrm{d}x\mathrm{d}y=\int_0^{\infty}x\left[\int_0^{\infty}\dfrac{p(x+y)}{x+y}\mathrm{d}y\right]\mathrm{d}x$

$$\xlongequal{\text{令}x+y=u}\int_0^{\infty}x\mathrm{d}x\int_x^{\infty}\frac{p(u)}{u}\mathrm{d}u\xlongequal[\text{次序}]{\text{交换积分}}\int_0^{\infty}\frac{p(u)}{u}\left[\int_0^{u}x\mathrm{d}x\right]\mathrm{d}u$$

$$=\frac{1}{2}\int_0^{\infty}up(u)\mathrm{d}u=\frac{1}{2}\mu_1.$$

由 (X,Y) 的联合概率密度关于 x、y 的对称性知，$E(Y)=E(X)=\dfrac{1}{2}\mu_1$.

$$E(XY)=\int_{-\infty}^{\infty}\int_{-\infty}^{\infty}xyf(x,y)\mathrm{d}x\mathrm{d}y=\int_0^{\infty}x\left[\int_0^{\infty}y\frac{p(x+y)}{x+y}\mathrm{d}y\right]\mathrm{d}x\xlongequal{\text{令}x+y=u}$$

$$=\int_0^{\infty}x\left[\int_x^{\infty}(u-x)\frac{p(u)}{u}\mathrm{d}u\right]\mathrm{d}x\xlongequal[\text{次序}]{\text{交换积分}}\int_0^{\infty}\left(p(u)-\frac{xp(u)}{u}\right)\left[\int_0^{u}x\mathrm{d}x\right]\mathrm{d}u$$

$$=\int_0^{\infty}p(u)\left[\int_0^{u}x\mathrm{d}x\right]\mathrm{d}u-\int_0^{\infty}\frac{p(u)}{u}\left[\int_0^{u}x^2\mathrm{d}x\right]\mathrm{d}u$$

$$=\frac{1}{2}\int_0^{\infty}u^2p(u)\mathrm{d}u-\frac{1}{3}\int_0^{\infty}u^2p(u)\mathrm{d}u=\frac{1}{2}\mu_2-\frac{1}{3}\mu_2=\frac{1}{6}\mu_2$$

$\therefore \mathrm{Cov}(X,Y)=E(XY)-E(X)E(Y)=\dfrac{1}{6}\mu_2-\dfrac{1}{4}\mu_1^2.$

【例 3-11】 设 (X,Y) 的联合概率密度为

$$f(x,y)=\begin{cases}\dfrac{1}{2}\sin(x+y) & 0\leqslant x\leqslant\dfrac{\pi}{2},0\leqslant y\leqslant\dfrac{\pi}{2}\\ 0 & \text{其他}\end{cases}$$

求 $\mathrm{Cov}(X,Y)\rho_{XY}$.

解 $E(X)=\int_{-\infty}^{\infty}\int_{-\infty}^{\infty}xf(x,y)\mathrm{d}x\mathrm{d}y=\int_0^{\frac{\pi}{2}}\int_0^{\frac{\pi}{2}}x\cdot\dfrac{1}{2}\sin(x+y)\mathrm{d}x\mathrm{d}y$

$$=\frac{1}{2}\int_0^{\frac{\pi}{2}}x(\sin x+\cos x)\mathrm{d}x;$$

$$E(X^2)=\int_{-\infty}^{\infty}\int_{-\infty}^{\infty}x^2f(x,y)\mathrm{d}x\mathrm{d}y=\int_0^{\frac{\pi}{2}}\int_0^{\frac{\pi}{2}}x^2\cdot\frac{1}{2}\sin(x+y)\mathrm{d}x\mathrm{d}y$$

$$=\frac{1}{2}\int_0^{\frac{\pi}{2}}x^2(\sin x+\cos x)\mathrm{d}x;$$

$$E(XY)=\int_{-\infty}^{\infty}\int_{-\infty}^{\infty}xyf(x,y)\mathrm{d}x\mathrm{d}y=\int_0^{\frac{\pi}{2}}\int_0^{\frac{\pi}{2}}xy\cdot\frac{1}{2}\sin(x+y)\mathrm{d}x\mathrm{d}y$$

$$=-\frac{1}{2}\left(1-\frac{\pi}{2}\right)\int_0^{\frac{\pi}{2}}x\sin x\mathrm{d}x+\frac{1}{2}\int_0^{\frac{\pi}{2}}x\cos x\mathrm{d}x;$$

又 $\int_0^{\frac{\pi}{2}}x\sin x\mathrm{d}x=1$，$\int_0^{\frac{\pi}{2}}x\cos x\mathrm{d}x=\dfrac{\pi}{2}-1$，

$\int_0^{\frac{\pi}{2}}x^2\sin x\mathrm{d}x=\left(\dfrac{\pi}{2}\right)^2-2$，$\int_0^{\frac{\pi}{2}}x^2\cos x\mathrm{d}x=\pi-2$，

于是

$$E(X)=\frac{\pi}{4},\quad E(X^2)=\frac{\pi^2}{8}+\frac{\pi}{2}-2,\quad D(X)=\frac{\pi^2}{16}+\frac{\pi}{2}-2,$$

同理 $E(Y)=\frac{\pi}{4}$， $D(Y)=\frac{\pi^2}{16}+\frac{\pi}{2}-2$，

又 $E(XY)=\frac{\pi}{2}-1$，

所以 $\mathrm{Cov}(X,Y)=E(XY)-E(X)E(Y)=-\frac{\pi^2}{16}+\frac{\pi}{2}-1$，

$$\rho_{XY}=\frac{\mathrm{Cov}(X,Y)}{\sqrt{D(X)}\sqrt{D(Y)}}=\frac{-\frac{\pi^2}{16}+\frac{\pi}{2}-1}{\frac{\pi^2}{16}+\frac{\pi}{2}-2}=\frac{\pi^2-8\pi+16}{\pi^2+8\pi-32}.$$

【例 3-12】 设 θ 在〔0，2π〕上服从均匀分布，$X=\cos\theta$，$Y=\cos(\theta+a)$，a 为常数且 $0\leqslant a\leqslant 2\pi$.

求 $E(X)$、$E(Y)$、$D(X)$、$D(Y)$、$\mathrm{Cov}(X,Y)$. 问何时 X、Y 不相关，此时 X、Y 是否独立.

解 $E(X)=E(\cos\theta)=\int_0^{2\pi}\cos\theta\cdot\frac{1}{2\pi}\mathrm{d}\theta=0$；

$$E(Y)=E[\cos(\theta+a)]=\int_0^{2\pi}\cos(\theta+a)\frac{1}{2\pi}\mathrm{d}\theta=0;$$

$$D(X)=E(X^2)-[E(X)]^2=E(X^2)=E(\cos^2\theta)=\int_0^{2\pi}\cos^2\theta\frac{1}{2\pi}\mathrm{d}\theta=\frac{1}{2};$$

$$D(Y)=E(Y^2)=E[\cos^2(\theta+a)]=\int_0^{2\pi}\cos^2(\theta+a)\cdot\frac{1}{2\pi}\mathrm{d}\theta=\frac{1}{2};$$

$$\begin{aligned}\mathrm{Cov}(X,Y)&=E(XY)=E[\cos\theta\cos(\theta+a)]\\&=\int_0^{2\pi}\cos\theta\cos(\theta+a)\cdot\frac{1}{2\pi}\mathrm{d}\theta=\frac{1}{2}\cos a;\end{aligned}$$

又

$$\rho_{XY}=\frac{\mathrm{Cov}(X,Y)}{\sqrt{D(X)}\sqrt{D(Y)}}=\cos a.$$

故当 $a=\frac{\pi}{2}$ 或 $a=\frac{3\pi}{2}$ 时，$\rho_{XY}=0$，即 X,Y 不相关. 此时有 $X=\cos\theta$，$Y=\cos\left(\theta+\frac{\pi}{2}\right)=-\sin\theta$ 或 $Y=\cos\left(\theta+\frac{3\pi}{2}\right)=\sin\theta$，即 $X^2+Y^2=1$，所以 X、Y 不独立.

或计算 $P\left\{0\leqslant X\leqslant\frac{1}{2},0\leqslant Y\leqslant\frac{1}{2}\right\}$、$P\left\{0\leqslant X\leqslant\frac{1}{2}\right\}$、$P\left\{0\leqslant Y\leqslant\frac{1}{2}\right\}$. 易知，

$$\left\{0\leqslant X\leqslant\frac{1}{2}\right\}=\left\{\frac{\pi}{3}\leqslant\theta\leqslant\frac{\pi}{2}\right\}\cup\left\{\frac{3\pi}{2}\leqslant\theta\leqslant 2\pi-\frac{\pi}{3}\right\}$$

$$\left\{0\leqslant Y\leqslant\frac{1}{2}\right\}=\left\{0\leqslant\theta\leqslant\frac{\pi}{6}\right\}\cup\left\{\pi-\frac{\pi}{6}\leqslant\theta\leqslant\pi\right\}\cup\left\{\pi\leqslant\theta\leqslant\pi+\frac{\pi}{6}\right\}\cup\left\{2\pi-\frac{\pi}{6}\leqslant\theta\leqslant 2\pi\right\}.$$

故 $\left\{0\leqslant X\leqslant\frac{1}{2}\right\}$ 与 $\left\{0\leqslant Y\leqslant\frac{1}{2}\right\}$ 互斥，于是有

$$0=P\left\{0\leqslant X\leqslant\frac{1}{2},0\leqslant Y\leqslant\frac{1}{2}\right\}\neq P\left\{0\leqslant X\leqslant\frac{1}{2}\right\},P\left\{0\leqslant Y\leqslant\frac{1}{2}\right\}$$

这表明 X、Y 不独立.

综上所述可知，当 X、Y 不相关时，X、Y 不独立.

【例 3-13】 已知随机变量 X 和 Y 分别服从 $N(1,3^2)$ 和 $N(0,4^2)$，X 与 Y 的相关系数 $\rho_{XY}=-\frac{1}{2}$.

令 $Z=\frac{1}{3}X-\frac{1}{2}Y$.

(1)求 $E(Z)$、$D(Z)$；

(2)求 X 与 Z 的相关系数 ρ_{XZ}；

(3)问 X 与 Z 是否相互独立？为什么？

解　(1)$E(Z)=E\left(\frac{1}{3}X-\frac{1}{2}Y\right)=\frac{1}{3}E(X)-\frac{1}{2}E(Y)=\frac{1}{3}$.

$$\begin{aligned}D(Z)&=D\left(\frac{1}{3}X-\frac{1}{2}Y\right)=D\left(\frac{1}{3}X\right)+D\left(\frac{1}{2}Y\right)-2\mathrm{Cov}\left(\frac{1}{3}X,\frac{1}{2}Y\right)\\&=\frac{1}{9}D(X)+\frac{1}{4}D(Y)-2\times\frac{1}{3}\times\frac{1}{2}\mathrm{Cov}(X,Y)\\&=\frac{1}{9}\times3^2+\frac{1}{4}\times4^2-\frac{1}{3}\rho_{XY}\sqrt{D(X)}\sqrt{D(Y)}\\&=1+4-\frac{1}{3}\times\left(-\frac{1}{2}\right)\times3\times4=7.\end{aligned}$$

(2)$\rho_{XZ}=\dfrac{\mathrm{Cov}(X,Z)}{\sqrt{D(X)}\sqrt{D(Z)}}$

又
$$\begin{aligned}\mathrm{Cov}(X,Z)&=\mathrm{Cov}\left(X,\frac{1}{3}X-\frac{1}{2}Y\right)\\&=\frac{1}{3}\mathrm{Cov}(X,X)-\frac{1}{2}\mathrm{Cov}(X,Y)\\&=\frac{1}{3}D(X)-\frac{1}{2}\rho_{XY}\sqrt{D(X)}\sqrt{D(Y)}\\&=\frac{1}{3}\times3^2-\frac{1}{2}\times\left(-\frac{1}{2}\right)\times3\times4=6.\end{aligned}$$

于是
$$\rho_{XZ}=\frac{\mathrm{Cov}(X,Z)}{\sqrt{D(X)}\sqrt{D(Z)}}=\frac{6}{3\times\sqrt{7}}=\frac{2}{\sqrt{7}}.$$

(3)X 与 Z 不相互独立. 因为 $\rho_{XZ}=\frac{2}{\sqrt{7}}\neq0$，所以 Z 与 Z 不相互独立.

这是根据相关系数的性质："若 X、Y 独立且 ρ_{XY} 存在，则 $\rho_{XY}=0$."（见本章内容提要中的 7 的(1)）的逆否形式："若 ρ_{XY} 存在且 $\rho_{XY}\neq0$，则 X、Y 不独立."得出的.

【例 3-14】 设 X_1、X_2、…、X_{2n}($n>2$)是相互独立、同分布且二阶原点矩存在的 $2n$ 个随机变量.

令　$U=X_1+X_2+\cdots+X_{2n-k+1}$，

　　$V=X_k+X_{k+1}+\cdots+X_{2n}$，

其中 k 为满足 $1<k<n$ 的正整数.

试讨论 U 与 V 的相关系数的存在性；若 U 与 V 的相关系数存在，求其值.

解　由于 X_i 的二阶原点矩存在，故 X_i 的方差存在；又 X_1、X_2、…、X_{2n} 相互独立，故可设

$$D(X_i)=\sigma^2,(i=1,2,\cdots 2n)$$

下面分 $\sigma^2=0$ 和 $\sigma^2>0$ 两种情况讨论.

(1)当 $\sigma^2=0$ 时,则有

$$D(U)=D\Big(\sum_{i=1}^{2n-k+1}X_i\Big)=\sum_{i=1}^{2n-k+1}D(X_i)=0;$$

$$D(V)=D\Big(\sum_{i=k}^{2n}X_i\Big)=\sum_{i=k}^{2n}D(X_i)=0.$$

故此时,U 与 V 的相关系数不存在.

(2)当 $\sigma^2>0$ 时,则有

$$D(U)=D\Big(\sum_{i=1}^{2n-k+1}X_i\Big)=\sum_{i=1}^{2n-k+1}D(X_i)=(2n-k+1)\sigma^2>0;$$

$$D(V)=D\Big(\sum_{i=k}^{2n}X_i\Big)=\sum_{i=k}^{2n}D(X_i)=(2n-k+1)\sigma^2>0.$$

下面用两种方法求 U 与 V 的相关系数 ρ_{UV}.

法 1 $\rho_{UV}=\dfrac{\mathrm{Cov}(U,V)}{\sqrt{D(U)}\sqrt{D(V)}}=\dfrac{E(UV)-E(U)E(V)}{\sqrt{D(U)}\sqrt{D(V)}}$.

设 $E(X_i)=\mu,(i=1,2,\cdots,2n)$

注意到,当 $i\neq j$ 时,X_i 到 X_j 相互独立,则有

$$E(X_iX_j)=\begin{cases}\mu^2, & i\neq j;\\ \mu^2+\sigma^2, & i=j.\end{cases}\quad(1\leqslant i,j\leqslant 2n)$$

易计算出

$$E(U)=E(V)=(2n-k+1)\mu;$$
$$E(UV)=(2n-k+1)^2\mu^2+2(n-k+1)\sigma^2.$$

于是,得

$$\rho_{UV}=1-\frac{k-1}{2n-k+1}.$$

法 2 $D(U-V)=D(X_1+\cdots+X_{k-1}-X_{2n-k+2}-\cdots-X_{2n}$

$\qquad=2(k-1)\sigma^2$;

又 $D(U-V)=D(U)+D(V)-2\mathrm{Cov}(U,V)$

$\qquad=D(U)+D(V)-2\rho_{UV}\sqrt{D(U)}\sqrt{D(V)}$

$\qquad=2(2n-k+1)\sigma^2-2(2n-k+1)\sigma^2\rho_{UV}$.

由于上两式相等,于是可得

$$\rho_{UV}=1-\frac{k-1}{2n-k+1}.$$

3.2 同步训练

1. 设事件 A 在第 i 次试验中出现的概率为 $p_i(i=1,2,\cdots)$,X 表示第一次到第 n 次试验中 A 出现的次数之和. 试求 $E(X)$、$D(X)$. 假定各次试验是相互独立的.

2. 民航机场的送客汽车载有 20 位旅客从机场开出,旅客可以在 10 个车站下车. 如果到达某一站时没有旅客下车,则不在该站停车. 假定每位旅客在各个车站下车是等可能的,各位旅

客在某站是否下车是相互独立的. 设 X 为汽车的停车次数,求 $E(X)$.

3. 某人的一串钥匙有 n 把,其中只有一把能打开他的门. 现随机任取一把试开,设试开此门的次数为 X. 分别在

(1)把每次试开的钥匙与未试开过的区分开;

(2)把每次试开的钥匙与未试开过的混在一起不加区别.

两种情况下,求 $E(X)$、$D(X)$.

4. 同时独立地掷 n 枚匀称的骰子一次,求出现的点数之和的数学期望和方差.

5. 进行某试验的次数 X 是服从参数为 λ 的泊松分布的随机变量,每次试验成功的概率都是 $p(0<p<1)$,不成功的概率都是 $1-p$. 试求某试验成功的次数 Y 的数学期望与方差. 假定各次试验成功与否是相互独立的.

6. 设 $X\sim\pi(\lambda)$,令

$$Y=\begin{cases}1, & X\text{ 取偶数(包括零)};\\ 0, & X\text{ 取奇数}.\end{cases}$$

试求 $E(Y)$、$D(Y)$.

7. 设 X、Y 相互独立且都服从正态分布 $N\left(0,\left(\frac{\sqrt{2}}{2}\right)^2\right)$,令 $Z=X-Y$. 试求 $E(|Z|)$、$D(|Z|)$.

8. 设随机变量 X 取值于区间$[a,b]$,证明 $D(X)\leqslant\left(\frac{b-a}{2}\right)^2$.

9. 设随机变量 X 的概率密度为

$$f(x)=\frac{1}{2}\mathrm{e}^{-|x|},\quad -\infty<x<+\infty$$

(1)求 X、$|X|$的数学期望和方差.

(2)求 X 与$|X|$的协方差,并问 X 与$|X|$是否不相关.

(3)问 Z 与$|X|$是否独立? 为什么?

10. 设离散型随机变量 X 与 Y 相互独立,服从同一分布:

$P\{X=k\}=P\{Y=k\}=p(1-p)^k,0<p<1,k=0,1,2\cdots$

求 $E[\max(X,Y)]$.

第 4 章　统计量与参数估计

4.1 典型例题

【例 4-1】 设总体 X 的分布函数为

$$F(x;\theta_1,\theta_2)=\begin{cases}1-\left(\dfrac{\theta_1}{x}\right)^{\theta_2}, x\geqslant\theta_1; & \text{其中参数 } \theta_1>0 \text{ 已知} \\ 0, \quad x<\theta_1. & \theta_2>1 \text{ 未知.}\end{cases}$$

$(x_1,x_2,\cdots,x_n)$是来自该总体的样本值.

求未知参数 θ_2 的最大似然估计和矩估计.

分析:首先写出总体 X 的概率密度 $f(x;\theta_1,\theta_2)$,再按前面总结的步骤求解.

解 $f(x;\theta_1,\theta_2)=F'(x;\theta_1,\theta_2)=\begin{cases}\theta_2\theta_1^{\theta_2}x^{-(\theta_2+1)}, & x\geqslant\theta_1; \\ 0, & x<\theta_1.\end{cases}$

(1)样本值$(x_1,x_2,\cdots,x_n)$的似然函数为

$$L=\prod_{i=1}^{n}f(x_i;\theta_1,\theta_2)=\prod_{i=1}^{n}\theta_2\theta_1^{\theta_2}x_i^{-(\theta_2+1)}=\theta_2^{n}\theta_1^{n\theta_2}\prod_{i=1}^{n}x_i^{-(1+\theta_2)}$$

又 $\ln L=n\ln\theta_2+n\theta_2\ln\theta_1-(1+\theta_2)\sum\limits_{i=1}^{n}\ln x_i$

得似然方程

$$\frac{\mathrm{d}\ln L}{\mathrm{d}\theta_2}=\frac{n}{\theta_2}+n\ln\theta_1-\sum_{i=1}^{n}\ln x_i=0 \qquad (\theta_1 \text{ 是已知参数}).$$

解得 $$\hat{\theta}_2=\frac{n}{\sum\limits_{i=1}^{n}\ln x_i-n\ln\theta_1}=\frac{n}{\sum\limits_{i=1}^{n}(\ln x_i-\ln\theta_1)} \text{(是唯一驻点)}$$

又因为$\dfrac{\mathrm{d}^2\ln L}{(\mathrm{d}\theta_2)^2}=-\dfrac{n}{\theta_2^2}<0$

所以 $\hat{\theta}_2$ 是 θ_2 的最大似然估计.

(2)第一步 $$E(X)=\int_{\theta_1}^{+\infty}x\theta_2\theta_1^{\theta_2}x^{-(\theta_2+1)}\mathrm{d}x$$
$$=\int_{\theta_1}^{+\infty}\theta_2\theta_1^{\theta_2}x^{-\theta_2}\mathrm{d}x=\frac{\theta_1\theta_2}{\theta_2-1}$$
$$\Rightarrow\theta_2=\frac{E(X)}{E(X)-\theta_1}.$$

第二步 $\widehat{E(X)}=\bar{x}$.

第三步 将$\widehat{E(X)}$代入 θ_2 的公式中,得到 $\hat{\theta}_2=\dfrac{\bar{x}}{\bar{x}-\theta_1}$是 θ_2 的矩估计量.

【例 4-2】 一个罐子里装有黑球和白球,黑球所占比例为 $p(0<p<1)$未知.每次试验方式是有放回地从中随机地取 N 个球,其中黑球个数是随机变量 X.共进行了 n 次试验,获得样本值$(x_1,x_2,x_3,\cdots,x_n)$.试求:

(1)p 的最大似然估计.

(2)罐内黑球数和白球数之比 R 的最大似然估计.

分析

①由题意可知总体 $X\sim B(N,p)$.其中 N 已知,p 未知.为了写出似然函数 L,对离散型随机变量要先写出它的概率函数.

②建立 R 与 p 的函数关系,可用未知参数的已知函数的最大似然估计的规定求 R 的估计.

解 (1)总体 X 的概率函数为

$f(x;p)=C_N^x p^x(1-p)^{N-x},(x=0,1,2\cdots,N)$.

样品 $X_i\sim f(x_i;p)=C_N^{x_i}p^{x_i}(1-p)^{N-x_i}\begin{pmatrix}x_i=0,1,2\cdots,N\\ i=1,2,\cdots,n\end{pmatrix}$

似然函数

$$L=\prod_{i=1}^{n}C_N^{x_i}p^{x_i}(1-p)^{N-x_i}=\left(\prod_{i=1}^{n}C_N^{x_i}\right)p^{\sum\limits_1^n x_i}(1-p)^{nN-\sum\limits_1^n x_i}$$

$$\ln L=\sum_{i=1}^{n}\ln C_N^{x_i}+\left(\sum_{i=1}^{n}x_i\right)\ln p+\left(nN-\sum_{i=1}^{n}x_i\right)\ln(1-p).$$

得似然方程

$$\frac{\mathrm{d}\ln L}{\mathrm{d}p}=\frac{\sum\limits_1^n x_i}{p}-\frac{nN-\sum\limits_1^n x_i}{1-p}=0.$$

解得 $\hat{p}=\dfrac{\sum\limits_1^n x_i}{nN}=\dfrac{\bar{x}}{N}$是唯一驻点.故 $\hat{p}$ 是 p 的最大似然估计.

(2)$\because R=\dfrac{p}{1-p}$是 p 的连续函数$(0<p<1)$,$\hat{p}=\dfrac{\bar{x}}{N}$是 p 的最大似然估计.由未知参数的已知函数的最大似然估计规定可知

$\hat{R}=\dfrac{\hat{p}}{1-\hat{p}}=\dfrac{\bar{x}}{N-\bar{x}}$是 R 的最大似然估计.

注意:

要分清 N、n 和 x_i 的实际含义:N 是每次试验从总体中抽取个体的个数,是确定的值.n 是进行试验的次数,也是定值.

X_i 是第 i 个样品,它表示第 i 次试验从总体抽取 N 个球中黑球的个数,它是随机变量,可能的取值是 $0,1,2,\cdots,N$.且与总体 X 同分布.而 x_i 是第 i 个样品值,是 X 可能取值之一,并不一定是 i.

【例 4-3】 设$(X_1,X_2,\cdots,X_n)$是取自总体 X 的一个样本,已知 $\ln X$ 服从正态分布 $N(\mu,1^2)$,求未知参数 μ 的矩估计和最大似然估计.

分析:首先要写出总体 X 的概率密度,已知 $\ln X\sim N(\mu,1)$则 X 服从参数为 $\mu,\sigma=1$ 的对

数正态分布，其概率密度为见([1],P55).

解　$X\sim f(x;\mu)=\begin{cases}\dfrac{1}{\sqrt{2\pi}x}e^{-\frac{1}{2}(\ln x-\mu)^2}, & x>0\\ 0, & x\leqslant 0.\end{cases}$

第一步 $E(X)=\int_{-\infty}^{+\infty}xf(x;\mu)dx=\int_0^{+\infty}\dfrac{1}{\sqrt{2\pi}}\exp\left[-\dfrac{1}{2}(\ln x-\mu)^2\right]dx$

令：$\ln x=t, x=e^t \quad dx=e^t dt$

上式$=\int_{-\infty}^{+\infty}\dfrac{1}{\sqrt{2\pi}}e^t\cdot e^{-\frac{1}{2}(t-\mu)^2}dt$

$=\dfrac{1}{\sqrt{2\pi}}e^{\frac{1}{2}(2\mu+1)}\int_{-\infty}^{+\infty}e^{-\frac{1}{2}(t-\mu-1)^2}d(t-\mu-1)=\dfrac{1}{\sqrt{2\pi}}e^{\mu+\frac{1}{2}}\cdot\sqrt{2\pi}=e^{\mu+\frac{1}{2}}.$

得　$\mu=\ln E(X)-\dfrac{1}{2}.$

第二步　$\widehat{E(X)}=\bar{X}$　　代入上式

第三步　$\hat{\mu}=\ln\bar{x}-\dfrac{1}{2}$　是 μ 的矩估计量.

(2)$(x_1,x_2,\cdots,x_n)$的似然函数

$$L=\prod_{i=1}^{n}f(x_i;\mu)=\left(\frac{1}{2\pi}\right)^{\frac{n}{2}}\frac{1}{\prod\limits_{i=1}^{n}x_i}\exp\left[-\frac{1}{2}\sum_{i=1}^{n}(\ln x_i-\mu)^2\right]$$

$$\ln L=-\frac{n}{2}\ln 2\pi-\sum_{i=1}^{n}\ln x_i-\frac{1}{2}\sum_{i=1}^{n}(\ln x_i-\mu)^2$$

得似然方程

$$\frac{d\ln L}{d\mu}=+\frac{1}{2}\sum_{i=1}^{n}2(\ln x_i-\mu)=0.$$

解得　$\hat{\mu}=\dfrac{1}{n}\sum\limits_{i=1}^{n}\ln x_i$. 是唯一驻点

∴$\hat{\mu}$是 μ 的最大似然估计.

X	1	2	3
P	θ^2	$2\theta(1-\theta)$	$(1-\theta)^2$

【例 4-4】　已知总体 X 的分布列为(参数 $0<\theta<1$ 未知).

$(x_1,x_2,\cdots,x_n)$是来自该总体的一个样本值，试求 θ 的最大似然估计.

分析　本题关键是同总体 X 的分布列写出 X 的概率函数.

解　$X\sim f(x;\theta)=P(X=x+1)=C_{2x}(1-\theta)^x\theta^{2-x}$，　　$x=0,1,2.$

$X_i\sim f(x_i;\theta)=P(X_i=x_i+1)=C_{2x_i}(1-\theta)_{x_i}\theta^{2-x_i}$　　$x_i=0,1,2. i=1,2,\cdots,n.$

$(x_1,x_2,\cdots,x_n)$的近似函数为

$$L=\prod_{i=1}^{n}f(x_i;\theta)=\prod_{i=1}^{n}C_{2x_i}(1-\theta)_{x_i}\theta^{2-x_i}$$

$$=\prod_{i=1}^{n} C_2^{x_i}\cdot(1-\theta)^{\sum_1^n x_i}\theta^{\sum_1^n(2-x_i)}$$

又　$\ln L=\sum_{i=1}^{n}\ln C_2^{x_i}+\sum_{i=1}^{n}x_i\cdot\ln(1-\theta)+\sum_{i=1}^{n}(2-x_i)\ln\theta$

得似然方程　$\dfrac{\mathrm{d}\ln L}{\mathrm{d}\theta}=-\dfrac{\sum_1^n x_i}{1-\theta}+\dfrac{1}{\theta}(2n-\sum_{i=1}^{n}x_i)=0$

解得　$\hat{\theta}=\dfrac{2n-\sum_1^n x_i}{2n}=1-\dfrac{1}{2}\bar{x}$ 是唯一驻点

$\therefore\hat{\theta}$ 是 θ 的最大似然估计.

【例 4-5】 设总体 X 的分布密度为

$$f(x;A,B)=\begin{cases}\dfrac{1}{A}\mathrm{e}^{-\frac{x-B}{A}}, & x\geqslant B,\\ 0, & \text{其他},\end{cases}\quad \text{其中}-\infty<B<+\infty, A>0; \text{均是未知参数.}$$

试求 A,B 的最大似然估计.

分析　①本题没有给出样本值,在解题时应设一个样本值.

②由于似然方程组中 $\dfrac{\partial\ln L}{\partial B}=\dfrac{n}{A}=0$ 无解,故要用定义直接求 B 的最大似然估计.

解　设样本值$(x_1,x_2,\cdots,x_n)$,它的似然函数是:

$$L=L(x_1,x_2,\cdots,x_n;A,B)=A^{-n}\exp\left\{-\frac{1}{A}\left[\sum_{i=1}^{n}(x_i-B)\right]\right\},\min_{1\leqslant i\leqslant n}\{x_i\}\geqslant B$$

$$\ln L=-n\ln A-\frac{1}{A}\left[\sum_{i=1}^{n}x_i-nB\right]$$

$$\begin{cases}\dfrac{\partial\ln L}{\partial B}=\dfrac{n}{A}=0; & (1)\\ \dfrac{\partial\ln L}{\partial A}=-\dfrac{n}{A}+\dfrac{1}{A^2}\left[\sum_{i=1}^{n}x_i-nB\right]=0 & (2)\end{cases}$$

显然(1)式无解,要用定义求 B 的最大似然估计.

要使 L 达到最大,就是要在 $\min_{1\leqslant i\leqslant n}\{x_i\}\geqslant B$ 条件下,选择 B 使 $\sum_{i=1}^{n}(x_i-B)$ 达到最小,自然应选择 $\hat{B}=\min_{1\leqslant i\leqslant n}\{x_i\}$ 为 B 的最大似然估计.

由似然方程(2)解出 $\hat{A}=\dfrac{\sum_1^n x_i}{n}-\hat{B}$ 是唯一驻点,故知 A 的最大似然估计是 $\hat{A}=\bar{X}-\min_{1\leqslant i\leqslant n}\{x_i\}$.

【例 4-6】 设总体 X 服从正态分布 $N(\mu,\sigma^2)$,其中 μ 和 $\sigma^2>0$ 都未知. $X_1,X_2,\cdots,X_n$ 是取自该总体的一个样本. 若 A 满足 $\int_A^{+\infty}\dfrac{1}{\sqrt{2\pi}\sigma}\mathrm{e}^{-\frac{(x-\mu)^2}{2\sigma^2}}\mathrm{d}x=0.02$,试求 A 的最大似然估计.

分析　同[1],例 7.2 可知 $\hat{\mu}=\bar{X}$,$\hat{\sigma}^2=M_2'=\dfrac{1}{n}\sum_{i=1}^{n}(X_i-\bar{X})^2$ 分别是正态总体 μ 与 σ^2 的最

大似然估计. 再找出 A 与 μ,σ^2 的函数关系，从而求 A 的最大似然估计.

解　$\int_A^{+\infty}\frac{1}{\sqrt{2\pi}\sigma}e^{-\frac{(x-\mu)^2}{2\sigma^2}}dx \xlongequal{令\frac{x-\mu}{\sigma}=t} \int_{\frac{A-\mu}{\sigma}}^{+\infty}\frac{1}{\sqrt{2\pi}}e^{-\frac{t^2}{2}}dt = 0.02.$

即 $\Phi\left(\frac{A-\mu}{\sigma}\right)=1-0.02=0.98.$

查标准正态分布表，知 $\frac{A-\mu}{\sigma}=2.05.$

由此得 $A=2.05\sigma+\mu$ 是 σ 和 μ 的连续函数. 而 μ 和 σ^2 的最大似然估计分别为 $\hat{\mu}=\bar{X}$，

$\hat{\sigma}^2=M_2'=\frac{1}{n}\sum_{i=1}^{n}(X_i-\bar{X})^2$.

由未知函数的已知函数的最大似数估计规定知 $\hat{\sigma}=\sqrt{M_2'}$ 是 σ 的最大似然估计. 故 $\hat{A}=2.05\sqrt{M_2'}+\bar{X}$ 是 A 的最大似然估计.

【例 4-7】 设总体 X 的概率密度为

$$f(x;\theta)=\begin{cases}\frac{2x}{\theta^2}, & 0<x\leqslant\theta(\theta>0 \text{ 未知})\\ 0, & \text{其他}.\end{cases}$$

$x_1,x_2,\cdots,x_n$ 是该总体的一个样本值.

(1)求 θ 的最大似然估计 $\hat{\theta}$，

(2)问 $\hat{\theta}$ 是不是 θ 的无偏估计？并说明理由，

(3)试构造 θ 的一个无偏估计量.

解　(1)样本值 $x_1,x_2,\cdots,x_n$ 的似然函数为 $L=\begin{cases}\theta^{-2n}2^n\prod_{i=1}^{n}x_i, & 0\leqslant\max\limits_{1\leqslant i\leqslant n}\{x_i\}\leqslant\theta;\\ 0, & \text{其他}.\end{cases}$

$\ln L=-2n\ln\theta+n\ln 2+\sum_{i-1}^{n}\ln x_i$

$\frac{d\ln L}{d\theta}=-\frac{2n}{\theta}=0$ 无解. 故知本题要由定义直接求 θ 的最大似然估计.

从 L 表达式看出，要在 $\theta\geqslant\max\limits_{1\leqslant i\leqslant n}\{x_i\}$ 条件下，使 L 达到最大，必须取 $\hat{\theta}=\max\limits_{1\leqslant i\leqslant n}\{x_i\}$，由定义可知 $\hat{\theta}$ 是 θ 的最大似然估计.

(2)判断 $\hat{\theta}$ 是不是 θ 的无偏估计，就是看 $E(\hat{\theta})=\theta$ 是否成立. 为求 $E(\hat{\theta})$，关键是先求 $\hat{\theta}$ 的概率密度.

$\hat{\theta}$ 的分布函数 $G(y)=P\{\max\limits_{1\leqslant i\leqslant n}\{X_i\}\leqslant y\}=\prod_{i=1}^{n}p(X_i\leqslant y)=F^n(y)$(其中 $F(y)$ 是总体 X 的分布函数).

$\hat{\theta}$ 的概念密度 $g(y)=G'(y)=nF^{n-1}(y)f(y)$.

$$X\sim F(x)=\begin{cases}0, & x<0;\\ \int_0^x\frac{2x}{\theta^2}dx=\frac{x^2}{\theta^2}, & 0\leqslant x<\theta;\\ 1, & x\geqslant\theta.\end{cases}$$

$$\therefore \hat{\theta} \sim g(y)=\begin{cases} n\left(\dfrac{y^2}{\theta^2}\right)^{n-1}\dfrac{2y}{\theta^2}, & 0<y\leqslant\theta; \\ 0, & \text{其他}. \end{cases}$$

$$E(\hat{\theta})=\int_{-\infty}^{+\infty} yg(y)\mathrm{d}y=\int_0^\theta ny\left(\frac{y^2}{\theta^2}\right)^{n-1}\frac{2y}{\theta^2}\mathrm{d}y=\int_0^\theta \frac{2n}{\theta^{2n}}y^{2n}\mathrm{d}y=\frac{2n}{2n+1}\theta\neq\theta$$

故知 $\hat{\theta}=\max\limits_{1\leqslant i\leqslant n}\{X_i\}$ 不是 θ 的无偏估计.

(3)若取 $\hat{\theta}_1=\dfrac{2n+1}{2n}\max\limits_{1\leqslant i\leqslant n}\{X_i\}=\dfrac{2n+1}{2n}\hat{\theta}$.

$\because E(\hat{\theta}_1)=\dfrac{2n+1}{2n}E(\hat{\theta})=\theta$,

$\therefore$ 只需将 $\hat{\theta}$ 修正为 $\hat{\theta}_1=\dfrac{2n+1}{2n}\max\limits_{1\leqslant i\leqslant n}\{X_i\}$ 就是 θ 的无偏估计量.

【例 4-8】 设总体 X 服从正态分布 $N(\mu,\sigma^2)$,其中参数 $\mu,\sigma^2>0$ 未知.$(X_1,X_2,\cdots,X_n)$ 是该总体的一个样本.试决定 k 使 $\hat{\sigma}=\dfrac{1}{k}\sum\limits_{i=1}^n|X_i-\bar{X}|$ 是 σ 的无偏估计量.

分析 要使 $\hat{\sigma}$ 是 σ 的无偏估计,应取系数 k 满足 $E(\hat{\sigma})=\sigma$,即 $E(\hat{\sigma})=\dfrac{1}{k}\sum\limits_{i=1}^n E|X_i-\bar{X}|=\sigma$,其困难在于计算 $E|X_i-\bar{X}|$.

令 $Y_i=X_i-\bar{X}=X_i-\dfrac{1}{n}(X_1+X_2+\cdots+X_{i-1}+X_i+X_{i+1}+\cdots+X_n)$

$$=\frac{n-1}{n}X_i-\frac{1}{n}\sum_{k=1}^{i-1}X_k-\frac{1}{n}\sum_{k=i+1}^{n}X_k$$

$\because X_i\sim N(\mu,\sigma^2)$,且相互独立,$i=1,2,\cdots,n$.$Y_i$ 是 $X_1,X_2,\cdots,X_n$ 的线性组合.由于相互独立的正态随机变量的线性组合仍是正态随机变量.所以 $Y_i\sim N(E(Y_i),D(Y_i))$,下面只需求出 $E(Y_i),D(Y_i)$.

又如果 $Y_i\sim N(0,D(Y_i))$,则

$$E|Y_i|=2\int_0^{+\infty} y\frac{1}{\sqrt{2\pi}\sqrt{D(Y_i)}}\mathrm{e}^{-\frac{y^2}{2D(Y_i)}}\mathrm{d}y=2\frac{\sqrt{D(Y_i)}}{\sqrt{2\pi}}$$

$$=\sqrt{\frac{2}{\pi}}\sqrt{D(Y_i)}$$

解 样本取自正态总体 $N(\mu,\sigma^2)$,故 $\bar{X}\sim N\left(\mu,\dfrac{\sigma^2}{n}\right)$

令 $Y_i=X_i-\bar{X}=\dfrac{n-1}{n}X_i-\dfrac{1}{n}\sum\limits_{k=1}^{i-1}X_k-\dfrac{1}{n}\sum\limits_{k=i+1}^{n}X_k$,

$E(Y_i)=E(X_i-\bar{X})=E(X_i)=E(\bar{X})=\mu-\mu=0$.

$$D(Y_i)=D(X_i-\bar{X})=\left(\frac{n-1}{n}\right)^2D(X_i)+\frac{1}{n^2}\sum_{k=1}^{i-1}D(X_k)+\frac{1}{n^2}\sum_{k=i+1}^{n}D(X_k)$$

$$=\frac{(n-1)^2}{n^2}\sigma^2+\frac{n-1}{n^2}\sigma^2=\frac{n-1}{n}\sigma^2\qquad(i=1,2,\cdots,n)$$

$\therefore Y_i=X_i-\bar{X}\sim N\left(0,\dfrac{n-1}{n}\sigma^2\right),i=1,2,\cdots,n.$

$$E|\bar{X}_i-\bar{X}|=E|Y_i|=2\int_0^{+\infty}y\frac{1}{\sqrt{2\pi}\sqrt{D(Y_i)}}e^{-\frac{y^2}{2D(Y_i)dy}}$$

$$=\sqrt{\frac{2}{\pi}}\sqrt{D(Y_i)}=\sqrt{\frac{2}{\pi}}\cdot\sqrt{\frac{n-1}{n}}\sigma.$$

由 $E(\hat{\sigma})=\frac{1}{k}\sum_{i=1}^{n}E|X_i-\bar{X}|=\frac{1}{k}\sum_{i=1}^{n}\sqrt{\frac{2}{\pi}}\sqrt{\frac{n-1}{n}}\sigma$

$$=\frac{1}{k}\sqrt{\frac{2}{\pi}}\sqrt{n(n-1)}\sigma=\sigma$$

可知当 $k=\sqrt{\frac{2}{\pi}}\sqrt{n(n-1)}$ 时，$\hat{\sigma}$ 是 σ 的无偏估计量.

小结：本题的解法是属于典型性的解法，求解中关键是求随机变量 $Y_i=X_i-\bar{X}$ 的分布，这要用到独立正态随机变量的线性组合仍是正态随机变量. 在求其均值和方差时应注意所要求的条件.

【例 4-9】 设总体 X 服从正态分布 $N(\mu,\sigma^2)$，参数 $\mu,\sigma^2>0$ 都未知. $(X_1,X_2,\cdots,X_n)$ 是取自该总体的样本. 试证明 $S^2=\frac{1}{n-1}\sum_{i=1}^{n}(X_i-\bar{X})^2$ 是 σ^2 的相合估计量$\left(\text{其中 } \bar{X}=\frac{1}{n}\sum_{i=1}^{n}X_i\right)$.

分析 欲证明 S^2 是 σ^2 的相合估计量，即证明对任意给定的 $\varepsilon>0$，满足 $\lim_{n\to\infty}P\{|S^2-\sigma^2|<\varepsilon\}=1$.

证明 已证明 $E(S^2)=\sigma^2$，可知 S^2 是 σ^2 的无偏估计量.

由费歇定理可知$\frac{(n-1)S^2}{\sigma^2}\sim\chi^2(n-1)$

故有 $D\left(\frac{(n-1)S^2}{\sigma^2}\right)=2(n-1)\Rightarrow\frac{(n-1)^2}{\sigma^4}D(S^2)=2(n-1)$

即 $D(S^2)=\frac{2\sigma^4}{n-1}$

根据契比雪夫不等式，有

$$P\{|S^2-\sigma^2|\geqslant\varepsilon\}\leqslant\frac{D(S^2)}{\varepsilon^2}=\frac{2\sigma^4}{\varepsilon^2(n-1)}\xrightarrow{\text{当 } n\to\infty}0.$$

即 $\lim_{n\to\infty}P\{|S^2-\sigma^2|\geqslant\varepsilon\}=0$ 即 $\lim_{n\to\infty}P\{|S^2-\sigma^2|<\varepsilon\}=1$.

所以 S^2 是 σ^2 是相合估计量.

【例 4-10】 设总体 $X\sim N(\mu,\sigma^2)$，其中，μ 为已知常数，$\sigma^2>0$ 为未知参数. $(X_1,X_2,\cdots,X_n)$ 是来自该总体的样本. $S^2=\frac{1}{n-1}\sum_{i=1}^{n}(X_i-\bar{X})^2$ 和 $S_0^2=\frac{1}{n}\sum_{i=1}^{n}(X_i-\mu)^2$ 都是 σ^2 的估计量，试比较它们的有效性.

分析 容易验证 S^2 和 S_0^2 都是 σ^2 的无偏估计，比较它们的有效性就是比较它们的方差大小.

解 由[1]，定理 6.1 知 $E(S^2)=\sigma^2$.

$$E(S_0^2)=\frac{1}{n}\sum_{i=1}^{n}E(X_i-\mu)^2=\frac{1}{n}\sum_{i=1}^{n}D(X_i)=\sigma^2$$

故 S^2 和 S_0^2 都是 σ^2 的无偏估计量.

又由 χ^2 分布定义知 $\dfrac{\sum\limits_{i=1}^{n}(X_i-\mu)^2}{\sigma^2}\sim\chi^2(n)$，

由费歇定理可知 $\dfrac{(n-1)S^2}{\sigma^2}=\dfrac{\sum\limits_{i=1}^{n}(X_i-\bar{X})^2}{\sigma^2}\sim\chi^2(n-1)$，

所以 $D(S_0^2)=\dfrac{\sigma^4}{n^2}D(\sum\limits_{i=1}^{n}(X_i-\mu)^2/\sigma^2)=\dfrac{\sigma^4}{n^2}\cdot 2n=\dfrac{2\sigma^4}{n}$

$$D(S^2)=\frac{\sigma^4}{(n-1)^2}D\left[\frac{\sum\limits_{1}^{n}(X_i-\bar{X})^2}{\sigma^2}\right]=\frac{\sigma^4}{(n-1)^2}\cdot 2(n-1)=\frac{2\sigma^4}{(n-1)}$$

故有 $D(S_0^2)=\dfrac{2\sigma^4}{n}<\dfrac{2\sigma^4}{n-1}=D(S^2)$，于是 S_0^2 比 S^2 有效.

【例 4-11】 假定到某地旅游的一个游客的消费额 X 服从正态分布 $N(\mu,\sigma^2)$，且 $\sigma=500$，μ 未知. 要对平均消费额 μ 的进行估计，使这个估计的绝对误差小于 50 元，且为使置信度不小于 0.95，问至少需要随机调查多少个游客？

分析 本题是求样本容量的最小值，因此，不妨设 $(X_1,X_2,\cdots,X_n)$ 是取自该总体的样本. 样本均值为 $\bar{X}$，且知 $\hat{\mu}=\bar{X}$，依题意，即可由 $P\{|\bar{X}-\mu|<50\}\geqslant 0.95$ 去求最小样本容量 n.

解 设 n 是至少需要随机调查的游客人数.

要 $P\{|\bar{X}-\mu|<50\}\geqslant 0.95$，

即 $P\left\{\dfrac{|\bar{X}-\mu|}{\sigma/\sqrt{n}}<\dfrac{50}{\sigma/\sqrt{n}}\right\}\geqslant 0.95$，

因为 $\dfrac{\bar{X}-\mu}{\sigma/\sqrt{n}}=u\sim N(0,1)$，

由 $P\{|u|<u_{\frac{\alpha}{2}}\}=1-\alpha=0.95$. 其中 $\alpha=0.05$.

得 $\dfrac{50}{\sigma/\sqrt{n}}\geqslant u_{\frac{0.05}{2}}=1.96$

$\Rightarrow\sqrt{n}\geqslant\dfrac{1.96\sigma}{50}$

$\Rightarrow n\geqslant\left(\dfrac{1.96\sigma}{50}\right)^2=\left(\dfrac{1.96\times 500}{50}\right)^2=384.16.$

就是说随机调查游客人数不少于 385 人，就有不小于 0.95 的把握，使得用调查所得的 $\bar{x}$ 去估计平均消费额的真值 μ 时，其绝对误差小于 50 元.

【例 4-12】 某商店为了解用户对某种商品的需要量，调查了 100 个用户，得出每户每月平均需要该商品 10 公斤. 根据经验得知用户需求量方差 $\sigma_0^2=9$ 公斤^2. 如果这个商店供应一万户，就用户对这种商品的平均需求量 μ 进行区间估计. $(1-\alpha=0.99)$. 并依此求至少需准备多少公斤此种商品才能以 0.99 的概率满足用户需要？

分析 本题不是正态总体. 由于样本容量 $n=100$ 较大. 可用大样本方法求未知参数的区间估计. 即由独立同分布的中心极限定理得知，总体近似服从 $N(E(X),D(X))$，且由条件可知 $E(X)=\mu$，$D(X)=9$. 再用枢轴量法求出其置信区间.

解　设对该商品的需求量为 X，由于 $n=100$ 较大，故 X 近似服从正态分布 $N(\mu,3^2)$.

随机变量 $\dfrac{\bar{X}-\mu}{3/\sqrt{100}}\sim N(0,1)$ 可作为枢轴变量. 于是，有 $P\left\{-u_{\frac{\alpha}{2}}<\dfrac{\bar{X}-\mu}{3/10}<u_{\frac{\alpha}{2}}\right\}=1-\alpha$. 可得 μ 的置信度为 $1-\alpha$ 的置信区间为：

$$\left[\bar{X}-u_{\frac{\alpha}{2}}\frac{3}{10},\bar{X}+u_{\frac{\alpha}{2}}\frac{3}{10}\right].$$

已知：$\bar{x}=10$，故 μ 的 0.99 的置信区间是：

$$\left[10-2.58\,\frac{3}{10},10+2.58\,\frac{3}{10}\right]=[9.226,10.774]$$

由题意可知一万户对该种商品的平均需求量的 0.99 的置信区间是：

$[10\ 000\times 9.226,10\ 000\times 10.774]=[92\ 260,107\ 740]$.

又由题意要满足：

$$P\left\{\frac{\bar{X}-\mu}{3/10}\leqslant u_{0.01}\right\}\approx 0.99,$$

可得 μ 的 0.99 的置信区间 $\left[\bar{x}-U_{0.01}\dfrac{3}{10},+\infty\right]$ 即 $\left[10-2.33\,\dfrac{3}{\sqrt{10}},+\infty\right)=[9.301,+\infty)$

可知对一万户最少需要准备 $10\ 000\times 9.301=93\ 010$ 公斤这种商品，才能以 0.99 的概率满足需要.

注：本题第一问是对期望 μ 作双侧区间估计，而第二问是对 μ 作单侧区间估计.

【例 4-13】　设 $(X_1,X_2,\cdots,X_8)$ 是来自正态总体 $N(\mu,\sigma^2)$ 的样本，其中参数 μ 和 $\sigma>0$ 未知. 设 L 是 μ 的置信度为 $1-\alpha=0.95$ 的置信区间长度. 试求 $E(L^2)$.

解　总体 $X\sim N(\mu,\sigma^2)$

选取随机变量 $\dfrac{\bar{X}-\mu}{S/\sqrt{n}}\sim t(n-1)$ 为枢轴变量.

给定置信度 $1-\alpha=0.95$

使 $P\left\{\dfrac{|\bar{X}-\mu|}{S}\sqrt{n}\leqslant t_{\frac{\alpha}{2}}(n-1)\right\}=1-\alpha$

可得 μ 的置信区间为 $\left[\bar{X}-t_{\frac{\alpha}{2}}(n-1)\dfrac{S}{\sqrt{n}},\bar{X}+t_{\frac{\alpha}{2}}(n-1)\dfrac{S}{\sqrt{n}}\right]$,

故　$L=\dfrac{2St_{\frac{\alpha}{2}}(n-1)}{\sqrt{n}}$,

$$E(L^2)=\frac{4t_{\frac{\alpha}{2}}^2(n-1)}{n}E(S^2)=\frac{4t_{\frac{\alpha}{2}}^2(n-1)}{n}\sigma^2=\frac{4t_{0.025}^2(7)}{8}\sigma^2=\frac{4\times(1.894\ 6)^2}{8}\sigma^2=1.794\ 8\sigma^2.$$

【例 4-14】　选择题（每小题给出的四个选项中，只有一项符合题目要求，把所选项前的字母填在题后的括号内）

(1)设 $(X_1,X_2,\cdots,X_n)$ 是取自总体 $N(0,\sigma^2)$ 的样本，可以作为 σ^2 的无偏估计量的统计量是(　　).

(A) $\dfrac{1}{n}\sum\limits_{i=1}^{n}X_i^2$；　(B) $\dfrac{1}{n-1}\sum\limits_{i=1}^{n}X_i^2$；　(C) $\dfrac{1}{n}\sum\limits_{i=1}^{n}X_i$；　(D) $\dfrac{1}{n-1}\sum\limits_{i=1}^{n}X_i$

分析：本题考查未知参数无偏估计的概念.

由于$E\left(\frac{1}{n}\sum_{i=1}^{n}X_i^2\right)=\frac{1}{n}\sum_{i=1}^{n}E(X_i^2)=\frac{1}{n}\sum_{i=1}^{n}[D(X)+E^2(X)]=\sigma^2$.

答　应选(A)

(2)设总体X服从正态分布$N(\mu,\sigma^2)$,其中$\mu,\sigma^2>0$均未知.若样本容量n和样本值不变.则总体均值μ的置信区间长度L与置信度$1-\alpha$的关系是(　　).

(A)当$1-\alpha$缩小时,L增大;

(B)当$1-\alpha$缩小时,L缩短;

(C)当$1-\alpha$缩小时,L不变;

(D)以上三个选项都不对.

答:(　)

分析　当正态总体,σ^2未知时,μ的$1-\alpha$的置信区间为$[\bar{X}-t_{\frac{\alpha}{2}}(n-1)S/\sqrt{n},\bar{X}+t_{\frac{\alpha}{2}}(n-1)S/\sqrt{n}]$,其区间长度$L=2t_{\frac{\alpha}{2}}(n-1)S/\sqrt{n}$,当$n$和样本值一定时,由于$1-\alpha$缩小,$t_{\frac{\alpha}{2}}(n-1)$变小,故$L$缩短.

答　应选(B)

【例 4-15】　填空题

(1)设总体X服从正态分布$N(\mu,\sigma^2)$,μ未知,$\sigma^2>0$已知.为使总体均值μ的置信度为$1-\alpha$的置信区间长度不大于L,则样本容量n至少应取____________.

分析　正态总体,已知方差,均值μ的$1-\alpha$的置信区间是$\left[\bar{X}-u_{\frac{\alpha}{2}}\frac{\sigma}{\sqrt{n}},\bar{X}+u_{\frac{\alpha}{2}}\frac{\sigma}{\sqrt{n}}\right]$,要区间长度$2u_{\frac{\alpha}{2}}\frac{\sigma}{\sqrt{n}}\leqslant L$　则$n\geqslant\frac{4\sigma^2(u_{\frac{\alpha}{2}})^2}{L^2}$.

答　应填$\frac{4\sigma^2(u_{\frac{\alpha}{2}})^2}{L^2}$

(2)已知总体$X\sim N(\mu,\sigma^2)$,当样本容量$n\geqslant 50$时,样本标准差
$S=\sqrt{\frac{1}{n-1}\sum_{i=1}^{n}(X_i-\bar{X})^2}$近似服从$N\left(\sigma,\frac{\sigma^2}{2n}\right)$分布,则标准差$\sigma$的置信度为$1-\alpha$的置信区间是____________.

分析　由已知条件,当$n\geqslant 50$时,$E(S)=\sigma$,可知S是σ的无偏估计,随机变量$\frac{S-\sigma}{\sigma/\sqrt{2n}}\overset{\text{近似}}{\sim}N(0,1)$可选作枢轴变量,给定$1-\alpha$,要使

$$P\left\{\frac{|S-\sigma|}{\sigma/\sqrt{2n}}\leqslant u_{\frac{\alpha}{2}}\right\}=1-\alpha,$$

可得$P\left\{\frac{S}{1+u_{\frac{\alpha}{2}}/\sqrt{2n}}\leqslant\sigma\leqslant\frac{S}{1-u_{\frac{\alpha}{2}}\frac{1}{\sqrt{2n}}}\right\}=1-\alpha$.

答　应填$\left[\frac{S}{1+u_{\frac{\alpha}{2}}\frac{1}{\sqrt{2n}}},\frac{S}{1-u_{\frac{\alpha}{2}}\frac{1}{\sqrt{2n}}}\right]$.

4.2 同步训练

1. 单项选择题.

(1)设总体 X 服从正态分布 $N(\mu,\sigma^2)$，$\sigma^2>0$ 已知，μ 未知. 如果样本容量 n 和置信度 $1-\alpha$ 都不变，则对于不同的样本观测值，总体均值 μ 的置信区间的长度(　　).

(A)变长；　(B)变短；　(C)不变；　(D)不能确定.

(2)设$(X_1,X_2\cdots,X_n)$是取自正态总体 $N(\mu,\sigma^2)$ 的一个样本，要使 $k\sum\limits_{i=1}^{n-1}|X_{i+1}-\mu|$ 是 σ 的无偏估计量，则 K 等于(　　).

(A)$\dfrac{1}{n}\sqrt{\dfrac{\pi}{2}}$；　(B)$\dfrac{1}{n-1}\sqrt{\dfrac{\pi}{2}}$；　(C)$\dfrac{1}{2(n-1)}$；　(D)$\dfrac{1}{n}$

2. 填空题

(1)设总体 X 服从正态分布 $N(\mu,\sigma^2)$，$(X_1,X_2,\cdots,X_n)$是该总体的样本，a,b 为常数，且 $0<a<b$，则随机区间 $\left[\sum\limits_{i=1}^{n}\dfrac{(X_i-\mu)^2}{b},\sum\limits_{i=1}^{n}\dfrac{(X_i-\mu)^2}{a}\right]$ 长度的数学期望为________.

(2)设总体服从正态分布 $N(\mu,\sigma^2)$，$\mu,\sigma>0$ 都未知. $(x_1,x_2,\cdots,x_{15})$是取自该总体的样本，计算得 $\sum\limits_{i=1}^{15}x_i=8.7$，$\sum\limits_{i=1}^{15}x_i^2=25.05$，则 σ^2 的置信度为 0.95 的置信区间是____________.

(3)设$(X_1,X_2,\cdots,X_n)$是取自正态总体 $N(0,\sigma^2)$的一个样本，其中 $\sigma>0$ 未知. 要使估计量 $\hat{\sigma}^2=k\sum\limits_{i=1}^{n}X_i^2$ 是 σ^2 的无偏估计量，则 $k=$____________.

3. 设总体 X 在$[0,\theta]$($\theta>0$ 未知)上服从均匀分布，从该总体中任取六个样品，测得样本值为：(1.9,0.5,1.7,2.2,0.3,1.1). 分别用矩估计法和最大似然估计法求总体均值 $E(X)$和方差 $D(X)$的估计值.

4. 设总体 X 的概率密度为：

$$f(x;\theta)=\begin{cases}\dfrac{2\theta}{x^3}e^{-\frac{\theta}{x^2}}, & x>0\quad 其中参数\ \theta>0\ 未知；\\ 0, & x\leqslant 0.\end{cases}$$

$(x_1,x_2,\cdots,x_n)$为取自该总体的样本值. 试求参数 θ 的最大似然估计.

5. 设总体 X 服从正态分布 $N(\mu,\sigma^2)$，参数 μ 和 $\sigma>0$ 未知，$(x_1,x_2,\cdots,x_n)$是取自该总体的样本值. 试求标准差 σ 和二阶原点矩 $E(X^2)$的最大似然估计.

6. 设总体 X 的概率密度为：

$$f(x)=\begin{cases}\dfrac{B+1}{6}\left(\dfrac{x}{2}\right)^{\frac{B-2}{3}}, & 0<x<2,\quad (B>-1)；\\ 0, & 其他.\end{cases}$$

$(x_1,x_2,\cdots,x_n)$是该总体的一样本，求未知参数 B 的最大似然估计.

7. 设总体 X 的概率密度为：

$$f(x;\theta_1,\theta_2)=\begin{cases}\dfrac{1}{\theta_2}e^{-\frac{x-\theta_1}{\theta_2}}, & x>\theta_1, \quad (\theta_2>0,-\infty<\theta_1<+\infty\text{都未知});\\ 0, & x\leqslant\theta_1.\end{cases}$$

$(x_1,x_2,\cdots,x_n)$是该总体的样本值,求未知参数 θ_1 和 θ_2 的矩估计.

8. 袋中装有黑、白两种颜色而大小、形状相同的球.每次从中任取一球,确定黑、白颜色后再放回,连取 100 次.发现其中 9 次取的是黑色球,91 次取的是白色球.试求袋中黑球所占比例 p 和黑球与白球之比 R 的最大似然估计.

9. 总体 X 的概率密度为:

$$f(x;a,b)=\begin{cases}b, & a<x<a+\dfrac{1}{b}, \quad (b>0);\\ 0, & \text{其他}, \quad \text{参数 } a,b \text{ 都未知}.\end{cases}$$

$(x_1,x_2,\cdots,x_n)$是来自该总体的样本值,试求参数 a,b 的矩估计.

10. 设样本$(X_1,X_2,\cdots,X_n)$是取自正态总体 $N(\mu,\sigma^2)$,$(\sigma>0)$.求常数 k 使 $\hat{\sigma}=\dfrac{1}{k}\sum\limits_{i=1}^{n-1}|X_{i+1}-X_i|$ 为 σ 的无偏估计量.

11. 设总体 X 的均值 μ 和方差 $\sigma^2>0$ 都存在,又$(X_{11},X_{12},\cdots,X_{1n})$与$(X_{21},X_{22},\cdots,X_{2m})$是取自该总体的两个独立样本.试求常数 k 使 $S^2=k\left[\sum\limits_{i=1}^{n}(X_{1i}-\bar{X}_1)^2+\sum\limits_{i=1}^{m}(X_{2i}-\bar{X}_2)^2\right]$ 是 σ^2 的无偏估计.其中 $\bar{X}_1=\dfrac{1}{n}\sum\limits_{i=1}^{n}X_{1i}$,$\bar{X}_2=\dfrac{1}{m}\sum\limits_{i=1}^{m}X_{2i}$.

12. 设$(X_1,X_2,\cdots,X_n)$是来自二项分布 $B(N,p)$ 总体的样本.参数 $N(>1)$已知,$p(0<p<1)$未知.试求 p^2 的无偏估计量.

13. 设总体 X 的概率密度为 $f(x)=\begin{cases}\dfrac{1}{\theta}e^{-\frac{x}{\theta}}, & x\geqslant 0(\theta>0);\\ 0, & x<0.\end{cases}$

$(X_1,X_2,\cdots,X_n)$为来自该总体的样本,试证明样本均值 $\bar{X}$ 是参数 θ 的无偏和相合估计量.

14. 从一批炮弹中随机地抽取 9 发作炮口速度试验,得样本方差 $S^2=11$(米/秒)^2.假设炮口速度服从正态分布 $N(\mu,\sigma^2)$.试求炮口速度的标准差 σ 和方差 σ^2 的置信度为 0.90 的置信区间.

15. 已知某地区每月每户收入的分布为正态分布.标准差 $\sigma=100$(元).今要对该地区每户的平均收入进行估计.为了能以 0.95 的概率确信这种估计误差会小于 20(元),则所需样本容量 n 应为多大?

16. 从一大批产品中抽取样本容量为 100 的样本,经检验发现有 16 个次品,试求这种产品次品率 p 的置信度为 0.95 的置信区间.

17. 为了比较两批灯泡寿命,从标有商标 A 的一批灯泡中任取 150 只灯泡,测量得知其样本平均值 $\bar{X}=1\ 400$ h,样本标准差 $s_1=120$ h.从标有商标 B 的一批灯泡中任取 100 只灯泡,测量得知其样本均值 $\bar{y}=1\ 200$ h,样本标准差 $s_2=80$ h.试求两批灯泡平均寿命之差 $\mu_1-\mu_2$ 的

0.99 的置信限(设灯泡寿命均服从正态分布).

18. 甲、乙两位化验员,他们独立地对某种聚合物的含氯量用相同的方法各自作了 10 次测定,其测定值的样本方差分别为 $s_1^2=0.5419$,和 $s_2^2=0.6065$.甲和乙测量数据的总体服从正态分布 $N(\mu_1,\sigma_1^2)$和 $N(\mu_2,\sigma_2^2)$,μ_1、μ_2 未知,求方差比 σ_1^2/σ_2^2 的置信度为 0.90 的置信区间.

习题答案

习题 1.2

1. $C=\overline{B}$

2. (1) $AB=\varnothing$, (2) $A=\varnothing, B=S$

3. $A_1\cup\overline{A}_1A_2\cup\overline{A}_1\overline{A}_2A_3\cup\cdots\cup\overline{A}_1\overline{A}_2\cdots\overline{A}_{n-1}A_n$

4. (1) $A_1A_2A_3$；(2) $A_1\cup A_2\cup A_3$；(3) $A_1A_2\overline{A}_3\cup A_1\overline{A}_2A_3\cup\overline{A}_1A_2A_3$；
(4) $\overline{A}_1\overline{A}_2\cup\overline{A}_1\overline{A}_3\cup\overline{A}_2\overline{A}_3$

5. $\dfrac{16}{45}$

6. $p=\dfrac{19}{36}, q=\dfrac{1}{18}$

7. (1) $\dfrac{C_a^{k-1}C_b^1}{C_{a+b}^k}$；(2) $\dfrac{A_a^{k-1}A_b^1}{A_{a+b}^k}$；(3) $\dfrac{b}{a+b}$；(4) $\dfrac{(b+1)!\ a!}{(a+b)!}$

8. $1-\dfrac{1}{2^{n-1}}$

9. $\dfrac{1}{1260}$

10. (1) $\dfrac{3}{8}$；(2) $\dfrac{15}{16}$

11. $\dfrac{8}{15}$

12. $\dfrac{n-1}{mn-1}$，提示：只考虑黑白球的位置

13. 0.3439

14. (1) 0.25；(2) 0.35；(3) 0.50；(4) 0.50

15. $\dfrac{23}{32}$

16. (1) $\left(1-\dfrac{1}{n}\right)^r$；(2) $1-2\left(1-\dfrac{1}{n}\right)^r+\left(1-\dfrac{2}{n}\right)^r$

17. $1-4\left(\dfrac{3}{4}\right)^6+6\left(\dfrac{1}{2}\right)^6-4\left(\dfrac{1}{4}\right)^6\approx 0.318$

18. 0.51

19. $P\{\text{甲获胜}\}=\dfrac{p_1}{1-(1-p_1)(1-p_2)}$；$P\{\text{乙获胜}\}=\dfrac{p_2-p_1p_2}{1-(1-p_1)(1-p_2)}$

20. (1) 0.80；(2) 0.6435；(3) 0.7825

21. 0.1804，提示：用全概率公式

22.2 台

23. $\dfrac{n}{m+n}$

24. $p_k=1-\left(\dfrac{2}{3}\right)^k, k=1,2,\cdots$

习题 2.2

1.分布列

X	0	1	2	3
P	0.75	0.204	0.041	0.05

分布函数

$$F(x)=\begin{cases}0, & x<0;\\ 0.75, & 0\leqslant x<1;\\ 0.954, & 1\leqslant x<2;\\ 0.995, & 2\leqslant x<3;\\ 1, & x\geqslant 3\end{cases}$$

2. $p^i q(i=0,1,2,\cdots)$

3. $pq^{n-1}+qp^{n-1}\quad(n=2,3,4,\cdots)$

5. (1) $e^{-1}\approx 0.368$

(2) $e^{-1}-e^{-2}\approx 0.233$

(3) $e^{-1}\approx 0.368$

6. $P(X\geqslant 2)=1-P(X=0)-P(X=1)=0.956$

7. (1)是　(2)不是　(3)不是

8. (1) $A=\dfrac{1}{2}\quad B=\dfrac{1}{\pi}\quad f(x)=\dfrac{1}{\pi}\cdot\dfrac{1}{\sqrt{a^2-x^2}}$

(2) $f(x)=\dfrac{2}{\pi}\cdot\dfrac{1}{x^2+4}, A=\dfrac{1}{2}, B=\dfrac{1}{\pi}$

9. (1) $f(x)=\begin{cases}xe^{-x}, & x>0;\\ 0, & x\leqslant 0\end{cases}$

(2) $f(x)=\begin{cases}\cos x, & 0<x\leqslant\dfrac{\pi}{2};\\ 0, & x\leqslant 0 \text{ 或 } x>\dfrac{\pi}{2}\end{cases}$

(3) $f(x)=\begin{cases}\left(1+\dfrac{x}{2}\right)^{-3}, & x>0;\\ 0, & x\leqslant 0\end{cases}$

10. (1)不是;(2)是;(3)是

11. (1) $C=\dfrac{1}{\sqrt{2\pi}\sigma}$

(2) $C=\dfrac{\Gamma(p+q)}{\Gamma(p)\cdot\Gamma(q)}$

(3)$C=\dfrac{\Gamma\left(\dfrac{n+1}{2}\right)}{\sqrt{n\pi}\cdot\Gamma\left(\dfrac{n}{2}\right)}$

12. (1)$F(x)=\begin{cases}0, & x\leqslant 0;\\ \dfrac{x^2}{2}, & 0<x\leqslant 1;\\ 1-\dfrac{(2-x)^2}{2}, & 1<x\leqslant 2;\\ 1, & x>2\end{cases}$

$P\left(X\leqslant\dfrac{3}{2}\right)=\dfrac{7}{8},P\left(X>\dfrac{1}{2}\right)=\dfrac{7}{8}$

(2)$F(x)=\begin{cases}0, & x<-1;\\ \dfrac{1}{\pi}(x\sqrt{1-x^2}+\arcsin x)+\dfrac{1}{2}, & -1\leqslant x<1;\\ 1, & x\geqslant 1\end{cases}$

$P\left(X\leqslant\dfrac{3}{2}\right)=1,P\left(X>\dfrac{1}{2}\right)=\dfrac{1}{3}-\dfrac{\sqrt{3}}{3\pi}$

13. $P(X<3)=\dfrac{3}{4};P\left(X=\dfrac{1}{2}\right)=0;P(2\leqslant X\leqslant 4)=\dfrac{1}{3}$

14. $x_1=55.5,x_2=58.5,x_3=61.5,x_4=64.5$

15. (略)

16. (1)0.61,(2)$P(X=k)=C_{10}^k e^{-\frac{k}{2}}(1-e^{-\frac{1}{2}})^{10-k}$,$(k=0,1,2,\cdots,10)$

17. (1)两种工艺均可；

(2)选甲为好

18. $P(Y=2)=C_5^2\left(\dfrac{1}{2}\right)^2\cdot\left(\dfrac{1}{2}\right)^3=0.3125$

19. (1)$f_Y(y)=\dfrac{1}{\sqrt{2\pi}}e^{-\frac{1}{2}\left(\frac{y-b}{a}\right)^2}\left|\dfrac{1}{a}\right|\qquad -\infty<y<+\infty$

(2)$f_Y(y)=\begin{cases}\sqrt{\dfrac{2}{\pi}}e^{-\frac{y^2}{2}}, & y>0;\\ 0, & y\leqslant 0\end{cases}$

(3)$f_Y(y)=\begin{cases}\dfrac{1}{2\sqrt{\pi(y-1)}}e^{-\frac{y-1}{4}}, & y>1;\\ 0, & y\leqslant 1\end{cases}$

20. $Y\sim U[0,1]$

21. $\Phi(2)=0.977,\qquad t\geqslant 98$

22. $P(U=k)=\dfrac{k^n-(k-1)^n}{N^n},\qquad (k=1,2,\cdots,N)$

$P(V=k)=\dfrac{(N-k+1)^n-(N-K)^n}{N^n}\qquad (k=1,2,\cdots,N)$

23. $f_1(x)=\dfrac{1}{\pi\sqrt{1-x^2}},\qquad |x|<1$

$$f_2(x)=\frac{2}{\pi\sqrt{1-x^2}},\quad 0<x<1$$

$$f_3(x)=\frac{1}{\pi\sqrt{1-x^2}},\quad |x|<1$$

24.(1)C;(2)A

25. $F_Y(y)=\begin{cases}0, & y<4;\\ \dfrac{y-4}{4}, & 4\leqslant y<7;\\ 1, & y\geqslant 7\end{cases}$

习题 3.2

1.提示:引入随机变量 X_i:

$$X_i=\begin{cases}1, & \text{第 } i \text{ 次试验 } A \text{ 出现};\\ 0, & \text{否则}.\end{cases}$$

则有 $X=\sum\limits_{i=1}^{n}X_i$,且 X_1、X_2、…、X_n 相互独立.

$E(X)=\sum\limits_{i=1}^{n}p_i, D(X)=\sum\limits_{i=1}^{n}p_i(1-p_i)$.

2.提示:引入随机变量 X_i:

$$X_i=\begin{cases}1 & \text{在第 } i \text{ 站有旅客下车}\\ 0 & \text{否则}\end{cases}$$

则

X_i	0	1
P	$\left(1-\frac{1}{10}\right)^{20}$	$1-\left(1-\frac{1}{10}\right)^{20}$

又 $X=\sum\limits_{i=1}^{20}X_i$ 且 X_1、X_2、…、X_{20} 相互独立.

$$E(X)=10\cdot\left[1-\left(\frac{9}{10}\right)^{20}\right].$$

3.提示:

(1)X 的分布列为

X	1	2	…	n
P	$\frac{1}{n}$	$\frac{1}{n}$	…	$\frac{1}{n}$

(2)X 的分布列为

X	1	2	…	k	…
P	$\frac{1}{n}$	$\left(\frac{n-1}{n}\right)\frac{1}{n}$	…	$\left(\frac{n-1}{n}\right)^{k-1}\frac{1}{n}$	…

答案(1)$E(X)=\frac{n+1}{2}$,$D(X)=\frac{n^2-1}{12}$;

(2)$E(X)=n,D(X)=n(n-1)$

4.提示:设出现点数之和为 X,X_i 为第 i 颗骰子出现的点数,则 $X=\sum\limits_{i=1}^{n}X_i$ 且 X_1、X_2、…、X_n 相互独立.

$$E(X)=\frac{7}{2}n,D(X)=\frac{35}{12}n$$

5.提示:由本书第一章典型例题 19 可知,$Y\sim\pi(\lambda p)$.

$$E(Y)=\lambda p,D(Y)=\lambda p.$$

6.提示:参考本章典型例题 6.

$$E(Y)=\frac{1}{2}(1+\mathrm{e}^{-2\lambda}),D(Y)=\frac{1}{4}(1-\mathrm{e}^{-4\lambda})$$

7.$E(|Z|)=\sqrt{\frac{2}{\pi}},D(|Z|)=1-\frac{2}{\pi}$

8.提示:由本章内容提要中方差的性质④可知:

$$D(X)\leqslant E\left(X-\frac{b+a}{2}\right)^2\leqslant E\left(a-\frac{b+a}{2}\right)^2=\left(\frac{b-a}{2}\right)^2$$

9.(1)$E(X)=0,D(X)=2,E(|X|)=1,D(|X|)=1$

(2)$\mathrm{Cov}(X,|X|)=0,\rho_{X|X|}=0$,故 X 与 $|X|$ 不相关

(3)设 x 为一正实数,则有

$$\{|X|\leqslant x\}\subset\{X\leqslant x\}$$

又由 X 的概率密度可知

$$0<P\{|X|\leqslant x\}<1,\quad 0<P\{X\leqslant x\}<1$$

于是

$$P\{|X|\leqslant x,X\leqslant x\}=P\{|X|\leqslant x\}\neq P\{|X|\leqslant x\}P\{X\leqslant x\}$$

故 X 与 $|X|$ 不独立.

10.提示:先求出 $M=\max(X,Y)$ 的分布律,由 $\{\max(X,Y)=k\}=\{X=k,Y=k\}\cup\{X=k,Y<k\}\cup\{X<k,Y=k\}$ 并注意到上式右端三个事件互不相容,利用 X、Y 相互独立、同分布,易得

$$P\{\max(X,Y)=k\}=p^2(1-p)^{2k}+2p(1-p)^k-2p(1-p)^{2k},k=0,1,2,\cdots$$

答案:$E\{\max(X,Y)\}=\dfrac{(1-p)(3-p)}{p(2-p)}$.

习题 4.2

1.(1)提示:正态总体 $N(\mu,\sigma^2)$,$\sigma^2>0$ 为已知时 μ 的置信度为 $1-\alpha$ 的置信区间长度是:$L=2u_{\frac{\alpha}{2}}\dfrac{\sigma}{\sqrt{n}}$与样本值无关.

答:应选 C

(2)提示:$\because k\sum\limits_{i=1}^{n-1}E|(X_i-\mu)|$ 关键是求 $E|(X_i-\mu)|$,易知 $X_i-\mu=Y_i$ 服从正态分布 $N(0,\sigma^2)$,故知

$$E|X_i-\mu|=E|Y_i|=2\int_0^{+\infty}y\frac{1}{\sqrt{2\pi}\sigma}e^{-\frac{y^2}{2\sigma^2}}dy=\sqrt{\frac{2}{\pi}}\sigma.$$

答:应选 B

2.(1)答:应填$\left(\frac{1}{a}-\frac{1}{b}\right)n\sigma^2$

(2)答:应填(0.765 9,3.553 7)

(3)提示:$E(k\sum_1^n X_i^2)=k\sum_{i=1}^n E(X_i^2)=k\sum_{i=1}^n[D(X)+E^2(X)]=k\sum_{i=1}^n\sigma^2=kn\sigma^2=\sigma^2$

答:应填$\frac{1}{n}$

3.答:矩法估计算:$\widehat{E(X)}=\bar{x}=1.28$,$\widehat{D(X)}=M'_2=0.501\ 4$,

$\because\theta$的最大似然估计值$\hat{\theta}=\max\limits_{1\leqslant i\leqslant 6}\{x_i\}=2.2$.

而$\widehat{E(X)}=\frac{\hat{\theta}}{2}=1.1$是$E(X)$的最大似然估计,又$\widehat{D(X)}=\frac{\hat{\theta}^2}{12}=\frac{2.2^2}{12}=0.403$是$D(X)$的最大似然估计.

4.答:$\hat{\theta}=\dfrac{n}{\frac{1}{x_1^2}+\frac{1}{x_2^2}+\cdots+\frac{1}{x_n^2}}=\dfrac{n}{\sum\limits_{i=1}^n\frac{1}{x_i^2}}$.

5.提示:$\because\sigma=\sqrt{\sigma^2}$,$E(X^2)=\sigma^2+\mu^2$.$\therefore$由$\sigma^2$和$\mu$的最大似然估计可知$\hat{\sigma}$,$\widehat{E(X^2)}$

答:$\hat{\sigma}=\sqrt{\frac{1}{n}\sum_1^n(X_i-\bar{X})^2}=\sqrt{M'_2}$　　$E(\hat{X}^2)=M'_2+(\bar{X})^2$

6.答:$\hat{B}=-\dfrac{3n}{\sum\limits_{i=1}^n\ln\frac{x_i}{2}}-1$.

7.提示:(1)由于$f(x;\theta_1,\theta_2)$是当$x>\theta_1$时有非0值,故求$E(X)$时注意定积分的下限应是θ_1,即$E(X)=\int_{\theta_1}^{+\infty}\frac{x}{\theta_2}e^{-\frac{x-\theta_1}{\theta_2}}dx=\theta_1+\theta_2$　　…(甲)

(2)由于是求二个未知参数的矩估计,故应再建立一个方程.

$$E(X^2)=\int_{\theta_1}^{+\infty}\frac{x^2}{\theta_2}e^{-\frac{x-\theta_1}{\theta_2}}dx=(\theta_1+\theta_2)^2+\theta_2^2\quad\cdots(\text{乙})$$

由$\left\{\begin{matrix}\text{甲}\\\text{乙}\end{matrix}\right.\Rightarrow\left\{\begin{aligned}&\theta_1=E(X)-\sqrt{D(X)},\\&\theta_2^2=E(X^2)-E^2(X)=D(X),\end{aligned}\right.$　　又:$\widehat{D(X)}=S_n^2$;　$\widehat{E(X)}=\bar{X}$.

答:$\hat{\theta}_2=\sqrt{M'_2}=\sqrt{\frac{1}{n}\sum_{i=1}^n(X_i-\bar{X})^2}$是$\theta_2$的矩估计.

$\hat{\theta}_1=\bar{X}-\sqrt{M'_2}$是$\theta_1$的矩估计.

8.提示:本题难点是没有给出总体的分布和样本.

由题意可知总体X服从参数为p的$0-1$分布,样品

$$x_i=\begin{cases}1,\text{第 } i \text{ 次取到黑球}\\0,\text{第 } i \text{ 次取到白球}\end{cases}\quad i=1,2\cdots,100$$

已知样本值$(x_1,x_2,\cdots,x_{100})$其中有 9 个 x_i 等于 1,有 91 个等于 0.

所以该问题是求参数为 p 的 0−1 分布总体的参数 p 的最大似然估计.

又可利用关系 $R=\dfrac{p}{1-p}$求其最大似然估计.

答:$\hat{p}=0.09$ 是 p 的最大似然估计值,$\hat{R}=\dfrac{0.09}{0.91}\approx\dfrac{1}{10}$.

9. 答:$\hat{b}=\dfrac{\sqrt{3}}{6S_n}$.　　其中 $S_n=\sqrt{\dfrac{1}{n}\sum\limits_{1}^{n}(X_i-\bar{X})^2}$,

$\hat{a}=\bar{x}-\sqrt{3}S_n$.

10. 提示:独立正态随机变量之差仍服从正态分布. 故 $X_{i+1}-X_i\sim N(0,2\sigma^2)$.

又如果 $X\sim N(0,\sigma^2)$,则 $E(X)=2\int_0^{+\infty} x\dfrac{1}{\sqrt{2\pi}\sigma}\cdot e^{-\frac{x^2}{2\sigma^2}}dx=\sqrt{\dfrac{2}{\pi}}\sigma$

所以　$E|X_{i+1}-X_i|=\sqrt{\dfrac{2}{\pi}}\sqrt{2}\sigma=2\dfrac{\sigma}{\sqrt{\pi}}$.

答:当 $k=\dfrac{2(n-1)}{\sqrt{\pi}}$时,$\hat{\sigma}$是 σ 的无偏估计量.

11. 答:$k=\dfrac{1}{m+n-2}$.

12. 提示:欲求的是 p 的平方的无偏估计量,因此首先应考虑含有 p^2 的二阶原点矩:$E(X^2)=D(X)+[E(X)]^2$,又由于 $E(X)=Np$,$D(X)=Np(1-p)$,故 $E(X^2)=Np(1-p)+(Np)^2=Np+N(N-1)p^2$,或写为 $E(X^2-X)=E(X^2)-E(X)=N(N-1)p^2$

由上式可启发选取估计量 $W=\sum\limits_{i=1}^{n}(X_i^2-X_i)/nN(N-1)$使 $E(W)=p^2$.

答:$W=\sum\limits_{i=1}^{n}(X_i^2-X_i)/nN(N-1)$是 p^2 的无偏估计量.

13. 提示:$E(X)=\theta$,而 $E(\bar{X})=E(X)=\theta$,故 $\bar{X}$ 是 θ 的无偏估计量.

又 $D(X)=\theta^2$,$D(\bar{X})=\dfrac{\theta^2}{n}$,由契比雪夫不等式,可证出 $\bar{X}$ 是 θ 的相合估计

14. 答:σ^2 的 0.90 的置信区间是[5.675,32.199]

σ 的 0.90 的置信区间是[2.382,5.674]

15. 答:$n=97$

16. 提示:该总体不是正态总体,由于样本容量 $n=100$ 很大,可用大样本方法,求参数 p 的区间估计

答:[0.101,0.244]

17. 答:置信下限 $A=167.4$ h. 置信上限 $B=232.6$ h

18. [0.281 0,2.841 3]

第四篇

积 分 变 换

第1章 傅里叶变换

1.1 典型例题

【例 1-1】 试将函数 $f(x)=\begin{cases}-x, 当-\pi\leqslant x<0 时;\\ x, \quad 当 0\leqslant x<\pi 时\end{cases}$ 展开成傅里叶级数.

解 先求它的傅里叶系数

$$a_0=\frac{1}{\pi}\int_{-\pi}^{\pi}f(x)\mathrm{d}x=\frac{1}{\pi}\int_{-\pi}^{0}(-x)\mathrm{d}x+\frac{1}{\pi}\int_{0}^{\pi}x\mathrm{d}x=\frac{1}{\pi}\left[\frac{-x^2}{2}\right]_{\pi}^{0}+\frac{1}{\pi}\left[\frac{x^2}{2}\right]_{0}^{\pi}=\pi;$$

$$\begin{aligned}a_n&=\frac{1}{\pi}\int_{-\pi}^{\pi}f(x)\cos nx\ \mathrm{d}x=\frac{1}{\pi}\int_{-\pi}^{0}(-x)\cos nx\ \mathrm{d}x+\frac{1}{\pi}\int_{0}^{\pi}x\cos nx\ \mathrm{d}x\\&=-\frac{1}{\pi}\left[\frac{x\sin nx}{n}+\frac{\cos nx}{n^2}\right]_{-\pi}^{0}+\frac{1}{\pi}\left[\frac{x\sin nx}{n}+\frac{\cos nx}{n^2}\right]_{0}^{\pi}\\&=\frac{2}{\pi n^2}[(-1)^n-1]=\begin{cases}0, n=2k\\-\dfrac{4}{\pi n^2}, n=2k+1\end{cases};\end{aligned}$$

$$\begin{aligned}b_n&=\frac{1}{\pi}\int_{-\pi}^{\pi}f(x)\sin nx\ \mathrm{d}x=\frac{1}{\pi}\int_{-\pi}^{0}(-x)\sin nx\ \mathrm{d}x+\frac{1}{\pi}\int_{0}^{\pi}x\sin nx\ \mathrm{d}x\\&=-\frac{1}{\pi}\left[-\frac{x\cos nx}{n}+\frac{\sin nx}{n^2}\right]_{-\pi}^{0}+\frac{1}{\pi}\left[\frac{x\cos nx}{n}+\frac{\sin nx}{n^2}\right]_{0}^{\pi}=0.\end{aligned}$$

所以函数 $f(x)$ 的傅里叶级数为

$$f(x)=\frac{\pi}{2}-\frac{4}{\pi}\left[\cos x+\frac{1}{3^2}\cos 3x+\frac{1}{5^2}\cos 5x+\cdots+\frac{1}{(2n-1)^2}\cos(2n-1)x+\cdots\right].$$

所给函数 $f(x)$ 在区间 $[-\pi,\pi]$ 上满足收敛定理提出的条件,并且在区间 $[-\pi,\pi)$ 外作周期延拓成周期函数时,它在每一点处都连续.因此对应的傅里叶级数在区间 $[-\pi,\pi]$ 上收敛到 $f(x)$.故函数 $f(x)$ 的傅里叶级数展开式为

$$f(x)=\frac{\pi}{2}-\frac{4}{\pi}\left[\cos x+\frac{1}{3^2}\cos 3x+\frac{1}{5^2}\cos 5x+\cdots+\frac{1}{(2n-1)^2}\cos(2n-1)x+\cdots\right],\quad -\pi\leqslant x\leqslant\pi.$$

【例 1-2】 设 $f_T(x)$ 是周期为 2 的函数

$$f_T(t)=\begin{cases}0, 当 -1<t<0 时;\\2, 当 0<t<1 时.\end{cases}$$

求傅里叶级数的复指数形式.

解 令 $\omega_0=\frac{2\pi}{\mathrm{T}}=\pi$,当 $n=0$ 时,

$$c_0=\frac{1}{2}\int_{-1}^{1}f_T(t)\mathrm{d}t=\frac{1}{2}\int_{0}^{1}2\mathrm{d}t=1.$$

当 n≠0 时，

$$c_n = \frac{1}{2}\int_{-1}^{1} f_T(t)\mathrm{e}^{-\mathrm{j}n\omega_0 t}\mathrm{d}t = \frac{1}{2}\int_{0}^{1} 2\mathrm{e}^{-\mathrm{j}n\omega_0 t}\mathrm{d}t$$

$$= -\frac{1}{\mathrm{j}n\omega_0}(\mathrm{e}^{-\mathrm{j}n\omega_0} - 1) = \frac{j}{n\pi}(\mathrm{e}^{-\mathrm{j}n\pi} - 1)$$

$$= \begin{cases} 0, & n = 2k; \\ -\frac{2\mathrm{j}}{n\pi}, & n = 2k-1. \end{cases}$$

所以，$f_T(x)$的傅里叶级数的复指数形式为

$$f_T(x) = 1 + \sum_{k=-\infty}^{+\infty} \frac{-2\mathrm{j}}{2k-1}\mathrm{e}^{\mathrm{j}(2k-1)\omega_0 t}.$$

【例 1-3】 求函数 $f(x)=\mathrm{e}^{-2t}$，$(t\geqslant 0)$的傅里叶变换.

解 $\mathscr{F}[f(t)] = \int_{-\infty}^{+\infty} f(t)\mathrm{e}^{-\mathrm{j}\omega t}\mathrm{d}t$

$$= \int_{-\infty}^{+\infty} \mathrm{e}^{-2t}\mathrm{e}^{-\mathrm{j}\omega t}\mathrm{d}t = \int_{0}^{+\infty} \mathrm{e}^{-(2+\mathrm{j}\omega)t}\mathrm{d}t$$

$$= -\frac{1}{2+\mathrm{j}\omega}\mathrm{e}^{-(2+\mathrm{j}\omega)t}\Big|_0^{+\infty} = \frac{1}{2+\mathrm{j}\omega}.$$

【例 1-4】 已知 $F(\omega)=\delta(\omega+\omega_0)+\delta(\omega-\omega_0)$，求 $f(t)$.

解 由傅里叶逆变换定义，有

$$f(t) = \mathscr{F}^{-1}F(\omega) = \frac{1}{2\pi}\int_{-\infty}^{+\infty}[\delta(\omega+\omega_0)+\delta(\omega-\omega_0)]\mathrm{e}^{\mathrm{j}\omega t}\mathrm{d}\omega$$

$$= \frac{1}{2\pi}\left[\int_{-\infty}^{+\infty}\delta(\omega+\omega_0)\mathrm{e}^{\mathrm{j}\omega t}\mathrm{d}\omega + \int_{-\infty}^{+\infty}\delta(\omega-\omega_0)\mathrm{e}^{\mathrm{j}\omega t}\mathrm{d}\omega\right]$$

$$= \frac{1}{2\pi}(\mathrm{e}^{\mathrm{j}\omega t}\big|_{\omega=-\omega_0} + \mathrm{e}^{\mathrm{j}\omega t}\big|_{\omega=\omega_0})$$

$$= \frac{1}{2\pi}(\mathrm{e}^{-\mathrm{j}\omega_0 t} + \mathrm{e}^{\mathrm{j}\omega_0 t}|) = \frac{1}{2\pi}\cdot 2\cos\omega_0 t = \frac{1}{\pi}\cos\omega_0 t.$$

【例 1-5】 求 $F(\omega)=\dfrac{1}{(2+\mathrm{j}\omega)(3+2j\omega)}$的傅里叶逆变换.

解 因为

$$\frac{1}{(2+\mathrm{j}\omega)(3+2\mathrm{j}\omega)} = \frac{2}{3+2\mathrm{j}\omega} - \frac{1}{2+\mathrm{j}\omega}$$

由例 3 的结果，当 $t\geqslant 0$ 时，有 $\mathscr{F}^{-1}\left[\dfrac{2}{3+2\mathrm{j}\omega}\right]=\mathscr{F}^{-1}\left[\dfrac{1}{\frac{3}{2}+\mathrm{j}\omega}\right]=\mathrm{e}^{-\frac{3t}{2}}$，$\mathscr{F}^{-1}\left[\dfrac{1}{2+\mathrm{j}\omega}\right]=e^{-2t}$.

所以，$\mathscr{F}^{-1}F(\omega)=\mathscr{F}^{-1}\left[\dfrac{1}{\frac{3}{2}+\mathrm{j}\omega}\right]-\mathscr{F}^{-1}\left[\dfrac{1}{2+\mathrm{j}\omega}\right]=\mathrm{e}^{-\frac{3t}{2}}-\mathrm{e}^{-2t}(t\geqslant 0)$.

【例 1-6】 设 $\mathscr{F}[f(t)]=F(\omega)$，证明：

(1)当 $f(t)$是偶函数时，$F(\omega) = 2\int_0^{+\infty} f(t)\cos(\omega t)\mathrm{d}t$；

(2)当 $f(t)$是奇函数时，$F(\omega) = -2\mathrm{j}\int_0^{+\infty} f(t)\sin(\omega t)\mathrm{d}t$.

证明 (1)因为 $f(t)$是偶函数,所以 $f(-t)=f(t)$,

$$F(\omega)=\int_{-\infty}^{+\infty}f(t)e^{-j\omega t}dt=\int_{-\infty}^{0}f(t)e^{-j\omega t}dt+\int_{0}^{+\infty}f(t)e^{-j\omega t}dt.$$

而 $\int_{-\infty}^{0}f(t)e^{-j\omega t}dt\xlongequal{令u=-t}-\int_{-\infty}^{0}f(-u)e^{j\omega u}du=\int_{0}^{+\infty}f(u)e^{j\omega u}du=\int_{0}^{+\infty}f(t)e^{j\omega t}dt$,

所以,$F(\omega)=\int_{0}^{+\infty}f(t)e^{j\omega t}dt+\int_{0}^{+\infty}f(t)e-j\omega t\,dt$

$$\int_{0}^{+\infty}f(t)(e^{j\omega t}+e^{-j\omega t})dt=2\int_{0}^{+\infty}f(t)\cos(\omega t)dt.$$

(2)因为 $f(t)$时奇函数,所以 $f(-t)=-f(t)$,

$$F(\omega)=\int_{-\infty}^{+\infty}f(t)e^{-j\omega t}dt=\int_{-\infty}^{0}f(t)e^{-j\omega t}dt+\int_{0}^{+\infty}f(t)e^{-j\omega t}dt.$$

而 $\int_{-\infty}^{0}f(t)e^{-j\omega t}dt\xlongequal{令u=-t}-\int_{-\infty}^{0}f(-u)e^{j\omega u}du=-\int_{0}^{+\infty}f(u)e^{j\omega u}=-\int_{0}^{+\infty}f(t)e^{j\omega t}dt$,

所以,$F(\omega)=\int_{0}^{+\infty}f(t)e^{j\omega t}dt+\int_{0}^{+\infty}f(t)e^{-j\omega t}dt$

$$=\int_{0}^{+\infty}f(t)(e^{j\omega t}-e^{j\omega t})dt=-2j\int_{0}^{+\infty}f(t)\sin(\omega t)dt.$$

【例 1-7】 求证 $\mathscr{F}[\mathscr{F}[f(t)]]=2\pi[f(-t)]$.

证明 因为 $f(t)=\frac{1}{2\pi}\int_{-\infty}^{+\infty}F(\omega)e^{j\omega t}d\omega,\mathscr{F}[F(\omega)]=\int_{-\infty}^{+\infty}F(\omega)e^{-j\omega t}d\omega$,

所以,$f(-t)=\frac{1}{2\pi}\int_{-\infty}^{+\infty}F(\omega)e^{-j\omega t}d\omega=\frac{1}{2\pi}\mathscr{F}[F(\omega)]=\frac{1}{2\pi}\mathscr{F}[\mathscr{F}[f(t)]]$,

即 $\mathscr{F}[\mathscr{F}[f(t)]]=2\pi f(-t)$.

1.2 同步训练

1.下列函数 $f(x)$的周期为 2π,试将各函数展开成傅里叶级数,其中 $f(x)$在$[-\pi,\pi]$上的表达式为

(1)$f(x)=\begin{cases}x,当-\pi\leqslant x<0时;\\0,当0\leqslant x<\pi时;\end{cases}$;(2)$f(x)=x$;(3)$f(x)=3x^2+1$.

2. 求下列函数的傅里叶变换.

(1) $f(t)=\begin{cases}-1, & 当 -1<t<0 时;\\ 1, & 当 0<t<1 时;\end{cases}$ (2) $f(t)=\begin{cases}e^{-at}, & 当 t\geqslant 0 时;\\ 0, & 当 t<0 时.\end{cases}$

3. 已知 $F(\omega)=\delta(\omega+\omega_0)+\delta(\omega-\omega_0)$，求 $f(t)$.

4. 设 $\mathscr{F}[f(t)]=u(\omega)$，其中 $u(\omega)$ 是单位阶跃函数，求 $f(t)$.

5. 已知 $\mathscr{F}[f(t)]=F(\omega)$，利用傅里叶变换的性质求下列函数的傅里叶变换.

(1) $tf(t)$；(2) $f(1-t)$；(3) $(1-t)f(1-t)$；(4) $t\dfrac{\mathrm{d}f(t)}{\mathrm{d}t}$.

6. 求下列函数的卷积：

$$f_1(t)=\begin{cases}\sin t,\text{当 } 0<t<\pi \text{ 时；}\\ 1,\quad \text{其他；}\end{cases},\quad f_2(t)=\begin{cases}0,\text{当 } -1<t<1 \text{ 时；}\\ 1,\text{其他.}\end{cases}$$

7. 应用卷积定理求函数 $f(t)=e^{j\omega_0 t}u(t)$ 的傅里叶变换.

8. 应用卷积定理求函数 $f(t)=\sin^3 t$ 的傅里叶变换.

第 2 章　拉普拉斯变换

2.1　典型例题

【例 2-1】 求函数 $f(t)=t^n$（n 为正整数）的拉普拉斯变换.

解 利用微分性质.

因为 $f(t)=t^n$，所以 $f'(t)=nt^{n-1}$，$f''(t)=n(n-1)t^{n-2}$，…，$f^{(n)}(t)=n!$，且 $f(0)=f'(0)=\cdots=f^{(n-1)}(0)=0$.

故由微分性质式得

$$L[f^{(n)}(t)]=L[n!]=s^nF(s),$$

而

$$L[n!]=n!\cdot L[1]=\frac{n!}{s},$$

即

$$s^nF(s)=\frac{n!}{s},$$

所以

$$F(s)=L[t^n]=\frac{n!}{s^{n+1}}.$$

【例 2-2】 求函数 $f(t)=t\sin\omega t$ 的拉普拉斯变换.

解 因为 $L[\sin\omega t]=\dfrac{\omega}{s^2+\omega^2}=F(s)$，

由于

$$F'(s)=-L[tf(t)]=-L[t\sin\omega t].$$

于是，

$$L[t\sin\omega t]=-F'(s)=-\left(\frac{\omega}{s^2+\omega^2}\right)'=\frac{2\omega s}{(s^2+\omega^2)^2}.$$

【例 2-3】 求象函数 $F(s)=\dfrac{s+2}{s^3+6s^2+9s}$的拉普拉斯逆变换.

解 先将 $F(s)$ 分解为部分分式之和.

$$F(s)=\frac{s+2}{s(s+3)^2}=\frac{A}{s}+\frac{B}{(s+3)}+\frac{C}{(s+3)^2}.$$

用待定系数法求得

$$A=\frac{2}{9},\ B=-\frac{2}{9},\ C=\frac{1}{3},$$

所以

$$F(s)=\frac{\frac{2}{9}}{s}-\frac{\frac{2}{9}}{(s+3)}+\frac{\frac{1}{3}}{(s+3)^2}.$$

于是

$$f(t)=\frac{2}{9}-\frac{2}{9}e^{-3t}+\frac{1}{3}te^{-3t}.$$

【例 2-4】 求 $y''=3y$ 满足初始条件 $y(0)=1$，$y'(0)=1$ 的特解.

解 设 $L[y(t)]=Y(s)$，方程两边取拉普拉斯变换，得

$$[s^2Y(s)-sy(0)-y'(0)]=3Y(s).$$

把初始条件 $y(0)=1$，$y'(0)=1$ 代入上式，得

$$\begin{aligned}Y(s)&=\frac{s+1}{s^2-3}=\frac{s}{s^2-3}+\frac{1}{s^2-3}\\&=\frac{1}{2}\left(\frac{1}{s-\sqrt{3}}+\frac{1}{s+\sqrt{3}}\right)+\frac{1}{2\sqrt{3}}\left(\frac{1}{s-\sqrt{3}}-\frac{1}{s+\sqrt{3}}\right).\end{aligned}$$

对 $Y(s)$ 取逆变换得到方程的特解为

$$y=L^{-1}[Y(s)]=\frac{1}{2}(e^{\sqrt{3}t}+e^{-\sqrt{3}t})+\frac{1}{2\sqrt{3}}(e^{\sqrt{3}t}-e^{-\sqrt{3}t}).$$

2.2 同步训练

1. 拉普拉斯变换是怎样定义的？
2. 拉普拉斯变换的性质有哪些？
3. 如何用拉普拉斯变换求解微分方程？
4. 求下列函数的拉普拉斯变换：

(1) $f(t)=t^2-6t+3$； (2) $f(t)=3\sin at-2\cos bt$；

(3) $f(t)=(t+2)^2e^{-3t}$； (4) $f(t)=\sin(\omega t+\varphi)$.

5. 求下列函数的拉普拉斯逆变换：

(1) $F(s)=\dfrac{4s-3}{s^2+4}$； (2) $F(s)=\dfrac{1}{s(s+a)}$；

(3) $F(s)=\dfrac{s^2+2s-1}{s(s-1)^2}$； (4) $F(s)=\dfrac{s^2}{(s+2)(s^2+2s+2)}$.

6. 用拉普拉斯变换求解下列微分方程：

(1) $2y'+y=3$，$y(0)=10$；

(2) $y''+2y'=3e^{-2t}$，$y(0)=0$，$y'(0)=0$；

(3) $y''-2y'+2y=2e^t\sin t$，$y(0)=0$，$y'(0)=0$；

(4) $y''-3y'+2y=2e^{-t}$，$y(0)=2$，$y'(0)=-1$.

习题答案

习题 1.2

1. (1) 函数在点 $x=2k\pi+\pi$，$k\in\mathbf{Z}$ 处不连续，由定理 1 可知其傅里叶级数收敛，当 $x=2k\pi+\pi$ 时，级数收敛于 $\frac{-\pi+0}{2}=-\frac{\pi}{2}$.

当 $x\neq 2k\pi+\pi$ 时，$a_0=\frac{1}{\pi}\int_{-\pi}^{\pi}f(x)\mathrm{d}x=\frac{1}{\pi}\int_{-\pi}^{0}x\mathrm{d}x=-\frac{\pi}{2}$，

$$a_n=\frac{1}{\pi}\int_{-\pi}^{\pi}f(x)\cos nx\mathrm{d}x=\frac{1}{\pi}\int_{-\pi}^{0}x\cos nx\mathrm{d}x$$

$$=\frac{1}{\pi}\left(\frac{x\sin nx}{n}\Big|_{-\pi}^{0}-\frac{1}{n}\int_{-\pi}^{0}x\sin nx\mathrm{d}x\right)=\frac{1}{n^2\pi}(1-\cos n\pi)$$

$$=\frac{1-(-1)^n}{n^2x}(n-1,2,3,\cdots),$$

$$b_n=\frac{1}{\pi}\int_{-\pi}^{\pi}f(x)\sin nx\mathrm{d}x=\frac{1}{x}\int_{-\pi}^{0}x\sin nx\mathrm{d}x$$

$$=\frac{1}{\pi}\left(-\frac{x\cos nx}{n}\Big|_{-\pi}^{0}+\frac{1}{n}\cos nx\mathrm{d}x\right)$$

$$=\frac{(-1)^{n+1}}{n}(n=1,2,3,\cdots).$$

故 $f(x)=-\frac{\pi}{4}+\sum\limits_{n=1}^{\infty}\left(\frac{1-(-1)^n}{n^2\pi}\cos nx+\frac{(-1)^{n+1}}{n}\sin nx\right)$.

(2) 函数仅在 $x=2k\pi+\pi$，$k\in z$ 处不连续，由定理 1 可知其傅里叶级数收敛，

且有 $a_n=\frac{1}{\pi}\int_{-\pi}^{\pi}f(x)\cos nx\mathrm{d}x=\frac{1}{\pi}\int_{-\pi}^{\pi}x\cos nx\mathrm{d}x=0\ (n=0,1,2,3,\cdots)$，

$$b_n=\frac{1}{\pi}\int_{-\pi}^{\pi}f(x)\sin nx\mathrm{d}x=\frac{1}{\pi}\int_{-\pi}^{\pi}x\sin nx\mathrm{d}x=\frac{2}{\pi}\int_{0}^{\pi}\sin nx\mathrm{d}x$$

$$=\frac{2}{\pi}\left(-\frac{x\cos nx}{n}\Big|_{0}^{\pi}+\frac{1}{n}\int_{0}^{\pi}\cos nx\mathrm{d}x\right)$$

$$=\frac{2\cdot(-1)^{n+1}}{n}(n=1,2,3,\cdots).$$

故 $f(x)=\sum\limits_{n=1}^{\infty}\frac{2\cdot(-1)^{n+1}}{n}\sin nx$

(3) 函数仅在 $x=2k\pi+\pi$，$k\in\mathbf{Z}$ 处不连续，由定理 1 可知其傅里叶级数收敛，

$$a_0=\frac{1}{\pi}\int_{-\pi}^{\pi}f(x)\mathrm{d}x=\frac{1}{\pi}\int_{-\pi}^{\pi}(3x^2+1)\mathrm{d}x=2\pi^2+1$$

$$a_n=\frac{1}{\pi}\int_{-\pi}^{\pi}f(x)\cos nx\ \mathrm{d}x=\frac{1}{\pi}\int_{-\pi}^{\pi}(3x^2+1)\cos nx\mathrm{d}x=\frac{2}{\pi}\int_{0}^{\pi}(3x^2+1)\cos nx\mathrm{d}x$$

$$=\frac{2}{\pi}\left(\frac{(3x^2+1)\sin nx}{n}\Big|_0^\pi-\frac{1}{n}\int_0^\pi 6x\sin nx\,\mathrm{d}x\right)$$
$$=\frac{2}{\pi}\left(\frac{6x\cos nx}{n^2}\Big|_0^\pi=\frac{1}{n^2}\int_0^\pi 6\cos nx\,\mathrm{d}x\right)$$
$$=\frac{12\ (-1)^n}{n^2},$$

$$b_n=\frac{1}{\pi}\int_{-\pi}^{\pi}f(x)\sin nxdx=\frac{1}{\pi}\int_{-\pi}^{\pi}(3x^2+1)\sin nx\,\mathrm{d}x=0$$

故 $f(x)=x^2+\frac{1}{2}+\sum_{n=1}^{\infty}\frac{12\cdot(-1)^n}{n^2}cos\ nx.$

2. (1) $F(\omega)=\int_{-\infty}^{+\infty}f(t)\mathrm{e}^{-\mathrm{j}\omega t}\mathrm{d}t=\int_{-1}^{0}-\mathrm{e}^{-\mathrm{j}\omega t}\mathrm{d}t+\int_0^1\mathrm{e}^{-\mathrm{j}\omega t}\mathrm{d}t$

$$=\frac{1}{\mathrm{j}\omega}\mathrm{e}^{-\mathrm{j}\omega t}\Big|_{-1}^{0}+\frac{1}{-\mathrm{j}\omega}\mathrm{e}^{-\mathrm{j}\omega t}\Big|_0^1$$
$$=\frac{2(1-\cos\omega)}{\mathrm{j}\omega}=\frac{2\mathrm{j}(\cos\omega-1)}{\omega}.$$

(2) $F(\omega)=\int_{-\infty}^{+\infty}f(t)\mathrm{e}^{-\mathrm{j}\omega t}\mathrm{d}t=\int_0^{+\infty}\mathrm{e}^{-\alpha t}\mathrm{e}^{-\mathrm{j}\omega t}\mathrm{d}t$

$$=\int_0^{+\infty}\mathrm{e}^{-(\alpha+\mathrm{j}\omega)t}\mathrm{d}t=\frac{1}{\alpha+\mathrm{j}\omega}=\frac{\alpha-\mathrm{j}\omega}{\alpha^2+\omega^2}.$$

3. $f(t)=\frac{1}{2\pi}\int_{-\infty}^{+\infty}F(\omega)\mathrm{e}^{\mathrm{j}\omega t}\mathrm{d}\omega=\frac{1}{2\pi}\int_{-\infty}^{+\infty}(\delta(\omega+\omega_0)+\delta(\omega-\omega_0))e^{\mathrm{j}\omega t}\mathrm{d}\omega$

$$=\frac{1}{2\pi}(\mathrm{e}^{-\mathrm{j}\omega_0 t}+\mathrm{e}^{\mathrm{j}\omega_0 t})=\frac{\cos\omega_0 t}{\pi}.$$

4. 设 $F\ [f\ (t)]=u\ (\omega)$，由 $\frac{\mathrm{d}u(\omega)}{\mathrm{d}\omega}=\delta\ (\omega)$，

可知 $F\ [-\mathrm{j}tf\ (t)]=\frac{\mathrm{d}u(\omega)}{\mathrm{d}\omega}=\delta\ (\omega)$，

故 $-\mathrm{j}tf(t)=\frac{1}{2\pi}\int_{-\infty}^{+\infty}\delta(\omega)\mathrm{e}^{\mathrm{j}\omega t}\mathrm{d}\omega=\frac{1}{2\pi},f(t)=-\frac{1}{2\pi\mathrm{j}t}.$

5. (1) 由微分性质 $(-\mathrm{j})\ F\ [tf\ (t)]=\frac{\mathrm{d}F(\omega)}{\mathrm{d}\omega}$，故 $F\ [tf(t)]=j\cdot\frac{\mathrm{d}F(\omega)}{\mathrm{d}\omega}.$

(2) $F\ [f\ (-t)]=F\ (-\omega)$，$F\ (f\ (1-t))=F\ [f\ (-\ (t-1))]=\mathrm{e}^{-\mathrm{j}\omega}F\ (-\omega)$.

(3) $F[(1-t)f(1-t)]=\int_{-\infty}^{+\infty}(1-t)f(1-t)\mathrm{e}^{-\mathrm{j}\omega t}\mathrm{d}t\overset{1-y=\tau}{=\!=\!=}\int_{-\infty}^{+\infty}\tau f(\tau)\mathrm{e}^{-\mathrm{j}\omega(1-\tau)}\mathrm{d}\tau$

$$=\mathrm{e}^{-\mathrm{j}\omega}\int_{-\infty}^{+\infty}\tau f(\tau)\mathrm{e}^{-\mathrm{j}(-\omega)\tau}\mathrm{d}\tau$$
$$=-\mathrm{j}e^{-\mathrm{j}\omega}\frac{\mathrm{d}F(-\omega)}{\mathrm{d}\omega}.$$

(4) $F\left[t\frac{\mathrm{d}f\ (t)}{\mathrm{d}t}\right]=\mathrm{j}\frac{\mathrm{d}F\left[\frac{\mathrm{d}f\ (t)}{\mathrm{d}t}\right]}{\mathrm{d}\omega}=\mathrm{j}\frac{\mathrm{d}\ (\mathrm{j}\omega F\ (\omega))}{\mathrm{d}\omega}$

$$=-F\ (\omega)\ -\omega\frac{\mathrm{d}F\ (\omega)}{\mathrm{d}\omega}.$$

6. $f_1(t)*f_2(t)=\int_{-\infty}^{+\infty}f_1(\tau)f_2(t-\tau)\mathrm{d}\tau,$

当 $t<-1$ 及 $t>\pi+1$ 时，$f_1(t)*f_2(t)=0$，

当 $1\leqslant t\leqslant \pi+1$ 时，$f_1(t)*f_2(t)=\int_0^{t+1}1\cdot\sin\tau\mathrm{d}\tau=1-\cos(t+1)$，

$$\text{故 } f_1(t)*f_2(t)=\begin{cases}0, & \text{当 } t<-1 \text{ 时}\\ 1-\cos(t+1), & \text{当 } -1\leqslant t\leqslant\pi+1 \text{ 时；}\\ 0, & \text{当 } t>\pi+1 \text{ 时.}\end{cases}$$

7. 由卷积定理

$$\begin{aligned}F(f(t))&=\frac{1}{2\pi}F\left[\mathrm{e}^{\mathrm{j}\omega_0 t}\right]*F[u(t)]\\&=\frac{1}{2\pi}\cdot 2\pi\delta(\omega-\omega_0)*(\mathrm{j}\omega+\pi\delta(\omega))\\&=\delta(\omega-\omega_0)*\frac{1}{\mathrm{j}\omega}+\pi\delta(\omega-\omega_0)*\delta(\omega)\\&=\frac{1}{\mathrm{j}(\omega-\omega_0)}+\pi\delta(\omega-\omega_0).\end{aligned}$$

8. 由 $\sin^3 t=\frac{3}{4}\sin t-\frac{1}{4}\sin 3t$，

$$\begin{aligned}\text{可知 } F[f(t)]&=\frac{3}{4}F[\sin t]-\frac{1}{4}F[\sin 3t]\\&=\frac{1}{4}\pi\mathrm{j}\left[3\delta(\omega+1)-3\delta(\omega-1)-\delta(\omega+3)+\delta(\omega-3)\right].\end{aligned}$$

习题 2.2

4. (1) $\frac{2}{s^3}-\frac{6}{s^2}+\frac{3}{s}$；　(2) $\frac{3a}{s^2+a^2}-\frac{2s}{s^2+b^2}$；

(3) $\frac{2}{(s+3)^3}+\frac{4}{(s+3)^2}+\frac{4}{s+3}$；　(4) $\frac{\omega\cos\varphi+s\sin\varphi}{s^2+\omega^2}$.

5. (1) $4\cos 2t-\frac{3}{2}\sin 2t$；　(2) $\frac{1}{a}(1-\mathrm{e}^{-at})$；

(3) $2t\mathrm{e}^t+2\mathrm{e}^t-1$；　(4) $2\mathrm{e}^{-2t}-(\cos t+\sin t)\mathrm{e}^{-t}$.

6. (1) $7\mathrm{e}^{-\frac{1}{2}t}+3$；　(2) $\frac{3}{4}-\frac{3}{4}\mathrm{e}^{-2t}-\frac{3}{2}t\mathrm{e}^{-2t}$；

(3) $\mathrm{e}^t(\sin t-t\cos t)$；　(4) $\frac{1}{3}\mathrm{e}^{-t}+4\mathrm{e}^t-\frac{7}{3}\mathrm{e}^{2t}$.